Gh Keller

Der Ökologische Risikobegriff

# Theorie in der Ökologie

Herausgegeben von Broder Breckling

Band 1

PETER LANG

Frankfurt am Main · Berlin · Bern · Bruxelles · New York · Oxford · Wien

Broder Breckling
Felix Müller
(Hrsg.)

# Der Ökologische Risikobegriff

Beiträge zu einer Tagung des Arbeitskreises
Theorie in der Gesellschaft für Ökologie
vom 4.-6. März 1998
im Landeskulturzentrum Salzau
(Schleswig Holstein)

PETER LANG
Europäischer Verlag der Wissenschaften

Die Deutsche Bibliothek - CIP-Einheitsaufnahme

Der ökologische Risikobegriff : Beiträge zu einer Tagung des Arbeitskreises „Theorie“ in der Gesellschaft für Ökologie vom 4. - 6. März 1998 im Landeskulturzentrum Salzau (Schleswig-Holstein) / Broder Breckling ; Felix Müller (Hrsg.). - Frankfurt am Main ; Berlin ; Bern ; Bruxelles ; New York ; Oxford ; Wien : Lang, 2000
(Theorie in der Ökologie ; Bd. 1)
ISBN 3-631-36587-X

Für die Abbildungen dieses Buches standen dem Verlag z. T. nur unzureichende Vorlagen zur Verfügung.

Gedruckt auf alterungsbeständigem, säurefreiem Papier.

ISSN 1615-374X
ISBN 3-631-36587-X



Printed in Germany 1 2 3 4 6 7

# Vorwort

Der Risikobegriff spielt in vielen Zusammenhängen menschlichen Handelns eine entscheidende Rolle. Er bezeichnet die Ungewißheit, die im Hinblick auf das Eintreten von Schaden oder das Erreichen von Nutzen besteht. Auch in verschiedenen Teilbereichen der Ökologie, wie in der Landschaftsplanung, der Agrarökologie, bei der Freisetzung gentechnisch veränderter Organismen sowie in der Ökotoxikologie haben Risikoerwägungen inzwischen eine große Bedeutung erlangt. Je intensiver Natur und Umwelt erschlossen und genutzt werden, um so mehr offenbaren sich bei den vorsorglichen Maßnahmen zu deren Schutz vielfältige Risiken. Diesem Rahmenthema hat der Arbeitskreis Theorie in der Gesellschaft für Ökologie -GfÖ- sein Jahrestreffen 1998 gewidmet und spezifische Aspekte des Risikobegriffs erörtert: Wie geht man mit ökologischen Risiko um, und in welchem Verhältnis stehen in der Ökologie Prognosemöglichkeit und Unsicherheit zueinander? Mit welchem Methoden lassen sich außer über ökologische Modellierung und Datenanalyse Neben- und Folgewirkungen verläßlich voraussagen? Schließlich sind ökologische Risiken hinsichtlich gesellschaftlicher und ethischer Implikationen zu betrachten.

Am ökologischen Risikobegriff wird offenbar, welche Bedeutung eine interdisziplinäre Ausrichtung für die Behandlung wichtiger Querschnittsthemen besitzt. Während in der Versicherungswirtschaft mit der Schadensregulierung und in der Ökonomie mit dem unternehmerischen Risiko klar umrissene Konzepte mit definiertem Gültigkeitsbereich vorliegen, umfaßt der ökologische Risikobegriff eine große Spannweite unterschiedlicher Situationen. Ihnen ist gemeinsam, daß die zugrundeliegenden biologischen Prozesse auf einer charakteristischen Selbstorganisatiosdynamik beruhen. Die natürliche Befähigung von Ökosystemen zur Selbstregulierung kann folglich bereits bei nur geringfügigen Veränderungen von Standortfaktoren zu unvorhersehbaren Entwicklungen nicht nur in quantitativer sondern auch in qualitativer Hinsicht führen.

Der Arbeitskreis Theorie in der Ökologie bietet seit 1994 allen Interessierten einen Rahmen, in dem die gesamte Breite theoretischer Arbeiten reflektiert und weiterentwickelt werden kann. Dazu zählt insbesondere der Gedankenaustausch über Technik und Bedeutung formaler mathematischer Methoden und der Modellbildung für ökologische Fragestellungen. Gleichrangig werden wissenschaftstheoretische und wissenschaftshistorische Aspekte aufgegriffen und deren Bezug zur ökologischen Praxis mit ihrer gesellschaftspolitischen Relevanz hergestellt.

Der hier vorgelegte Tagungsband zum ökologischen Risikobegriff ist ein konkretes Beispiel integrierender Arbeitsweise einer Teildisziplin der 1970 gegründeten Gesellschaft für Ökologie, in der Ökologen aus Deutschland, Österreich, der Schweiz und aus Liechtenstein neben der Vertretung ihrer Interessen nach außen eine Begegnungsstätte und ein Forum zum Informationsaustausch finden. Zu den großen Herausforderungen unserer Gesellschaft an der Schwelle zu einem neuen Jahrhundert zählt ohne Frage ihre wachsende Verpflichtung, unter Bedingungen des Risikos zu handeln. Um es am Beispiel des Umweltschutzes zu verdeutlichen: Als Folge der Globalisierung der Nutzung von Naturressourcen und der Umweltbelastungen, z. B. durch die Anreicherungen von treibhauswirksamen und ozonabbauenden Gasen in Troposphäre und Stratosphäre, lassen sich über nachträgliche Maßnahmen allenfalls langfristig Fehlentwicklungen korrigieren. Unter derartigen Bedingungen rückt die Vorsorge als zentrale Form der Entscheidung unter Unsicherheit in den Vordergrund. Ökologen sind mithin aufgerufen, anhand der von Meteorologen und Atmospärenchemikern prognostizierten Veränderungen von physikalischen und chemischen Atmosphärenparametern die möglichen Auswirkungen auf terrestrische und aquatische Ökosysteme vorauszusagen, eine ebenso verantwortungsvolle wie schwierige Aufgabe. Die vorliegende Publikation, in der erstmals der Risikobegriff aus ökologischer Sicht differenziert behandelt wird, enthält hierzu zahlreiche Anregungen und stellt, insgesamt gesehen, einen wichtigen Beitrag zu einem hochaktuellen Aufgabengebiet der Ökologie dar.

Prof. Dr. R. Guderian

(Präsident der Gesellschaft für Ökologie)

## Danksagungen

Die Herausgeber haben verschiedene Kolleginnen und Kollegen gebeten, Beiträge dieses Bandes zu lesen, zu begutachten und zu kommentieren:

***Rolf Altenburger (Leipzig)***
***Meinolf Asshoff (Kiel)***
***Oliver Dilly (Kiel)***
***Christiane Eschenbach (Kiel)***
***Uta Eser (Tübingen)***
***Juliane Filser (Oberschleißheim)***
***Arnim v. Gleich (Bremen)***
***Martin Gorke (Greifswald)***
***Sylvia Herrmann (Stuttgart)***
***Werner Kutsch (Kiel)***
***Achim Lotz (Frankfurt)***
***Karin Mathes (Bremen)***
***Uli Mierwald (Kiel)***
***Martina Mühl (Kiel)***
***Christian Noell (Kiel)***
***Hans Jochim Poethke (Würzburg)***
***Achim Schrautzer (Kiel)***
***Dieter Schuller (Westerstede)***
***Volker Schulz-Berendt (Ganderkesee)***
***Werner Theobald (Kiel)***
***Barbara Weber (Freiburg)***
***Frank Wolff (Bayreuth)***

Ihnen sowie darüber hinaus weiteren anonymen Gutachterinnen und Gutachtern danken wir für die dadurch geleistete Unterstützung der Herausgabe.

Für ihr Engagement und ihre Geduld bei der Erstellung der Druckvorlagen danken wir

***Gerti Rosenfeld (Kiel)***

## Die Autorinnen und Autoren des Bandes


| | |
|---|---|
| Dr. Uta Berger | Zentrum für Marine Tropenökologie Bremen, Fahrenheitstr. 1, D - 28359 Bremen |
| Karsten Borggräfe | Aktion Fischotterschutz, Otter-Zentrum, D - 29386 Hankensbüttel |
| PD Broder Breckling | Ökologie Zentrum an der Christian Albrechts Universität zu Kiel, Schauenburgerstr.112, D - 24118 Kiel |
| PD Michael Bredemeier | Forschungszentrum Waldökosysteme der Universität Göttingen, Buesgenweg 1, D - 37077 Göttingen |
| Prof. Dr. Wilhelm Dahmen | Freier Landschaftsarchitekt - BDLAProfessor für Ökologie - VD Biol. - DGfK Lorbacher Weg 6, D - 53 894 Mechernich |
| Prof. Dr. Wolfgang Deppert | Philosophisches Seminar der Christian Albrechts Universität zu Kiel, Leibnizstr. 6, D - 24118 Kiel |
| Martin Drechsler | UFZ - Umweltforschungszentrum Leipzig - Halle, Sektion Ökosystemanalyse, PF2, D - 04301 Leipzig |
| Dr. Uta Eser | Universität Tübingen, Zentrum für Ethik in den Wissenschaften, Keplerstr. 17, D -72074 Tübingen |
| Prof. Dr. Otto Fränzle | Christian Albrechts Universität zu Kiel, Ökologie-Zentrum, Schauenburger Str. 112, D -24118 Kiel |
| Dr. Stefan Fränzle | UFZ - Umweltforschungszentrum Leupzig - Halle, Permoserstr. 15, D - 04318 Leipzig |
| Prof. Dr. Bernhard Freyer | Universität für Bodenkultur, Institut für Ökologischen Landbau, Gregor-Mendelstr. 33, A - 1180 Wien |
| Marion Glaser | Zentrum für MarineTropenökologie Bremen, Fahrenheitstr. 1, D -28359 Bremen |
| Dr. Volker Grimm | UFZ - Umweltforschungszentrum Leipzig - Halle, Sektion Ökosystemanalyse, PF2, D - 04301 Leipzig |
| Dipl.-Ing. agr. Susan Haffmanns | Christian Albrechts Universität zu Kiel, Ökologie - Zentrum, Schauenburger Str. 112, D - 24118 Kiel |
| Jochen Jaeger | Akademie für Technikfolgenabschätzung in Baden - Würtemberg, Industriestr. 5, D -70565 Stuttgart |
| Björn Kralemann | Philosophisches Seminar der Christian Albrechts Universität zu Kiel, Leibnizstr. 6, D -24118 Kiel |
| Dr. Endre Laczko | Solvit, Postfach, CH - 6011 Kriens |
| Ulrike Middelhoff | Christian Albrechts Universität zu Kiel, Ökologie - Zentrum, Schauenburger Str. 112, D -24118 Kiel |

| | |
|---|---|
| Ulrike Middelhoff | Christian Albrechts Universität zu Kiel, Ökologie - Zentrum, Schauenburger Str. 112, D -24118 Kiel |
| Dr. Felix Müller | Christian Albrechts Universität zu Kiel, Ökologie - Zentrum, Schauenburger Str. 112, D -24118 Kiel |
| Yvonne Reisner | Forschungsinstitute für biologischen Landbau, Ackerstraße, CH - 5070 Frick |
| Jochen Schaefer | International Institute of Theoretical Cardiology, Schilkseer Str. 221, D - 24159 Kiel |
| Hubert Schulte-Bisping | Institut für Bodenkunde und Waldernährung der Universität Göttingen, Buesgenweg 2, D -37077 Göttingen |
| Dr. Barbara Weber | Öko - Institut e.V., Postfach 6226, D -79038 Freiburg |
| Dieter Zuberbühler | Forschungsinstitut für biologischen Landbau, Ackerstraße, CH - 5070 Frick |

# Inhalt

## Einführung

# Einführung:
# Der Ökologische Risikobegriff

# Der ökologische Risikobegriff -

# Einführung in eine vielschichtige Thematik

Broder Breckling und Felix Müller

*Ökologie Zentrum an der Christian Albrechts Universität zu Kiel, Schauenburgerstr.112, D-24118 Kiel, e-mail: broder@pz-oekosys.uni-kiel.de, felix@pz-oekosys.uni-kiel.de*

## Synopsis

Based on the historical background of the risk concept, the specific importance of risk for ecological problems is introduced.

The risk concept emerged originally in the context of uncertainty of economic initiatives in long distance trade. It addresses the ambivalence of gaining or loosing as an outcome of a decision to take action. If the loss refers to economic value, potential damage can be covered to some extent by insurances. In this context the calculation to cover the risk follows the definition of risk as the product of the probability that a loss (or damage) occurs and the quantity of loss or damage. From this perspective, the risk of rare events causing high loss can equal the risk of frequent events with minor losses.

The risk concept is relevant in an ecological context because human action using natural resources or altering ecological processes for specific human purposes in general faces insecurities concerning the outcome. Ecological research can contribute to reduce risk by extending the knowledge of functional responses of ecological systems which can be assumed to be certain. Nevertheless, the remaining uncertainty requires specific ecological risk management strategies. It is one of the major aspects in this context, that ecological damages frequently are not reversible. As ecological systems are not man-made but self-organizing, ecological dynamics in general are more difficult to understand than the interaction of technical items, which are constructed for specific purposes.

The paper introduces several aspects of dealing with ecological risk, covering landscape management, ecotoxicology, genetic engineering and a discussion of the interdisciplinary context covered in this book.

Keywords : *risk, ecological risk, environmental risk, risk management, landscape, ecotoxicology, genetic engineering, interdisciplinary mediation*

Schlüsselwörter: *Risiko, ökologische Risiken, Umweltrisiken, Risiko-Management, Landschaft, Ökotoxikologie, Gentechnik, Interdisziplinärer Zusammenhang*

## 1 Risiko: Das Umgehen mit dem Unvorhersehbaren

Der Arbeitskreis Theorie in der Gesellschaft für Ökologie hat als Schwerpunktthema für sein Jahrestreffen 1998 den Risikobegriff und dessen Bedeutung für ökologische Zusammenhänge ausgewählt. Die Thematik stieß auf eine unerwartet große Resonanz, und es sind Beiträge aus einer großen Spannweite ökologischer Arbeitszusammenhänge zustande gekommen, die sowohl theoretische Analysen und Modellkonzepte als auch praktische Aspekte zum Naturumgang und zur Landschaftsgestaltung umfassen.

Die Beschäftigung mit der Risikoproblematik aus Sicht der Ökologie ist ein Themengebiet, in dem Nachholbedarf in Theoriebildung besteht, da eine entwickelte Begriffsreflexion ihren Schwerpunkt bisher überwiegend im Bereich von Wirtschaft und Technik sowie deren Wechselwirkungen mit Politik und Gesellschaft gefunden hat (BANSE, 1996, BECHMANN, 1993, KONRAD 1992, CONRAD 1983). Welche Implikationen sich für diesen Zusammenhang aus ökologischer Sicht ergeben, ist dagegen weniger analysiert, obwohl viele der gesellschaftlich erkannten und diskutierten Risiken gerade ökologischen Zusammenhängen entstammen.

Zahlreiche Diskurse haben das Bewußtsein dafür geschärft, daß menschliches Handeln im Umweltbereich in seiner Summe gefährliche, unerwünschte und irreversible Folgen haben kann. Nicht zuletzt die breite Resonanz, die das Risiko globaler Klimaveränderungen durch erhöhte $CO_2$- Freisetzungen in die Erdatmosphäre in der Öffentlichkeit gefunden hat, verdeutlicht dies. Risiken betreffen aber nicht nur den globalen Rahmen. Ungewißheiten, unerwünschte Effekte und überraschend eintretende Schäden sind auf allen Ebenen der Natur anzutreffen, in die im Rahmen menschlichen Handelns eingegriffen wird und mit denen sich die Ökologie beschäftigt. Landnutzung, Agrarproduktion, Küstenschutz, die Freisetzung gentechnisch veränderter Organismen, Emission umweltwirksamer Chemikalien, Aussterberisiken bedrohter Populationen und viele weitere Themen verdeutlichen die Verantwortung des Menschen beim Umgang mit Naturzusammenhängen und die Abhängigkeit menschlicher Existenzbedingungen von der Funktionsfähigkeit des Naturhaushalts.

Hierzu gibt es in der Ökologie zwar eine umfängliche Erarbeitung der Einzelbereiche, es existiert jedoch keine übergreifende Risiko-Theorie ökologischer Interaktionen. Der Risikobegriff läßt sich dabei als eine wichtige Schnittstelle ansehen, über die ökologische Expertise und gesellschaftliches Handeln zusammenwirken. Um die Beziehung ökologischer, technischer und gesellschaftlicher Risikoauffassungen verstehen zu können, beschreiben wir zunächst den begrifflichen Hintergrund und Entstehungszusammenhang des Risikobegriffs und diskutieren einige ökologische Dimensionen und Strategien des Risikobegriffs, um dann die Beiträge dieses Bandes vorzustellen.

## 2 Begriffshintergrund

Sprachgeschichtlich läßt sich der Risikobegriff auf lateinische Wurzeln zurückführen: "risicare" (Klippen umschiffen) ist eine seiner ursprünglichen Bedeutungen. Auch das altpersische "rizq" (Lebensunterhalt, der von Gott und Schicksal abhängt) wurde als Ursprung diskutiert (BANSE 1996). Die eigentliche Karriere des Begriffs begann jedoch erst mit dem Ausgang des Mittelalters und dem Beginn der Neuzeit, als sich eine moderne Vorstellung von der Möglichkeit aktiver menschlicher Entscheidung durchzusetzen begann.

**Abb. 1:** Das Eismeer - die gescheiterte Hoffnung. In romantischer Dramatisierung zeigt Caspar David Friedrich auf diesem Gemälde von 1824 einen Ursprungstopos, der historisch für die Entwicklung des Risikobegriffs von zentraler Bedeutung war: Das Wahrnehmen alternativer Handlungsoptionen in Erwartung eines potentiellen Nutzens, verbunden mit der Gefahr eines eventuell existenzbedrohenden Schadens.

## 2.1 Entstehungszusammenhang des Risikobegriffs

Das mittelalterliche Weltbild sah den Spielraum menschlichen Handelns als weitgehend vorgegeben an, als feststehend reguliert und darüber hinaus der göttlichen Vorsehung unterworfen. Selbstbestimmtes, aktives und eigenverantwortliches Handeln war daher wenig möglich, und das übliche Handeln war damit in weitem Umfang von individueller Verantwortung entlastet. Entscheidungsfreiheit und Handlungsautonomie waren nicht das Bestimmende, sondern vielmehr die Eingebundenheit in einen im Grundsatz als unveränderlich angenommenen Daseinszusammenhang (siehe dazu FRAENGER, 1975, BRANDT 1988, SOHN-RETHEL, 1990, 1991). Dieser schloß einen eigenen Gestaltungsfreiraum für den größten Teil der Bevölkerung aus.

Zum Ende des Hochmittelalters nahm der Fernhandel größeren Umfang an und es entstand eine breitere soziale Basis städtischer Lebenszusammenhänge. In diesem Kontext entstand die Notwendigkeit, für neue Erfahrungen aus dem Bereich der Folgewirkungen der Wahl von Handlungsalternativen angemessene Begriffe zu finden (SOHN-RETHEL 1990). Aufgrund des Bestehens zahlreicher Unwägbarkeiten waren Handelsunternehmungen über weite Entfernungen erheblichen Gefahren ausgesetzt, und es war eine Frage der eigenen, bewußten Entscheidung, sich den zu erwartenden Widrigkeiten auszusetzen, Wagnisse einzugehen oder zu vermeiden und die Gefahren gegen den im Falle des Erfolges erreichbaren Nutzen oder Gewinn abzuwägen.

Dies ist der ursprüngliche Kontext des Risikobegriffs, der durch andere gebräuchliche Begriffe nicht in dieser Prägnanz abgedeckt wurde. Charakteristisch ist also die ambivalente Verknüpfung von Gefahr (periculum) und Glück (fortuna) im Resultat von Entscheidungsalternativen:

"Risco, Risico, lat. periculum, fortuna, heissen die Kaufleute die Gefahr, so ihnen aus dem Handel möchte zuwachsen, wenn sie das Wechsel-Recht überschreiten; ingleichen die Wagung, daher sagen sie, ich will den See-Risico, oder die Seegefahr wagen, oder dafür stehen ... ist soviel als wagen, und geschieht gar vielfältig bey den Kaufleuten, welche über See und Land handeln, und dabey vielen Gefährlichkeiten unterworfen sind, sonderlich in Kriegs- und Winterszeiten, in Sturm und Ungewitter, für Seeräubern und dergleichen."
(Zedlers "Grosses und vollständiges Universal-Lexicon Aller Wissenschafften und Künste", Ein und

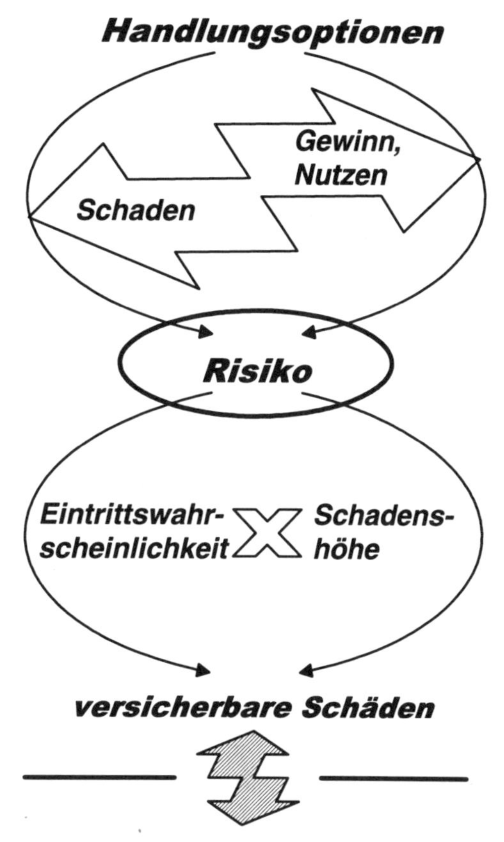


**Abb. 2:** Risiken basieren auf Handlungsoptionen unter Bedingungen der Ungewißheit des Einzelfalles, wobei erwarteter Nutzen und möglicher Schaden abzuwägen sind. Sofern Eintrittswahrscheinlichkeit und Schadenshöhe ermittelbar und monetär ausgleichbar sind, ist u.U. die Abwälzung von Risiken auf eine Gemeinschaft möglich (Versicherung). Dies kann jedoch nur einen Teil möglicher Risikosituationen erfassen.

Dreyßigsten Band von 1742, Spalte 1739, zit. n. BANSE 1996, S. 24)

Der ursprüngliche Kern des Risikobegriffs bezieht sich also auf eine Entscheidungssituation, in der ein als erreichbar erachteter Gewinn bzw. Nutzen einer damit verbundenen Gefahr bzw. einem potentiellen Schaden gegenübersteht (LUHMANN 1993). Risiken setzen Handlungsalternativen voraus. Charakteristisch ist ferner das Bestehen von Erfahrung mit der Entscheidungssituation. Die Art und die Häufigkeit der zu erwartenden Unwägbarkeiten sind nicht völlig unbekannt. Ihr Eintreffen im Einzelfall ist nicht vorhersehbar, aber hinsichtlich der Art möglicher Ereignisse und deren Häufigkeit existieren Anhaltspunkte (PRIDDAT 1996). Risiken sind operationalisierbar.

## 2.2 Risikoausgleich: Versicherungen

Eine erste Form organisierter Risiko-Operationalisierung entwickelte sich ebenfalls im Umfeld des Fernhandels. Zwar ließen sich die Unwägbarkeiten der frühmodernen Handelsunternehmungen nicht beseitigen, entstehende Schäden konnten jedoch begrenzt und abgefangen werden. Kaufleute schlossen sich zu Schutzgemeinschaften zusammen. Aus dem Erlös "gelungener Wagnisse" wurden gemeinschaftliche Rücklagen gebildet, aus denen beim Verlust von Schiffen oder Handelsexpeditionen Ersatz geleistet wurde, der für den Einzelnen überlebenswichtig sein konnte. Aus diesem Zusammenhang heraus entwickelte sich das Versicherungskonzept als Sozialisierung von Risiken.

Bestehende, irreduzible Risiken lassen sich vom Einzelnen auf eine Gemeinschaft übertragen, wenn das Eintreten von Schadensereignissen in ihrer Gesamtheit vorhersehbar ist und der Gesamtumfang der Schäden kalkulierbar. Hierzu sind spezifische Voraussetzungen erforderlich. Es muß sich um Situationen handeln, die eine hinreichende Ähnlichkeit aufweisen. Über diese müssen Informationen vorliegen, so daß sich Eintrittswahrscheinlichkeiten ermitteln lassen. Ferner muß der Schaden einheitlich ausdrückbar sein im Hinblick auf seine Ersetzbarkeit. Dies geschieht üblicherweise durch ein monetäres Äquivalent. Ersetzt wird also nicht eine im Sturm verlorengegangene Schiffsladung sondern ihr Wert in geltender Währung.

Hier finden wir einen Zusammenhang vorgebildet, der in heutiger Zeit durch die Versicherungswirtschaft auf viele ähnlich strukturierte Zusammenhänge übertragen wurde (BRAESS 1960). Die zu bildenden Rücklagen stehen in Proportion zu Eintrittswahrscheinlichkeit und Schadenshöhe. Aus dieser Perspektive sind häufige, geringfügige Schäden äquivalent zu seltenen Schadensereignissen entsprechend größeren Umfangs. Die Quantifizierung des Risikos ergibt sich also als Produkt aus Schadenshöhe und Eintrittswahrscheinlichkeit.

Aus dem entwickelten Zusammenhang läßt sich auch ableiten, welche Risiken versicherbar sind, nämlich nur jene, die dieser Art der Operationalisierung zugänglich sind. Die Informationsbasis über Eintretenswahrscheinlichkeiten und Schadenshöhen setzt eine größere Anzahl gleichartiger bzw. vergleichbarer Ereignisse voraus. Sie müssen sich auch in einer begrenzten Größenordnung bewegen. Schäden, die nicht monetarisierbar sind oder deren Umfang im Falle des Eintretens den Versicherer oder das monetäre System insgesamt überfordern könnten, sind nicht versicherbar.

Über den Schadensersatz wie auch über den erreichbaren Nutzen besitzt der Risikobegriff einen engen Bezug zum ökonomischen Handeln. Dieser prägt in wesentlichem Umfang auch die späteren Begriffsbildungen und Analysen des Themenbereichs (PHILIPP 1967, ROWE 1983).

Um schließlich die Besonderheiten ökologischer Risiken diskutieren zu können, sprechen wir hier zunächst verschiedene Anwendungszusammenhänge an, die der Risikobegriff heute abdeckt.

### *Alltagsrisiken*

Der Umgang mit Risiken ist in dem Maße zentraler Bestandteil des täglichen Lebens wie Entscheidungen zu treffen sind, deren Folgen nicht mit voller Gewißheit zu überblicken sind. Rationales Handeln ist in weiten Bereichen durch Ri-

**Abb. 3:** Das Uhrwerk als Paradigma eines technischen Systems - hier eine Skelettuhr aus dem 19. Jahrhundert. Die Teile verdanken ihre Struktur der Ausrichtung auf eine vorgegebene Funktionalität. Mit dem Versagen von Einzelteilen erlischt die Funktionalität des Gesamtzusammenhangs. Lebende Systeme stellen diese als Resultat der internen Wechselwirkungen selbst her. Technische Systeme erleiden aufgrund physikalisch bedingter Abweichungen von einer absoluten Materialkonstanz notwendigerweise Funktionsverluste. Foto: Johannes Tanoko.

sikoabwägungen geprägt. Das Stattfinden von Risikoabschätzungen ist Indikator für das Bestehen von Entscheidungsfreiräumen des Alltags (GEO 1992). Die Konjunktur von Diskussionen über den Risikobegriff ist unseres Erachtens nicht einfacher Ausdruck eines verstärkten modernen Sicherheitsbewußtseins oder eskalierten Sicherheitsbedürfnisses (KROHN & KRÜKKEN 1993) sondern Ausdruck der Tatsache, daß das Handeln des Einzelnen in seinen Konsequenzen von ihm oder ihr selbst überblickt und verantwortet werden muß. Geldanlage, Gesundheitsvorsorge, berufliche Entwicklung, Freizeit und Reisen beinhalten Entscheidungsfindungen, deren Konsequenzen funktional nur näherungsweise ableitbar sind. Strikte Funktionalität, die "sichere" Wenn-Dann-Beziehungen ohne verbleibendes Risikopotential garantiert, ist aus der Alltagsperspektive betrachtet ein theoretisches Ideal. Persönliche *Erfahrung* als Entscheidungsbasis hingegen beinhaltet zum großen Teil ein zu individuellen Strategien verarbeitetes Vergangenheitsbewußtsein, das durch den Umgang mit erlebten Alltagsrisiken gebildet wurde und zur Entwicklung orientierungserleichternder Verhaltensweisen beiträgt. In formale Konzepte überführt, wirken diese Strategien auch in den Bereich technisch-wissenschaftlicher Rationalität hinein, wo es darum geht, komplexe Zusammenhänge und deren unvorhersehbare Wechselwirkungen mit der Außenwelt zu organisieren.

*Risiken im Umgang mit technischen Systemen*

Technische Systeme sind materielle Vorrichtungen, deren Zusammenwirken darauf eingerichtet wird, vorgegebene Zwecke zu erfüllen, meist im Hinblick auf Produktionszielsetzungen. Die Sicherheit technischer Systeme ist ein bedeutendes Feld der wissenschaftlichen Risikoanalyse (KROHN & KRÜCKEN 1993). Insbesondere im Bereich der Atomtechnik, wo aufgrund extremer, nicht versicherbarer Schadenshöhen auch noch die unwahrscheinlichsten Koinzidenzen vermieden werden müssen, unter denen sich das vorhandene Schadenspotential entfalten kann, sind Strategien der Risikoabschätzung verändert und verfeinert worden (NOWOTNY 1993, JUNGERMANN et al. 1990, RENN 1984). Gerade für großtechnische Anlagen trifft es zu, daß die gefährlichsten Schadensereignisse mit allen Mitteln (ggf. durch den Verzicht auf die Handlungsoption) ausgeschlossen werden müssen. Sie sind also auch nicht experimentell zu Untersuchungszwecken herbeiführbar. Da Risiken wie oben begründet nur im Hinblick auf sich wiederholende Ereignisse, nicht jedoch für Singularitäten abschätzbar sind, muß sich die Risikoanalyse komplexer technischer Systeme in diesem Bereich indirekter Verfahren bedienen. Das funktionale Interaktionsgefüge wird dazu in eine Vielzahl von Einzelkomponenten zerlegt, für die in separaten Erprobungen mit entsprechenden Wiederholungen Versagenswahrscheinlichkeiten abgeleitet werden. Entsprechend dem Zusammenwirken der Einzelprozesse lassen sich diese dann zu Wahrscheinlichkeiten eines Gesamtversagens verknüpfen oder zu Wahrscheinlichkeiten des Versagens von zusammengesetzten Komponenten (BAYER 1985). Die Güte entsprechender Abschätzungen ist jedoch letztlich nicht streng überprüfbar.

Ein weiterer Aspekt des Risikobegriffs läßt sich an technischen Risiken deutlich hervorheben. Bei Alltagsrisiken betrifft ein bedeutender Teil der möglichen Schäden, die potentiell mit einer risikobehafteten Entscheidung verbunden sind, direkt oder zumidest hauptsächlich denjenigen, der auch die entsprechende Handlungsoption zur Erreichung eines angestrebten Nutzens wählt. In Form eines entgangenen Nutzens oder des Entstehens eines Anspruchs eines anderen auf Schadenersatz ist in den meisten Fällen eine direkte, überschaubare Nähe von Handlungsentscheidung und Wirkungszusammenhang gegeben. Gerade bei großtechnischen Systemen ist dies anders. Es zeigt sich, daß derjenige, dem die Handlung obliegt, der also über das Eingehen oder Nichteingehen von Risiken entscheidet, im Falle des Gelingens den Nutzen hat. Im Falle von Schadensereignissen jedoch betreffen diese unter Umständen eine Vielzahl anderer, die keine direkten Einwirkungsmöglichkeiten und keine direkte Beteiligung am jeweiligen Entscheidungs- und Handlungszusammenhang haben (RENN 1984). Ein Atomunfall ist nicht nur Sache der Bedienungsmannschaft oder der Betreiber, sondern betrifft Menschen und Umwelt weit darüber hinaus.

Um dieser Problematik Rechnung zu tragen, wurden bereits mit dem Aufkommen industrieller Systeme im neunzehnten Jahrhundert Handlungsspielräume im Rahmen verbindlicher Vorschriften gesetzlich eingeschränkt (BANSE 1996). Die allgemeine Verbindlichsetzung technischer Normen, die gezielt Handlungsoptionen einschränken bzw. Handlungen auferlegen, sind eine entscheidende Risiko-Bewältigungsstrategie. Sie dienen dazu, der Entkopplung von Handlungsoption und damit verbundener Gewinnung von Nutzen einerseits und den potentiell drohenden Schäden andererseits Rechnung zu tragen. Die staatliche Aufsichtsfunktion, die diese Regeln verankert und durchsetzt, hat zum Ziel, die Abwälzung von Risiken auf Nichtbeteiligte zu verhindern bzw. zu begrenzen und verbindliche Standards der Risikoeinschränkung bzw. Risikovorsorge verbindlich zu machen. Dies ist eine wesentliche Funktion, der die Risiko-Regulation auf der Ebene des Rechts bzw. der Legislation dient (Di FABIO 1996, LADEUR 1993, MARBURGER 1985)

*Umweltrisiken*

Da technische Systeme auf einen Zweck hin konstruiert sind, sind sie im Zusammenwirken ihrer Komponenten vollständigerer analysierbar als natürliche Systeme, mit denen wir es in unserer Umwelt zu tun haben. Die trotz erheblicher Sicherheitsmaßnahmen vorkommenden Großunfälle und Katastrophen in der Chemischen Industrie, das Abbrennen der Raumfähre Challenger sowie das Versagen der Atomanlagen von Tschernobyl und Three Mile Island verdeutlichen, daß auch für die mit großem Aufwand konstruierten technischen Systeme gilt, was uns jeder Reisewecker vermittelt, daß technisches Versagen als grundsätzliche Eigenschaft technischen Systemen inhärent ist.

Natürliche Systeme, auf deren Funktionieren die menschliche Existenz im allgemeinen wie im einzelnen in vielfältiger Weise angewiesen ist, besteht im Wesentlichen aus vorgefundenen und nicht aus von uns selbst konstruierten Beziehungs-Netzwerken. Da technische Anlagen sozusagen als materialisierte Funktionsvorstellungen generiert sind, lassen sie sich begrifflich weit besser erfassen als ökologische Beziehungen. Unsere Kenntnis der beteiligten Interaktionen, sowohl der beteiligten Komponenten wie ihrer Zusammensetzung ist wesentlich unvollständiger. Damit werden spezifische Dimensionen des Risikobegriffs in ökologischer Hinsicht deutlich. Risikoabschätzungen lassen sich weit weniger vollständig auf überschaubare Kausalzusammenhänge stützen als dies bei technischen Systemen der Fall ist. Für viele Umweltsysteme ist der Rekurs auf persönliche Erfahrung, sowie auf die Kenntnis der Vergangenheit der jeweiligen Systeme zentral (KREEB 1979). Risikoabschätzungen beziehen sich häufig auf die Geschichte des Systems, d.h. auf Ereignisfolgen, die durch einen wesentlichen Anteil singulärer Aspekte gekennzeichnet sind. Meist ist es nicht leicht, diese von kausal zugänglichen und damit funktional operationalisierbaren Aspekten zu unterscheiden. Viele Kontroversen im Umweltbereich besitzen hier ihre Ursache.

Wenn wir im folgenden die ökologischen Dimensionen des Risikobegriffs skizzieren, zeigt sich, daß wir vom gesamten Spektrum bestehender Risikostrategien Gebrauch machen müssen, sowohl den intuitiven aus dem Alltagsbereich wie auch den formal operationalisierten, wie sie für technische Systeme heranziehbar sind. Darüber hinaus erfordern ökologische Systeme die Berücksichtigung spezifischer Strategien und unterschiedlicher lokaler Eigenheiten.

## 3 Ökologische Dimensionen des Risikobegriffs

Gehen wir zunächst von der Bedingung aus, daß die Risikoabwägung Handlungsalternativen voraussetzt. Ein wichtiger Teil menschlicher Tätigkeit besteht darin, in Naturzusammenhänge gestaltend einzugreifen, um einen angestrebten Nutzen zu erreichen bzw. Gefahren abzuwenden (BICK et al. 1989). Dies betrifft insbesondere die landwirtschaftliche Praxis, darüber hinaus aber auch flächenwirksame Entscheidungen im Hinblick auf Bau und Verkehr oder den Umgang mit Produktionsrückständen, Abfällen u.a. Die ökologische Dimension ist überall da eingeschlossen, wo auf Entscheidungsalternativen basierendes menschliches Handeln unter Einschluß partieller Ungewißheiten mit der Natur wechselwirkt.

*Ökologische Systeme sind selbstorganisiert.* Sie folgen nicht einer von außen vorgegebenen Zwecksetzung (MÜLLER et al. 1997, MÜLLER & LEUPELT 1998). Ihre Dynamiken resultieren

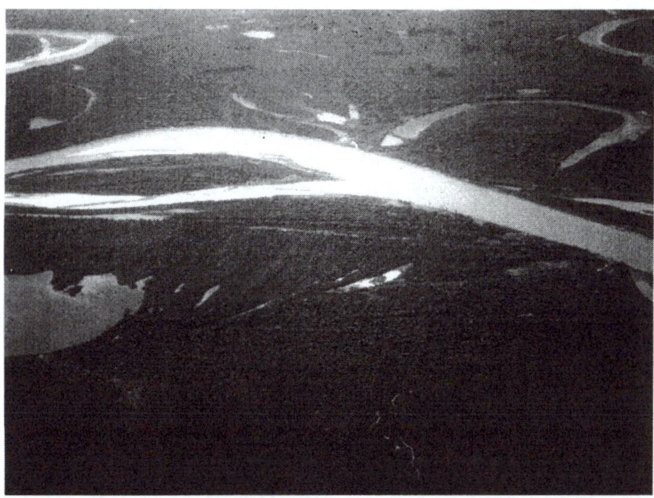

**Abb. 4:** Ökologische Systeme sind selbstorganisierend. Ein Blick auf ein Regenwald-Ökosystem (Peru, Rio Ucayali) zeigt, daß der Landschaftszusammenhang von der engen Wechselwirkung terrestrischer und aquatischer Prozesse geprägt ist. Diese bringen ein hochkomplexes Netz von Beziehungen hervor, das räumlich und zeitlich in steter Veränderung begriffen ist. Risikomanagement setzt im Umgehen mit derartigen Systemen entweder einen Bezug auf die traditionsgebundene Erfahrung der indigenen Bevölkerung voraus oder eine hochdifferenzierte ökologische Systemanalyse, die im Falle der feuchten Tropen von der Wissenschaft bis heute nur in Ansätzen geleistet werden kann.

aus der Wechselwirkung der beteiligten Komponenten. In dieser Hinsicht unterscheiden sich ökologische Risiken graduell von technischen: Sie betreffen in der Regel weit weniger gut greifbare und durchschaubare Faktorengefüge. Der praktische Naturumgang gründet sich denn auch weit weniger auf das Bestreben einer vollständigen Kausalanalyse als auf Erfahrung.

Die Anwendbarkeit von Erfahrungswissen setzt voraus, daß die bestimmenden Wirkungsbeziehungen in einem gegebenen naturräumlichen Umfeld wenigstens näherungsweise dieselben bleiben. Unter dieser Bedingung relativer Invarianz lassen sich traditionsgestützte Handlungsmuster zur Risikobewältigung formulieren. Die Festlegung "guter landwirtschaftlicher bzw. forstlicher Praxis" als Maßstab für die Angemessenheit von Eingriffen drückt diese Komponente als traditionsgebundene Orientierungsrichtlinie aus.

*Ökologische Systeme sind historische und dynamische Systeme.* Obwohl das ökologische Gefüge sich in vieler Hinsicht resilient verhält, entstehen immer wieder Situationen, in denen entweder aus dem System selbst heraus oder als Folgewirkung von Eingriffen sich bisher unbekannte, neue Charakteristika als dominant herausbilden, die vorher nicht zu beobachten waren. Hierin kommt die Veränderungs- und Entwicklungsfähigkeit des ökologischen Gefüges zum Ausdruck (KREBS 1985). Erfahrungsbasierter Risiko-Umgang verliert dort seine Grundlage, wo qualitativ neue Wechselwirkungen bestimmend in Erscheinung treten.

Ein solcher Gültigkeitsverlust von Erfahrungswissen trifft in den letzten Jahren beispielsweise die Forstwirtschaft. Durch die großflächig wirksamen Emissionen, die sowohl als wachstumsfördernde Pflanzennährstoffe (Nitrat und Sulfat) aber auch als belastende Säureeinträge mit der Folge großflächiger Schäden (Waldsterben) wirksam sind, verlor ein wesentlicher Teil forstlichen Wissens seine handlungsleitende Validität (HAUHS & LANGE 1996). Die Anwendung wissenschaftlicher Detailanalysen in der Waldschadensforschung wurde entscheidend für die Abschätzung von Handlungsfolgen und Risiken, obwohl auch sie lediglich begrenzte Orientierung und weniger eine vollständige Sicherheit über das Zusammenwirken aller Faktoren liefern konnte.

Innerhalb der Vielzahl von Wechselwirkungszusammenhängen ist es in der Regel nicht einfach, bei sich verändernden Faktorenkonstellationen diejenigen zu identifizieren, die für beobachtete Veränderungen ausschlaggebend sind. Der kausalen Operationalisierung sind daher für ökologische Systeme auch bei hohem Aufwand häufig nicht überschreitbare Grenzen gesetzt (BRECKLING 1992).

*Ökologische Systeme sind vernetzte Systeme.* Die Selbstorganisation ökologischer Gefüge schafft Zusammenhänge mit zahlreichen indirekten Wirkungen. Folgewirkungen und die Folgen von Folgewirkungen können in unerwarteter Weise zurückwirken. TISCHLER (1979) hat hierfür auch den Begriff der ökologischen Fernwirkung eingeführt. Es kann vielfach auch davon ausgegangen werden, daß nicht nur als Nebenwirkung, sondern gerade als Folge des erwünschten Resultats ungewollte Schäden eintreten.

Für die Risikobetrachtung ergeben sich hier besondere Schwierigkeiten. Selbst unter der Bedingung, daß die Zielsetzung einer Handlung erreicht wird, können durch diese Folgen in Gang gesetzt werden, die in ganz anderen Zusammenhängen unerwünscht wirken oder intolerabel sind. Hier resultieren schwerwiegende Abwägungsprobleme.

Die Chemikalie DDT beispielsweise wird bis heute als billiges Insektizid in der Malariabekämpfung eingesetzt. Als solche ist sie trotz partieller Resistenzerscheinungen nach wie vor überwiegend effizient und trägt zur Verhinderung der Ausbreitung schwerwiegender, lebensbedrohlicher Infektionen bei. Bekannt ist jedoch auch, daß sie sich als persistente chlororganische Verbindung im Fettgewebe von Organismen anreichert, auch beim Menschen. Dort wirkt sie u.a. nervenschädigend, insbesondere dann, wenn beim Abbau von Fettgewebe im Falle von Krankheiten DDT im Körper mobilisiert wird. Für Organismen, die als Endglieder an der Spitze der Nahrungspyramide stehen, ergeben sich hochgradige Anreicherungen. Greifvögel sind besonders betroffen. Der Ausfall der Kontrolle von Nahrungsnetzen durch die Top-Prädatoren kann fundamentale Veränderungen in der Artenzusammensetzung nach sich ziehen.

*Ökologische Systeme erzeugen emergente Phänomene.* Lokale, kleinräumige Interaktionen sind häufig maßgeblich für die Ausprägung großräumiger Eigenschaften. Unter Umständen können geringfügige Änderungen auf der einen Seite Rückwirkungen auf anderen Organisationsebenen haben. Das Resultat ergibt sich gesamtheitlich in Verbindung mit dem jeweiligen Kontext. Eine hier erfolgreiche Maßnahme kann anderenorts völlig versagen. Die Kontextabhängigkeit zeigt sich besonders darin, daß Wirkungsverknüpfungen über mehrere Integrationsebenen hinweg erfolgen können (MÜLLER et al. 1997, WIEGLEB 1996).

Plötzliche und unerwartete Massenvermehrungen bestimmter Algenarten können auf relativ geringe Änderungen von Strömungsverhältnissen oder Nährstoffkonzentrationen hin erfolgen und durch die Erzeugung toxischer Stoffwechselprodukte dramatische ökologische Veränderungen hervorrufen (KONONEN & ELBRÄCHTER 1996).

Die ökologische Risikoanalyse ist dabei häufig darauf beschränkt, eine nachträgliche Ursachenforschung zu betreiben, um Anhaltspunkte für Vorsorgemaßnahmen formulieren zu können.

## 4 Ökologische Risikostrategien: Objekt- und Metastrategie

Es wird deutlich, daß im Zusammenhang mit ökologischen Risiken das gesamte Repertoire unterschiedlicher Risikostrategien in integrierter Weise zur Anwendung kommen kann, ökonomische, technologisch orientierte Verfahren ebenso wie alltagspraktische und philosophisch-ethische Erwägungen. Die Besonderheiten der ökologischen Risikoanalyse ergeben sich daraus, daß Naturzusammenhänge nicht nur komplex und selbstorganisierend sind, sondern weil die Träger der ökologischen Prozesse, die Organismen, vermehrungsfähig sind. Das bedeutet auf der einen Seite, daß biologische Wirkpotentiale umfassender als dies bei abiotischen Gegebenheiten der Fall ist Selbstverstärkungs- und Ausbreitungsfähigkeiten besitzen. Auf der anderen Seite sind Verluste nicht ersetzbar. Ausgestorbene Arten sind nicht wieder "reproduzierbar". Bestimmte Typen ökologischer Schäden sind irreversibel. Ihre Vermeidung erfordert effiziente, langfristig orientierte Schutzstrategien.

Während im ökonomischen Bereich Schäden sich überwiegend als monetäre Verluste darstel-

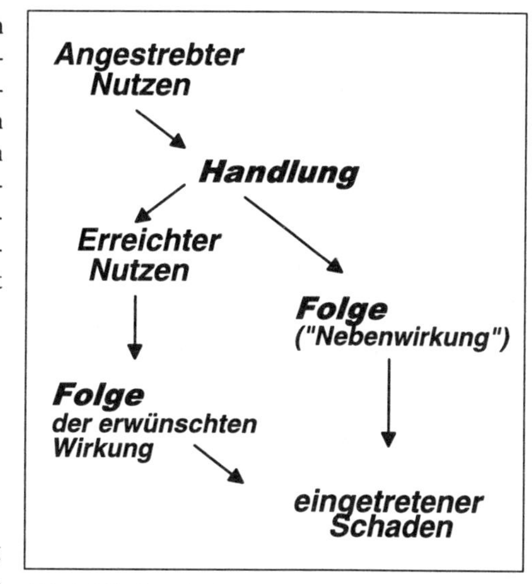


**Abb. 5:** Die Komplexität und Selbstorganisationsfähigkeit des ökologischen Gefüges bringen es mit sich, daß nicht nur als unbeabsichtigte Folgewirkung von Handlungen im Umweltbereich Schäden eintreten, sondern auch durch das Erreichen des angestrebten Nutzens.

len lassen und wir es im technischen Bereich wesentlich mit Versagenswahrscheinlichkeiten von Anlagen zu tun haben, ist die Spannweite der in der Ökologie zu berücksichtigenden Aspekte in qualitativer Hinsicht besonders vielfältig. Als typische Bereiche sind zu nennen

- Beeinflussung abiotischer Parameter (z.B. Strahlung, Klima), die die Aktivitätsmöglichkeiten von Organismen und damit großräumig oder kleinräumig das ökologische Gefüge nachteilig verändern (z.B. durch Ozonabbau in der Stratosphäre bedingte Erhöhung der UV-Strahlung, Treibhauseffekt)
- nachteilige Veränderung des Stoffhaushalts von Ökosystemen durch Einträge von Nährstoffen (Eutrophierung) bzw. Eingriffe, die zu Nährstoffverlusten (Auswaschung) führen
- Einbringen ökotoxikologisch wirksamer Xenobiotika
- Reduzierung oder Verlust von Arten (Biodiversität)
- Einschleppung von Fremdarten ("exotic species")

Entscheidungen unter Bedingungen der Ungewißheit erfordern zunächst wie bereits für die alten, kaufmännischen Entscheidungen des spätmittelalterlichen Fernhandels skizziert, die möglichst umfassende Auswertung der gegebenen Informationsbasis. Durch moderne Techniken haben sich im Umweltbereich zahlreiche neue

Möglichkeiten entwickelt. Geographische Informationssysteme bzw. Umweltinformationssysteme sind eine der Bereicherungen (ZÖLITZ-MÖLLER & HEINRICH 1996, HOSENFELD & WINDHORST 1998).

Entscheidungsbeeinflussend sind weiterhin traditionelle Prägungen des Erfahrungshintergrundes. Gelungene "Wagnisse" ermutigen auch im ökologischen Zusammenhang zu Wiederholungen. Erfahrungen werden überwiegend qualitativ ausgewertet, denn genauere quantitative Abschätzungen sind weit schwerer.

Die Möglichkeiten quantitativer Abschätzungen wurden durch formale Techniken der Modellbildung wesentlich erweitert (BRECKLING & ASSHOFF 1996). Ökologische Modellbildung weist aber auch darauf hin, daß die Vielfältigkeit der Beziehungen, die sich immer nur näherungsweise erfassen läßt, nur in wenigen Fällen Prognosen zuläßt, die als sicher anzunehmen sind. Viel eher lassen sich Modellanalysen auffassen als systematisierter Versuch, nicht auf den ersten Blick erkennbare Implikationen des vorhandenen Wissens aufzudecken, auf Kenntnislücken aufmerksam zu machen oder Inkonsistenzen in Annahmen über ökologische Prozesse aufzufinden und damit Anregungen für gezieltere Informationsgewinnung zu liefern.

Eine Formalisierung des Vorgehens bezogen auf bestimmte Fragen des Landschaftshaushalts beschreiben RECK & KAULE (1993). Der von ihnen skizzierte Bereich deckt aber nur einen Teil der Felder ab, in dem ökologische Expertise zum Umgang mit Risiken erforderlich ist. Der folgend genannte Aspekt der Schutzgüter "Arten und Biotope" ist jedoch - neben ökotoxikologischen Aspekten - der am differenziertesten gesetzlich regulierte:

> "Eine geeignete Möglichkeit, die Umweltverträglichkeitsstudie durchzuführen ist die 'ökologische Risikoanalyse'. Dabei werden die Zusammenhänge zwischen den geplanten Maßnahmen und ihren Wirkungen auf vorhandene Ressourcen und Nutzungen dargestellt. Analysiert wird, welche Veränderungen die Schutzgüter nach UVPG und nach NatSchG bei der Durchführung der Maßnahmen erfahren würden, welche davon positiv, d.h. den Umweltqualitätszielen entsprechen und welche negativ wirken.
>
> Zur vergleichenden Darstellung (Skalierung) der Schwere potentieller Belastungen für die Schutzgüter 'Arten und Biotope' werden zuerst die punktuell erhobenen Daten, z.B. die Artenvorkommen von Probenflächen mit den flächendeckend vorhandenen Daten, z.B. Strukturtypenkartierung, überlagert, so daß eine flächendeckende Bewertung der Lebensraumqualität ermöglicht wird. Danach müssen zur wertenden Beurteilung der Schwere von Konflikten bezüglich der Belange des Arten- und Biotopschutzes sowohl die Qualität als auch die Quantität möglicher Veränderungen und die Ausgleichbarkeit möglicher Beeinträchtigungen dargestellt werden. Die Beurteilung der Qualität der Veränderung kann hierarchisch aus der Bedeutung (Wertstufe) der betroffenen Flächen für Arten und Lebensgemeinschaften hergeleitet werden. Die Quantität bzw. die Schwere und das Ausmaß der Veränderung ergibt sich aus der Überlagerung der Wirkfaktoren mit den Ansprüchen der jeweils empfindlichsten wertgebenden Arten oder Artengemeinschaften.... Entscheidend für die Beurteilung ist die Erheblichkeit und die Nachhaltigkeit möglicher Beeinträchtigungen." (S. 75)

Der Umgang mit ökologischen Risiken und die darauf abzustellenden Handlungen besitzen in den meisten Fällen prozessualen Charakter. Sie erfolgen wiederholt und stehen deshalb vor der Aufgabe, sich an die verändernden ökologischen Gegebenheiten zu adaptieren. Die Entscheidung, die heute angemessen war, kann sich später als den gewandelten Risiken nicht angemessen erweisen. Fortlaufende Umweltbeobachtung, Systematisierung und funktionell orientierte Auswertung unter Zurkenntnisnahme der Unvollständigkeit und Vorläufigkeit der gegebenen Informationsgrundlage wurde von uns unter dem Stichwort des "predictive monitoring" zusammengefaßt (BRECKLING & REICHE 1996).

Hiermit sind wesentliche prinzipielle Umgehensweisen mit ökologischen Risiken auf der Objekt-Ebene genannt. Ökologische Risikostrategien insgesamt bedürfen zusätzlicher Reflexionen auf einer Meta-Ebene. Zum Begriffsfeld ökologischer Risikoüberlegungen gehören auch Betrachtungen, die die Effizienz des Risikoverhaltens evaluieren und erforderlichenfalls neu ausrichten. Auch die Regulierungsmaßnahmen, die als Gesetze und Verordnungen gefaßt sind, bedürfen dieser Reflexion. Entsprechen sie dem aktuellen Kenntnisstand, haben sie sich als angemessen oder verbesserungsfähig erwiesen, auf welche Veränderungen ist zu reagieren? Dies sind Meta-Überlegungen, die im Vergleich mit der Objekt-Ebene noch zu wenig bearbeitet werden (LADEUR 1993). Aus der Wandlungsfähigkeit ökologischer Beziehungen folgt jedoch, daß gerade im Umgang mit ökologischen Risiken die Einstellung auf neue und unerwartete Entwicklungen unverzichtbare "Zutat" validen Risiko-Umgangs sein muß.

Hier knüpft auch ein letzter zu nennender Aspekt an, der sich als strategische bzw. ethische Risikovorbereitung bezeichnen läßt. Wenn, was zweifelsfrei der Fall ist, die Handlungsfähigkeit des Menschen einzeln oder in der Gesellschaft vital abhängig ist von der Entwicklung der ökologischen Gegebenheiten, ist Vorsorgeverhalten imperativ. Es kann im Naturumgang insgesamt nicht nur um Fragen gehen, welche Schadstoffe verkraftbar sind, welcher Nutzen unter Inkaufnahme welcher Schäden gewinnbar ist. Es geht auch darum, uns aktiv auf das Unvorhersehbare, auf neue ökologische Entwicklungen und Dynamiken einzustellen. Unsere Einwirkungsfähigkeit erlaubt eine aktive Rolle: Wie sind Eingriffe zu positionieren, auszuweiten oder zu limitieren, um die Selbstorganisationsfähigkeit und Entwicklungsfähigkeit ökologischer Systeme, von denen wir abhängen, zu stärken, mithin ökologische Integrität sowohl zu analysieren als auch zu fördern.

## 5 Beiträge in diesem Band

In diesem Band sind Arbeiten zusammengestellt, die Beispiele zum Umgehen mit ökologischen Risiken aus verschiedenen Problemfeldern geben, in denen die ökologische Expertise eine wichtige Rolle spielt. Darüber hinaus sind Arbeiten enthalten, die begriffskritische und interdisziplinäre Aspekte beleuchten.

*Landschaftshaushalt*. Ein erstes wichtiges Arbeitsfeld, in dem mit ökologischen Risiken umgegangen wird, sind Handlungsoptionen im Hinblick auf den Landschaftshaushalt. *Karsten Borggräfe* schildert hier die Verwendung des Risikobegriffs im Hinblick auf die praktische Umsetzung von Naturschutzvorhaben. Dabei überlagern sich zwei divergente handlungsleitende Perspektiven: Die Erreichung von Schutzzielen muß gegenüber anderen, konkurrierenden Nutzungen abgewogen werden, die insbesondere die Landwirtschaft oder touristische Nutzungen betreffen. Dabei spielt eine Rolle, ob Nutzungseinschränkungen zumutbar sind im Hinblick auf denjenigen Nutzen, der als Motiv hinter dem Naturschutzvorhaben steht. Beide sind in der Regel qualitativ verschieden und bedürfen einer Abwägung, die nicht selten konfliktträchtig ist. Der Beitrag bezieht sich auf Erfahrungen, die im Otterzentrum Hankensbüttel gesammelt wurden.

Schutz und Nutzung können in unmittelbarem Zusammenhang stehen. *Uta Berger* und *Marion Glaser* berichten in ihrem Beitrag über die Problematik des Managements von Mangrovengebieten in Brasilien. Deren Nutzung stellt die Lebensgrundlage eines Teils der einheimischen Bevölkerung dar (Fischerei, Holznutzung u.a.). Allein, um diese Nutzungsfähigkeit zu erhalten, sind Nutzungseinschänkungen und Schutzmaßnahmen dringend geboten. Ressourcenerhalt bedeutet hier, gegenwärtigen und zukünftigen Nutzen in Beziehung zu setzen. Hier wird unter Einbeziehung von Methoden der Umweltinformatik versucht, Lösungsmöglichkeiten zu erarbeiten, die den Erhalt der natürlichen Lebensgrundlagen mit den präsenten Nutzungsbedürfnissen in Einklang bringen sollen.

In dem Beitrag von *Susan Haffmans* und in dem folgenden Beitrag von *Yvonne Reisner*, *Dieter Zuberbühler* und *Bernhard Freyer* geht es um Methoden, die Risikoabschätzungen im landwirtschaftlichen Bereich verbessern helfen. Susan Haffmans Beitrag setzt dabei einen schutzgutbezogenen Schwerpunkt. Yvonne Reisner und ihre Coautoren stellen ein Verfahren vor, das Bewertungsprozesse in transparenter Weise formalisieren soll und dabei das Zustandekommen des Resultats anschaulich nachvollziehbar macht.

Der Hintergrund, vor dem *Wilhelm Dahmen* seine Position entwickelt, ist die ökologische Vegetationsanalyse. Er analysiert Risiken, die sich aus der Bedeutung ökologischer Standortfaktoren und Milieuverhältnisse ergeben. Das Standortpotential ist eine der entscheidenden Bedingungen für die Vegetationsentwicklung und der davon abhängenden weiteren ökologischen Prozesse. Vegetationskundliche Methoden haben in den letzten Jahren durch den Einsatz multivariater Verfahren wichtige Fortschritte in der Erweiterung der Wissensbasis erzielt.

_Ökotoxikologie_. Die Analyse der Wirkung von Chemikalien in der Umwelt ist eines der klassischen Gebiete, in denen sich Überlegungen und Strategien zum Umgang mit ökologischen Risiken entwickelt haben. Typisch für Risiken stehen sich hier der erwartete Nutzen aus der Chemikalienanwendung und nur partiell abschätzbare Folgewirkungen gegenüber. Typisch für ökologische Risiken können hier Nutzen und Schaden weit auseinander liegen und nebeneinander bestehen. Ökotoxikologische Verfahrensweisen sind in wesentlichem Umfang gesetzlich geregelt, dennoch besteht die anerkannte Notwendigkeit, den Risikoumgang weiter zu entwickeln und zu verbessern. *Otto Fränzle* gehört zu denjenigen, die seit langem an dieser Thematik arbeiten. Er stellt hierzu Methoden und Probleme der Risikobewertung dar.

*Endre Laczko* hat sich mit den Risiken beschäftigt, die schwermetallbelastete Böden darstellen. Aufgrund der Verbreitung von Schwermetallen in der Umwelt, der langfristigen Akkumulation und der problematischen Sanierbarkeit ist die Bewertung von Schwermetallbelastungen ein wichtiges Anwendungsfeld der Ökotoxikologie und Risikobewertung von Chemikalien.

_Ökologische Risiken der Gentechnik_. Die Entwicklung gentechnischer Methoden stellt Nutzungsoptionen in Aussicht, die mit konventionellen Methoden nicht erreichbar waren. Von Bedeutung im Hinblick auf ökologische Risiken sind insbesondere diejenigen Anwendungsfelder der Gentechnik, in denen die modifizierten Organismen nicht unter kontrollierten Laborbedingungen eingesetzt, sondern in natürlicher Umgebung exponiert werden. Dies ist beispielsweise beim Anbau gentechnisch veränderter Kulturpflanzen der Fall, die in mehreren Fällen bereits die Zulassungsreife erreicht haben. Neuem Nutzen stehen hier neuartige Gefahren gegenüber, die in ökologischen Risikobetrachtungen bisher unbekannt waren. Die Übertragung genetischen Materials von einer Art auf taxonomisch völlig verschiedene, nicht verwandte Arten impliziert ein Folgewirkungspotential von molekularer bis hin zu makroskopischer Ebene, wie es in der Vergangenheit für Abschätzungsprozeduren noch nicht bestanden hat. Wie können sich Auskreuzungen neu eingeführter Gene von Kultur- auf verwandte Wildarten auswirken, welche Wahrscheinlichkeiten bestehen hier und wie sind die Folgen in evolutionären Zeiträumen abzusehen? Das besondere dieses Themenfeldes ist sowohl das quantitative wie auch das qualitative Ausmaß des Unbekannten. *Barbara Weber* diskutiert in ihrem Beitrag den Wandel des ökologischen Risikobegriffs, der sich seit Beginn gentechnischer Anwendungen in relativ kurzer Zeit vollzogen hat. Es findet hier eine Umwertung des Begriffs ökologischer Gefahren statt. Die Probleme, die sich für die behördliche Regulation der Freisetzung gentechnisch veränderter Organismen ergeben, stellt *Ulrike Middelhoff* dar.

_Operationalisierung von Risiken mit Datenanalyse und Modellen_. Als Methoden des Risikoumgangs und der Risikoabschätzung stehen zunehmend umfangreichere Möglichkeiten der ökologischen Modellbildung bzw. der Umweltinformatik zur Verfügung. Sie zielen darauf ab, aus begrenzten Beobachtungen weiterreichende Schlüsse zu ziehen, die in gewissem Umfang eine Reduzierung von Unsicherheiten zu ermöglichen. Aus dem umfangreichen Repertoire werden drei aktuelle Beispiele vorgestellt. *Volker Grimm* und *Martin Drechsler* stellen die Populationsgefährdungsanalyse (PVA) vor, mit deren Hilfe die Überlebenswahrscheinlichkeiten von Populationen unter gegebenen Bedingungen numerisch abgeschätzt werden kann. *Michael Bredemeier* und *Hubert Schulte-Bisping* stellen die Möglichkeiten der Informationsgewinnung durch die Analyse von Zeitreihen als einen Aspekt der ökologische Risikoabschätzung vor. Aus der Beobachtung von Variablen über längere Zeiträume lassen sich mit geeigneten Methoden Abschätzungen gewinnen, die nicht auf den ersten Blick offensichtlich sind. Das Erkennen von Trends spielt hier eine wichtige Rolle. *Stefan Fränzle* erläutert die Möglichkeiten der Stöchiometrischen Netzwerkanalyse für Zwecke der ökologischen Risikoanalyse. Dabei handelt es sich um eine für die Ökologie neue Übernahme, die bisher in der Chemie für die Untersuchung von Reaktions-Netzwerken eingesetzt wurde. Formale Entsprechungen erlauben eine Erschließung dieses Verfahrens für ökologische Zwecke.

*Ausblicke und Überblicke: Begriffskritik und interdisziplinärer Vergleich* schließen die Beiträge dieses Bandes ab. *Uta Eser* diskutiert den ökologischen Risikobegriff im Zusammenhang mit politisch-gesellschaftlichem Handeln. Sie weist auf die Gefahren hin, die sich aus unklaren Begriffsverwendungen ergeben. Da der Risikobegriff eine Ambivalenz von Gewinn und Gefahr beinhaltet, lassen sich durch Umwertungen als solcher erkennbarer Gefahren in "Risiken" auf diese Weise gesellschaftlich leichter akzeptabel machen.

*Jochen Schaefer*, *Wolfgang Deppert* und *Björn Kralemann* berichten über das Risikofaktorenkonzept in der Medizin. Im Vergleich mit ökologischen Begriffsverwendungen zeigt sich, daß parallele Betrachtungen in anderen Disziplinen interessanten Vergleichsstoff bieten. Nach dem Konzept steht das Auftreten von Krankheiten (im Sinne von Schäden) mit Faktoren in Beziehung, die deren Auftreten begünstigen. Deren Identifikation und Vermeidung soll der Gesunderhaltung dienen. Dem stellen Schaefer, Deppert und Kralemann die Notwendigkeit aktiven Handelns im Sinne einer Saltuogenese als Konzept gegenüber. Während die alleinige Fixierung auf Risikofaktoren eine Vermeidungshaltung auferlegt, resultiert aus dem skizzierten Konzept aktives Schaffen von Gesundheit.

Im abschließenden Beitrag macht *Jochen Jaeger* darauf aufmerksam, daß die Vielfältigkeit ökologischer Beziehungen es immer nur näherungsweise erlaubt, real zu erwartende Wirkungen von Umwelteingriffen vorherzusehen. Die bestehende Prognoseunsicherheit macht daher als aktive Sicherheitsstrategie das Operieren auf einer Meta-Ebene erforderlich. Dies liefert einen Bewertungsmaßstab für alternative Handlungsoptionen. Vorzuziehen sind danach diejenigen, die mit dem weitestmöglichen Spektrum unvorhersehbarer Entwicklungen vereinbar sind. Dies ist ein wichtiger Kern seiner kritischen Gedanken zum wirkungsorientierten Risikobegriff.

## 6 Ausblick: Risikokommunikation und Risikomanagement

Der Umgang mit ökologischen Risiken erfordert vielfältige Kenntnisse unterschiedlicher Objektbereiche. Insoweit ökologische Prozesse mit Nutzungsinteressen ganz unterschiedlicher Art verknüpft sind, erfordert der Risiko-Umgang ganzheitliche und interdisziplinäre Verknüpfungen. Dies setzt nicht nur ökologische Objektkenntnis voraus, sondern auch die Verbindungsfähigkeit mit allgemeinen gesellschaftlichen Kommunikationsprozessen. Risikomanagement, Entscheiden und Handeln unter Bedingungen der Ungewißheit ist sowohl von der Partialkenntnis der Einzelheiten abhängig als auch von der Rolle, die diese für den Gesellschaftszusammenhang spielen. Die gegenseitige Vermittlung von Erkenntnissen und Interessen und die Herstellung von transdisziplinärem Verstehen ist eine wichtige Bedingung zukunftsorientierter Entwicklung und der Erhaltung natürlicher Lebensgrundlagen.

Das Umgehen mit ökologischen Risiken fordert insbesondere zweierlei: erstens eine Orientierung auf langfristige Planungszyklen, die über jeweils momentane Zielsetzungen hinausgehen und weiterreichende Folgewirkungen reflektieren (Nachhaltigkeit), siehe GfÖ-ARBEITSKREIS THEORIE 1995, sowie die Flexibilität von Entscheidungen. Sofern unerwartete Wirkungen auftreten, ist der entscheidende Aspekt, wie flexibel und wie schnell auf unvorhergesehene Veränderungen reagiert werden kann. Hier ist die Regulation des Risikoumgangs sicher weiterhin entwicklungsfähig und entwicklungsbedürftig.

Bei aller Unschärfe, die dem Begriff anhaftet, er vermittelt Chance und Gefahr und verweist auf Handlungsfähigkeit und Verantwortung.

## 7 Literatur

Banse, G. (Hrg.) 1996: Risikoforschung zwischen Disziplinarität und Interdisziplinarität. Berlin.

Banse, G. 1996: Herkunft und Anspruch der Risikoforschung. In: Banse, G. (Hrg.): Risikoforschung zwischen Disziplinarität und Interdisziplinarität. Berlin. S. 15 - 72

Bayer, A. 1985: Risikoabschätzung für Kernkraftwerke mit verschiedenen Reaktoren. In: Yadigoroglu, G.; Chacraborty, S. (Hrg.): Risikountersuchungen als Entscheidungsinstrument. Köln. S. 223 - 248

Bechmann, G. (Hrg.) 1993: Risiko und Gesellschaft. Opladen

Bick, H.; Hansmeyer, K.H.; Olschowy, G.; Schmook, P. 1989: Angewandte Ökologie - Mensch und Umwelt. Stuttgart

Braess, P. 1960: Versicherung und Risiko. Wiesbaden (T.H. Gabler)

Brandt, S. 1988: Das Narrenschiff, Stuttgart (Reclam). Original: Basel 1494

Breckling, B. 1992: Uniqueness of Ecosystems versus Generalizability and Predictability in Ecology. Ecological Modelling 63: 13 - 27

Breckling, B.; Asshoff, M. (Hrg.): Modellbildung und Simulation im Projektzentrum Ökosystemforschung. EcoSys 4, 342 S.

Breckling, B.; Reiche, E.W. 1996: Modellierungstechniken in der Ökosystemforschung - eine Übersicht. EcoSys 4: 17 - 26

Conrad , J. (Hrg.) 1983: Gesellschaft, Technik und Risikopolitik. Im Auftrag des Battelle-Instituts (Frankfurt). Opladen

Di Fabio, U. 1996: Grundfragen der rechtlichen Regulierung wissenschaftlich und technisch erzeugter Risiken. In: Banse, G. (Hrg.): Risikoforschung zwischen Disziplinarität und Interdisziplinarität. Berlin. S. 133 - 164

Fraenger, W. 1975: Hieronymus Bosch. Dresden (Verlag der Kunst)

GEO 1992: Wagnis Leben. Risiko, Chancen und Katastrophen (Reihe Geo Wissen) Hamburg (Gruner & Jahr)

GfÖ-Arbeitskreis Theorie 1995: Nachhaltige Entwicklung - Aufgabenfelder für die ökologische Forschung. EcoSys 3, 73 S.

Hauhs, M. Lange, H. 1996: Perspektiven für eine (Meta-) Theorie terrestrischer Ökosysteme. In: Mathes, Breckling, Ekschmitt (Hrg.) Systemtheorie in der Ökologie. Landsberg (Ecomed) S. 95 - 105

Hosenfeld, F.; Windhorst, W. 1998: An introduction to the modelling concept and the ecological information system at the Ecology Center Kiel. In: Breckling, B.; Islo, H. (Hrg.): Object Oriented Modelling and Simulation of Environmental, Human and Technical Systems. Asu Newletter Vol. 24 Supplement. S. 1 - 14

Jungermann, M.; Rohrmann, B.; Wiedeman, P.M. 1990: Risiko-Konzepte, Risiko-Konflikte, Risiko-Kommunikation. Jülich (Monographien des Forschungszentrums Jülich Bd. 3)

Kononen, K.; Elbrächter, M. 1996: Toxische Plankton-Blüten. In: Lozan, J.L.; Lampe, R.; Matthäus, W.; Rachor, E.; Rumohr, H.; von Westernhagen, H. (Hrg): Warnsignale aus der Ostsee. Berlin (Parey)

Konrad, K.A. 1992: Risikoproduktivität. Berlin, Heidelberg (Springer)

Krebs, C.J. (1985) Ecology. The experimental analysis of distribution and abundance. New York (Harper & Row)

Kreeb, K.H. 1979: Ökologie und menschliche Umwelt. Stuttgart (G. Fischer)

Krohn, W.; Krücken, G. (Hrg.) 1993: Riskante Technologien: Reflexion und Regulation. Frankfurt/M

Krohn, W.; Krücken, G. 1993: Risiko als Konstruktion und Wirklichkeit. In: Krohn, W.; Krücken, G. (Hrg.) 1993: Riskante Technologien: Reflexion und Regulation. Frankfurt/M. S. 9 - 44

Ladeur, K.-H. 1993: Risiko und Recht. Von der Rezeption der Erfahrung zum Prozeß der Modellierung. In: Bechmann, G. (Hrg.): Risiko und Gesellschaft. Opladen S. 209 - 233

Luhmann, N. 1993: Risiko und Gefahr. In: Krohn, W.; Krücken, G. (Hrg.): Riskante Technologien: Reflexion und Regulation. Frankfurt/M. S. 138 - 185

Marburger, P. 1985: Technische Risiken aus rechtlicher Sicht. In: Yadigoroglu, G.; Chacraborty, S. (Hrg.): Risikountersuchungen als Entscheidungsinstrument. Köln. S. 170 - 180

Müller, F.; Breckling, B.; Bredemeier, M.; Grimm, V.; Malchow, H. Nielsen, S.N.; Reiche, E.W. 1997: Emergente Ökosystemeigenschaften (21 S.) In: Fränzle, O.; Müller, F.; Schröder, W.: Handbuch der Umweltwissenschaften III-2.5. Landsberg (Ecomed)

Müller, F.; Breckling, B.; Bredemeier, M.; Grimm, V.; Malchow, H.; Nielsen, S.N.; Reiche, E.W. 1997: Ökosystemare Selbstorganisation (19 S.). In: Fränzle, O.; Müller, F.; Schröder, W.: Handbuch der Umweltwissenschaften III-2.4. Landsberg (Ecomed)

Müller, F.; Leupelt, M. (Hrg.) 1998: Eco-Targets, Goal Functions, and Orientors. Berlin, Heidelberg (Springer)

Nowotny, H. 1993: Die reine Wissenschaft und die gefährliche Kernenergie: der Fall der Risikoabschätzung. In: Bechmann, G. (Hrg.): Risiko und Gesellschaft. Opladen. S. 277 - 304

Philipp, F. 1967: Risiko und Risikopolitik. Stuttgart (C.E. Poeschel)

Priddat, B.P. 1996: Risiko, Ungewißheit und Neues: Epistemologische Probleme ökonomischer Entscheidungsfindung. In: Banse, G. (Hrg.): Risikoforschung zwischen Disziplinarität und Interdisziplinarität. Berlin. S. 105 - 131

Reck, H.; Kaule, G. 1993. Straßen und Lebensräume. Bonn-Bad Godesberg (Forschungsberichte aus dem Forschungsprogramm des Bundesministers für Verkehr und der Forschungsgesellschaft für Straßen- und Verkehrswesen e.V. Heft 654)

Renn, O. 1984: Risikowahrnehmung in der Kernenergie. Frankfurt/M. (Campus)

Rowe, W.D. 1983: Ansätze und Methoden der Risikoforschung. In: Conrad, J. (Hrg.): Gesellschaft, Technik und Risikopolitik. Im Auftrag des Battelle-Instituts (Frankfurt). Opladen

Sohn-Rethel, A. 1990: Geistige und körperliche Arbeit. Weinheim (VCH)

Sohn-Rethel, A. 1991: Das Geld, die bare Münze des Apriori. Berlin (Wagenbach)

Tischler, W. 1979: Einführung in die Ökologie. Stuttgart (G. Fischer)

Wiegleb, G. 1996: Konzepte der Hierarchie-Theorie in der Ökologie. In: Mathes, Breckling, Ekschmitt (Hrg.) Systemtheorie in der Ökologie. Landsberg (Ecomed) S. 7 - 24

Zölitz-Möller, R.; Heinrich, U. 1996: Das Geographische Informationssystem (GIS) als Integrationsinstrument im Projektzentrum Ökosystemforschung. In: Breckling, B.; Asshoff, M. (Hrg.): Modellbildung und Simulation im Projektzentrum Ökosystemforschung. EcoSys 4: 27 - 83 [illegible], W. 1979: Einführung in die Ökologie. Stuttgart [illegible]

Wagner, G. 1986: Konzepte der [illegible] des [illegible]. In: Mathes, [illegible]: [illegible] Systemtheorien in der Ökologie. [illegible] 7 - 24.

[illegible], K.; Neumann, U. 1986: Das [illegible] Informationssystem (GIS) [illegible] Ökosystemforschung [illegible] [illegible]: Modellbildung [illegible] Ökosystemforschung [illegible]

## A. Ökologische Risiken - Arbeitsfelder

---

## 1. - Landschaftshaushalt

---

# Der Risikobegriff in der praktischen Umsetzung von Naturschutzvorhaben

Karsten Borggräfe

*Aktion Fischotterschutz, Otter-Zentrum,*
*29386 Hankensbüttel*

## Synopsis

Several insecurities and risks characterize nature conservation projects. In addition to the coherence of ecosystems in the cultural landscape the socio-economical and cultural coherence of the regional human population must be recognized. From that, their results a different estimation of insecurities and risks for the prognosis and realizing of the project depending of the different point of view. The results and the practice from the research and development project (E+E-Vorhaben) "Revitalization in the Ise-Niederung" are discribed and discussed.

Keywords: *risks of nature conservation projects, revitalization, prognosis, insecurities, ecosystem development*

Schlüsselwörter: *Risiken in Naturschutzvorhaben, Revitalisierung, Prognose, Unsicherheit, Ökosystementwicklung*

## 1 Einleitung

Je nach sozialem, kulturellem und fachlichem Kontext wird der Risikobegriff unterschiedlichen verstanden und angewandt (s. a. BRECKLING & MÜLLER i.d. Bd.). In dem theoretischen und praktischen Naturschutz findet eine Diskussion und Auseinandersetzung mit diesem Begriff bisher nur sehr oberflächlich statt.

Naturschutzprojekte in der mitteleuropäischen Kulturlandschaft sind durch Unsicherheiten und Risiken auf unterschiedlichen Ebenen geprägt. Das Risiko der nachhaltigen Umsetzung von Maßnahmen des Naturschutzes steht in Abhängigkeiten von einer Vielzahl stochastischer Ereignisse und Wechselwirkungen. Ökologische Prozesse und kulturell, sozio-ökonomisch bedingtes Verhalten und Entwicklungen der Gesellschaft stehen in größeren raumbezogenen Naturschutzvorhaben in einem engen Zusammenhang und bilden schwer modellierbare Systeme.

Die folgenden Ausführungen beruhen im Wesentlichen auf Erfahrungen und Ergebnissen aus dem Erprobungs-und Entwicklungsvorhaben "Revitalisierung in der Ise-Niederung" (BORGGRÄFE & KÖLSCH 1997).

Das Erprobungs- und Entwicklungs-Vorhaben "Revitalisierung in der Ise-Niederung" wurde finanziert mit Mitteln des Ministeriums für Umwelt, Naturschutz und Reaktorsicherheit, des Niedersächsischen Umweltministeriums, des Landkreises Gifhorn und der Zoologischen Gesellschaft Frankfurt e.V. und durch Spenden und Sponsoren der Aktion Fischotterschutz e.V.

Die Wahrscheinlichkeit der negativen Abweichung von dem jeweiligen naturschutzfachlichen (normativen) Leitbild/-ziel wird im folgenden als "Naturschutz-Risiko" bezeichnet. Hiermit ist jedoch keine Aussage über die Bewertung des Risikos getroffen. Darüber hinaus existiert in größeren Naturschutzvorhaben eine Vielzahl z.T. miteinander korrespondierender Risiken, die von unterschiedlichen Betrachtungs- und Wahrnehmungsebenen beurteilt werden, wie z.B. Risiko der ökonomischen Einbußen in der Landwirtschaft aufgrund der durchgeführten naturschutzfachlich begründeten Maßnahmen, woraus wiederum negative Rückkopplungseffekte auf den Fortgang des

Projektes resultieren können und somit auch zu weiteren "Naturschutzrisiken" führen können.

## 2 Unsicherheiten und Risiken in den unterschiedlichen Ebenen des Projektablaufes

### 2.1 Datenerhebung und Bewertung

Risiken lassen sich auf unterschiedliche Faktoren zurückführen, u.a.:

- Unsicheres oder unvollständiges Erhebungs-Versuchsdesign, welches Unsicherheiten in der Analyse und Bewertung nach sich zieht, z.B. nicht an einem Gradienten orientierte Erhebung oder zu kurze Zeitreihen in der Datenerhebung ("sichere Datengrundlage" vgl. EKSCHMITT et al. 1996).
- Unsicherheit hinsichtlich der Interpretation der Daten/ Indikatoren, z.B. inwieweit besteht zwischen der Zunahme des Braunkehlchens und einer durchgeführten Maßnahme ein direkter Wirkungszusammenhang?
- Lücken im Wissenstand über Ansprüche einzelner Arten oder Populationen, z. B. ist noch wenig über das Raumnutzungsmuster des Fischotters bekannt.
- Wissenslücken hinsichtlich der Synergieeffekte oder negativen Rückkopplungseffekte bei komplexen Systemen.

Die Datenerhebung liefert die Grundlage für die Planung und Prognose. Fehler im Erhebungsdesign können zu grundsätzlich unterschiedlichen oder falschen Annahmen und Prognosen führen. Für komplexe Vorhaben mit einem entsprechend langen Zeithorizont müssen in der mitteleuropäischen Kulturlandschaft auch gesellschaftliche, sozio-kulturelle und ökonomische Entwicklungen erhoben, berücksichtigt und bewertet werden.

Für die Beurteilung der zukünftigen gesellschaftlichen Entwicklungen und Werthaltungen müssen im jeweiligen konkreten Projektraum die Einstellungen und das Verhalten der Betroffenen, Meinungsführer, Funktionsträger und sozialen Gruppen betrachtet werden, dabei sollten Meinungen und Verhalten Einzelner jedoch vor dem Hintergrund ihrer sozialen Systeme und Deutungsmuster betrachtet werden (s.a. JAPP 1996). In den bisherigen Naturschutzvorhaben werden die jeweils spezifischen regionalen gesellschaftlichen Voraussetzungen nicht ausreichend beachtet. Dies kann in der Praxis zu sich nicht von den Initiatoren emanzipierenden Projekten und somit zu nicht "überlebensfähigen" Projekten führen (s.a. SRU 1996, OPPERMANN et al. 1997).

### 2.2 Planung und Prognose

Unsere Kultur baut auf Traditionen, die Halt und Sicherheit versprechen auf - im Gegensatz dazu vermitteln Visionen Unsicherheiten und Risiken. Denkmäler und Museen sind damit auch ein Ausdruck unserer nach hinten ausgerichteten, auf Traditionen basierenden Kultur. Räume und Häuser für Visionen, für Zukünftiges, werden i.d.R. nicht erdacht.

Leitbilder der Planung sollen u.a. zukünftige Entwicklungen für die Akteure und Betroffenen aufzeigen und verständlich machen. Darüber hinaus beziehen sich natürlich die Planungen und Prognosen auf solche Leitbilder. Detaillierte Leitbilder lassen zukünftige Entwicklungen planbar, sicherer erscheinen. Dabei entsteht jeweils ein Spagat zwischen einem fachlich herleitbaren, mit hoher Wahrscheinlichkeit prognostizierbaren "ungenauen" zukünftigen Zustand und dem allgemeinen Bedürfnis nach einem detaillierten (scheinbar "sicheren") Leitbild, welches jedoch mit hoher Wahrscheinlichkeit nicht erfüllt wird (s.a. zu Prognosen: EKSCHMITT et al. 1996, JAX et al. 1996). 1987, zu Beginn des Naturschutzvorhabens "Revitalisierung in der Ise-Niederung", war die Niederungslandschaft der Ise durch eine Vielzahl von Nutzungsinteressen anthropogen überprägt,wie auch der überwiegende Teil der Landschaft in der BRD. Die Ise-Niederung liegt im östlichen Niedersachsen in der Ost-Heide. Bewußt wurde in dem Vorhaben vermieden, ein detailliertes Bild einer zukünftigen Landschaft zum Zeitpunkt "x" zu formulieren, da dieses a) vom Selbstverständnis des Vorhabens nicht möglich gewesen wäre (BORGGRÄFE & KÖLSCH 1997) und b) aufgrund der Datengrundlage und komplexen Zusammenhänge und der damit verbundenen Unsicherheiten nicht möglich gewesen wäre. Es wurde ein Leitziel formuliert, wo u.a. die Förderung der natürlichen dynamischen Prozesse, die Förderung der Retention (Wasser, Stoffe) sowie die Förderung der niederungstypischen Vielfalt im Vordergrund stand. Zusammen mit den Prämissen, die u.a. eine weitere Nutzung vorsahen, und eine "gesteuerte", eigendynamische Entwicklung der Niederung, ergab sich ein Leitbild für das Vorhaben (BORGGRÄFE i. Druck). Zur Herleitung der Maßnahmen erfolgte eine Bewertung der Daten, wobei das Bewertungsverfahren sich sehr eng an dem Leitziel des Projektes orientierte. Den auf der Grundlage der erhobenen Daten und des Bewertungsverfahrens festgestellten Defiziten sollte durch Maßnahmen begegnet werden. Im Vordergrund stand der partizipatorische Ansatz, die Entwicklung sogenannter "Win-win-Strategien", um die nötige Akzeptanz für die Umsetzung der Maßnahmen zu erreichen, bzw. entsprechende Maßnahmen zu entwickeln. Die vorhandenen Handlungsspielräume sollten zuerst ausgenutzt und in einem zweiten Schritt dieser Handlungsspielraum, wenn nötig, ausgeweitet werden.

Zwei Maßnahmenbündel, die sich in Umfang und Zusammensetzung unterschieden, wurden mittels Szenarien hinsichtlich ihrer zukünftigen ökonomischen und ökologischen Auswirkungen überprüft (PRAUSER et al. 1991; REUTHER et al. 1993). Da in diesen Szenarien u.a. Landnutzungsformen, Gewässerunterhaltung, touristische Nutzung und die Entwicklung hinsichtlich der Retention, der Dynamik und der niederungstypischen Vielfalt betrachtet wurden, von denen jede Komponente mit Unsicherheiten behaftet ist und viele antagonistische und synergistische Wechselwirkungen stattfinden, bestand eine hohe Prognoseunsicherheit und damit ein relativ hohe Wahrscheinlichkeit der Abweichung von einem zu detaillierten Leitbild. Die Szenarien dienten daher der groben Abschätzung der zukünftigen Entwicklung hinsichtlich des Leitzieles (in diesem Fall der Zunahme der Retention, der Dynamik und der standorttypischen Vielfalt), ohne dabei zu konkret zu werden.

Dieser nicht exakt vorhersagbare zukünftige Landschaftszustand führte jedoch zu Verständnis- und Akzeptanzproblemen in der regionalen Bevölkerung und bei einigen Experten. Unwägbarkeiten und Unsicherheiten werden von der Mehrheit der Bevölkerung in diesem Kulturkreis abgelehnt. Hinsichtlich der Wahrnehmung des Risikos wird diese Ungewißheit als "fachliche Inkompetenz" oder als "bewußte Verschleierung der Gefahren" gedeutet und das "unbekannte Risiko" von der regionalen Bevölkerung als besonders hoch eingestuft (vergl. KROHN & KRÜCKEN 1993).

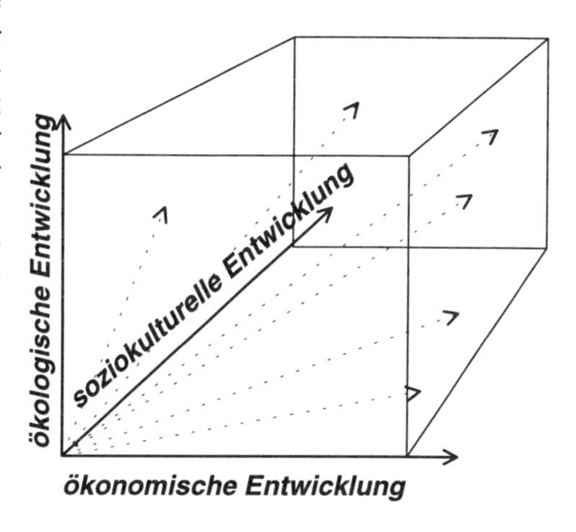


**Abb. 1**: Der zukünftige Zustand einer nachhaltigen Entwicklung ist im komplexen Wirkungsgefüge zwischen ökologischen, ökonomischen und sozio-kulturellen Entwicklungen schwer zu prognostizieren.

## 2.3 Prozeßhafte Planung und Umsetzung

Diskursive oder prozeßhafte Planungen beinhalten Unwägbarkeiten und Unsicherheiten hinsichtlich der Art und Umfang der zu realisierbaren Maßnahmen. Auch in dem konkreten Fall, in dem alle Maßnahmen nur bei einem Mindestmaß an Akzeptanz umzusetzen waren, war im Vorfeld nur sehr schwer einzuschätzen, inwieweit Maßnahmen realisiert werden konnten, dies auch vor dem Hintergrund, daß einige Meinungsführer und Funktionsträger offen gegen das Vorhaben opponierten. Somit war die Umsetzung der Maßnahmen, vor allem im Gesamtkomplex sehr unsicher. Zum Beispiel wäre ein zentrales Ziel, die Förderung der Eigendynamik der Ise durch eine Reduktion der Gewässerunterhaltung zum damaligen Zeitpunkt nur erreichbar gewesen, wenn ein größerer Anteil der gewässernahen Flächen im Besitz des Naturschutzes gewesen wäre. Gegen den Flächenankauf wurde jedoch massiv durch die Interessensvertretung der Landwirtschaft opponiert. Das Risiko des Scheiterns in einem zentralen Ziel des Vorhabens, der Förderung der Eigendynamik, war somit sehr hoch, ebenso wäre eine Erhöhung der Wasser- und Stoffrückhaltung ohne Änderung der Flächenbewirtschaftung nicht möglich gewesen. Mittels unterschiedlicher Kommunikationsformen wurden Informationen über Projektinhalte und -ziele vermittelt, und es wurde in einen Dialog mit den Akteuren eingetreten. Wichtig erscheint die in diesem Vorhaben durchgeführte intensive Arbeit mit den Massenmedien (Printmedien, Radio, TV) (BORGGRÄFE & KÖLSCH 1997), deren Berichterstattung zum einen das öffentliche Interesse an dem Vorhaben symbolisierte und darüber hinaus Einstellungen und Haltungen der Bevölkerung zu den Zielsetzungen des Naturschutz beeinflußte (s.a. SLOVIC et al. 1979).

Die Landwirtschaft beschuldigt den Naturschutz, sie in ihren ökonomischen Entwicklungsmöglichkeiten einzuschränken, und der Naturschutz hat in der Landwirtschaft den Hauptverursacher des Artensterbens ausgemacht. Vielfach begegnet die Landwirtschaft daher den Maßnahmen des Naturschutzes mit Mißtrauen. KROHN & KRÜCKEN (1993) verdeutlichen die Auswirkungen des fehlenden Vertrauens in die jeweilige Bewertung des Risikos. Im Ise-Projekt zeigte sich dies deutlich zu Beginn des Vorhabens in der konträren Einschätzung, zwischen den Landwirtschaftsvertretern und den Mitarbeitern des Ise-Projektes, zum Risiko für die weitere Perspektiven der Bewirtschaftung der landwirtschaftlichen Flächen. Obwohl aus Naturschutzsicht immer wieder offengelegt und versichert wurde, daß Dritte durch die Maßnahmen des Vorhabens keinen Schaden haben werden, daß Wasser in der Ise nicht zurückgestaut wird und durch die geplanten Maßnahmen auf hinterliegenden Flächen keine Vernässung erfolgen kann, wurde seitens der Landwirtschaftsvertreter eine umfangreiche Beweissicherung (über die wissenschaftliche Begleitung des Projektes hinaus) zur Entwicklung der Wasserstände gefordert (im Rahmen der wissenschaftlichen Begleitung des Projektes werden über 120 vegetationskundliche Dauerflächen und 12 Grundwassermeßstellen betrieben). Erst nach einigen Jahren Projektarbeit und persönlicher Kontaktpflege konnte ein Vertrauen aufgebaut werden - welches sich derzeit u.a. in einer Kooperation mit der Landwirtschaftskammer bei Ertragsuntersuchungen im Grünland ausdrückt -, so daß die Bewertung des Risikos hinsichtlich einer Vernässung von Flächen Dritter inzwischen auch seitens der Landwirtschaftsvertreter als gering eingestuft wird.

Immer wieder war festzustellen, daß über die Umsetzung vieler Maßnahmen außerökonomische Gründe (emotionale, soziale) entscheiden, die im Vorfeld schwer zu erfassen sind und für den Umsetzungsprozeß ein zusätzliches Risiko darstellen.

## 2.4 Zukünftige Entwicklungen

Jedes mit Umsetzungen befaßte Vorhaben sollte sich auch mit dem Fortgang der eingeleiteten Entwicklung (auch über die Förderdauer hinaus) auseinandersetzen. Nur bei einer in der Region akzeptierten, mitgetragenen bzw. bei der Mehrzahl der Akteure als Gewinn empfundenen Entwicklung ist mit relativ hoher Wahrscheinlichkeit von einer dem Leitziel/-bild entsprechenden Entwicklung auszugehen.

Der Fortgang des eingeleiteten Entwicklungsprozesses hängt somit von vielen sich wechselseitig beeinflussenden Parametern ab, die als zukünftiges "Naturschutz-Risiko" des Projektes mit 5 Fragen angerissen werden soll:

Inwieweit werden die geplanten Auflagen und Absprachen für eine naturverträgliche Nutzung sowohl der terrestrischen Flächen als auch der Fließgewässer eingehalten?

Inwieweit werden die Maßnahmen nachhaltig fortgeführt oder hinsichtlich des Leitzieles weiterentwickelt?

Lassen sich die am Leitziel orientierten Verbesserungen der Prozesse und der Restitution des niederungstypischen Arteninventars in gesellschaftlich akzeptablen Zeitdimensionen darstellen?

Wie ist ein Ausbleiben von sogenannten symbolträchtigen Leittierarten zu bewerten, bzw. inwieweit lassen sich Neueinwanderungen in revitalisierte/ renaturierte Gebiete prognostizieren?

Und inwieweit werden die Ergebnisse gesellschaftlich als "Gewinn" akzeptiert?

Aufgrund der Ausgangslage an der Ise, einer sehr stark anthropogen überprägten Kulturlandschaft, ist nach Umsetzung der Maßnahmen mit sehr hoher Sicherheit von Verbesserungen für den Naturschutz auszugehen, bzw. schon jetzt (1998) nachzuweisen. Inwieweit der Mitteleinsatz für den Modellansatz und die erreichten positiven Veränderungen und Entwicklungen den Erwartungen gerecht wird, sollte in einem diskursiven Verfahren am Ende des Projektes bewertet werden (BORGGRÄFE i. D.).

## 3 Strategien zur Minderung der Unsicherheiten und des Risikos

Vier Strategien zur Reduktion der Unsicherheiten und des Risikos wurden verfolgt:

a) Verminderung des Risikos durch diskursiven Planungs- und Umsetzungsprozeß, (behutsames Handeln (JAEGER i. d.Bd.), Umsetzung in kleinen Schritten).

b) Enge Zusammenarbeit zwischen wissenschaftlicher Begleitung und Umsetzung.

c) Einflußnahme auf die Risikoeinschätzung der betroffenen Bevölkerung, der Interessensvertreter und der Meinungsträger durch Kommunikationsarbeit.

d) Schließen von Wissens- und Kenntnislücken.

Das Risiko von naturschutzfachlich als Fehlentwicklung zu beurteilenden Ergebnissen, als auch von ökonomischen Nachteilen für die Betroffenen wurde durch die diskursive Planung - im Dialog mit den Betroffenen, Meinungsführern und Interessensvertretern - verringert. Aufgrund der Erfahrung aus jeweils vorangegangenen Maßnahmen und Ergebnissen konnten dann weitere Maßnahmen umgesetzt werden. Diese dialogorientierte Planung konnte dann sehr flexibel auf neue Erkenntnisse, Ängste oder Fehlentwicklungen reagieren. Z.B. sah eine erste Planung vor, ein Mühlenwehr im Mittellauf der Ise, welches eine Wanderbarriere für die meisten aquatischen Lebewesen darstellte, durch eine "Fischtreppe" bzw. "Bypass" durchgängig zu gestalten. Bei konkreten Verhandlungen war es jedoch unmöglich das dazu benötigte (nicht genutzte) Grundstück zu bekommen. Durch intensive Gespräche mit dem Besitzer, dem Unterhaltungsverband, den regionalen Politikern und Behördenvertretern bot sich dann die Möglichkeit, das Wehr in der gesamten Breite in eine 70 m lange Sohlgleite umzugestalten, unter der Voraussetzung, daß ein Triebwerkskanal für einen musealen Wasserradbetrieb bereitgestellt wird. Diese vorher nicht absehbare Partizipation aller Seiten an der Maßnahme erhöhte die Akzeptanz für weitere Maßnahmen.

Die enge Verknüpfung zwischen der wissenschaftlichen Begleitung und der Umsetzung kann rechtzeitig naturschutzfachlich als Fehlentwicklungen bewertete Entwicklungen korrigieren, z.B. können erfaßte Fehlentwicklungen in der Fauna/Flora des Grünlands durch eine Änderung der Bewirtschaftungsauflagen korrigiert werden.

Den unterschiedlichen Wahrnehmungen und Einstufungen des Risikos durch Betroffene und Experten konnte durch eine kontinuierliche personelle Präsenz und Kommunikation seitens der Experten des Projektes begegnet werden. So war es möglich, Ängste und Befürchtungen Schritt für Schritt abzubauen. Der hohe Informationsfluß und Kommunikation über Projektzeitung, Vorträge, "Runde Tische" -Gespräche und Massenmedien führten zu einem allmählich wachsenden Vertrauen. Das ursprünglich z.B. von

Teilen der Bevölkerung befürchtete hohe Risiko des "Absaufens" der Niederung wird nunmehr als nicht mehr sehr wahrscheinlich eingestuft.

Im Bereich der Gewässerunterhaltung (Mahd, Ausräumung des Gewässers) bestanden ungenügende Erfahrung hinsichtlich der Entwicklung der Vegetation und Gewässermorphologie bei einer Reduktion der Gewässerunterhaltung. Dies führt in der Praxis zu einer Beibehaltung der intensiven Gewässerunterhaltung. Im Rahmen der wissenschaftlichen Begleitung des Vorhabens wurden in Zusammenarbeit mit dem Unterhaltungsverband Versuchsstrecken mit unterschiedlichen Unterhaltungsvarianten anlegt und die Entwicklung wissenschaftlich dokumentiert. Die Erkenntnisse aus diesem Versuchsansatz führten zu einer kontinuierlichen Reduktion der Gewässerunterhaltung.

## 4 Zusammenfassung

Am Beispiel des Erprobungs- und Entwicklungsvorhabens "Revitalisierung in der Ise-Niederung" werden die praktischen Erfahrungen und Ergebnisse über Unsicherheiten und Risiken und der Umgang mit den Risiken dargestellt. Von der Datenerhebung über die Planung und Prognose, die Umsetzung bis zur naturschutzfachlichen Bewertung werden Naturschutzvorhaben von Unsicherheiten und Risiken begleitet. Je nach Standpunkt und Betroffenheit werden die Risiken unterschiedlich bewertet. Deutlich wurde, daß in komplexen Naturschutzvorhaben enge Beziehungen und Wechselwirkungen zwischen den einzelnen Risiken bestehen, so daß z.B. auch die ökonomischen Risiken Auswirkungen auf die ökologische Entwicklung besitzen. Der nachhaltige Erfolg von Naturschutzvorhaben und das Risiko des Mißerfolges korrelieren eng mit der erfolgreichen/gescheiterten Einbindung der jeweiligen Bevölkerung. Eine intensive Kommunikation von der Information bis zur diskursiven Planung, Umsetzung und Bewertung halfen, sowohl die Unsicherheiten und Risiken aus Naturschutzsicht als auch die ökonomischen und emotionalen zu vermindern.

## Literatur

Borggräfe, K. & Kölsch, O. (1997): Naturschutz in der Kulturlandschaft - Revitalisierung in der Ise-Niederung. Angewandte Landschaftsökologie, 12.

Borggräfe, K. (i. Druck): Bewertung des Entwicklungsprozesses eines Landschaftsausschnittes am Beispiel der Ise-Niederung.

Breckling, B. & Müller, F. (in diesem Band): Der ökologische Risikobegriff - Einführung in eine vielschichtige Thematik.

Ekschmitt, K., Breckling, B. & Mathes K. (1996): Unsicherheit und Ungewißheit bei der Erfassung und Prognose von Ökosystementwicklungen. Verh. Ges. Ökol. 26: 495-500.

Jaeger, J. (in diesem Band): Vom "ökologischen Risiko" zur "Umweltgefährdung": Einige kritische Gedanken zum wirkungsorientierten Risikobegriff.

Japp, K. P. (1996): Soziologische Risikotheorie. Juventa Verlag, Weinheim/München 240 S.

Jax, K., Potthast, T. & Wiegleb, G. (1996): Skalierung und Prognosesicherheit bei ökologischen Systemen. Verh. Ges. Ökol. 26: 527-535.

Krohn, W. & Krücken, G. (1993): Risiko als Konstruktion und Wirklichkeit. Eine Einführung in die sozialwissenschaftliche Risikoforschung. In: Krohn, W. & Krücken G. (Hrsg.): Riskante Technologien: Reflexion und Regulation. Frankfurt/M. S. 9-44.

Oppermann, B., Luz, F. & Kaule, G. (1997): Der Runde Tisch als Mittel zur Umsetzung der Landschaftsplanung. Chancen und Grenzen der Anwendung eines kooperativen Planungsmodells mit der Landwirtschaft. Angewandte Landschaftsökologie, H. 11.

Prauser, N., Bausch, B., Dreier, B., Fendrich, U., Sander, R. & Wesseler, E. (1991): Revitalisierung in der Ise-Niederung, Teil B: Landschaftsbewertung und Szenarien. - Habitat (Arbeitsberichte der Aktion Fischotterschutz e.V.) 5, 194 S.

Reuther, C., Borggräfe, K., Kölsch, O., Poseck, M., Posselt, T. & Stöckmann, A. (1993): Revitalisierung in der Ise-Niederung - ein E+E-Vorhaben. - Natur und Landschaft 68 (7/8): 359-386.

Slovic, P., Lichtenstein & Fischhoff B. (1979): "Images of Disaster: Perception and Acceptance of Risks from Nuclear Power". In: Godman, G. & Rowe, W. (Hrsg.).

SRU (Der Rat von Sachverständigen für Umweltfragen) (1996): Konzepte einer dauerhaft-umweltgerechten Nutzung ländlicher Räume. Sondergutachten.

# Unwissenheit und Risiko beim Management von Mangrovengebieten am Beispiel der Halbinsel von Bragança an der Küste von Nord-Ost Pará, Brasilien

Uta Berger & Marion Glaser

*Zentrum für Marine Tropenökologie Bremen, Fahrenheitstr.1, 28359 Bremen*

## Synopsis

In recent years, a major change has occurred in the way projects which focus on the health of ecosystems and of the societies linked to them are conceived. On the natural science side, there is a shift from aiming at the conservation of single species and their habitats toward conservation and management of the interactive networks of species and large-scale ecosystems on which species depend. On the social science side, there are moves away from the classic cost-benefit analyses towards the integration of institutional and equity as planning objectives. The primary objective of the German -Brazilian co-operation project MADAM is to develop the scientific foundations for the sustainable stewardship of the resources of the Caeté mangrove estuary in Northeast Brazil. To achieve this, suitable models shall be developed to analyse causal linkages within the ecosystem, to forecast the effects of acute or chronic interference on utilised resources, and to answer wider, management-related questions (i.e. restoration of destroyed areas, utilisation potential for aquaculture, inter alia). This article describes the scientific principles pursued by the project in order to achieve its aims and discusses these in the context of research results from the initial two-year project phase.

Keywords: *mangrove, Brazil, ecosystem, sustainability, risk, decision support system*

Schlüsselwörter: *Mangrove, Brasilien, Ökosystem, Nachhaltigkeit, Risiko, Entscheidungs-Unterstützungssystem*

## 1 Einleitung

Gemessen an der Zahl der botanischen, zoologischen und ökologischen Einzeluntersuchungen zählen die Mangrovengebiete zu den bestuntersuchten tropischen Ökosystemen (TWILLEY 1996). Wegen der Vielzahl an detaillierten Studien zu ausgewählten Fragestellungen besteht die Forderung nach einer Integration der Einzelergebnisse zum besseren Verständnis des Gesamtsystems. Die geringe Verknüpfung der disziplinären Einzelbefunde wird oftmals mit der Komplexität des Mangrovensystems begründet, die auf einer, im Vergleich zu terrestrischen Wäldern, hohen zeitlichen Variabilität biotischer und abiotischer Faktoren beruht. Hinzu kommt als eine im interdisziplinären Kontext bislang wenig berücksichtigte Einflußgröße die oft saisonale Nutzung von Mangrovenprodukten durch den Menschen. Um diesem Gesamtfragenkomplex nachgehen zu können scheint es deshalb verstärkt notwendig, interdisziplinäre Forschungsansätze zu entwickeln, die sich auf die Untersuchung der natürlichen und anthropogenen Prozesse in ihren Wechselwirkungen konzentrieren. Wichtig ist, daß sich die dabei angewandten Methoden integrieren und sich nicht ausschließlich summarisch aus denen der Einzeldisziplinen zusammensetzen. Dies soll an folgendem Beispiel näher erläutert werden.

## 2 Fallbeispiel: Das deutsch - brasilianische Kooperationsprojekt MADAM

Das deutsch - brasilianischen Kooperationsprojekt MADAM befindet sich derzeit in seiner ersten Projektphase (2. Jahr) und wurde für insgesamt 10 Jahre konzipiert. An ihm sind Wissenschaftler aus den Bereichen Biologie, Chemie,

Sozio-Ökonomie, Geographie und Meteorologie beteiligt. Sein englischer Titel "Mangrove Dynamics and Management" gibt Auskunft über die zwei Hauptbestandteile des übergeordneten Forschungszieles. Aus wissenschaftlicher Sicht sollen die das Mangrovensystem bestimmenden Prozesse untersucht und in ihren Wechselwirkungen analysiert werden. Darauf aufbauend, sollen Managementstrategien entwickelt werden, die eine nachhaltige Nutzung der Mangrove ermöglichen.

Das Hauptuntersuchungsgebiet befindet sich an der Nord-Ost Küste von Brasilien, im Bundesstaat Pará, auf der Halbinsel von Bragança und umfaßt ca. 120 km² Waldfläche (Abb.1).

Zwei ausgedehnte Brachflächen (jeweils ca. 1,4 km² groß) sind sichtbare Zeichen für die Empfindlichkeit des Gesamtsystems. Die tatsächlichen Gründe für das Absterben der Bäume auf diesen Flächen ist noch immer ungeklärt. Es wird jedoch vermutet, daß eine Hauptursache in der Verschlickung des Bodens liegt, die durch den Bau der Verbindungsstraße zwischen dem Küstenort Ajuruteua und Bragança initiiert wurde.

Zum sozio-ökonomische Einzugsgebiet gehören rund 70000 Personen, von denen 13000 der Landbevölkerung zuzurechnen sind, die die Mangroven des Caeté Flusses intensiver und direkter nutzen als die städtische Bevölkerung.

Die ökonomisch wichtigsten Mangrovenprodukte sind Landkrabben (*Ucides cordatus*), Fische und Holz. *Ucides cordatus* ist das meistgenutzte Produkt der Halbinsel Bragança. Vorläufigen Schätzungen zufolge (siehe GLASER 1996) liegt die Fangquote im Untersuchungsgebiet bei 4600 Tonnen pro Jahr (Abb. 2).

42% der ländlichen Haushalte, jedoch nur 0.5% der städtischen, finden im Krabbenfang eine Einkommensquelle. Der Anteil der am kommerziellen Fischfang beteiligten Haushalte beträgt auf dem Land knapp 30% und in der Stadt circa 2%. Für 21% aller kommerziellen Fischer in der ländlichen Bevölkerung ist der Fischfang alleinige Einkommensquelle. Von den zehn wichtigsten Fischarten fangen die ländlichen Fischer sieben direkt in der Mangrove. Aber auch

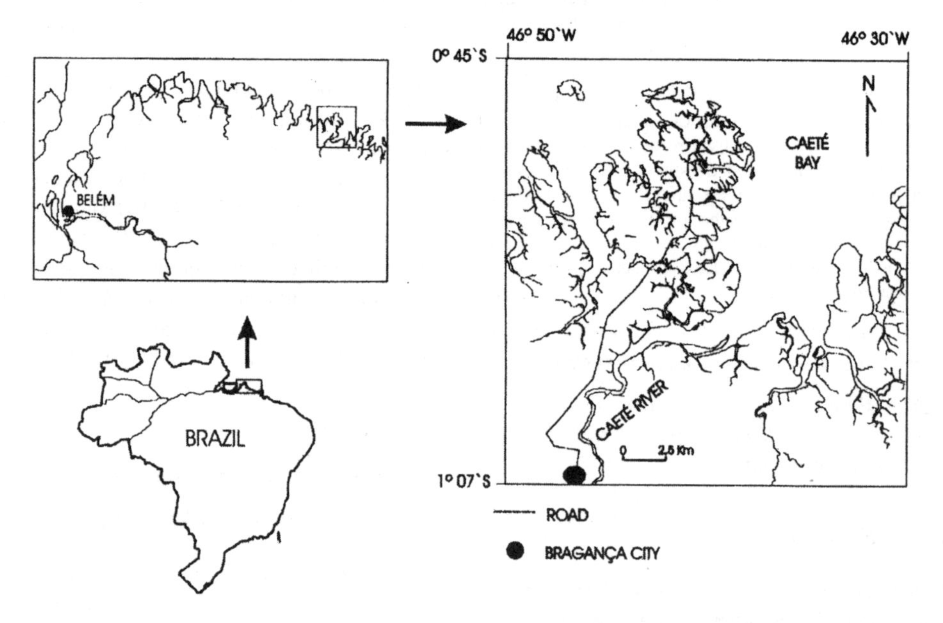


**Abb.1**: Gebietskarte des Untersuchungsgebietes des Projektes MADAM, Halbinsel bei Bragança, NO – Pará, Brasilien (bearbeitet von Marcelo Cohen, 1998)

indirekt hängt die Fischerei vom Mangrovenökosystem ab, da es die Kinderstube vieler juveniler Fische und Larven ist.

Für den Schutz der Mangrovenwälder besteht im Bundesstaat Pará ein allgemeines Holzextraktionsverbot. Dieses nach dem klassischen Vorsorgeprinzip im Umweltmanagement (Precautionary Principle) eingeführte Gesetz führte jedoch, entgegen der angenommenen "abwartenden Vorsichtsposition", zur ökologisch kontraproduktiven, unkontrollierten Holzentnahme. Während in der Stadt der Anteil der Subsistenznutzer von Mangroveholz verschwindend gering ist, nutzen auf dem Land 43% aller Haushalte Mangrovenholz kommerziell oder zum Eigenbedarf. Da keine alternativen Holznutzungsmöglichkeiten bestehen, bewirkt die existierende Waldschutzgesetzgebung, daß diese Haushalte und ganze traditionelle Wirtschaftszweige (Ziegeleien, Bäckereien, Holzkohleproduktion etc.) in die Illegalität abgedrängt werden, da sie direkt oder indirekt auf Mangrovenholz als Brennstoff zurückgreifen. Da sie auch weiterhin auf den Holzeinschlag angewiesen sind, wird dieser nun nächtlich und unkontrolliert durchgeführt. Entgegen den beabsichtigten Managementzielen der sozialen und wirtschaftlichen Verträglichkeit verringert das die Wahrscheinlichkeit einer ökologisch tragfähigen Waldnutzung.

## 3 Forschungsansatz des MADAM-Projektes

Für eine erfolgreiche Umsetzung des Gesamtkonzeptes mußten zunächst die beiden, eingangs formulierten globalen Projektziele spezifiziert und in konkrete Teilfragestellungen untergliedert werden. Es wurde ein Anforderungskatalog erarbeitet, der die Beiträge der Einzeldisziplinen definiert. Die sozio-ökonomischen Forschungsaufgaben können danach durch die Punkte:

- Analyse des Nutzungspotentials des Mangrovensystems.
- Erfassung des gegenwärtigen Nutzungsgrades und
- Ökonomische Evaluierung des Ökosystems Mangrove

grob umrissen werden. Detaillierter leiten sich aus diesen Grundzielen folgende Fragestellungen ab:

1. Wie hoch ist die Gesamtnutzerzahl im Multiproduktsystem Mangrove der Caeté Bucht?

Gleichzeitig werden neben der Gesamtnutzerzahl die einzelnen Nutzergruppen (Fischer, Krabbenfischer, Touristen etc.) und deren

**Abb.2**: Krabbenfischer nach getaner Arbeit (Foto Volker Koch, ZMT 1997)

Staffelung nach bestimmten Einkommensgruppen (Einzelverdiener, Kooperativen, Unternehmer etc.) analysiert.

2. Welche Produkte werden hauptsächlich durch die einheimische Bevölkerung bzw. durch Fremdnutzer erschlossen?

Zur Beantwortung dieser Frage werden, sowohl die nicht kommerziell genutzten Produkte (z.B. Feuerholz), die offiziell kommerziell genutzten Produkte (Fische, Krabben) als auch die inoffiziell kommerziell genutzten Produkte (z.B. illegal geschlagenes Bau- oder Heizmaterial) erfaßt und deren jeweilige Bedeutung im ökonomischen Gesamtgefüge abgeschätzt.

3. In welchem Umfang werden die Hauptprodukte der Mangrove genutzt?

Auf Grundlage der Ergebnisse zu den Fragen 1 und 2 werden hierbei die aktuellen anthropogenen Nutzungsraten für die identifizierten Mangrovenprodukte bestimmt. Unabhängig von ihrem Informationsgehalt für die weiteren ökonomischen Untersuchungen sind sie wichtige Eingangsparameter für die Analyse der Hauptenergie- und Stoffflüsse im System und ergänzen sich mit den biologischen und abiotischen Arbeiten (z.B. Fischereibiologie, Mangrovenbotanik, Biogeochemie) bei der Bestimmung der Nachhaltigkeit der gegenwärtigen Systemnutzung. Wichtig für die Abschätzung des Nutzungspotentials des Systems ist darüber hinaus die Prognostizierung der zukünftigen Nutzungsintensität. Dazu gilt es, sowohl das Bevökerungswachstum als auch die weitere Marktentwicklung hinsichtlich gleichbleibender oder veränderbarer Interessenlagen zu analysieren.

4. Welchen ökonomischen und welchen ethischen Wert besitzt das fokussierte Ökosystem?

Nicht zuletzt zur Begründung der Notwendigkeit regulierender oder Schutzmaßnahmen gegenüber den Entscheidungsträgern und der Bevölkerung ist es notwendig, den Wert der Mangrove zu formulieren. Zur Bestimmung des ökonomischen Wertes müssen geeignete Parameter (z.B. objektive Funktionen wie "Profitmaximierung" oder einkommensspezifische "Input-Output Koeffizienten") ausgewählt bzw. neu entwickelt werden. Neben diesen quantitativen Größen gilt es auch, qualitative Größen zu formulieren (z.B. Identifizierung lokaler Waldtypen hinsichtlich Fischerei oder Holzgewinnung auf der Wissensbasis der "Nutzerexperten", traditionelle Bewertung des Gebietes oder Teile davon durch die lokale Bevölkerung, Erholungswert der Mangrove usw.). Alle genannten Untersuchungen bilden die Grundlage für die angestrebte ökonomische Evaluierung des Ökosystems Mangrove.

5. Ist die gegenwärtige Nutzung des Mangrovensystems nachhaltig und gibt es gegebenenfalls alternative Nutzungsszenarios?

Die Beurteilung der Nachhaltigkeit soll im Zusammenhang mit allen anderen Teildisziplinen erfolgen. Gleichzeitig werden spezifische Ergänzungsuntersuchungen durchgeführt, die bereits im Vorfeld der Entwicklung alternativer Nutzungsszenarien Aufschluß über die formelle und praktizierte Gesetzgebung (z.B. über die Nutzung von Mangrovenholz oder Krabbenfleisch) bzw. über direkte oder indirekte Ressourcennutzungsrationalitäten (z.B. "warum wird wann welcher Fisch angelandet?") geben. Aus ökologischer Sicht bieten die Landgebiete und Wasserkörper der Mangrove Lebensräume für diverse Artengemeinschaften, die sich zunächst in ihrer Zusammensetzung und ihren Frequenzspektren unterscheiden. Für eine Systemcharakterisierung ist es deshalb notwendig, diese beiden Merkmale im Zusammenhang mit den auf die jeweilige Lebensgemeinschaft wirkenden Umweltfaktoren innerhalb signifikanter Teilgebiete zu untersuchen. Folgende Fragestellungen müssen dabei beantwortet werden:

1. Welche Lebensgemeinschaften sind für die einzelnen identifizierbaren Habitattypen innerhalb des untersuchten Mangrovensystems charakteristisch?

Die Untersuchung dieser Problematik zielt darauf ab, eine Strukturierung des Gesamtsystems Mangrove vorzunehmen. Diese "Bestandsaufnahme an typischen Habitaten" ist einer der Faktoren, die einer Gefährdungsgradanalyse des Ökosystems zu Grunde gelegt werden muß.

Dabei kommt es darauf an abzuschätzen, welche Auswirkungen der Verlust oder der Gewinn von Teilgebieten mit bestimmter Qualität auf das Gesamtsystem haben. Um dies zu erreichen, sollen über eine einfache Beschreibung der Lebensgemeinschaften hinaus die Ursachen für ihre Zusammensetzung erklärt werden. Da sich viele Eigenschaften der Gemeinschaften weniger über die Spezifika der einzelnen Arten als über deren Wechselwirkungen definieren, müssen dazu die bestimmenden Interaktionen analysiert werden. Wichtiges Ziel ist daher, die Einzelkomponenten wie Artendiversität, Biomasse und Produktion in ihrer Funktion zu identifizieren und die Eigenschaften, die sich zusätzlich durch die Interaktionen zwischen den Populationen bestimmen, zu erkennen. Dieser ökosystemare Ansatz bietet die Möglichkeit, das Beziehungsgefüge, das von den tierischen Populationen mit den der jeweiligen Art zugehörenden Eigenschaften, deren intraspezifischen Wechselwirkungen und ihrer Umwelt gebildet wird, zu untersuchen und letztendlich zu verstehen.

2. Welches sind die Hauptenergie- und Materieflüsse innerhalb der Lebensgemeinschaften und innerhalb des gesamten Ökosystems?

In enger Zusammenarbeit mit der Biogeochemie und der Modellierung soll der Frage nachgegangen werden, in welchem Maße Materie akkumuliert, transformiert und bewegt wird. Dies ist wichtig, da die biogeochemischen Zyklen anthropogen beeinflußt bzw. gestört werden, was sich wiederum auf die genutzten Ressourcen des Mangrovensystems auswirkt. Zu diesem Zweck muß eine Nährstoff- und Biomassebilanz der in Frage kommenden Fauna aufgestellt werden.

3. Welche räumlichen und/ oder zeitliche Muster sind systemcharakteristisch und wodurch werden sie bestimmt?

In der Natur beobachtbare räumliche und zeitliche Muster (z.B. periodische Veränderungen in der Altersstruktur bestimmter Populationen oder räumliche Verteilungsdichten auf Grundlage bestimmter Habitatspräferenzen) werden oftmals durch systememergente Eigenschaften geprägt. Die Ursachensuche für ihr Auftreten und ihre Form ist deshalb eine wichtige Grundlage für das Erkennen der systembestimmenden Prozesse. In dem vom MADAM-Projekt fokussierten bragantiner Mangrovenökosystem lebt eine an die Gezeitenzone tropischer Meere angepaßte, artenarme, in vielen Fällen jedoch außerordentlich individuenreiche Tierwelt. Während die Beschreibung der Zusammensetzung der vorkommenden Lebensgemeinschaften noch relativ einfach ist, ist die Erfassung von deren räumlichen und zeitlichen Mustern in aller Regel schwierig. Um so mehr, da die Mangrovengebiete von zahlreichen Grenzgängern zwischen den hier zusammentreffenden aquatischen und terrestrischen Lebensräumen besiedelt werden, deren genaue Lebenszyklen bis heute zumindest teilweise ungeklärt sind. Deren Untersuchung erfordert mitunter völlig neue methodische Herangehensweisen, deren Entwicklung wichtiges Teilziel von MADAM ist. Auf der Basis der erzielten Ergebnisse sollen Erkenntnisse über Resilienz und Struktur von Lebensgemeinschaften gewonnen werden. Dies ist für die Erarbeitung von Managementempfehlungen von fundamentalem Interesse, da der Mensch die Mangrove in steigendem Maße nutzt und man gleichermaßen wissen muß, wie das Natursystem gegenwärtig auf solche Eingriffe reagiert und wie es zukünftig reagieren wird. Da keine Informationen über das frühere, möglicherweise ungenutzte Mangrovengebiet vorliegen, müssen andere Referenzgrößen gefunden werden. In Frage kommen hierfür vergleichende Analysen zwischen dem Untersuchungsgebiet und anderen Mangrovensystemen hinsichtlich der Populationsdynamik einzelner Arten unter Berücksichtigung der jeweiligen ökologischen Gesamtsituation. Auf der Grundlage der dabei gewonnenen Erkenntnisse soll herausgefunden werden, in welchen Bereichen das System gegenüber Störungen (sowohl direkte Umweltveränderungen als auch indirekte Folgen von Dichte- oder Eigenschaftsänderungen der strukturbildenden Individuen) robust ist. Dies ist sowohl für die Bewertung der Nachhaltigkeit der Nutzung als auch für eine realistische Risikoanalyse für das Gesamtsystem wichtig.

Ein wichtiges Ziel der Biogeochemie ist die Bestimmung von Stoffflüssen des Mangrovenökosystems in Bragança. Ein erster Schritt hierfür war die Bilanzierung der Nährstoffflüsse im System Mangrovenwald und deren jahreszeitliche Variabilität. Dabei wurden zunächst nur die Zu- und Abflüsse von gelösten anorganischen Nährstoffen, sowie von gelösten und partikulären organischen Kohlenstoff und Stickstoff quantifiziert. Zusätzlich wurden physiko-chemische, hydrologische und meteorologische Parameter erfaßt. Das an einem Tidenkanalsystem im Wald und dem angrenzenden Ästuar ganzjährig erhobene Datenmaterial stellt die Basis für die produktionsbiologischen Untersuchungen dar. Dabei sollen folgende Fragestellungen beantwortet werden:

1. Welche sind die Hauptquellen von anorganischen und organischen Nährstoffen im Mangrovenökosystem?

Anorganische Nährstoffe sind für den Erhalt der autotrophischen Organismen (Pflanzen) und organische Substanzen für heterotrophe Organismen (z. B. Bakterien) unentbehrlich. Wenn ein Ökosystem zeitweise oder stets nährstofflimitiert ist, müssen die Lebensgemeinschaften Anpassungsstrategien entwickeln, die letztendlich ihre Struktur beeinflussen.

2. Werden diese Quellen von meteorologischen bzw. hydrologischen Faktoren signifikant beeinflußt?

Dies ist für die Erkennung der treibenden Kräfte notwendig. Vom Regen- und Tidenregime abhängige Überschwemmung und andere Transportphänomene sowie die eigene chemische Zusammensetzung des Regenwassers oder Trocknung der Sedimente können entscheidenden Einfluß auf die Nährstoffdynamik üben.

3. Funktioniert das Ästuar wie eine Quelle oder wie eine Senke für anorganisches bzw. organisches Material in bzw. aus der Mangrove?

Viele Mangrovenökosysteme funktionieren nach dem Prinzip: Import von anorganischen Nährstoffen und Export von organischem Material. Diese klare Einteilung ist aber nicht immer gültig. Das Ästuar kann als Quelle von einigen anorganischen Nährstoffen und als Senke für andere fungieren. Das gleiche gilt für die organischen Substanzen. Ein Ökosystem wie in unserer Fallstudie kann nicht als ein in sich geschlossener Haushalt betrachten werden, da das Ästuar als Bindeglied zwischen Land, Mangrove und Meer fungiert. Zu den natürlichen Schwankungen beider Ökosysteme kommt der anthropogene Einfluß hinzu. Wenn durch anthropogene Aktivitäten z.B. eine erhöhte Nähstofffracht über den Fluß ins Ästuar gelangt, wird die Mangrove davon direkt betroffen. Auf der anderen Seite kann der Export von Nährstoffen - anorganische oder organische - eine entscheidende Rolle auf die Produktivität des angrenzenden Meeres spielen.

Da die Ausprägung und Veränderungen der abiotischen Parameter als treibende Kräfte des Systems direkt oder indirekt die Charakteristika der Lebensgemeinschaften mitbestimmen (z.B. über Habitatpräferenzen oder Plastizität im Lebenszyklus infolge Anpassung an veränderte Umweltbedingungen) ist es notwendig, abiotische und biotische Prozesse im Zusammenhang zu untersuchen. Für die biogeochemische Arbeitsgruppe des MADAM-Projektes heißt das, daß sowohl der marine als auch der terrestrische Bereich abgedeckt werden muß. In Erweiterung der zunächst punktuell oder transektbezogenen Meßprogramme kommt es wie für alle anderen Wissenschaftsdisziplinen darauf an, Aussagen zu treffen, die die Prozesse im gesamten Untersuchungsgebiet erklären helfen (z.B. Bestimmung der Austausch- und Verweilzeiten der Wasserkörper zwischen den schmalen Kanälen, dem Ästuar und dem offenen Wasser). Um dies zu erreichen wird bei der Konzeptionierung neuer Meßprogramme darauf geachtet, daß die Arbeiten der einzelnen wissenschaftlichen Teildisziplinen ein geschlossenes Ganzes bilden, indem die Untersuchungsskalen (räumlich und zeitlich) aufeinander abgestimmt werden bzw. gegeneinander extrapoliert werden können.

Durch die Feldstudien, Luft- und Satellitenbildauswertungen der geographischen Arbeitsgruppe und der Aufbau eines Geographischen Informationssystems wird dieser Prozeß unterstützt. Die Aufbereitung der Daten ermöglicht die

Erfassung und qualitative sowie quantitative Bewertung des Naturraumpotentials, aktueller und möglicher Bewirtschaftungsverfahren, deren Wechselwirkungen und Umweltverträglichkeit. Von elementarer Bedeutung ist dabei die Bearbeitung folgender Problemstellungen:

1. Wie lassen sich die Daten bereits laufender und zukünftiger Untersuchungen aller Teildisziplinen integrieren und ganzheitlich darstellen?

Durch die Erfassung der erhobenen Daten in einem einheitlichen Datenbanksystem und der darauf basierenden Entwicklung eines Geografischen Informationssystems ist es möglich, die Systemkomponenten raum- und zeitbezogen zu visualisieren. Der dadurch gewonnene Überblick z.B. über die Fragen nach der Variabilität bestimmter abiotischer Faktoren (Salinität, pH-Wert, Niederschlag), den Ausprägungen ausgewählter biotischer Komponenten (z.B. Verteilungsmuster bestimmter Krabbenarten) oder den Charakteristika spezifischer sozio-ökonomischer Parameter (z.B. Wohnstrukturen oder räumliche Ausprägung bestimmter Nutzungsaktivitäten) erlaubt es, bestimmte Probleme schneller zu erfassen und bei ihrer Lösung behilflich zu sein. So kann z.B. unter Einbeziehung der Kenntnisse zu etwaigen Habitatpräferenzen eine Prognostizierung der Verteilungsdichten von Megalopen vorgenommen oder auf potentielle Raumnutzungskonflikte hingewiesen werden.

2. Welche Aussagen lassen sich über die Küstenmorphologie treffen und welchen Einfluß üben Erosions- oder Sedimentationsprozesse auf diese aus?

Zur Beantwortung dieser Fragestellung werden Luft- und Satellitenbilder analysiert und durch gezielte Strandprofil- und Strömungsmessungen ergänzt. Dabei wird die Erosions- und Sedimentationsstärke in gefährdeten Gebieten regelmäßig erfaßt und auch ein eventueller Einfluß der Küstenbewohner auf die natürliche Erosion überprüft.

3. Welche Maßnahmen müssen ergriffen werden, damit das Mangrovensystem trotz fortgesetzter Nutzung dauerhaft erhalten werden kann?

Primär ist hierfür die Aufbereitung aller im Projekt gewonnen Kenntnisse über die Charakteristik des Ökosystems Mangrove. Die planungsrelevante Umsetzung der aus dieser Synthese gewonnenen Ergebnisse im Sinne eines praxisgerechten Umwelt- und Ressourcenmanagements soll vorbereitet werden, ist aber selbst nicht Bestandteil des vorgestellten Projektes MADAM. Vielmehr kommt es darauf an, Szenarios (z.B. veränderte Nutzungsformen wie Tourismus, gesetzlich kontrollierte Holzbewirtschaftung usw.) zu entwickeln und deren mögliche Konsequenzen deutlich zu machen. Etwaige Raumnutzungskonflikte sollen aufgezeigt und gegebenenfalls die notwendige Unterschutzstellung ökologisch wichtiger Teilgebiete belegt werden. Zielgruppen sind hierfür die agierenden Gruppen (d.h. Kommunen, Dorfgemeinschaften) und Entscheidungsträger (Umweltbehörden, Stadtverwaltung etc.). Als geeignete Medien werden Informationsveranstaltungen, Trainingsprogramme und die Erstellung von Informationsmaterial (Broschüren, Videos etc.) angesehen. Diese Phase wird von den deutsch-brasilianischen Kooperationspartnern initiiert, ihre tatsächliche Implementation bleibt jedoch den brasilianischen Behörden vorbehalten.

Trotz der aufgezeigten Querverbindungen zwischen den einzelnen Wissenschaftsdisziplinen ist mit der bisher beschriebenen Projektstruktur noch keine ganzheitliche Analyse möglich, auf deren Basis geeignete Managementkriterien entwickelt werden könnten. Hierzu ist ein übergeordnetes Werkzeug nötig, das disziplinübergreifend die wissenschaftlichen Hypothesen überprüfen hilft und eine Verbindung zu den Systemnutzern und den Entscheidungsträgern schafft.

Ein möglicher Ansatz wurde in dem seit einigen Jahren für den Naturschutz diskutierten Konzept des "*decision support systems* = DSS" gefunden (Abb. 3, BERGER 1997A). Hinter diesem Oberbegriff verbirgt sich ein Forschungsprogramm, das auf die Koordination der Aktivitäten der genannten Interessengruppen ausgerichtet ist.

Zu Beginn müssen über die Definition der angestrebten Systembedingungen (z.B. Wasserqualität, Minimaleinkommen für die systemabhängige Bevölkerung oder Regenerationspotential von Landkrabben) konkrete, umsetzbare Ziele (engl. "*operational goals*") entwickelt werden. Forderungen, wie z.B. "wichtig ist der Erhalt der Biodiversität", sind zwar ökologisch sinnvoll, für ein konkretes Management aber in dieser Form wenig hilfreich. Wichtig ist auch, daß die bestimmenden Prozesse analysiert und die Parameter bestimmt werden, die eine Kontrolle signifikanter Systemänderungen ermöglichen.

## 4 Risiko und Risikoanalyse

Die mathematische Definition des Risikos als das Produkt aus Ausmaß und Eintrittswahrscheinlichkeit eines Schadens (siehe u.a. ESER 1999) findet sich in der Risikoanalyse, wie sie im Rahmen des Naturschutzes angewendet wird, wieder. Bezogen auf einzelne Pflanzen- und Tierarten wird die Wahrscheinlichkeit bestimmt, mit der eine betrachtete Population eine bestimmte Individuenzahl in einem definierten Zeithorizont unter- bzw. überschreitet. Die Festlegung dieses Schwellwertes richtet sich nach dem Schaden, der durch den Übergang von einer moderaten zu einer "zu großen" oder "zu kleinen" Population erwartet wird (BURGMAN 1993). Als Schadensursache wird er damit z.B. aus demographischen (zu geringe Anzahl an Brutpaaren), ökonomischen (Fangquoten können nicht erzielt werden) oder ästhetischen Gründen (die Art würde im Landschaftsbild fehlen) als kritisch angesehen.

Da es in der Regel aus technischen, besonders aber moralischen Gründen nicht möglich ist Risikoanalysen an natürlichen Populationen real durchzuführen, müssen Hilfsmittel gefunden werden, die eine solche Bewertung virtuell, d.h. ohne tatsächlichen Schadenseintritt ermöglichen. In den letzten Jahren wurde eine Vielzahl an Simulationsmodellen entwickelt, die für diesen Zweck geeignet sind (siehe u.a. HANSKI 1994, LACY 1995, MAN 1995, HAIGHT 1995, FRANK 1996, HALLEY 1996, HESS 1996, STELTER 1996). Mit ihrer Hilfe ist es für verschiedene Umweltbedingungen möglich, die Auswirkungen konkreter Managementmaßnahmen auf die Entwicklung einer Population bzw. Metapopulation abzuschätzen. Die Transformation der dafür verwendeten Methoden auf die Ebene eines Ökosystems ist schwierig. Zwar ist die Ermittlung von Eintrittswahrscheinlichkeiten kritischer Systemzustände unter Vorgabe des zu betrachteten Zeitraums prinzipiell vorstellbar, jedoch nur dann, wenn die Bestimmung solcher

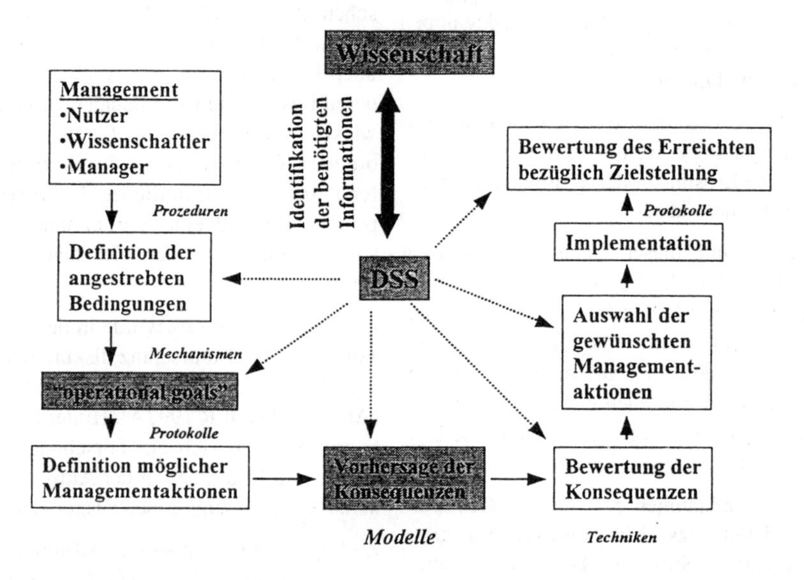


**Abb.3**: "Decision support system" nach ROGERS 1997

Zustände und damit ihre Unterscheidung möglich ist. Ansätze hierzu werden von JAX 1998 bzw. GRIMM 1998 aufgezeigt.

Unabhängig von dem fokussierten Objekt (einzelne Population, Metapopulation oder Artengemeinschaft) und der konkreten Umsetzung bewerten alle ökologisch orientierten Risikoanalysen, die anthropogene Einflüsse berücksichtigen, deren Wirkung auf die Veränderung von Risiken bezüglich des Natursystems. Indirekt wird damit die Rolle des Menschen auf eine "Störgröße" reduziert. Wäre dies ausreichend, könnte sich die Entwicklung von Managementstrategien für eine nachhaltige Nutzung an den Störungsbereichen orientieren, die von dem betrachteten System gerade noch "abgepuffert" werden können, zuzüglich einer entsprechenden "Sicherheitszulage". Die alleinige Verwendung ökologischer Risiken zur Definition der Zielgrößen scheint jedoch unzureichend, v. a. auch, da eine solche Vorgehensweise nur allzu leicht in das klassische "entweder (Natur) – oder (Ökonomie)" – Prinzip einmündet. In Gebieten, in denen eine komplette Unterschutzstellung ausgeschlossen ist, da eine Nutzung die Lebensgrundlage weiter Bevölkerungsteile darstellt, müssen auch ökonomische und soziale Risiken kalkuliert werden. Mangrovengebiete, gehören in vielen Fällen zu dieser Kategorie. Für die Sozio-Ökonomie bedeutet das z.B., die Wahrscheinlichkeit zu bewerten, mit der eine Bevölkerungsgruppe unter einem vorgegebenen Szenario starke Einkommensverluste erleidet oder ihre Existenzgrundlage vollständig verliert. Erfolgt danach ein Ausweichen auf alternative Einkommensquellen, die andere Mangrovenprodukte umfassen, wirkt dieser Prozeß direkt auf die Ökologie zurück. Die Entwicklung nachhaltiger Managementstrategien muß sich deshalb an der Aufstellung eines Zielgrößenkatalogs orientieren, der sowohl ökologische, ökonomische als auch sozio-ökonomische Risiken berücksichtigt. Nachfolgend wird ein Modellansatz vorgestellt, der für diese Fragestellung entwickelt wurde.

## 5 Ein Modellansatz zur ökologisch-sozioökonomischen Riskoanalyse

Die bisherigen Untersuchungen zur Populationsökologie, Larvenverbreitung und Rekrutierung der Mangrovenkrabbe *Ucides cordatus* weisen auf eine unregelmäßige, möglicherweise mosaikartige Rekrutierung und langsames Wachstum hin. Es stellt sich die Frage, wie der Krabbenfang selbst auf die Krabbenabundanzen rückwirkt und ob der Bestand groß genug bleibt, um die Krabbenfischerei langfristig tragen zu können. Um diesen Fragekomplex zu untersuchen, muß zunächst ein sogenannter ökologischer Risikostandard und ein dazugehöriges Sicherheitsniveau definiert werden (HAIGHT 1995). Im beschriebenen Fall, könnte dieser Standard eine bestimmte Individuenzahl $N_0$ definieren, die nach Abschluß eines Planungszeitraumes vorhanden sein muß. $N_0$ beschreibt z.B. diejenige Populationsgröße, für die ein maximales Extinktionsrisiko von 1% für das nächste Jahrhundert wahrscheinlich ist. Die Ermittlung dieses Wertes verlangt den Umgang mit Unsicherheitsfaktoren, die der Dynamik von Populationen zu Grunde liegen. Dazu gehören demographische und genetische Schwankungen, oder zufällige Änderungen der Basisraten von Reproduktion, Mortalität und Migration in Abhängigkeit variabler Umweltfaktoren. Für den vorliegenden Fall bietet sich ein stochastisches, räumlich explizites Modell an, das den Einfluß verschiedener Habitatqualitäten auf die Dynamik der Krabbenpopulation untersucht. Wie u.a. von BURGMAN 1993 gezeigt wurde, ist es für eine ökologische Risikoanalyse allerdings nicht ausreichend, den Erwartungswert eines einzelnen, stochastischen Populationsparameters, zu bewerten. Zuzüglich zu $N_0$ und der zugehörigen Extinktionswahrscheinlichkeit ist es deshalb notwendig, als weiteren Parameter das Sicherheitsniveau P anzugeben, mit dem der jeweilige ökologische Risikostandard nach dem betrachteten Planungszeitraum erreicht werden kann. Statistisch handelt es sich dabei um ein Konfidenzintervall, das gemäß $Vert\{N \geq N_0\} \geq P$ bestimmt, mit welcher Wahrscheinlichkeit eine Größe in einem entsprechenden

Vertrauensintervall liegt. LICHTENBERG 1988 bezeichnet diesen Wert als ökologische Sicherheitsregel, da er mit 1 - P angibt, mit welcher Wahrscheinlichkeit $N_0$ verletzt wird. Die Benutzung der beiden Parameter $N_0$ und P erlaubt die Unterscheidung zwischen dem Langzeitrisiko für die Population, einen bestimmten Schwellenwert zu unterschreiten (Risikostandard) und der Wahrscheinlichkeit, diesen Risikostandard innerhalb einer festen Planungsperiode zu erreichen. Da beide durch das Management vorgegeben werden, ist es interessant, welche ökonomischen Kosten mit ihrer Variation verbunden sind. Diese Kosten lassen sich u.a. indirekt mit Hilfe der Erträge, die durch den Krabbenfang erzielt werden, beschreiben. Eine einfache Funktion hierfür kann mit

$$\max_{\{hi(t),t=0,\ldots T-1\}} \sum_{t=0}^{T-1} \beta^t \sum_{i=1}^{k} k_i(t) N_i(t) n_i(t) \qquad (1)$$

angegeben werden. Dabei beschreiben $ß^t$ den Discount-Faktor, $k_i$ das Einkommen pro Fangeinheit, $N_i$ die Zahl der Krabben pro Habitat, $n_i$ den Prozentsatz der Krabben, die im Habitat i gefangen wurden, T den Planungszeitraum und i das jeweilige Habitat.

Zunächst wird für einen bestimmten Zeitraum t der Marktertrag aus den Krabbenfängen aller befischten Gebieten ermittelt (innere Summe) und mit dem Faktor $ß^t$ multipliziert, der etwaige Mengenrabatte berücksichtigt. Diese Berechnung erfolgt nun für die gesamte Planungsperiode T (äußere Summe). Als Ergebnis einer einzelnen Simulation erhält man einen Gesamtertrag, der für die simulierte Zeitfolge der Umgebungsbedingungen gültig ist. Durch die Wiederholung zahlreicher Simulationen, die sich jeweils durch diesen zeitlichen Ablauf voneinander unterscheiden, wird ein Set von Erträgen generiert, aus denen aus ökonomischer Sicht das Maximum ausgewählt werden müßte. Dieses Optimierungsproblem muß jedoch bezüglich definierter Risikostandards durchgeführt werden (HAIGHT 1995). Es darf nur die Simulation und damit nur der Satz an Bedingungen ausgewählt werden, der auch ökologisch und auch sozial verträglich ist. Zur Lösung ist eine Transformation dieses stochastischen Problems in eine deterministische Näherung erforderlich (z.B. RUPPERT 1984, ERMOLIEV 1988, VALSTA 1992). Dazu werden (z.B. 1000) Szenarien formuliert, von denen sich jedes durch eine bestimmte Sequenz an Wachstums- und Mortalitätsraten auszeichnet. Jedes Szenario kann mit der selben Wahrscheinlichkeit auftreten. Bei den nun durchgeführten Simulationen wird zunächst das zu Grunde gelegte Szenario zufällig bestimmt und die jeweilige Gesamtpopulationsgrößen (Summe

**Abb. 4**: Mangrovenwald bei Hochwasser (Foto: Volker Koch, ZMT 1997)

über alle Habitate) am Ende der Simulationszeit (identisch mit der Planungsperiode) registriert. Das sich anschließende Optimierungsverfahren nutzt Gleichung (1) als Zielfunktion unter Verwendung der ökologischen Risikostandards als Nebenbedingungen. Geeignete Algorithmen werden z.B. in BAZARAA 1979 vorgestellt und wurden bereits erfolgreich für verschiedene Forst-Management-Probleme implementiert (ROISE 1986, HAIGHT 1992, VALSTA 1992).

Es sei darauf hingewiesen, daß der beschriebene Modellansatz für *Ucides cordatus* examplarischen Charakter trägt. Das Prinzip ist in gleicher Weise für die Mangrovenbäume und andere Arten anwendbar. Innerhalb des MADAM-Projektes wurden Modellansätze entwickelt, die eine Risikoanalyse im oben beschriebenen Sinne erlauben. Zum jetzigen Zeitpunkt wird die erste Version eines ökologischen Modells zur Beschreibung der Dynamik des Mangrovenwaldes getestet. Erste Ergebnisse sollen im Abschlußbericht der ersten Phase, Januar 1999, vorgestellt werden. Das Modell zur Beschreibung der Populationsdynamik von *Ucides cordatus* befindet sich in der Planungsphase. Als Schnittstellen zum Modul "Sozio-Ökonomie" sind die Produktions- und Entnahmeraten der Hauptprodukte, sowie die ökologisch und sozio-ökonomischen Risikostandards vorgesehen. Diese sollen für die jeweilige Art separat angegeben werden. Mit der Entwicklung des sozioökonomischen Modells wird in der zweiten Projektphase (Beginn Juli 1999) begonnen.

## 6 Diskussion

Immer wenn ökonomische und ökologische Managementmaßnahmen im Konflikt zueinander stehen, müssen die aus ihnen resultierenden Konsequenzen gemeinschaftlich diskutiert werden. Die aufgezeigte Risiko-Kosten-Analyse ermöglicht die Bewertung ökologischer Zwänge hinsichtlich der zu erwartenden ökonomischen Kosten. Mit ihr ist es möglich abzuschätzen, inwieweit eine Abmilderung des Risikostandards bzw. des Sicherheitsniveaus von z.B. 99% auf 95% ökologisch verträglich und ökonomisch sinnvoll ist. Auf diese Weise können optimale Managementstrategien im Vorfeld ermittelt werden. Es sei darauf hingewiesen, daß die Struktur des vorgestellten Verfahrens (ökonomischer Ertrag als Zielfunktion und ökologischer Risikostandard als Nebenbedingung) nur Beispielcharakter trägt. Je nach übergeordneter Zielstellung, wäre z.B. eine Umkehrung dieser Funktionen ebenfalls denkbar. Für das MADAM-Vorhaben ist es darüber hinaus notwendig, weitere ökologische und soziale Standards zu definieren, die, über die Populationsgröße der Landkrabben hinausgehend, u.a. auch Funktionswerte des Waldbestandes oder Kriterien der Verteilungsgerechtigkeit berücksichtigen.

Abschließend sei bemerkt, daß eine Risiko-Kosten-Analyse auch für die Bewertung verschiedener Investitionskosten verwendet werden kann. Wenn weiterführende Forschungsarbeiten die Unschärfe ökologischer Parameter vermindern, schlägt sich das unmittelbar in einer Veränderung des Risikostandards und/oder des Sicherheitsniveaus und nieder. Auf diese Weise ist es möglich, die Aufwandskosten für diese Arbeiten direkt mit den zu erwartenden ökonomischen Erträgen zu vergleichen und ihren Nutzen abzuwägen. Für das Mangrovengebiet von Bragança ergibt sich in diesem Sinn auch die Möglichkeit, den Sicherheitsgewinn bei der Erhebung von Holzextraktionsdaten (zu dem man durch die partielle Legalisierung der Holzsubsistenznutzung gelangen könnte) gegenüber den bisherigen groben Abschätzungen (aufgrund des gesetzesbedingten illegalen Holzeinschlages) zu vergleichen.

## Danksagung

Diese Arbeit wurde im Rahmen des brasilianisch - deutschen Kooperationsprojektes MADAM erstellt und vom BMBF (Förderkennzeichen 03F0154A) finanziert. Sie trägt die MADAM – Publikationsnummer 4. Die Autoren danken Volker Grimm für seine Hinweise zu einer früheren Version des Artikels und Volker Koch bzw. Marcelo Cohen für die freundliche Bereitstellung der Fotos und der Gebietskarte. Weiterhin möchten wir Meinolf Asshoff, Broder Breckling und einem weiteren, anonymen

Gutachter für die hilfreichen Kommentare danken, die zur Fertigstellung und hoffentlich besseren Lesbarkeit des Textes beigetragen haben.

## Literatur

Bazaraa, M.S. & C.M. Shetty, 1979: Nonlinear programming: theory and applications. - John Wiley & Sons, New York.

Berger, U., 1997: Ökonomische und ökologische Modellkonzeption: Integrationswerkzeug im MADAM-Vorhaben. - Verbundprojekt MADAM. - Förderkennzeichen: 03F0154A.– Zwischenbericht.

Berger, U., 1997A: Simulationsmodelle zur Raum- und Zeitdynamik des Mangrovenbestandes. – Verbundprojekt MADAM. – Förderkennzeichen: 03F0154A. – Zwischenbericht.

Burgman, M.A., Ferson, S. & H.R. Akçakaya, 1993: Risk assessment in conservation biology. – Chapman & Hall, London.

Ermoliev, Y. & R.J.-B. Wets, 1988: Numerical techniques for stochastic optimization.- Springer, New York.

Eser, U., 1999 Zur Relevanz des ökologischen Risikobegriffs für das politisch – gesellschaftliche Handeln. - dieser Band.

Frank, K. & U. Berger, 1996: Metapopulation und Biotopverbund - eine kritische Betrachtung aus der Sicht der Modellierung. - Zeitschrift für Ökologie und Naturschutz 5:151-160.

Glaser, M., 1996: Sozio-ökonomische Untersuchungen im Mangrovengebiet Bragançàs. –Verbundprojekt MADAM. – Förderkennzeichen: 03F0154A. - Zwischenbericht.

Grimm, V., 1998: To be or to be essentially the same: the "self-identity of ecological units". – TREE , in press.

Haight, R.G., Monserud, R.A. & J.D. Chew, 1992: Optimal harvesting with stand density targets: managing Rocky Mountain conifer stands for multiple forest outputs.- Forest Science 38: 554-574.

Haight, R.G., 1995: Comparing extinction risk and economic cost in wildlife conservation planning. - Ecological Applications 5: 767 – 775.

Halley, J.M., Oldham, R.S. & J.W.Arntzen, 1996: Predicting the persistence of amphibian populations with the help of a spatial model. - Journal of Applied Ecology 33: 455-470.

Hanski, I., & C.D. Thomas, 1994: Metapopulation dynamics and conservation: A spatially explicit model applied to butterflies. - Biological Conservation 68:167-180.

Hess, G., 1996: Disease in metapopulation models: implications for conservation. - Ecology 77 : 1617-1632.

Jax, K., Jones, C.G. & S.T.A. Pickett, 1998: The self-identity of ecological units. – Oikos in press.

Lacy, R.C. & Lindenmayer, D.B., 1995: Metapopulation viability of arboreal marsupials in fragmented old-growth forests: comparison among species. - Ecological Applications 5: 183-199.

Lichtenberg, E. & D. Zilberman, 1988: Efficient regulation of environmental health risks. - Quarterly Journal of Economics 103: 167 – 178.

Man, A., Law, R., & N.V. Polunin, 1995: Role of Marine reserves in recruitment to reef fisheries: a metapopulation model. - Biological Conservation 71: 197-204.

Rogers, K.H., 1997: Operationalizing Ecology under a New Paradigm: An African Perspective. – in The Ecological Basis of Conservation. - Pickett, S.T.A., Ostfeld, R.S., Shachak M. and G.E. Likens (Hrsg.), Chapman & Hall, London.

Roise, J.P., 1986: An approach for optimizing residual diameter class distributions when thinning even-aged stands.- Forest Science 32: 871-881.

Ruppert, D., Reish, R.L., Deriso, R.B. & R.J. Carroll, 1984: Optimization using stochastic approximation and Monte Carlo simulation (with application to harvesting Atlantic menhaden). – Biometrics 40: 535-546.

Stelter, C., Reich, M., Grimm, V. & C. Wissel, 1994: Ein Modell zur Dynamik einer Metapopulation von Bryodem tuberculata (Saltatoria: Acrididae). - Zeitschrift für Ökologie und Naturschutz 3: 189-195.

Twilley, R.R., 1996: The significance of nutrient distribution and regeneration to the recovery of mangrove ecosystems of South Florida in response to hurricane Andrew. - Report 1-6. - University of Southwestern Louisiana.

Valsta, L.T., 1992: A scenario approach to stochastic anticipatory optimization in stand management.- Forest Science 38:430-447.

# Schutzgutbezogene Analyse der Risiken landwirtschaftlicher Flächennutzungen

Susan Haffmans

*Ökologie-Zentrum der Universität Kiel,*
*Schauenburgerstraße 112, 24118 Kiel*

## Synopsis

After a discussion of different definitions of the term "risk", the article deals with the question of what environmental risk of agricultural landuse systems means and how the ecological stress caused by agriculture can be minimized. A method is shown of how to categorize landuse systems according to their impact on the environment. Therefore production processes are divided in their different constituents and their possible impacts on soil, water, air, climate and the biotic environmental compartments are schematically shown. On the one hand, this method facilitates a classification of different production systems due to their environmental impact. On the other hand, it builds the background to finding better adapted production processes, to realize a more environmentally beneficial agriculture.

Keywords: *ecological risk analysis, landuse, environmental impact, environmental sensitivity*

Schlüsselwörter: *ökologische Risikoanalyse, Landnutzung, Umweltbelastung, Umweltempfindlichkeit*

## Einleitung

Risiken landwirtschaftlicher Nutzungen sind ein Thema, das trotz langjähriger Diskussion aktuell ist. Die Bemühungen gehen dahin, die Risiken, die von der landwirtschaftlichen Nutzung auf definierte biotische und abiotische Schutzgüter, die Umweltmedien und ihr Zusammenwirken ausgehen können, abzuschätzen und auf dieser Grundlage nach verträglicheren, risikoärmeren Alternativen zu suchen.

Da der Begriff des Risikos in den unterschiedlichen Fachdisziplinen nicht den gleichen Sachverhalt beschreibt, werden im ersten Abschnitt unterschiedliche Verwendungen des Begriffs "Risiko" vorgestellt. Hieran schließt sich die Darstellung einer an der ökologischen Risikoanalyse orientierten Methodik an, die der Abschätzung von Einwirkungen landwirtschaftlicher Flächennutzungen auf definierte Schutzgüter dient. Bei dem im Artikel vorgestellten Analyseverfahren landwirtschaftlicher Flächennutzung steht das Bestreben im Vordergrund, die Bewertung der Umweltverträglichkeit landwirtschaftlicher Flächennutzungen und somit auch die Diskussion um mögliche Risiken zu objektivieren.

## Risiko - ökologisches Risiko - Versuch einer Begriffsklärung

Um sich dem Begriff Risiko zu nähern, werden zunächst folgende Hypothesen formuliert, die im Folgenden kurz ausgeführt werden: Risiko beschreibt die Möglichkeit, ein angestrebtes Ziel nicht zu erreichen. Ohne Nutzen gibt es kein Risiko. Risiken ergeben sich aus Unsicherheiten.

Von einem Risiko kann dann gesprochen werden, wenn die Möglichkeit besteht, ein angestrebtes Ziel nicht zu erreichen (TURNER 1972), wobei das gesteckte Ziel finanzieller, materieller, ideeller oder sonstiger Art sein kann. Die Erreichung des Ziels muß einen Nutzen oder Gewinn, die Abweichung von dem Ziel einen Verlust darstellen. Will man sich dem ökologischen Risiko nähern, muß somit nach den ökologischen Zielen gefragt werden. Hier gilt es zwischen zwei unterschiedlichen Zielvorstellungen zu unterscheiden: den ökosystemtheoretischen Zielfunktionen und den von normativen Setzungen abhängigen naturschutzfachlichen Zielen. Zu ersteren zählen angenommene Zielfunktionen, die von Ökosystemen oder ihren Teilen verfolgt werden, wie *ecosystem integrity*, *ecosystem health* (vgl. MÜLLER & LEUPELT 1998) oder auch Arterhalt in evolutiven Prozessen. Naturschutzfachlich-planerische Ziele entstammen hingegen gesellschaftlichen Normsetzungen und sind somit von den sich ändernden Werthaltungen in Politik und Gesellschaft abhängig. Diese finden Ausdruck in den Natur- und Umweltschutz betreffenden, gesetzlichen und programmatischen Regelwerken der unterschiedlichen Ebenen - von völkerrechtlich verbindlichen Abkommen bis hin zu regionalen Programmen. Der diesem Artikel zugrundeliegende Risikobegriff ist dieser letzteren Kategorie zuzuordnen: hier geht es um das Risiko, Schutzgüter zu belasten und somit normative Natur- und Umweltschutzziele nicht zu erreichen.

Risiken ergeben sich stets aus Unsicherheiten. Unsicherheiten wiederum ergeben sich aus mangelnden Kenntnissen (TURNER 1972). Strategien zur Risikominimierung sind somit immer mit der Suche nach mehr Information verbunden. Mit Hilfe von Informationen verschaffen sich beispielsweise Unternehmer größere Markttransparenz, wodurch sie in der Lage sind, derzeitige und zukünftige Markt- und Finanzsituationen einschätzen und ihr unternehmerisches Handeln entsprechend anpassen zu können. An der Schnittstelle Landwirtschaft-Umwelt gibt es dieses "Selbstregulativ" nicht. Hier liegt die Besonderheit darin, daß erwirtschafteter Nutzen und verursachter Schaden nicht den gleichen Adressaten haben: während der erwirtschaftete Ertrag oder monetäre Gewinn dem landwirtschaftlichen Produzenten zugute kommt, wird das ökologische Risiko von der Allgemeinheit getragen. Die Möglichkeit, durch Sammeln und Verknüpfen zusätzlicher Information Risiken zu minimieren, besteht somit kaum: Zwar tragen ökosystemare Daten zur Klärung von ökologischen Zusammenhängen bei und ermöglichen Prognosen über ökologische Entwicklungen. Da jedoch der Handelnde nicht primär der vom Risiko betroffene ist, kommt es nicht zu einem direkten Nutzen der gewonnenen Information in der Art, daß Handlungen angepaßt werden. Hier kann die vorgestellte Analyse helfen, Wissen in Handeln umzusetzen, indem Prioritäten erkannt und Handlungsalternativen aufgezeigt werden. Eine Umsetzung muß, darauf aufbauend, über ordnungspolitische, marktwirtschaftliche und sonstige Anreize und Zwänge erfolgen, die den Landnutzer zu einer Anpassung seiner Wirtschaftsweise an die jeweiligen ökologischen Gegebenheiten bewegen.

Risikoabschätzungen gestalten sich besonders schwierig in Bereichen, in denen bislang wenig Erfahrungen und somit nur sehr unvollständige Informationen vorliegen, in Bereichen mit sich häufig ändernden Rahmenbedingungen oder solchen, in denen Folgeabschätzungen aufgrund komplexer Wechselwirkungen nur sehr eingeschränkt möglich sind. Dies trifft in besonderem Maße auf ökologische Risiken zu.

Dort, wo der Mensch tätig wird, verändert er seine Umwelt. Von allen Tätigkeiten des Menschen gehen Wirkungen auf die Umwelt aus, die nur schwer vorhersagbar - und selbst wenn Gefährdungen eingetroffen sind - nur eingeschränkt zu quantifizieren sind. Zwar können Prognosen über mögliche Entwicklungen getroffen werden, die komplexen ökosystemaren Wechselwirkungen erlauben jedoch keine einfache Vorhersage oder Abschätzung von Ereignissen und deren Eintrittswahrscheinlichkeiten (SCHOLLES 1997).

Wie lassen sich demnach ökologische Risiken beschreiben? Während Risiko allgemeinhin als Produkt aus Ereigniswahrscheinlichkeit und Ereignisschwere oder, wie in der Versicherungswirtschaft, als Produkt aus Schadenshöhe und Eintrittswahrscheinlichkeit des Schadens definiert wird, besteht über die Definition des ökologischen Risikos keine Übereinstimmung. Zwar orientieren sich die Definitionen des ökologischen Risikos i. d. R. auch an obiger Formel, die Berücksichtigung der Eintrittswahrscheinlichkeit gestaltet sich jedoch problematisch und wird unterschiedlich gehandhabt. Wird das ökologische Risiko mit der Ereignisschwere gleichgesetzt, d. h. die Eintrittswahrscheinlichkeit gleich eins gesetzt und somit die Belastung als stets gegeben angenommen, so besteht streng genommen kein Risiko, sondern es herrscht Gewißheit. Im Vordergrund des Interesses stehen dann Eingriffscharakter sowie zeitliches und räumliches Ausmaß von Eingriffen. Von einem Risiko kann nach der obigen Definition auch dann nicht gesprochen werden, wenn lediglich bekannt ist, daß Folgen einer Handlung auftreten, die Wahrscheinlichkeit jedoch nicht abzuschätzen ist. In einem solchen Fall spricht man von Ungewißheit, die als undefinierten Bestandteil Unkenntnis mit einschließt und sich so einer Risikoabschätzung entzieht (vgl. SCHOLLES 1997).

Eine Möglichkeit, sich dem Begriff des ökologischen Risikos zu nähern, bietet die Interpretation des Risikobegriffs im Rahmen ökologischer Risikoanalysen. Ihrer Definition folgend, ergibt sich das ökologische Risiko aus der Verknüpfung von Einwirkung auf und Empfindlichkeit von natürlichen Ressourcen (SCHOLLES 1997). Das ökologische Risiko einer Handlung ergibt sich somit aus der möglichen Belastung von Schutzgütern oder Beeinträchtigung ihrer Funktionen bzw. aus dem Nichterreichen normativer Ziele. Die Wahrscheinlichkeit für das Auftreten von Ereignissen findet sich hier, auf den ersten Blick nicht ersichtlich, in der Festsetzung der jeweiligen Schutzgutempfindlichkeit wieder. Ein Beispiel aus dem landwirtschaftlichen Bereich soll dies verdeutlichen: Ist ein Boden gegen mechanische Belastung (Viehtritt, Maschinen) empfindlich, so ist die Verdichtungswahrscheinlichkeit bei Belastung höher, als bei einem unempfindlicheren Boden. Ein Befahren verschiedener Böden birgt somit ein unterschiedlich hohes Risiko einer Bodenverdichtung. Um die ökologischen Risiken landwirtschaftlicher Flächennutzungen abzuschätzen, bedarf es folglich einer Analyse sowohl der Eingriffsseite als auch der Akzeptorseite. Eine Möglichkeit hierzu bietet die Risikoanalyse.

### Die Risikoanalyse für den landwirtschaftlichen Bereich

Das nachfolgend beschriebene Vorgehen bei der Analyse landwirtschaftlicher Flächennutzungen orientiert sich an der Methodik der von BACHFISCHER (1978) entwickelten und von verschiedenen Wissenschaftlern fortentwickelten ökologischen Risikoanalyse (vgl. KIEMSTEDT & al. 1982, SCHARPF 1982, BRAUN 1987, LANGER 1996). Risikoanalysen finden stets dort Anwendung, wo Entscheidungen getroffen werden oder Handlungen beurteilt werden müssen, deren Auswirkungen ungewiß sind (vgl. TURNER 1972, MÜLLER 1991, EBERLE 1984, KUNREUTHER & LINNERROTH 1983). Ökologische Risiko- oder Konfliktanalysen werden in naturschutzfachlichen Planungen angewandt, für die als Auftrag die nachhaltige Sicherung der Leistungsfähigkeit des Naturhaushaltes und der landschaftlichen Ausprägung im Vordergrund stehen. Ihr Zweck ist die Bewertung quantitativer und qualitativer Veränderungen natürlicher Ressourcen - im Sinne definierter Schutzgüter und ihrer Verflechtungen - durch anthropogene Nutzungseinwirkungen. Die Risikoanalyse dient der Erkennung von Konfliktbereichen und ist Grundlage für die Ermittlung von Standort- oder Nutzungsalternativen. Daher findet sie Anwendung auf allen Ebenen der Landschaftsplanung und im Rahmen von Umweltverträglichkeitsuntersuchungen und erscheint für die Abschätzung von Risiken landwirtschaftlicher Flächennutzungen besonders geeignet.

Ziel der nachfolgend beschriebenen Analyse ist es, Belastungen der Schutzgüter durch die landwirtschaftlichen Flächennutzungen aufzuzeigen und unter Berücksichtigung unterschiedlicher Empfindlichkeiten von Schutzgütern eine Prioritätensetzung bei der Suche nach umweltgerechten Varianten zu ermöglichen. Zugrunde liegt die Annahme, daß nicht nur die verschiedenen Schutzgüter unterschiedlich empfindlich auf anthropogene Einwirkungen reagieren, sondern daß auch innerhalb der Schutzgüter bestimmte Merkmalsausprägungen zu abgestuften Empfindlichkeiten führen (ROWECK 1995). Die

Abschätzung der Empfindlichkeit ist im Rahmen von ökologischen Risikoanalysen trotz mangelnder theoretischer Fundierung (SCHOLLES 1997) ein wichtiger Arbeitsschritt. Empfindlich ist ein ökologisches System, wenn es auf eine gegebene Nutzungseinwirkung reagiert, das heißt von einem gegebenen Ausgangszustand abweicht. Zu berücksichtigen ist hierbei, daß Aussagen zu Empfindlichkeiten stets im Hinblick auf die jeweiligen Einwirkungen und System- bzw. Schutzguteigenschaften zu spezifizieren sind. Der Grad der Empfindlichkeit ist abhängig von dem Ausmaß der Abweichung sowie der Zeit, die verstreicht, bis sich das System nach erfolgter Einwirkung wieder in seinem Ausgangszustand befindet. Als belastbar gelten nach GIGON und GRIMM (1997) somit solche Systeme, die resilient reagieren oder solche, die keine Reaktion zeigen, sich demnach resistent verhalten. Kehren Systeme nach erfolgter Einwirkung nicht in ihren Ausgangszustand zurück, so gelten sie als nicht oder weniger belastbar. Um im Rahmen der Risikoanalyse Belastungsabschätzung treffen zu können, müssen demnach Ausgangszustand und Verhalten für den Fall, daß keine Einwirkung stattfindet (natürliche Variabilität), bekannt sein und zumindest begründete Vorstellung oder Erwartung über den Zustand oder das veränderte Verhalten nach dem Eingriff bestehen. Sofern Einwirkungen auf natürliche oder naturnahe, sich selbst regulierende Systeme betrachtet werden, sind diese Anforderungen an eine Belastungsabschätzung zu erfüllen. Dieser von GIGON und GRIMM (1997) gewählte Belastungsbegriff ist - nach der Terminologie von ESER und POTTHAST (1997) - naturwissenschaftlich-deskriptiv und nicht normativ. Im Verfahren der Risikoanalyse kommt jedoch ein normativer Aspekt hinzu.

Bei der Betrachtung landwirtschaftlicher Nutzflächen liegt die Besonderheit darin, daß wir es hier mit "hybriden" Systemen zu tun haben, die in ihrer Form nur durch anthropogene Einflußnahme bestehen können. Wird im Zusammenhang von Landnutzung und natürlichen Ressourcen von "belastbar" oder "nicht belastbar" gesprochen, so befinden wir uns bereits auf der Ebene der normativen Bewertung. Belastungen werden dann im Ellenberg`schen Sinn als "die negativen anthropogenen Einwirkungen auf ein System" (ELLENBERG 1978) verstanden (vgl. WULF 1997). Auch für kulturbedingte Systeme müssen Ausgangszustände definiert werden, um Aussagen über nutzungsbedingte

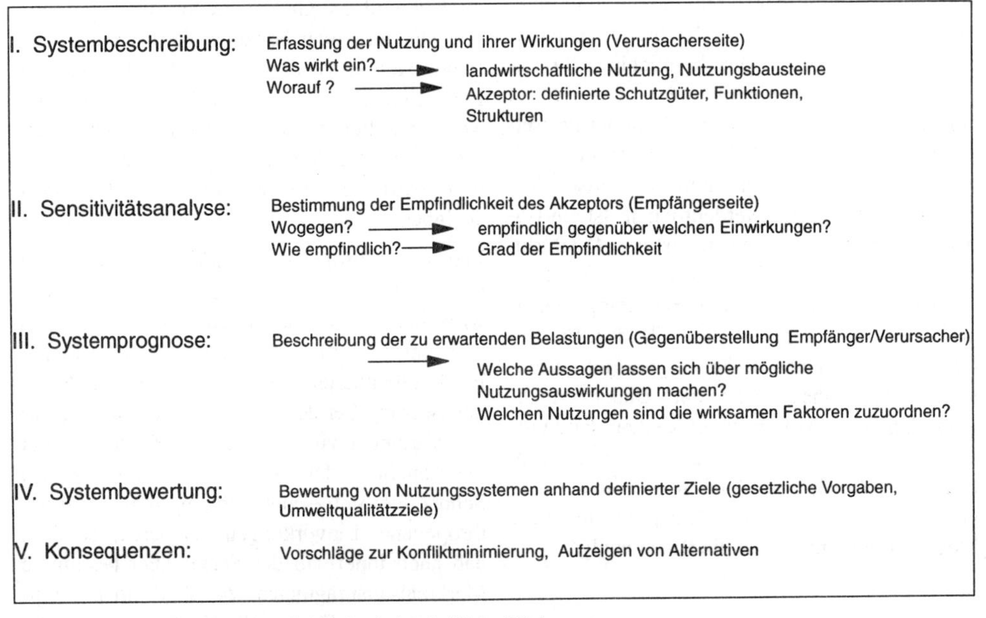


**Abb. 1:** Ablauf der Risikoanalyse für die landwirtschaftliche Flächennutzung

Veränderungen - Stichwort Monitoring - treffen zu können. Dieser Ausgangszustand ist jedoch i. d. R. nicht der für eine Bewertung herangezogene Referenzzustand. Hierzu werden vielmehr normative Ziele formuliert, an deren Erreichen oder nicht Erreichen die Nutzungseinwirkungen gemessen werden (vgl. KNICKEL & PRIEBE 1997). Der Referenzzustand oder Referenzwert ist somit ein gesetzter Soll Zustand oder ein Soll Wert. Im Hinblick auf die abiotischen Schutzgüter, die hier bei der Betrachtung der Nutzflächen im Vordergrund stehen, wird i. d. R. dann von einer möglichen Belastung gesprochen, wenn vorab definierte Potentiale und Funktionen eingeschränkt werden oder wenn Wirkungen definierten Schutzzielen entgegenwirken (KOMMISSION UMWELTSCHUTZ 1989, MARKS & al. 1992). Darüber hinaus fließen auch andere, landschaftsökologische Bewertungskriterien mit in die Einschätzung der Belastung ein: Negative Auswirkungen von Nutzungseinwirkungen auf besonders seltene, alte, schwer oder nicht wieder herstellbare Systeme sind negativer zu bewerten als negative Auswirkungen auf häufig vorhandene und leicht restituierbare oder zu regenerierende Systeme.

Der formale Ablauf der Risikoanalyse für den Bereich der landwirtschaftlichen Flächennutzung ist nachfolgend dargestellt. Für die Bewertung der Auswirkung landwirtschaftlichen Handelns auf die Schutzgüter und ihre Wechselwirkungen werden die agrarischen Nutzungen - diesem Ablauf folgend - einer Risikoanalyse unterzogen.

### Die Nutzungsbausteinanalyse im Rahmen der Risikoanalyse

Im Rahmen der Risikoanalyse für den landwirtschaftlichen Bereich werden auf der Verursacherseite die Produktionsverfahren im Bereich des Ackerbaus und der Grünlandwirtschaft in Nutzungsbausteine zerlegt. Diese Nutzungsbausteine, aus denen sich auch andere derzeitige oder zukünftig denkbare Nutzungen zusammensetzen lassen, haben bestimmte Wirkungen auf die Schutzgüter (Abb. 2 I). Im Rahmen einer Sensitivitätsanalyse wird ermittelt, wie empfindlich die Schutzgüter auf der Akzeptorseite auf die Einwirkungen reagieren (Abb. 2 II). Stellt man die von der jeweiligen Nutzung ausgehenden Wirkungen den Empfindlichkeiten der Schutzgüter gegenüber, können diejenigen Wirkfaktoren ermittelt werden, die auf besonders große Empfindlichkeiten von Schutzgütern treffen (Abb. 2 III). Erst wenn auch auf der Verursacherseite unterschiedliche Intensitäten von Einwirkungen ausgewiesen werden, ist eine Risikoabschätzung und somit eine Bewertung und anschließende Prioritätensetzung möglich: Eine intensive Einwirkung auf ein hierauf empfindlich reagierendes Schutzgut ist anders zu bewerten, als eine weniger intensive Einwirkung auf das gleiche Schutzgut.

Als Grundlage für die Erarbeitung von Alternativen wird in einem weiteren Schritt geprüft, welche der ermittelten "Belastungsschritte" für den Produktionsprozeß unverzichtbar und welche modifizierbar oder ersetzbar sind (Abb. 2 IV). Hierbei wird so vorgegangen, daß zunächst überprüft wird, ob das angestrebte Produktionsziel, beispielsweise "Maisanbau", durch den Ersatz oder die Modifikation einzelner Nutzungsbausteine belastungsärmer erreicht werden kann. Aufbauend auf diese Analyse können Vorschläge zur Ausgestaltung von umweltverträglicheren Nutzungs- oder Fruchtfolgealternativen formuliert werden. Ist das angestrebte Produktionsziel nicht mit den gesetzten Umweltqualitätszielen vereinbar, können die Matrizen als Grundlage zur Ermittlung von betrieblich oder regional angepaßten Anbaualternativen dienen. Die vier Schritte der Nutzungsbausteinanalyse sind nachfolgend beispielhaft schematisiert. Das Beispiel ist fingiert, es bildet keinen konkreten Fall ab, sondern dient der Erläuterung der Methode.

### Notwendiger Raum-Zeit-Bezug

Für eine differenzierte Erfassung der Wirkungen und Empfindlichkeiten, für deren Gegenüberstellung sowie Bewertung ist ein räumlicher und zeitlicher Bezugsraum unerläßlich. Die Wahl dieser Bezugsebenen für die Bewertung ist von dem jeweiligen Gegenstand der Betrachtung und dem gesetzten Ziel abhängig. Aussagen können

I

Nutzung → Nutzungsbausteine → Wirkungen auf die Schutzgüter

| Nutzungsbausteine | WW | Gras | Mais | ... | Boden | Gewässer | Klima Luft | Sonstige |
|---|---|---|---|---|---|---|---|---|
| (fruchtbezogen) | | | | | | | | |
| Bodenbearbeitung: Entfernen v. Bewuchs, Umlagerung der oberen Bodenschichten, Einarbeiten v. Material | | | x | | x | | | |
| Befahren | | | x | | x x | | | |
| Ernte: Entzug v. Nährstoffen, Veränderung d. Bewuchsstruktur | | | x | | | | | x |
| Düngung: organisch, mineralisch | | | x | | x | x x | | x |
| Pflanzenschutz: chem., therm., mech. | | | x | | x | x x | | x x |
| Untersaaten | | | | | x | x | | x |
| Bewässerung | | | | | | | | x |
| (flächenbezogen) | | | | | | | | |
| Bodenauf- u. Abtrag: Verfüllen v. Senken, Entfernen v. Steinen | | | | | x | x | | x x |
| Dränage | | | | | | | | |
| Kalkung | | | | | | | | x |
| (Kulturfrucht) | | | | | | | | |
| Bedeckungsgrad | | | x | | x | | | x |
| Durchwurzelung | | | x | | x | ~ | | x |
| Grad d. Ausnutzung d. Sonnenenergie | | | x | | | | x | |

II

Empfindlichkeiten der Schutzgüter gegenüber Nutzungseinwirkungen

| Boden | Gewässer | Klima Luft | Sonstige | ← Nutzungsbausteine |
|---|---|---|---|---|
| | | | | (fruchtbezogen) |
| o | | | ● | Bodenbearbeitung: Entfernen v. Bewuchs, Umlagerung der oberen Bodenschichten, Einarbeiten v. Material |
| ● | | | o | Befahren |
| | | | ● | Ernte: Entzug v. Nährstoffen, Veränderung d. Bewuchsstruktur |
| - | ● | - | o | Düngung: organisch, mineralisch |
| - | o | - | ● | Pflanzenschutz: chem., therm., mech. |
| ● | ● | | | Untersaaten |
| | | - | - | Bewässerung |
| | | | | (flächenbezogen) |
| ● | ● | | ● | Bodenauf- u. Abtrag: Verfüllen v. Senken, Entfernen v. Steinen |
| | | | | Dränage |
| | | | o | Kalkung |
| | | | | (Kulturfrucht) |
| ● | | o | ● | Bedeckungsgrad |
| ● | o | | o | Durchwurzelung |
| | | o | | Grad d. Ausnutzung d. Sonnenenergie |

x x große Einwirkung
x mittlere Einwirkung
~ geringe Einwirkung

● große Empfindlichkeit
o mittlere Empfindlichkeit
- geringe Empfindlichkeit

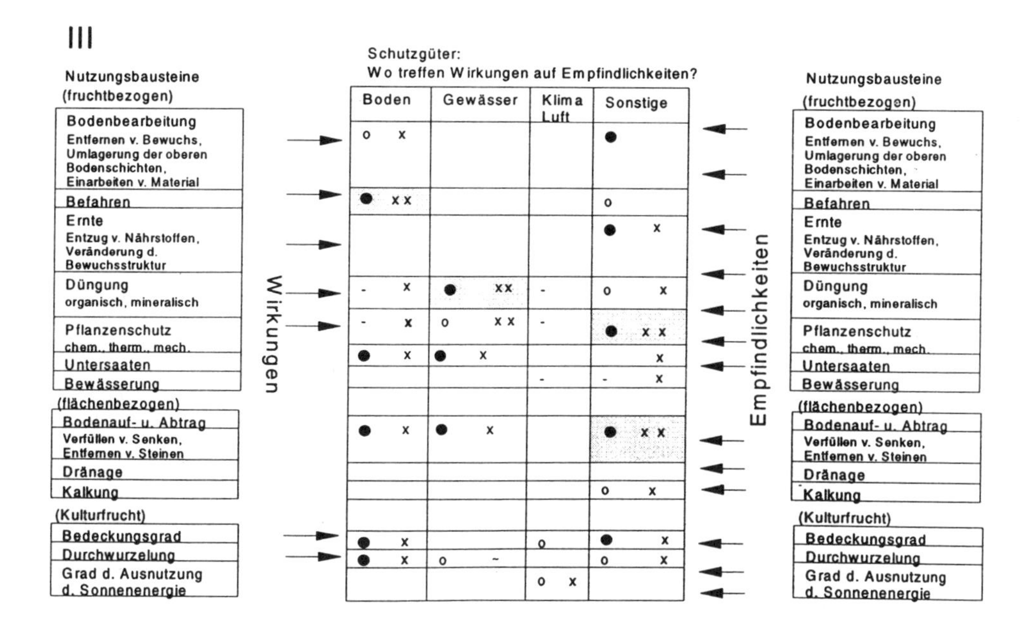


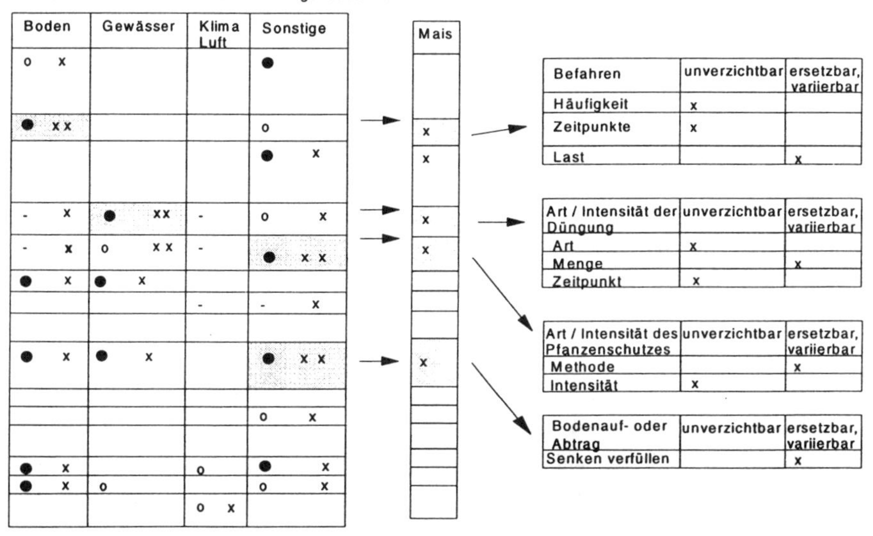


**Abb. 2:** Nutzungsbausteinanalyse im Rahmen der Risikoanalyse für landwirtschaftliche Flächennutzungen

fruchtspezifisch oder fruchtfolgebezogen getroffen werden, sie können sich auf ein oder mehrere Jahre, auf einzelne Flächen oder ganze Regionen beziehen. Soll beispielsweise für einen bestimmten Standort ermittelt werden, wieviel Boden durch Erosionsvorgänge abgetragen wird, kann dies für einzelne Kulturfrüchte bestimmt werden. Für eine Bewertung der Erosivität ist es jedoch sinnvoller, die Berechnungen für gesamte Fruchtfolgen durchzuführen, da in der Gesamtsumme der Abtrag über Jahre hinweg, trotz einzelner stärker erosiver Früchte, innerhalb gesetzter Toleranzgrenzen liegen kann (vgl. HEINL & al. 1995). Gleiches gilt für die Bewertung energetischer Aspekte wie Energiegewinn und Energieeffizienz. Doch auch wenn Aussagen auf der Ebene von Fruchtfolgesystemen getroffen werden sollen, ist eine Analyse einzelner Kulturfrüchte, wie sie gezeigt wurde, für eine Modifizierung der Fruchtfolgen unverzichtbar.

## Schlußbetrachtung

Die vorgestellte Methode ermöglicht eine differenzierte Betrachtung der landwirtschaftlichen Flächennutzung, und der von ihr ausgehenden ökologischen Risiken. Die Methode ist in allen Räumen mit landwirtschaftlicher Nutzung einsetzbar - die regionale Differenzierung erfolgt durch die Berücksichtigung standörtlicher Besonderheiten, u. a. durch die Berücksichtigung der regional, lokal oder standörtlich divergierenden Empfindlichkeiten der Schutzgüter. Darüber hinaus ist die Methode geeignet, Bewertungen landwirtschaftlicher Flächennutzungen in Planungen (Landschaftspläne, agrarstrukturelle Vorplanungen) zu integrieren. Die Analyse zeigt mögliche Auswirkungen der Nutzung auf, sie nimmt jedoch den politischen Entscheidungsträgern weder die Verantwortung über notwendige Handlungsentscheidungen ab, noch zwingt sie diese zur Übernahme subjektiv gesetzter normativer Ziele. Sie stellt vielmehr ein Werkzeug dar, das den Entscheidungsträgern hilft, die jeweiligen gesellschaftlichen oder regionalen Prioritäten im Bereich des Ressourcenschutzes umzusetzen. Je nach Ziel- und Prioritätensetzung (z. B. Schutz des Grundwassers, Förderung von Heckenbrütern) kann aufgezeigt werden, welche Anbau- oder Nutzungsalternativen favorisiert und entsprechend gefördert werden sollten, um nutzungsbedingte ökologische Risiken so gering wie möglich zu halten.

## Literatur

Bachfischer, R. (1978): Die ökologische Risikoanalyse. Diss. TU München.

Eberle, D. (1984): Die ökologische Risikoanalyse - Kritik der theoretischen Fundierung und der raumplanerischen Verwendungspraxis. In: Kistenmacher, H. (Hrsg.) Werkstattbericht Nr. 11, , RU - Regional- und Landesplanung Universität Kaiserslautern.

Ellenberg, H. (1978): Belastung und Belastbarkeit von Ökosystemen. Tagungsbericht der Gesellschaft für Ökologie, Tagung Gießen 1978. S. 19-26.

Eser, U. & T. Potthast (1997): Bewertungsproblem und Normbegriff in Ökologie und Naturschutz aus wissenschaftlicher Perspektive. In: Ökologie und Naturschutz 6, S. 181-189.

Gigon, A. & V. Grimm (1997): Stabilitätskonzepte in der Ökologie: Typologie und Checkliste für die Anwendung. In: Fränzle, O., Müller, F. & S. Schröder (Hrsg.): Handbuch der Umweltwissenschaften. Ecomed.

Heinl, W., Leibenath, M. & S. Radlmair (1996): Nachhaltigkeit in der Landwirtschaft. In: Naturschutz u. Landschaftsplanung 28, (2), S. 45-53.

Kunreuther, H. & J. Linnerroth (1983): IIASA - International Institute for Applied Systems Analysis (Hrsg.) Risikoanalyse und politische Entscheidungsprozesse. Standortbestimmung von vier Flüssiggasanlagen in vier Ländern. Springer Verlag. 360 S.

Kiemstedt, H., Trommsdorff, U. Wirz, S. (1982): Gutachten zur Umweltverträglichkeit der Bundesautobahn A4-Rothaargebirge. In: Schriftenreihe Beiträge zur räumlichen Planung, Heft 1. Hannover.

Knickel, K. & H. Priebe (1997): Praktische Ansätze zur Verwirklichung einer umweltgerechten Landnutzung. Peter Lang Verlag. 298 S.

Kommission Umweltschutz beim Präsidium der Kammer der Technik (Hrsg.) (1989): Geologische Stoffflüsse und Konsequenzen anthropogener Aktivitäten in der Landschaft. Technik u. Umweltschutz Bd. 37, VEB Dt. Verl. f. Grundstoffindustrie, Leipzig.

Langer, H. (1996): Erfassung und Bewertung von Natur und Landschaft. In: Buchwald & Engelhardt (Hrsg.): Bewertung und Planung, S. 38-72.

Marks, R., Möller, M. J., Leser, H. & H.-J. Klink (1992): Anleitung zur Bewertung des Leistungsvermögens des Landschaftshaushaltes. Forschungen zur deutschen Landeskunde Bd. 229, 2. Auflage, Trier.

Müller, F & Leupelt, M. (Ed.) (1998): Eco Targets, Goal Funktions and Orientors. Springer Verlag. 619 S.

Müller, K. (1991): Möglichkeiten und Ansätze einer agrarumweltpolitischen Wirkungsanalyse im Rahmen eines Regionalmodells. Hohenheim, Univ., Diss. 204 S.

Roweck, H. (1995): Landschaftsentwicklung über Leitbilder. In: LÖBF-Mitteilungen Nr. 4. S. 25 -34.

Scharpf, H. (1982): Die ökologische Risikoanalyse zur Umweltverträglichkeitsprüfung in der Landwirtschaft. Diss. Hannover.

Scholles, F. (1997): Abschätzen, Einschätzen und Bewerten in der UVP. UVPspezial. Dortmunder Vertrieb für Bau- und Planungsliteratur. Dortmund.

Turner, B. E. (1972): Die Risiko-Analyse als Entscheidungshilfe bei der betrieblichen Anwendung klassischer preistheoretischer Modelle. Dissertation. Verlag Herbert Lang.

Wulf, A. (1997): Das Bewertungskriterium Belastbarkeit. Unveröffentlichtes Manuskript. Kiel.

# Bewertung von Risiken landwirtschaftlicher Nutzungen für den Natur- und Landschaftshaushalt

Yvonne Reisner[1], Dieter Zuberbühler[1] und Bernhard Freyer[2]

[1] *Forschungsinstitut für biologischen Landbau, Ackerstrasse, CH-5070 Frick*

[2] *Universität f. Bodenkultur, Inst. f. ökologischen Landbau, Gregor-Mendelstr. 33, A-1180 Wien*

## Synopsis

The conservation and protection of the resources soil, water and visual aspects of landscape as well as the promotion of biodiversity are one of the central tasks of social politics in future. One of the main questions is: "Which agricultural systems are able to guarantee sustained resource conserving land use."So, there is a need for methods to describe the influence of different land use systems on natural resources.

In the seventies the impact of landscape use on natural resources was described by methods of the ecological risk analysis. Since different methods to describe the impact of land use with landscape assessment methods were developed. Based on the ecological risk analysis, an impact potential model was developed by the authors using an universal assessment algorithm derived from fuzzy logic, to estimate the impact of agricultural land use on ecosystem balance and functions of selected resources. Intervention intensities of agricultural land use are set in relation to site conditions and aggregated for each of several defined impact potential categories. The aspect of risk and the calculation of impact potential values is explained.

Keywords: *Agriculture, Landscape Assessment, Environmental Risk, Fuzzy Logic, Environmental Indicator*

Schlüsselworte: *Landwirtschaft, Landschafts-Bewertung, Umweltrisiken, Fuzzy logic, Umweltindikatoren,*

## 1 Einleitung

Ökologische Bewertungen und Planungsverfahren nehmen in unterschiedlicher Weise Bezug auf den Risikobegriff. Vorliegende Untersuchung beleuchtet zunächst die in der ökologischen Planung gebräuchlichen Bewertungsverfahren. Die ökologische Risikoanalyse wird im folgenden in einem von den Autoren entwickelten Modellansatz zur Bewertung von Auswirkungen der landwirtschaftlichen Nutzungsintensitäten auf die Umwelt aufgegriffen. Das Bewertungsmodell liefert Aussagen über die potentielle Belastung des Landschaftshaushaltes und seiner Funktionen durch die landwirtschaftliche Nutzung. Der Bezug zum Risikobegriff wird dargestellt.

## 2 Instrumente und Begriffe zur Bewertung von anthropogenen Eingriffen in die Umwelt

### 2.1 Ökologische Bewertungen und Planungsverfahren

Die ökologische Planung verfolgt das Ziel, schädigende Einflüsse auf die natürlichen Lebensgrundlagen der Menschen, Tiere und Pflanzen zu verhindern, zu vermindern oder zu beseitigen (MARKS & al. 1992, S. 28). Auswirkungen von Eingriffen in den Naturhaushalt und die damit verbundenen ökologischen Risiken werden mittels Bewertungsverfahren abgeschätzt und mögliche Kompensationsmaßnahmen vorgeschlagen (FINKE 1996, S. 50). Die unter dem Begriff der ökologischen Planung subsummierten Bewertungsverfahren sind bezüglich ihrer inhaltlichen Fragestellung, der Stellung im Planungsprozeß, der verwendeten Kriterien oder des methodischen Ansatzes sehr heterogen. Die Verfahren gehen zudem von unterschiedlichen Raumeinheiten aus (z.B. Parzelle, Einzelbiotop, Raster, geoökologische Raumeinheiten, Region). MARKS & al. (1992, S. 28) führen alle bisher entwickelten Bewertungsverfahren auf die folgenden vier Ansätze zurück: ökologische Eignungsbewertung, ökologische Belastungsbewertung, ökologische Wertanalyse und ökologische Risikoanalyse.

**Ökologische Eignungsbewertung**

Ökologische Eignungsbewertungsverfahren fragen nach der standortkundlichen Raumausprägung und der darin begründeten ökologischen Eignung für unterschiedliche Nutzungen und andere Raumfunktionen (vgl. HAASE 1968, SPENGLER 1973, SCHMIDT 1975, KOPP & al. 1982, KOPP & SUCCOW 1988, KOPP & SUCCOW 1991). Bewertungsverfahren für die Landwirtschaft (z.B. SCHARPS 1975), den Naturschutz (z.B. SUKOPP 1970) sowie dem Komplex Freizeit und Erholung (z.B. KIEMSTEDT 1969) bewerten einen Raum bezüglich eines einzelnen Nutzungsanspruches. Daneben existieren Verfahren, welche die Eignung mehrerer Nutzungsansprüche bewerten (z.B. HUMMEL & al. 1974, SEIBERT 1975).

**Ökologische Belastungsbewertung**

Mit Hilfe der ökologischen Belastungsbewertung soll der Grad der Belastung bzw. Schädigung ermittelt werden, den ein Raum durch Einwirkung anthropogener Belastungsfaktoren erfährt. Bei der Belastungsbewertung werden in der Regel normative Richt- und Schwellenwerte verwendet, die auch als Grenzwerte gesetzlich fixiert sein können, jedoch nicht ökologisch (oder medizinisch) begründet sein müssen (MARKS & al. 1992, S. 28). Zu den Belastungsbewertungsverfahren zählen auch die Umweltverträglichkeitsprüfungen.

**Ökologische Wertanalyse**

Die ökologischen Wertanalyse umfaßt die Aufbereitung von qualitativen ökologischen Werten der Landschaft für eine quantitative Gesamtbewertung. Sie lässt damit eine quantitativ begründete Eignungsbewertung für verschiedene Nutzungsmöglichkeiten zu (vgl. BAUER 1973, BAUER 1977, AMMER & UTSCHICK 1984).

**Ökologische Risikoanalyse**

Im Kontext zu dem hier vorgestellten Ansatz (siehe Kap. 3) ist die Mitte der siebziger Jahre entwickelte ökologische Risikoanalyse von besonderem Interesse (vgl. BIERHALS & al. 1974, BACHFISCHER & al. 1977, BACHFISCHER 1978), welche die ökologische Belastungsbewertung mit der ökologischen Wertanalyse verknüpft. Dieses Verfahren dient der Einschätzung des ökologischen Risikos bei Eingriffen in Natur und Landschaft, die zu einer Beeinträchtigung des Leistungsvermögens des Naturhaushaltes führen (MARKS & al. 1992, S. 28, S. 207). Anthropogene Eingriffe übernehmen die Funktion von Indikatoren. Als Indikatoren fungieren demnach nicht Kenngrössen wie z. B. die Nitratkonzentration im Grundwasser, sondern die Höhe der Stickstoffdüngung, die Bodennutzungsart oder die Bodenart. Die Aussagen sind auf die Wirkungszusammenhänge zwischen den einzelnen Naturgütern und den Nutzungsansprüchen gerichtet (KIEMSTEDT 1979, SCHARPF 1982). Das ökologische Risiko hängt einerseits von der Art der Belastungswirkung und andererseits von der Empfindlichkeit ab, welches ein Schutzgut gegenüber Belastungswirkungen aufweist. Als Kritik muss angemerkt werden, dass im besonderen die Heterogenität landwirtschaftlicher Produktionssysteme keinen Eingang in die Bewertungen von Beziehungen zwischen Landwirtschaft und Schutzgütern gefunden hat. In neueren Entwicklungen wurde von Eberle (1994) die Einbeziehung der Fuzzy-Logic in die ökologische Risikoanalyse vollzogen.

## 2.2 Der Begriff Umwelt-Risiko

Unter Risiko wird die Wahrscheinlichkeit des Eintretens eines Schadens verstanden (KAPLAN & GARRICK 1993, S. 93). Der erweiterte Begriff Umwelt-Risiko beschreibt danach mögliche Schäden an Schutzgütern (Boden, Wasser, Luft, Klima, Landschaft, Biodiversität) oder an Menschen, wobei die Umweltqualität direkt oder indirekt, kurz- oder langfristig vermindert wird. Schäden, welche als reversibel gelten, lassen sich als zeitlich begrenzte Störung bezeichnen, während eine Gefährdung vorliegt, wenn die Schäden als irreparabel gelten. Die Einschätzung der Wahrscheinlichkeit des Eintretens von Schäden basiert sowohl auf Expertenmeinungen als auch einer Vielzahl von Untersuchungsergebnissen (BECHMANN 1993). Da Untersuchungsergebnisse über Wirkungen anthropogener Massnahmen auf Schutzgüter oder auch Szenarien immer nur einen Teil von möglichen Schäden abbilden, handelt es sich bei der Umschreibung von Risiko um gedankliche Konstruktionen, welche eintreten können. Risiken sind demnach ihrer Natur gemäss Möglichkeiten und beinhalten ein spekulatives Moment.

Das mathematische Verständnis von Risiko (als Produkt von Eintretenswahrscheinlichkeit und Schadenfolge) führt zu einer Gleichsetzung von unterschiedlich zu behandelnden Risiken; geringe Eintretenswahrscheinlichkeit und grosse Schadenhöhe wird gleichgesetzt mit hoher Eintretenswahrscheinlichkeit und geringer Schadenhöhe. Diese multiplikative Verknüpfung erweist sich zur Beschreibung von Umwelt-Risiken als wenig zweckmässig. Vielmehr sind Eintretenswahrscheinlichkeit und Schadenhöhe separat zu betrachten unter Setzung entsprechender Toleranzgrenzen (KAPLAN & GARRICK 1993).

### 2.3 Der Begriff Belastung

SCHEMEL (1976, S. 61) versteht Belastung als Grad der Beeinträchtigung, die durch die Realisierung eines bestimmten Nutzungsanspruches für andere Nutzungsansprüche hervorgerufen wird. Auch andere Autoren (z.B. KIEMSTEDT 1971, 1979, TRENT 1973, BACHFISCHER 1978) verfolgen einen streng nutzungsorientierten Ansatz und sprechen nur dann von Beeinträchtigung (Belastung) natürlicher Ressourcen, wenn als Folge Beeinträchtigungen menschlicher Ansprüche (Nutzungen) an die natürliche Umwelt resultieren. Im Gegensatz dazu steht bei BAUER (1973) und MARKS (1979) nicht nur der menschliche Nutzungsanspruch, sondern die Umwelt im Zentrum der Betrachtung. MARKS (1979, S. 29) definiert Belastung als Grad der Beeinträchtigung menschlicher Nutzungsformen und/oder des Naturhaushaltes durch menschliche Nutzungsansprüche im Hinblick auf die Erhaltung vielfältiger und funktionsfähiger Ökosysteme.

## 3 Belastungspotential-Modell

### 3.1 Modellaufbau

Schutzgüter üben im Natur- und Landschaftshaushalt verschiedene Funktionen (auch Bereitstellungsfunktionen) aus bzw. erbringen verschiedene Leistungen (Tab. 1). Der Begriff des Natur- und Landschaftshaushaltes wird weit gefaßt, indem auch Freiraumfunktionen wie Landschaftsästhetik und Erholung einbezogen sind. Anthropogene Eingriffe wirken auf die Leistungsfähigkeit von natur- und landschaftshaushaltlichen Funktionen ein und können somit Qualität und Quantität von Schutzgütern potentiell beeinträchtigen. Zur Darstellung der Beeinträchtigung von Schutzgutfunktionen dient das im folgenden sogenannte Belastungspotential-Modell.

Die Auswirkungen von anthropogenen Eingriffen auf sechs ausgewählte, im Kontext zur landwirtschaftlichen Nutzung, vorrangig diskutierte Schutzgüter werden über insgesamt 11 Belastungspotentiale dargestellt. Die Belastungspotentiale sind mit den Begriffen der jeweiligen Schutzgüter und deren landschaftshaushaltlichen Funktionen bezeichnet. Die einzelnen Belastungspotentiale sind als eigenständige Teilmodelle entwickelt.

Das Modell basiert auf zwei Parametergruppen - Eingriffsparameter ($Ep_i$) und Schutzgutparameter ($Sp_i$) Die Wirkungen der Parameter auf den Natur- und Landschaftshaushalt können mehrheitlich aus Feldversuchen bzw. sozialwissenschaftlichen Untersuchungen abgeleitet werden. (siehe Kap. 2.2).

Die Beeinträchtigung der Funktionen von Schutzgütern resp. des Natur- und Landschaftshaushaltes erfolgt über <u>Eingriffsparamter</u>. Dazu zählen z. B. die Zufuhr systemfremder Stoffe, mechanisch-technische Eingriffe, die

**Tabelle 1**: Kleinste zu bearbeitende Raumeinheit nach Schutzgütern und deren Funktionen

| **Schutzgüter** | **Funktionen** | **Kleinste zu bearbeitende Raumeinheit** |
|---|---|---|
| Grundwasser,<br>Oberflächennahes Wasser | Trinkwasser,<br>Pflanzennutzbares Wasser | Geoökologische Raumeinheit |
| Boden | Grundwasserneubildung,<br>Abflussregulation<br>Grundwasserschutz (Nitrat)<br>Widerstand Bodenverdichtung<br>Widerstand Bodenerosion<br>Bodenfruchtbarkeit | Geoökologische Raumeinheit<br>Geoökologische Raumeinheit<br>Parzelle landw. Betrieb<br>Parzelle landw. Betrieb<br>Parzelle landw. Betrieb<br>Parzelle landw. Betrieb |
| Klima | Bioklima | Geoökologische Raumeinheit |
| Arten und Biotope* | Lebensraum Waldränder<br>Lebensraum Gehölze<br>Lebensraum Fliessgewässer | Einzelbiotop<br>Einzelbiotop<br>Einzelbiotop |
| Landschaftsbild | Landschaftsästhetik | Geoökologische Raumeinheit |
| Landschaftsraum | Erholung | Geoökologische Raumeinheit |

* Weitere Lebensräume offener Agrarlandschaften sowie die Bewertung des gesamten Agrarraumes hinsichtlich den Auswirkungen landwirtschaftlicher Nutzungen auf die Arten – und Biotopvielfalt sind in Bearbeitung

flächenhafte Ausdehnung von unterschiedlichen Nutzungsformen innerhalb eines Landschaftsraumes oder das Ausmass meliorativer Eingriffe (z.B. Drainage).

Bei den Schutzgutparametern werden zwei Typen unterschieden: Puffereigenschaften von Schutzgütern werden über den Standort (z.B. Humusgehalt, Bodenmächtigkeit) oder die Vegetationsstruktur (z.B. Saumbreite) kennzeichnende Parameter beschrieben. Puffereigenschaften eines Schutzgutes werden für dieses selbst oder auch andere Schutzgüter wirksam (z. B. Boden als Puffer für das Grundwasser). Zur Beschreibung von Eigenschaften der Empfindlichkeit (=Sensibilität) von Schutzgütern gegenüber Nutzungseingriffen werden ebenso Standortparameter (z. B. Grundwasserflurabstand) und Vegetationsparameter (z. B. Vegetationsgesellschaften) herangezogen. Die Empfindlichkeit ist abhängig von der Regenerations- oder Kompensationsfähigkeit des jeweiligen Standortes oder der Vegetation. Eine eindeutige Zuordnung nach Pufferfähigkeit und Empfindlichkeit ist dabei nicht in jedem Fall gegeben, was jedoch für deren kalkulatorische Anwendung nicht von Bedeutung ist.

Je nach Belastungspotential bezieht sich die Bewertung auf Einzelbiotope (Waldränder, Gehölze, Fliessgewässer), Bewirtschaftungsparzellen (Grünland, Acker, Sonderkultur) oder geoökologisch homogene Raumeinheiten. Die Unterteilung der Landschaften erfolgt nach den Kriterien Relief (Reliefform, Hangneigungen), Geologie (Ausgangsgestein für die Bodenbildung) und Boden (Bodentypen). Aussagen auf Einzelbiotop- resp. Bewirtschaftungsparzellenebene können zu Landschaftsraumaussagen aggregiert werden. Die Bearbeitung und Visualisierung wird über ein Datenbanksystem (ACCESS) und ein Geographisches Informationssystem (ArcCAD, ArcView) unterstützt.

### 3.2 Theoretischer Hintergrund

Das Belastungspotential-Modell basiert vorwiegend auf den Ansätzen der ökologischen Risikoanalyse (BIERHALS et al. 1974, BACHFISCHER et al. 1977, KIEMSTEDT 1979, SCHARPF 1982 und MARKS et al. 1992), in denen die Auswirkungen von Belastungen auf Schutzgüter mittels sogenannter Indikatoren abgeschätzt werden. Das Belastungspotential-Modell setzt einen Schwerpunkt in der Darstellung von Auswirkungen landwirtschaftlicher Nutzungen auf die Umwelt. Dem Modell ist die Hypothese vorangestellt, dass mit zunehmender

Eingriffsintensität anthropogener Nutzungen und zunehmendem Empfindlichkeitsgrad und abnehmendem Pufferungsvermögen von Schutzgütern die Belastung des Natur- und Landschaftshaushaltes zunimmt. Die Verwendung des Begriffs "Belastung" lehnt sich an die Definition nach MARKS (1979, S. 29) an (siehe oben). Der Begriff der potentiellen Belastung (gemäss Duden - der denkbaren Belastung), wird einerseits aus Gründen der unterschiedlichen Datenverfügbarkeit (z. B. Kartenmassstäbe) angewandt und andererseits, da sich die Aussagen nur teilweise auf direkte Messungen im Feld abstützen können. Nach HÜLSBERGEN & BIERMANN (1997, S. 38) handelt es sich bei den verwandten Parametern um indirekte Indikatoren, da überwiegend aus den Eingriffen und den Eigenschaften der Schutzgüter indirekt auf die Belastung geschlossen wird. Die Funktion eines Indikators zur Beschreibung des ökologischen Risikos nehmen neben den Parametern auch die gemittelten Parameterwerte und die Belastungspotentialwerte ein.

Im Kontext zum Risikobegriff wird davon ausgegangen, dass bei zunehmender Eingriffsintensität und bei zunehmender Empfindlichkeit / abnehmendem Puffervermögen des Schutzgutes sowohl die Eintretenswahrscheinlichkeit einer Umweltbelastung (Funktionsstörung) wie auch die Wahrscheinlichkeit einer Zunahme der Schadenshöhe steigt.

## 3.3 Berechnungsmethode

### 3.3.1 Funktionswerte

Zur Berechnung der Belastungspotentiale werden die Parameterausprägungen der Eingriffs- (z.B. angrenzende Nutzung, Flächennutzungswechsel) und Schutzgutparameter (z.B. Bodenmächtigkeit, Grundwasserflurabstand), bezogen auf die zu bearbeitende Raumeinheit, erfasst. Die Zuweisung der Parameterausprägungen zu Funktionswerten erfolgt auf nominalen, ordinalen und kardinalen Zuordnungsniveaus (vgl. PLACHTER 1991, S. 250). Die qualitativen Parameter werden direkt über eine 5er-Skala abgebildet, die quantitativen Parameter werden mittels eines aus der Fuzzy-Logic abgeleiteten universellen Bewertungsalgorithmus funktionali- siert.

Da Parameter einen sehr komplexen Eigenschaftsverlauf aufweisen, wurde ein Bewertungsalgorithmus entwickelt, der eine fünfstufige Eigenschaftskombination als Belastungsfunktion abbilden kann. Jedem Parameter werden fünf Fuzzy-Mengen (dreieckförmige Fuzzy-Sets) zugeordnet (vgl. z.B. SILVERT 1997), wobei jede Menge eine unterschiedliche Eigenschaftsausprägung in dem jeweiligen Definitionsbereich der hypothetischen Funktion repräsentiert (Bsp. Anteil Wald an der Landschaftsraumfläche bezüglich des Erholungspotentials eines Landschaftsraumes: 'viel zu gering', 'zu gering', 'ideal', 'zu hoch', 'viel zu hoch'). Durch eine logische UND-Verknüpfung werden diese fünf Mengen vereinigt, wodurch eine einzige Funktion resultiert. Im einfachsten Fall entspricht sie einer linearen Funktion. Je nach Definition der fünf Fuzzy-Sets können aber auch zusammengesetzte lineare, linear approximierte exponentielle oder logarithmische sowie eine Vielzahl anderer Funktionen abgebildet werden.

Abb. 1 zeigt beispielhaft eine lineare, exponentielle und logarithmische Funktion. Auf der x-Achse stehen die Parameterausprägungen in ihrem Definitionsbereich (z. B. 0-60 m/ha), welche über die mathematische Funktion einem Funktionswert (y-Achse, Wertebereich 1 bis 5) zugeordnet werden. Ein kleiner Funktionswert bedeutet bei den Eingriffsparametern einen geringen Eingriff, bei den Schutzgutparametern eine positive Ausprägung im Sinne einer geringen Empfindlichkeit resp. eines hohen Pufferungsvermögens. Ein hoher Funktionswert entspricht einem grossen Eingriff in den Natur- und Landschaftshaushalt resp. einer sehr hohen Empfindlichkeit/geringem Pufferungsvermögen eines Schutzgutes. In Tab. 2 sind beispielhaft die Funktionen der Parameter des Belastungspotentials Lebensraum Waldrand beschrieben.

Die Festlegung des Definitions- und Wertebereiches (Abb. 1) für eine Klassifizierung von Parametern resp. Belastungspotentialen basiert einerseits auf den spezifischen Präferenzen

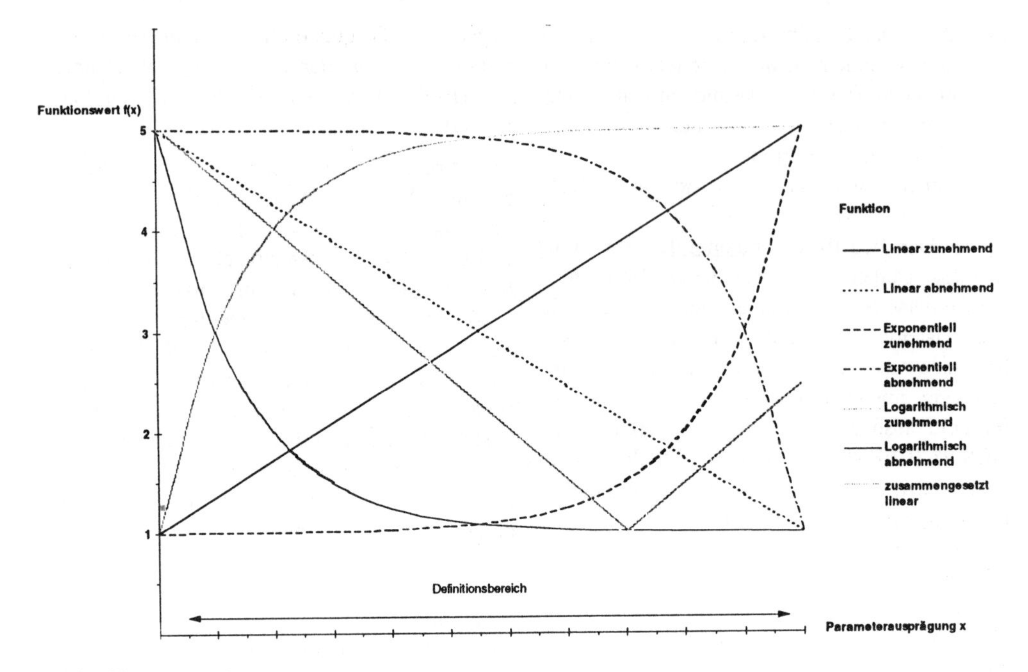


x : Eingriffsparameter, Schutzparameter
f (x) : Funktionswert Eingriffsparameter, Funktionswert Schutzgutparameter

**Abb. 1**: Idealisierte Zuordnung der Parameterausprägungen zu Funktionswerten

verschiedener Nutzer und können von daher sehr stark variieren. Andererseits dienen Angaben aus der Literatur, Vorschriften (Gesetze, Verordnungen, Richtlinien) oder gebietsbezogenen Eigenheiten der Festlegung von Klassengrenzen. Die unterschiedlichen Auffassungen spitzen sich in folgenden zwei Positionen zu:

1. Kurzfristige Optimierung der Mengenproduktion des Schutzgutes Lebensmittel, solange diese ökonomisch von Vorteil ist unter Zurückstellung von Qualitätszielen für andere Schutzgüter.
2. Nachhaltige Sicherung der Schutzgutfunktion Bodenfruchtbarkeit als Grundlage zur dauerfähigen Produktion von Lebensmitteln bei gleichzeitiger Berücksichtigung von Qualitätszielen anderer Schutzgüter.

Im Rahmen von Leitbildern, Umweltqualitätszielen und –standards bedarf es der Einigung, welche Klassengrenzen sowohl was die Parameterwerte als auch die Belastungspotentialwerte anbetrifft, angemessen sind. Die Annahme von zu erwartenden Risiken durch Belastungen der jeweiligen Schutzgüter spielt dabei eine wesentliche Rolle und kommt in der Wahl der Klassengrenzen zum Ausdruck.

Abb. 2 zeigt die Bewertungsregeln und die Bewertungsfunktion des Parameters 'Saumbreite Waldrandbiotope' (mit Beispiel). Der Verlauf der Ausprägung seiner landschaftshaushaltlichen Belastungseigenschaft wurde als logarithmisch abnehmend definiert: Je schmaler ein Saum ist, desto stärker wirkt sich die Verringerung der Breite belastend aus, oder je breiter ein Saum ist, desto kleiner wird der zusätzliche landschaftshaushaltliche Nutzen einer Verbreiterung (siehe dazu die Definition des Risikobegriffs in Kap. 3.2).

### 3.3.2 Berechnung der Belastungspotentiale und deren Klassifizierung

Zur Berechnung der Belastungspotentiale werden die anthropogenen Eingriffe (Funktions-

**Tab. 2:** Eingriffs- und Schutzparameter des Belastungspotentials Naturschutz Waldränder auf Einzelbiotop-Ebene

| Parameter | Einheit | Ab | F | Funktion | Definitions-bereich | Abbildung |
|---|---|---|---|---|---|---|
| **Eingriffsparameter** | | | | | | |
| Angrenzende Nutzung | qualitative Werte | NWr | 4 | 1: Gehölz, Gewässer, Naturschutzgebiet, extensive Wiesen/Weiden<br>2: wenig intensive Wiesen/Weiden, Obstwiesen<br>3: mittel bis sehr intensive Wiesen/Weiden<br>4: Acker, Sonderkultur, Freizeit<br>5: Siedlung, Infrastruktur, Kiesabbau, Gewerbe | | |
| Breite Saum Total | m | SmB | 1 | logarithmisch abnehmend | 0-10 | |
| Mittlere Intensität Saum (Breitengewichtete Anzahl Nutzungen) | $\overline{\text{Anzahl}}$ | SmI | 1 | linear zunehmend | 0-3 | |
| **Schutzgutparameter** | | | | | | |
| Stufung Waldrand | qualitative Werte | STWr | 1 | 1: ja<br>5: nein | | |
| Verlauf der Waldrandlinie | qualitative Werte | VWr | 0,5 | 1: buchtig<br>3: geschwungen<br>5: gerade | | |
| Kleinstrukturen (Lesesteine, offene Bodenstellen, Steinmauer, Teich, Totholz, etc.) | Anzahl | KSt | 1 | linear abnehmend | 0-3 | |
| Breite Strauchgürtel (Waldmantel) | m | STB | 1 | logarithmisch abnehmend | 0-5 | |
| Anzahl verholzte Arten | Anzahl | AVA | 2 | exponentiell abnehmend | 0-15 | |
| Anzahl Dornstraucharten | Anzahl | ADA | 0,5 | exponentiell abnehmend | 0-5 | |
| Saumgesellschaft | qualitative Werte | SGWr | 1 | 1: Uferstauden, Hochstauden, Röhricht, Seggenried, Ruderalvegetation trockenwarm oder frisch-feucht (annuell oder ausdauernd)<br>2: Mesophytische Vegetation trocken-warm oder frisch-feucht; Grasreiche ausdauernde Vegetation trockener Typ<br>3: Grünbrache, Buntbrache, Sukzessionsfläche, Grasreiche ausdauernde Vegetation (auch Ansaat) mittlerer Typ<br>4: Nitrophytische Vegetation, nitrophile Hochstaudenflur (frisch-feucht)<br>5: keine Saum Vegetation | | |
| Vielfalt Saum (Anzahl gestaffelte Säume) | Anzahl | SmV | 1 | linear abnehmend | 0-3 | |

**Abkürzungen:**

Ab = Abkürzung der Parameter; F = Gewichtungsfaktor; Lrf = Landschaftsraumfläche; LN = landwirtschaftliche Nutzfläche

$\mu_1 : \sigma_1 = 5$ much too narrow$\mu_1 \sigma_2 = 4$ too narrow$\mu_3 : \sigma = 3$ sufficient

$\mu_4 : \sigma_4 = 2$ good $\mu_5 : \sigma_5 = 1$ very good

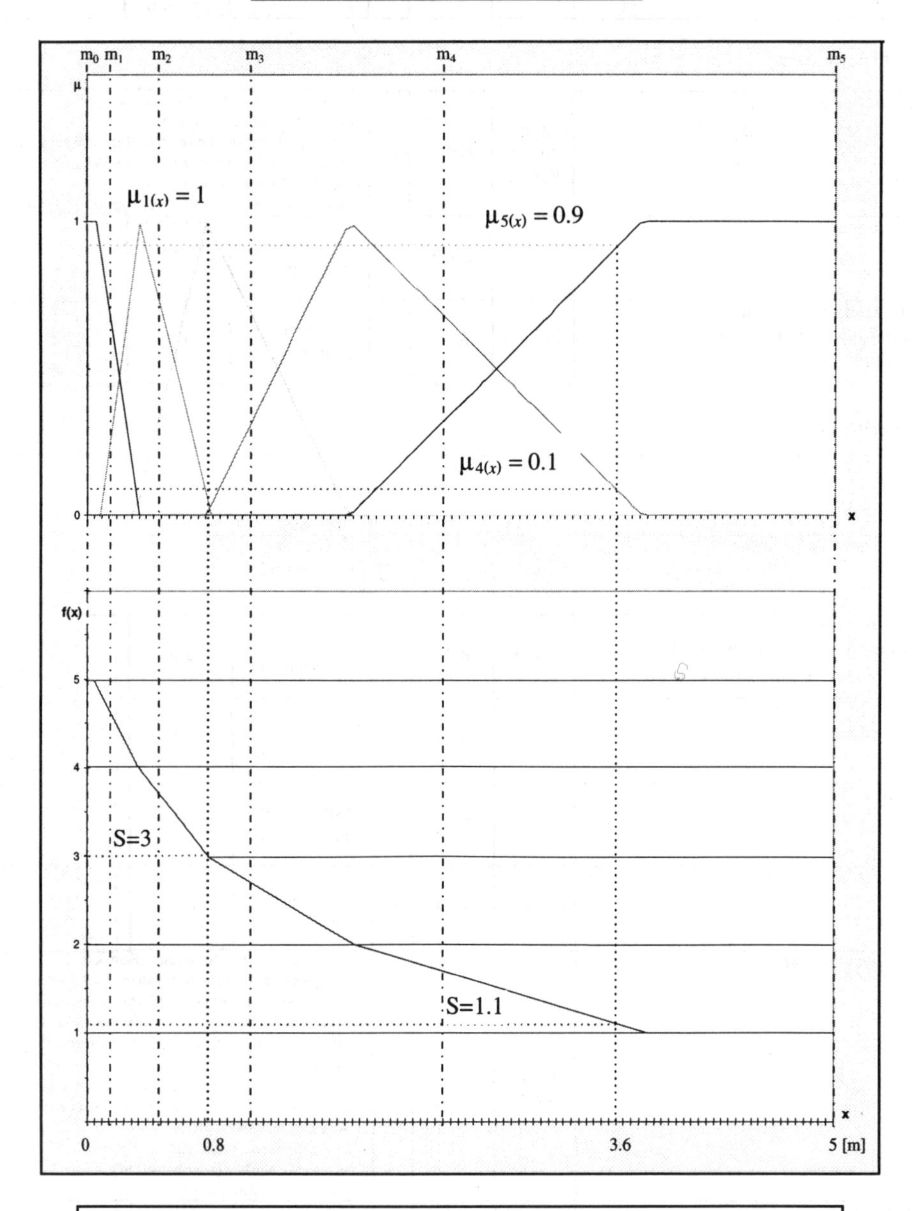


| | |
|---|---|
| $m_{1..5}$ : Fuzzy-Sets | x : Parameterwert (Saumbreite) |
| S : Scharfer Ausgangswert | $m_{0..5}$ : Klassengrenzen |
| f(x) : Funktionswert (Bewertung) | Def. Bereich $x=\{x \mid m_0 \leq x \leq m_5\}$ |

**Abb. 2**: Beispiel Fuzzy-Bewertungsregeln und -funktion: Saumbreite Waldrandbiotop

**Formel 1**: Algorithmus zur Berechnung der Belastungspotentiale

$$BP_k = \frac{\overline{EP_k}}{6 - \overline{SP_k}} = \frac{\dfrac{\sum_{i=1}^{n}(f_{Ep_i} \times Ep_i)}{\sum_{i=1}^{n} f_{Ep_i}}}{6 - \dfrac{\sum_{j=1}^{m}(f_{Sp_j} \times Sp_j)}{\sum_{j=1}^{m} f_{Sp_j}}} \qquad \text{Wertebereich: } BP_k = \left\{ b \in \Re \,\middle|\, \frac{1}{5} \leq b \leq 5 \right\}$$

Der Wertbereich des Belastungspotentials $BP_k$ ist die Menge aller reellen Zahlen von einem fünftel bis fünf.

$\underline{BP}_k$ = Belastungspotential k
$\underline{SP}_K$ = mittleres Schutzgutpotential k
$Sp_j$ = Funktionswert Schutzgutparameter
$fSp_j$ = Gewichtungsfaktoren der Schutzgutparameter
m =Anzahl Schutzgutparameter

$EP_K$= mittleres Eingriffspotential k
$Ep_i$ = Funktionswert Eingriffsparameter
$fEp_i$ = Gewichtungsfaktoren der Eingriffsparameter
n = Anzahl Eingriffsparameter

werte der Eingriffsparameter) mit den standörtlichen Verhältnissen (Funktionswerte der Schutzgutparameter) mittels der Berechnungsvorschrift in Formel 1 verrechnet. Die Funktionswerte der Eingriffs- und Schutzgutparameter ($Ep_i$, $Sp_j$) werden gemäss ihrer Bedeutung mit Faktoren ($fEp_i$, $fSp_j$) gewichtet (siehe auch Tab. 2). Die gewichteten Eingriffsparameter werden addiert und durch die Summe der Gewichtungsfaktoren dividiert. Mit den Schutzgutparametern wird analog verfahren. Der Wert für ein Belastungspotential k ($BP_k$) wird aus dem Verhältnis des mittleren Eingriffspotentials ($EP_k$) zur negativen Ausprägung des mittleren Schutzgutpotentials ($6-SP_k$) ermittelt. Dabei ist unter negativer Ausprägung des mittleren Schutzgutpotentials das Puffervermögen und umgekehrt als positive Ausprägung die Empfindlichkeit zu verstehen. Abb. 3 visualisiert das Belastungspotential- Modell bezüglich des Definitions- wie auch Wertebereiches (mit Beispiel).

Die Abgrenzung von Bewertungsklassen (Tab. 3) basiert analog zu den verwandten Parametern auf Angaben in der Literatur sowie akteursbezogenen Vorgaben. Hohe bzw. sehr hohe Belastungspotential-Werte (Werte $\geq 3.4$) entsprechen einem hohen zu erwartenden Risiko für die landschaftshaushaltlichen Funktionen resp. Schutzgüter durch anthropogene Eingriffe. In diesem Fall besteht ein vorrangiger Handlungsbedarf zur Entlastung des Natur- und Landschaftshaushaltes. Umgekehrt kann angenommen werden, dass bei geringen Belastungspotential-Werten kaum Handlungsbedarf besteht.

**Tab. 3**: Bewertungsklassen der Belastungspotentiale

| Klasse | Bezeichnung | Belastungspotential Werte |
|---|---|---|
| 1 | nicht bis sehr gering belastet | $\geq 0.2$ - $< 0.29$ |
| 2 | gering belastet | $\geq 0.29$ - $< 0.67$ |
| 3 | mässig belastet | $\geq 0.67$ - $< 1.5$ |
| 4 | stark belastet | $\geq 1.5$ - $< 3.5$ |
| 5 | sehr stark belastet | $\geq 3.5$ - $\leq 5$ |

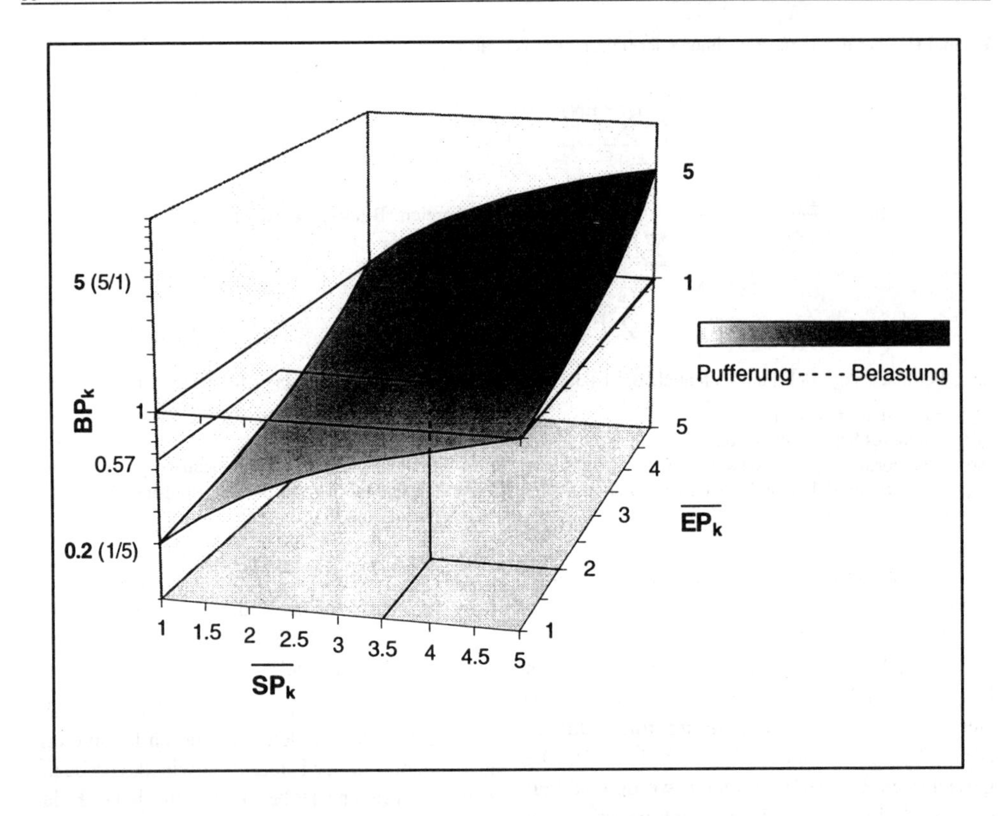


**Abb. 3**: Definitions- und Wertebereich im Modell Belastungspotential

logarithmische Skalierung des Belastungspotentials

$BP_k$ = Belastungspotential k
$\overline{EP_k}$ = mittleres Eingriffspotential des Belastungspotentials k
$\overline{SP_k}$ = mittleres Schutzgutpotential des Belastungspotentials k

Zur Beurteilung des ökologischen Risikos sind sowohl die Bewertungsklassen der Belastungspotentiale wie auch die Ausprägung einzelner Parameter und die gemittelten Parameterwerte (siehe Formel 1) heranzuziehen (vgl. dazu auch KIAS & TRACHSLER 1983, S. 43 ff, PLACHTER 1991, S. 250 ff, AUSTIN & MARGULES 1994, S. 52). Von Bedeutung sind insbesondere die Ausprägungen der Eingriffsparameter, da diese anthropogen veränderbar sind und ihnen somit der Status einer Reglerfunktion zukommt.

## 4 Ausblick

Das Belastungspotential-Modell ermöglicht die Bewertung bzw. Risikoabschätzung von landwirtschaftlichen Belastungen auf ausgewählte Schutzgüter des Natur- und Landschaftshaushaltes. Mit den angewandten Methoden lassen sich konkretere Aussagen über die von der Landwirtschaft ausgehenden Risiken der Umweltbelastung gegenüber den in den 70er und 80er Jahren angewandten Methoden herleiten. Eine Evaluation der Bewertungen sowie eine Validierung des Modellansatzes mithilfe von Messungen in der Landschaft steht noch aus.

## 5 Literatur

Ammer, U. & H. Utschick, 1984: Ökologische Wertanalyse der Gräflich Bernadotte'schen Waldungen (Mainauwald) mit Entwicklung ökologischer Pflegekonzepte. Dokumentation Univ. München.

Austin, M.P. & C.R. Margules, 1994: Die Bewertung der Repräsentanz. In: Usher, M.B. & W. Erz, 1994: Erfassen und Bewerten im Naturschutz. Quelle & Meyer, Heidelberg, 340 S.

Bachfischer, R. & al., 1977: Die ökologische Risikoanalyse als regionalplanerisches Entscheidungsinstrument in der Industrieregion Mittelfranken. - Landschaft + Stadt 9: 145-161.

Bachfischer, R., 1978: Die ökologische Risikoanalyse - eine Methode zur Integration natürlicher Umweltfaktoren in die Raumplanung, operationalisiert und dargestellt am Beispiel der Bayrischen Planungsregion 7 (Industrieregion Mittelfranken). Dissertation TU München. München, 298 S.

Bauer, H.J., 1973: Die ökologische Wertanalyse - methodisch dargestellt am Beispiel des Wiehengebirges. - Natur und Landschaft 48, (11): 306-311.

Bauer, H.J., 1977: Zur Methode der ökologischen Wertanalyse. - Landschaft + Stadt 9: 31-43.

Bechmann, G. (Hrsg.), 1993: Risiko und Gesellschaft. Grundlagen und Ergebnisse interdisziplinärer Risikoforschung. Opladen: Westdt. Verl.

Bierhals, E., Kiemstedt, H. & H. Scharpf, 1974: Aufgaben und Instrumentarium ökologischer Landschaftsplanung. - Raumforschung und Raumordnung 32 (2): 76-88.

Eberle, D., 1994: Anwendungsmöglichkeiten der Fuzzy-Logic im Rahmen der ökologischen Risikoanalyse. Ecoinforma 7, 405-417.

Finke, L., 1996: Landschaftsökologie. - Westermann: Höller und Zwick, Braunschweig, 245 S.

Haase, G., 1968: Inhalt und Methodik einer umfassenden landwirtschaftlichen Standortkartierung auf der Grundlage landschaftsökologischer Erkundung. - Wiss. Veröff. Dtsch. Institut f. Länderkunde. N.F. 25/26.

Hülsbergen, K.J. & S. Biermann, 1997: Seehausener Dauerfeldversuche als Grundlage für Modelle zur Stoff- und Energiebilanzierung. In: Diepenbrock, W. (Hrsg.), 1997: Feldexperimentelle Arbeit als Basis pflanzenbaulicher Forschung: 40 Jahre Lehr- und Versuchsstation Seehausen und 50 Jahre Landwirtschaftliche Fakultät der Martin-Luther-Universität-Halle-Wittenberg. Shaker Verlag, Aachen, 158 S.

Hummel, P. & al., 1974: Ökologische Standorteignungskarten als Beispiele der natürlichen Eignung für die Flächenbenutzung. - Ministerium f. Ernährung, Landwirtschaft u. Umwelt Baden-Württemberg, Stuttgart.

Kaplan, S. & J. Garrick, 1993: Die quantitative Bestimmung von Risiko. In: Bechmann, G., 1993: Risiko und Gesellschaft. Grundlagen und Ergebnisse interdisziplinärer Risikoforschung. - Opladen: Westdt. Verl., 91-124.

Kias, U. & H. Trachsler, 1983: Methodische Ansätze und Durchsetzungsprobleme ökologischer Planung. In: Elsasser, H. & P. Messerli, 1983: Ökologie und Ökonomie im Berggebiet 18. Bundesamt für Umweltschutz, Bern.

Kiemstedt, H., 1969: Bewertungsverfahren als Planungsgrundlage in der Landschaftspflege. - Landschaft + Stadt 1: 154-158.

Kiemstedt, H., 1971: Natürliche Beeinträchtigungen als Entscheidungsfaktoren für die Planung. - Landschaft + Stadt 3: 80-85.

Kiemstedt, H., 1979: Methodischer Stand und Durchsetzungsprobleme ökologischer Planung. Die ökologische Orientierung der Raumordnung. - Akademie für Raumforschung und Landesplanung, Forschungs- und Sitzungsberichte 131, Hannover.

Kopp, D. & M. Succow, 1988: Mittelmassstäbliche Naturraumerkundung und deren Interpretation für die Landnutzung am Beispiel des Tieflandes, F/E-Bericht VEB Forstprojektierung, 1988.

Kopp, D. & M. Succow, 1991: Die mittelmassstäbliche Naturraumkarte als Grundlage für eine ökologiegerechte Landnutzung. - Naturschutz und Landschaftspflege in den neuen Bundesländern (Schriftenreihe Deutscher Rat für Landespflege 59), Bonn.

Kopp, D., Jäger, K.D. & M. Succow, 1982: Naturräumliche Grundlagen der Landnutzung, Berlin.

Marks, R., 1979: Ökologische Landschaftsanalyse und Landschaftsbewertung als Aufgaben der Angewandten Physischen Geographie, dargestellt am Beispiel der Räume Zwiesel/Falkenstein (Bayrischer Wald) und Nettetal (Niederrhein). - Materialien zur Raumordnung, Bd. 21, Ruhr-Universität Bochum, Bochum.

Marks, R., Müller, M.J., Leser, H. & H.J. Klink, 1992: Anleitung zur Bewertung des Leistungsvermögens des Landschaftshaushaltes (BA LVL). - Forschungen zur deutschen Landeskunde, Bd. 229, Trier, 222 S.

Plachter, H., 1991: Naturschutz. UTB, G. Fischer, Stuttgart, 463 S.

Scharpf, H., 1982: Die ökologische Risikoanalyse als Beitrag zur Umweltverträglichkeitsprüfung in der Landwirtschaft, Diss. Hannover 1982, 208 S.

Scharps, W.G., 1975: Bodenwertklassen auf der Grundlage der Bodenkarte 1:5000 des Geologischen Landesamtes Nordrhein-Westfalen. Ein Beitrag zur Diskussion über die moderne Bodenbewertung. - Zeitschrift für Kulturtechnik und Flurbereinigung 16: 152-159.

Schemel, H.J., 1976: Zur Präzisierung des Begriffes der "ökologischen Belastung". - Struktur 10: 60-62.

Schmidt, R., 1975: Grundlagen der mittelmassstäbigen landwirtschaftlichen Standortskartierung. - Archiv f. Acker- und Pflanzenbau u. Bodenkunde 19.

Seibert, P., 1975: Versuch einer synoptischen Eignungsbewertung von Ökosystemen und Landschaftseinheiten. - Forstarchiv 46: 89-97.

Silvert, W., 1997: Ecological Impact Classification with Fuzzy Sets. Ecological Modelling 96: 1-10.

Spengler, R., 1973: Beiträge zur Ermittlung der Grundwasserneubildung und des Grundwasserdargebots im Lockergesteinsbereich dargestellt am Parthegebiet. Diss. Halle-Wittenberg 1973.

Sukopp, H., 1970: Charakteristik und Bewertung der Naturschutzgebiete in Berlin (West). - Natur und Landschaft 45: 133-139.
Trent (Team Regionale Entwicklungsplanung), 1973: Typologische Untersuchungen zur rationalen Vorbereitung umfassender Landschaftsplanungen. - Forschungsauftrag des Bundesministeriums für Ernährung, Landwirtschaft und Forsten, Dortmund/Saarbrücken, 113 S.

# Durch die relative Bedeutung ökologischer Standortfaktoren und Milieuverhältnisse bedingte Risiken im Umgang mit der Natur

F. Wilhelm Dahmen

*53894 Mechernich, Lorbacher Weg 6*

## Synopsis

In the introduction, a definition of the term multivariate within the discipline of Ecology is given. This is followed by an explanation of the relativity principle of Ecology as a starting point of the detailed description of risk analysis.
Furthermore, the LIEBIG-System is detailed below, in addition to a description of site factors and possibilities of their visualisation in DAHMEN-Ecodiagrams. These diagrams can be used as a basis for understanding the risks resulting from the relative importance of site factors and system elements.
Next, the risks for research, planning and other fields of practice resulting from the relative importance of site factors within the LIEBIG-System are analysed. The conclusions made are transferable to habits. An examination of risks due to the relative importance of elements within ecosystems and biotopes as constituents of landscape systems follows. It is concluded that sites, species and biotopes should not be assessed ecologically without considering their environment in detail. Any utilization analysis not taking these factors into consideration will simply facilitate more risks.
Finally, an ecological multifarious assessment method is outlined which reduces the mentioned risks.

Keywords: *assessment, biotop, habitat, landscape, multivariat, eco-diagram*

Schlüsselwörter: *Bewertung, Biotop, Habitat, Landschaft, multivariat, Ökodiagramm, Relativität, Risiko, Standort*

## Einführung

Durch die umfeldbedingte relative Bedeutung von primären Standortfaktoren (WALTER, 1973) und von Milieuverhältnissen entstehen Risiken bei der Beurteilung ein- und derselben Ausprägung dieser Faktoren bzw. Verhältnisse für bestimmte Pflanzen, Tiere, Ökosysteme und Landschaften. Die differenzierte Erforschung dieser Zusammenhänge stellt eine wichtige und umfangreiche Aufgabe künftiger ökologischer Forschung mit großer praktischer Bedeutung dar.

Bisher können solche Kenntnislücken durch fehlerhafte Bewertungen im Rahmen der Eingriffsregelung und durch Fehler bei der Auswahl standorttauglicher Arten oder Nutzungen zu erheblichen wirtschaftlichen Nachteilen und solchen für die Natur führen.

Die Darlegung derartiger Risiken verlangt einen Vorspann über multivariate Methoden und die Visualisierung multivariater Datensysteme. Denn erst bei einer multivariaten Betrachtung der Realität wird deutlich, daß die Ausprägung eines Standort- oder Milieufaktors für ein bestimmtes Lebewesen eine unterschiedliche Bedeutung hat, abhängig von der Ausprägung der übrigen zugleich wirksamen Faktoren bzw. Verhältnisse.

## Voraussetzungen und Grundlagen

Was bedeutet "multivariat" für das behandelte Thema?

- Standorte und Standortfähigkeiten von Pflanzen als mehrdimensionale ökologische Räume d.h. als Kombinationssysteme auffassen,
- desgleichen Habitate von Tieren Boden, Klima, Vegetation.

- Biocoenosen und Ökosysteme als mehrdimensionale, vernetzte Basissysteme von primären Standorten, Habitaten und Umwelt betrachten.
- Lebewesen als komplexe selbststeuernde Systeme auffassen, die vielfältig auf ihre Umwelt antworten (nicht wie Körper in der Physik oder Substanzen in der Chemie reagieren), verständlich durch Trends zum Überleben, zur Entfaltung, Fortpflanzung, Vermehrung und Ausbreitung. Zusammengefaßt erkennt man darin einen Trend zur fortschreitenden Differenzierung. Physikalisch betrachtet vermindert sich so die Entropie durch Aufbau von Strukturen, die zugleich Potentiale auf verschiedenen Ebenen, multivariat faßbar, darstellen.

Allerdings sind die Möglichkeiten "multivariater" Denkansätze begrenzt. Es lassen sich immer nur einige von vielen Faktoren erfassen, visualisieren und bearbeiten.

## Das Relativitätsprinzip der Ökologie

Ausgangspunkt der folgenden Risikobetrachtung ist das Relativitätsprinzip der Ökologie (DAHMEN, 1993; DAHMEN et al. 1987). Es wurde von mir als "Prinzip" formuliert, nicht als "Gesetz"; denn letzteres würde auf einfache, arthmetisierbare Beziehungen hinweisen. Komplexe Zusammenhänge sind aber nicht so einfach faßbar.

Das Relativitätsprinzip der Ökologie kann folgendermaßen formuliert werden:

Die ökologische Bedeutung eines Umwelt (Standort-) faktors für einen Umwelteigner (Lebewesen, Biocoenose, Ökosystem) hängt außer von seiner absoluten Größe von der ökologischen Gesamtsituation ab, d.h. von der Größe (Ausprägung) aller übrigen, gleichzeitig auf den Umwelteigner wirkenden Umwelt (Standort-) faktoren. Entsprechendes gilt für die Bedeutung von Arten in Biocoenosen und von Ökosystemen in Landschaftseinheiten.

Einen Teilaspekt des Relativitätsprinzips umfaßt bereits das Relativitätsgesetz von H. LUNDEGARD, 1957 (zitiert bei STUGREN, 1978). Danach "ist die Form der Wachstumskurve (einer Pflanze in Abhängigkeit von einem Standortfaktor) nicht nur vom chemischen Faktor abhängig, sondern auch von der Konzentration und der Art der anderen, im Substrat vorkommenden Ionen."

WALTER und BRECKLE (1983) formulierten allgemeiner: "Es ist für den Ökologen klar, daß die Wettbewerbsfähigkeit einer Art, und auf die kommt es in Pflanzengemeinschaften an, von dem Zusammenwirken aller Umweltfaktoren abhängt. Ändert sich ein Faktor, so bleibt die quantitative Abhängigkeit von einem anderen oder mehreren anderen nicht unverändert. Das gilt insbesondere dann, wenn die Konkurrenten nicht die gleichen sind. Deshalb sollte man in der Ökologie dem Zeigerwert der Einzelpflanzen sehr kritisch gegenüberstehen."

Konkrete Hinweise aus der Praxis der Landespflege finden sich zu wenigen Pflanzen bei EHLERS (1960). Er weist bei mehreren Gehölzen, z.B. *Acer campestre*, darauf hin, daß sie bei geringerem Wasserangebot nur basenreiche Standorte besiedeln.

Das ähnlich klingende, von WALTER (1951) formulierte Gesetz der relativen Standortkonstanz unterscheidet sich vom Relativitätsprinzip der Ökologie. Es beschreibt eine allgemeine ökologische Gesetzmäßigkeit des Biotopwechsels von Pflanzen bei verändertem Klima. Es bewirkt, daß die abiotischen Standortbedingungen, die die Pflanze braucht, möglichst gleich bleiben.

Beim Relativitätsprinzip der Ökologie geht die Blickrichtung dagegen von den Umwelt- (Standort-) bedingungen zum Lebewesen, indem die umfeldbedingte Bedeutungsänderung unveränderter Umwelt- (Standort-) bedingungen für das Lebewesen beschrieben wird.

## Das LIEBIG-System und ökologische Zeigerwerte

Weitere wichtige Voraussetzungen, um die beschriebene Relativität der Bedeutung von Umwelt- (Standort-) faktoren und die davon ausgehenden Risiken zu erkennen, liegen in der Verknüpfung der Standortfaktoren zu einem Datensystem, dem "LIEBIG-System" oder L-System (POLETAEV, 1973; zitiert bei STUGREN, 1978) sowie in der Angabe von Bereichen der einzelnen Faktoren, "die deren (gemeint sind Pflanzenarten) optimales und maximales Vorkommen richtig treffen" (OBERDORFER, 1949, 1994).

Die Angabe von Vorkommensbereichen stellt einen wesentlichen Unterschied zu den Zeigerwerten ELLENBERG's (1974, 1992) dar. Wie der Name sagt, dienen Zeigerwerte der analytischen Arbeit, dem Erkennen von Standortbedingungen. Da sie nicht den ganzen Vorkommensbereich einer Pflanze abdecken, kann man sie nicht für planerische Zwecke, z.B. zur Ermittlung standorttauglicher Arten benutzen.

Dies gelingt dagegen bei multivariater Arbeit mit Bereichen der Faktoren im LIEBIG-System. Dazu kann man sowohl konkrete Standorte als auch die Standortfähigkeiten von Pflanzen im gleichen, mathematisch betrachtet kongruenten, und mehrdimensionalen Datensystem erfassen. Mit entsprechenden graphischen Methoden kann es visualisiert werden, so daß Kombinationen bestimmter Ausprägungen mehrerer Faktoren als "Orte" im mehrdimensionalen System erscheinen, Vorkommensbereiche von Arten als Teilräume des gleichen Systems (Abb. 1). Der visuelle Vergleich solcher (Stand-)Orte mit den Vorkommensbereichen verschiedener Pflanzen ermöglicht die multivariat fundierte Auswahl standorttauglicher Arten.

Ökodiagramme visualisieren alle möglichen Kombinationen von bis zu sechs Faktoren des LIEBIG-Systems. Damit kann die relative Bedeutung der Einzelfaktoren anschaulich gemacht werden.

Ein Beispiel zeigt die Abbildung 1. In diesem "Ökodiagramm" (DAHMEN et al. 1976) wurde die Darstellung von vier Dimensionen dadurch möglich, daß in alle Felder einer zweidimensionalen Matrix (Großgitter) eine zweite, ebenfalls zweidimensionale Matrix (Mittelgitter) eingefügt wurde. Ein hervorgehobenes Feld des Mittelgitters repräsentiert nun in der Matrix die Kombination von zwei Werten. Zugleich markiert es aber auch ein Feld des Großgitters, das wiederum die Kombination von zwei Werten repräsentiert. So läßt sich durch Hervorhebung eines Feldes die Kombination der Ausprägungen von vier Standortfaktoren darstellen.

Bei sieben bzw. sechs Stufen der beiden ersten Faktoren (Großgitter) und je fünf Stufen des dritten und vierten Faktors (Mittelgitter) können insgesamt (42 x 25 =) 1.050 verschiedene Faktorenkombinationen übersichtlich visualisiert werden. Es entsteht eine analoge Darstellung, die mit Überblick über alle Kombinationsmöglichkeiten die jeweilige Faktorenkombination eines Standorts als ein Feld darstellt bzw. alle Faktorenkombinationen, in denen eine Art regelmäßig auftritt, als einen Teilraum des ökologischen Gesamtraumes.

Wiederholt man das Einschachtelungsprinzip noch einmal, baut also in jedes Feld des Mittelgitters eine weitere Matrix als Kleingitter ein, so können alle möglichen Kombinationen von sechs Faktoren durch je ein Feld des Kleingitters dargestellt werden. Unterteilt man den fünften und sechsten Faktor wiederum in fünf Stufen, so ergeben sich (42 x 25 x 25=) 26.250 verschiedene Kombinationen aller denkbaren Ausprägungen von sechs Faktoren. Die Darstellung gelingt auf einem Format von DIN A3 und kann durch Unterlegung des Mittelgitters mit einem Farbsystem übersichtlich und leicht ablesbar gestaltet werden.

In Abbildung 1 wurden nur die Standorte, an denen *Acer campestre* auch unter Konkurrenz vorkommt, also der ökologische Bereich seiner Standortfähigkeiten, dargestellt. Außer Konkurrenz würde er auch weitere Standorte besiedeln können, den sog. physiologischen Bereich, der in einer mehr oder minderen Reinkultur (Gärten, Parks, Anzuchtbeete) zum Tragen käme.

Man erkennt aus der Abbildung, daß der ökologische Bereich keine schematische Kombination der Einzelbereiche aller betrachteten Standortfaktoren darstellt, in denen *Acer campestre* bei isolierter Betrachtung der Einzelfaktoren vorkommt. Damit haben wir einen Fall relativer Bedeutung der einzelnen Ausprägungen der betrachteten Standortfaktoren. So sind Standorte mit der Wasserstufe drei (frisch) bei den Säurestufen vier, fünf und sechs (schwach sauer bis alkalisch) besiedelbar. Bei der Wasserstufe eins (trocken) ist es aber nur noch die Säurestufe sechs (alkalisch). Ähnliche Verhältnisse sind von *Corylus avellana* und *Sambucus nigra* bekannt. Von den weitaus meisten Arten und den Kombinationen mit weiteren Standortfaktoren wie Nährstoffe, Sauerstoff im Wurzelbereich, Licht und Verdunstungsbelastung sind entsprechende Zusammenhänge noch weitgehend unbekannt.

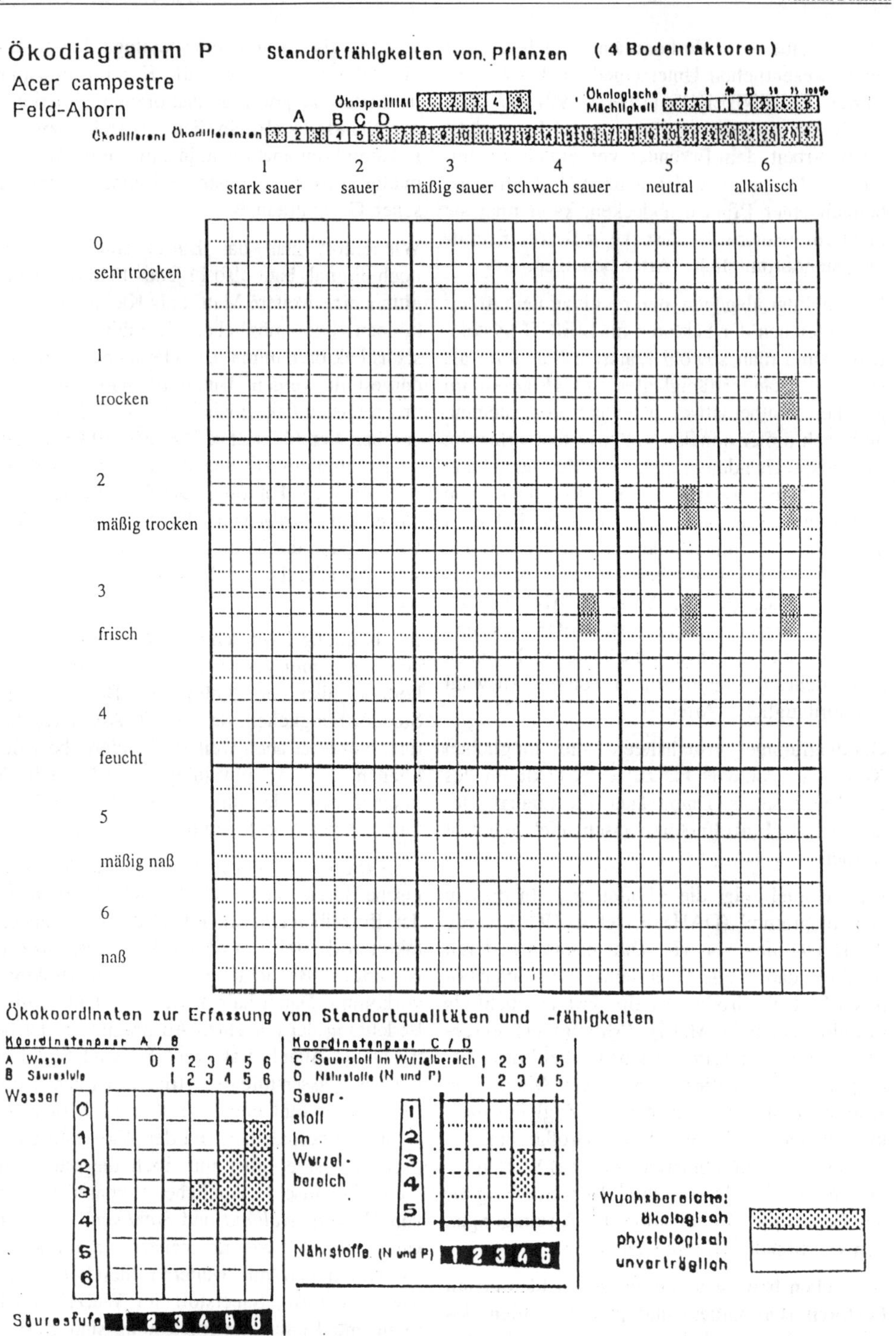


**Abb. 1**: Vierfaktorielles Ökodiagramm der Standortfähigkeiten des Feld-Ahorn (*Acer campestre*) im ökologischen Bereich mit erkennbarer relativer Bedeutung des Wasser- und Säurefaktors.

Solange die relative Bedeutung von Standortbedingungen und die damit verbundenen Probleme und Risiken nicht erkannt waren, konnten sie weder in der Praxis beachtet noch erforscht werden.

Hier tut sich ein weites Forschungsfeld auf, wofür Ausgangsdaten in den sehr zahlreichen Vegetationsaufnahmen Mitteleuropas längst vorliegen. In einem vom Verfasser initiierten Forschungsprojekt, an dem Geobotaniker aus ganz Deutschland teilnehmen wollen, wird die multivariate Erarbeitung solch differenzierter Standortfähigkeiten unserer Wildpflanzen unter Einsatz moderner Data-Mining-Programme CHRISTALLER, 1998; KIRSTEN et al. 1998) angestrebt. Dabei werden die vom Verfasser entwikkelten Methoden der Standortansprache mittels Schnittmengenbildung aus der Pflanzendecke und unter Einsatz des Wildpflanzen-Datenbank und -Informationssystems TERRA BOTANICA (DAHMEN 1994, DAHMEN & DAHMEN, 1994) wichtige Grundlagen bilden.

Mit den Ergebnissen ist in einigen Jahren zu rechnen. Dann werden die aus heutiger Sicht erst generell beschreibbaren und nur in wenigen Fällen präzisierbaren Risiken detailliert erkennbar und beachtbar sein.

## Risiken durch die relative Bedeutung primärer Standortfaktoren

Nunmehr können die Risiken aufgezeigt werden, die sich aus der relativen Bedeutung der Ausprägungen einzelner primärer Standortfaktoren im Komplex des LIEBIG-Systems ergeben.

In der Forschung entstehen Risiken, wenn die Bereiche von Einzelfaktoren, in denen eine Pflanze gedeihen kann, isoliert ermittelt und angegeben werden. Aus ihrer Kombination ergibt sich dann ein zu großer Teilraum im Liebig-System. Er enthält Teile, die nicht zum ökologischen Bereich der Pflanze gehören. So ergäben sich für *Acer campestre* auch die Kombinationen trocken mit schwach sauer oder neutral und mäßig trocken mit schwach sauer. In beiden Bereichen gedeiht er aber nicht oder nur in seltenen Fällen, nämlich dann, wenn alle übrigen Standortbedingungen einschließlich der Konkurrenz für ihn sehr günstig sind, z.B. in Gärten.

Unverknüpfte Angaben zu Standortfaktoren sind zwar nicht generell falsch, sie bedürfen jedoch der Einschränkung durch eine Beachtung der relativen Bedeutung der Standortfaktoren im Rahmen des gesamten Liebig-Systems. Das setzt eine Auswertung zahlreicher Geländeaufnahmen voraus, wie sie im vorigen Abschnitt als Forschungsprojekt angesprochen wurde. Vergleichbares gilt für Angaben über die Standortbedingungen von Vegetationseinheiten und Biotopen.

Bei der Arbeit mit Zeigerwerten ohne Beachtung ihrer relativen Bedeutung vergrößert sich das Risiko, weil die Zeigerwerte nicht den gesamten Vorkommensbereich einer Art sondern nur seinen "Kern" abdecken. Demnach sind Fälle möglich, in denen eine Pflanze unter dem Zeigerwert eines Faktors nicht vorkommen kann, weil dieser Wert in der Kombination mit denen der übrigen Standortfaktoren ihren Standortfähigkeiten nicht entspricht.

Weiter ergeben sich Risiken bei der Standortansprache durch Mittelwertbildung aus nicht relativierten Zeigerwerten. In diesen Fällen sind Risiken als nicht genau abschätzbare Unterschärfe einer Standortansprache zu verstehen. Bewußtmachen und Abschätzen solcher Risiken sind besonders wichtig, wenn Standortuntersuchungen als Grundlage weiterer Forschungen, z.B. in der Ökosystemforschung, der Landschaftsökologie, Vegetationsgeographie und Landeskunde benutzt werden.

Über die Forschung hinaus ergibt sich eine erhebliche Bedeutung in der praxisbezogenen Standorterkundung für die Land- und Forstwirtschaft sowie für die Landschafts- und Raumplanung. Hier können Fehleinschätzungen oder größere Unschärfen zu bedeutenden wirtschaftlichen Nachteilen durch ungeeignete Nutzpflanzen oder Nutzungsarten oder zu falschen Schutzgebietsausweisungen führen.

Diese beiden, im Sinne von Unschärfen zu verstehenden Risiken lassen sich erheblich einschränken, wenn man die Mittelwertbildung aus Zeigerwerten durch eine Schnittmengenbildung aus den ökologischen Bereichen gemeinsam wachsender Pflanzen ersetzt. Dies ist mit

TERRA BOTANICA möglich und ergab bisher in der Praxis eine große Übereinstimmung der meisten Arten in einer Stufe des betrachteten Faktors. Die durchweg wenigen Abweichler von der Schnittmenge weisen oft auf lokale Standortunterschiede hin. Sie können z.B. durch ein Kleinrelief bedingt sein oder durch die verschiedenen Bodenhorizonte. Letzteres erkennt man leicht durch einen Blick auf die Wurzeltiefe der abweichenden Arten.

Trifft beides nicht zu, hat man einen Hinweis auf unvollständige Bereichsangaben in der Pflanzendatenbank bzw. noch unberücksichtigte relative Bedeutungen einzelner Faktorenstufen. Beides beeinträchtigt die Zuverlässigkeit der Standortansprache mit Schnittmengenbildung jedoch kaum, am ehesten bei sehr wenigen im Gelände vorgefundenen oder aufgenommenen Arten.

In der Grün- und Landschaftsplanung ergeben sich Risiken, und zwar auch bei multivariat fundierter Auswahl standorttauglicher Arten. Denn von den meisten Pflanzen kennen wir nur isolierte Angaben über die Bereiche der einzelnen Standortfaktoren, in denen sie beobachtet wurden, d.h. vorkommen können. Differenzierte Angaben im Rahmen eines Liebig-Systems, wie sie Abbildung 1 für *Acer campestre* zeigt, beschränken sich weitgehend auf Gehölze.

Immerhin bringt die multivariate Betrachtung bereits eine erhebliche Risikoreduzierung gegenüber einer Beschränkung auf einen oder wenige Faktoren. Man kann versuchen, diese Risiken bei der Auswahl standorttauglicher Arten dadurch weiter zu reduzieren, daß man zusätzlich zu den Standortfähigkeiten die Zugehörigkeit der Pflanzen zu bestimmten Pflanzengemeinschaften als Auswahlkriterium heranzieht, was mit TERRA BOTANICA leicht möglich ist. Damit wird letztlich der biotische Standortfaktor der Konkurrenz in erster Annäherung einbezogen.

Außerdem kann man prüfen, ob ein bestimmter Standort am Rande oder mittig in den multivariat beschriebenen Standortfähigkeiten einer Art liegt und dann letztere auswählen, was mit Ökodiagrammen oder TERRA BOTANICA ebenfalls leicht möglich ist.

## Risiken durch die relative Bedeutung von Habitaten für Tiere

Die für Pflanzen aufgezeigten Verhältnisse und Risiken bezüglich der Erfassung ihrer Standortfähigkeiten und bezüglich der Auswahl standorttauglicher Arten gelten in abgewandelter Form auch für die Habitate von Tieren. Darauf soll nur kurz hingewiesen werden. Auch hier sind für Zwecke der Biotop- und Landschaftsgestaltung sowie für die Ökosystemforschung differenzierte Angaben über die Habitatansprüche von Tieren in multivariater Form und unter Berücksichtigung relativer Bedeutungen erstrebenswert, ebenso für die Grünpflege und naturnahe Landwirtschaft und Gartenbau. Als Hilfsmittel sind wiederum multivariat erfaßte Habitate und Habitatansprüche von Tieren (BROCKSIEPER, 1977) mitsamt ihrer relativierten Bedeutung in Ökodiagrammen visualisierbar.

## Risiken durch die relative Bedeutung bestimmter Funktionsträger in Ökosystemen

Auch bei Habitaten als Bausteine von Ökosystemen zeigen sich unterschiedliche Bedeutungen relativ zum Umfeld, wodurch unterschiedliche Risiken entstehen. Ich verweise auf die Diskussionen über die ökologische Bedeutung der Diversität von Ökosystemen für deren Stabilität. Dazu zwei vereinfachte Beispiele:

Wächst am Rand eines Gemüsefeldes von 1 ar eine einzige Saatwucherblume, so hat sie eine große funktionale Bedeutung als Nahrungsquelle für Schwebfliegen, Marienkäfer usw.. Entfernt man sie, ist das Risiko groß, daß sich Blattläuse biologisch ungebremst vermehren und die Gemüsekultur ernsthaft schädigen können. Finden sich dagegen 20 Exemplare der Saatwucherblume im Bestand, ist die Bedeutung der Einzelpflanzen weit geringer, ebenso das Risiko einer Blattlauskalamität bei der Entfernung einzelner, die Kultur störender Exemplare. Dafür haben die Saatwucherblumen im Gemüsebestand nun eine große Bedeutung als Konkurrenten der Gemüsepflanzen, so daß ein erhöhtes Ertragsrisiko besteht.

Steht in einem Wald von 1 ha Größe ein einziger toter Baum, so hat er große Habitatbedeutung für zahlreiche Tiere vom Specht bis zu zahllosen Kleintieren, darunter Regulatoren, die zur ökologischen Stabilisierung des Bestandes beitragen. Seine Entfernung birgt ein erhebliches Risiko für die Selbstregulation des Waldes. Stehen auf gleicher Fläche jedoch zehn tote Bäume, sind die Bedeutung der Einzelstämme und das ökologische Risiko bei der Entfernung einzelner weit geringer.

Man muß also einen Ausgleich zwischen den verschiedenen Risiken, z.B. in einer Dominantenkultur (Nutzpflanzen als Dominanten in Mischbestand mit Wildpflanzen anstatt in Reinkultur) anstreben, bzw. dafür sorgen, daß beide Funktionen: Ertrag und Habitat für Regulatoren Raum finden. Das kann z.B. durch Wildkraut- oder *Phacelia*-Streifen zwischen den Reihen der Gemüsenpflanzen bzw. durch artenreiche Waldmäntel und -säume geschehen.

In beiden Fällen ist die ökologische Bedeutung der einzelnen Systemelemente vom Umfeld abhängig, also relativ zu diesem, und bedingt so unterschiedliche Risiken. Eine Risikoanalyse muß also stets von der relativen Bedeutung ausgehen. Diese kann nur über eine multivariate und systemare Betrachtung ermittelt werden. Isolierte Bedeutungs-, Wert- oder Risikozuweisungen sind u. U. sachlich falsch und bergen daher erhebliche Risiken einer Fehleinschätzung. Das macht die ökologische Risikoabschätzung weit schwieriger als eine Risikoabschätzung von Autounfällen und dgl.. Denn eine isolierte Betrachtung und statistische Auswertung großer Zahlen vergleichbarer Fälle ist hier wegen der umfeldbedingten unterschiedlichen Bedeutung der Einzelelemente weder möglich noch sinnvoll.

## Landschaftsökologische Risiken durch die relative Bedeutung von Biotopen in der Landschaft

Analog zu Standorten und Habitaten ergeben sich relative Bedeutungen für Biotope oder Ökosysteme als Elemente von Landschaftseinheiten aus ihrem Umfeld. Auch diese Bedeutungsunterschiede führen zu ganz unterschiedlichen Risiken bei ihrer Bewertung und einer darauf beruhenden Beeinträchtigung oder Entfernung und zu unterschiedlichen Chancen bei ihrer Erhaltung oder Neuanlage.

Als Beispiel sei nur kurz auf die Bedeutung von Kleingewässern, Feldgehölzen und Verbundbiotopen hingewiesen. Auch hier ergibt sich die landschaftsökologische Bedeutung als Habitatkomplexe, Windschutz und Vernetzungsbiotope nur aus dem landschaftlichen Gesamtzusammenhang und einer multivariaten, hier vor allem multifunktionalen Betrachtung. Entsprechend ergeben sich wiederum recht unterschiedliche Risiken bzw. Chancen bei der Bewertung und darauf gründender Beseitigung, Erhaltung oder Neuanlage für die ökologische Stabilität und Produktivität von Landschaftsräumen.

Die Bewertung von Biotopen losgelöst vom landschaftlichen Zusammenhang, wie sie leider vielfach vorgeschlagen, realisiert und als Grundlage für Ausgleichs- und Ersatzmaßnahmen sowie für Landschaftsplanungen benutzt wird, bedingt daher große Risiken durch sachliche Fehleinschätzungen. Aus diesen Gründen ist sie auch sozial ungerecht und nicht zu verantworten. Sie müßte durch eine multivariat und systemar begründete Beurteilung und darauf aufbauende Risikoabschätzung ersetzt werden.

Daß einfache Rechnereien für fachunkundige Mitarbeiter von Verwaltungen und für Juristen am ehesten nachvollziehbar sind und sich daher in der Praxis weit verbreitet haben, bedeutet keine fachliche Rechtfertigung, spricht eher für das geringe fachliche Verantwortungsbewußtsein der so arbeitenden Fachleute.

## Risiken durch eine nutzwertanalytische Verknüpfung von Felddaten

Geht man in all den genannten Bereichen zwar multivariat vor, bündelt die Einzelwerte dann aber schematisch mit einem nutzwertanalytischen Ansatz, so entstehen wiederum Risiken, die letztlich auf die relative Bedeutung der Einzelwerte im Gesamtrahmen zurückzuführen sind. Denn diese relative Bedeutung kann nicht vorab und losgelöst vom konkreten Umfeld als Rechenregel festgelegt werden. Schließlich sind die so errechneten Endwerte - mit oder ohne

Gewichtung ermittelte "Mittelwerte" - nicht desintegrierbar.

Außerdem tendieren Mittelwerte immer zu den "mittleren" Werten. Extremwerte einzelner Aspekte, die von entscheidender Bedeutung für eine Bewertung sein können, verschwinden im Mittelwert. Sie werden gewissermaßen maskiert. D.h., bei der weiteren Bearbeitung kann die zuvor erfaßte Differenzierung der Situation nicht beachtet werden. Der Aufwand zu ihrer Ermittlung verpufft also weitgehend. Anders bei Schlüsselzahlen, in denen die Einzelwerte nur gebündelt, aber nicht zu einem Wert verrechnet werden.

Mittelwerte haben nur dann einen Sinn, wenn man aus zahlreichen, mit kleinen Fehlern behafteten Messungen oder Einschätzungen des gleichen Faktors oder Elements durch die Mittelwertbildung den tatsächlichen Wert möglichst weit annähern will, z.B. bei einer Atomgewichts- oder Schmelzpunktbestimmung. Mittelwerte aus "Äpfeln und Birnen" sind dagegen unzulässig. Das lernt man schon früh in der Schule, die ihre eigene Lehre bei den Durchschnittsnoten des Abiturs dann längst vergessen hat und so die falsche Anwendung von Mittelwerten fördert.

## Prinzipien eines alternativen Bewertungsverfahrens, das die Beachtung relativer Bedeutungen ermöglicht

Kritik ist gut, Alternativen sind besser, so könnte man das bekannte Zitat abwandeln. Deshalb skizziere ich abschließend eine von mir entwickelte multivariate Beurteilungsmethode. Darauf aufbauend kann dann auch eine leitbild- oder zweckbezogene Bewertung erfolgen.

Diese Methode unterscheidet sich zunächst von den üblichen Bewertungsverfahren, indem nicht sofort bewertet, sondern in mehreren Bearbeitungsebenen fachliche Grundlagen geschaffen werden. Diese stehen dann für verschiedenste Bewertungen mit unterschiedlichen Zielen und Maßstäben zur Verfügung. Auch erfolgt die Zusammenfassung von Einzeltatsachen und -urteilen nicht durch Mittelwertbildung sondern zunächst durch die Zusammenfassung von Einzelergebnissen in Schlüsselzahlen. Hierdurch bleiben die Einzelwerte erkennbar und können bei der Integration zu Gesamturteilen und deren Überprüfung beachtet werden. Schließlich kann bestimmten Extremwerten einzelner Aspekte eine "Tabufunktion" zugeordnet werden, so daß sie auch beim integrierenden Übergang in eine "höhere" Bearbeitungsebene mit ihrer vollen Bedeutung Beachtung finden müssen. Schließlich werden keine starren Vorgaben von Aspekten oder Kriterien gemacht. Vielmehr wird ein kriterienoffenes Verfahrensschema angeboten, das auf die jeweilige Situation zugeschnitten werden kann. Dabei kann die umfeldbedingte relative Bedeutung bestimmter Kriterien für die jeweilige Fragestellung berücksichtigt werden.

Es werden folgende Bearbeitungsebenen unterschieden, die zugleich eine Vorgabe für die bearbeitenden Disziplinen oder Aufgabenträger darstellen:

- Erkundungsebene,
  das Arbeitsfeld, in dem Fachleute, z.B. Ökologen oder Forstleute, Daten erheben. Risiken sind hier nur durch falsche Erhebungsfelder und durch Meß- oder Beobachtungsfehler möglich;
- Beschreibungsebene,
  hier werden die erfaßten Daten geordnet dargestellt und beschrieben;
- Interpretationsebene,
  in dieser Ebene werden die erhobenen Daten im Hinblick auf die zu beurteilenden Objekte, Funktionen und Räume interpretiert, z.B. Böden und Bewuchs bezüglich der Standortbedingungen oder Habitate bezüglich ihrer Funktionen für bestimmte Tiere;
- Beurteilungsebene,
  nun erfolgt eine wertungsfreie sachliche Beurteilung der erfaßten Objekte und Funktionen unter verschiedenen für die jeweilige Fragestellung relevanten Aspekten, z.B. Bedeutung bestimmter Standorte oder Biotope für das Vorkommen bestimmter Arten, für den Naturhaushalt und/ oder in der land- und forstwirtschaftlichen oder Erholungsnutzung. Hierbei bietet sich eine Skalierung der Beurteilungskriterien an als Grundlage für eine multifaktorielle Beschreibung und Visualisierung. Dies ist auch die Ebene, auf der das Umfeld der Kriterien im Sinne einer Relativierung ihrer Bedeutungen eingebracht werden kann und muß. Bis zu dieser Ebene sind die jeweiligen Fachleute als Bearbeiter - evtl. im Team - gefragt.
- Bewertungsebene,
  erst jetzt kann eine Integration über die verschiedenen fachspezifischen Beurteilungen zu einer Bewertung nach Zielen (z.B. Leitbilder) und Wertmaßstäben erfolgen, die von Fall zu Fall verschieden sein werden.

Dabei sind alternative Ziele zur Vorbereitung von Entscheidungen möglich, z.B. Erhaltenswürdigkeit, Schutz- und Pflegebedarf aus der Sicht des Natur- und Landschaftsschutzes, naturnahe und naturferne Nutzung usw.. Auf dieser Ebene sind neben den analytisch arbeitenden Fachleuten Planer als Bearbeiter nötig.

- Entscheidungsebene,
  auf der Basis der vorhergehenden Beurteilungen und Bewertungen und im Hinblick auf zur Entscheidung stehende Anforderungen und Ziele werden nun alternative Entscheidungen vorbereitet, zur Diskussion gestellt und schließlich zum Beschluß gebracht. Dieser Beschluß liegt entweder in der Zuständigkeit einer Verwaltung, z.B. Gemeinde oder Fachbehörde oder aber bei einem zugehörigen politischen Gremium.

Bei diesem Vorgehen werden unter bestimmten Aspekten (z.B. Ökologie, Ökonomie, Raumplanung, Geographie) verschiedene Kriterien gruppenweise ermittelt und ihre in drei- bis fünfstufigen Skalen niedergelegten Einzelbeurteilungen in Tabellen nebeneinander gestellt. Sie lassen sich gruppenweise zu vier- bis sechsstelligen Schlüsselzahlen zusammenfassen. Diese können in Mehrfaktorendiagrammen, vergleichbar der Abbildung 1, visualisiert und so leicht handhabbar gemacht werden. Durch die Auswahl der Kriterien innerhalb der Gruppen kann die anschließende systemare Beurteilung der Gruppe vorbereitet werden.

Z.B. kann man unter dem geographischen Aspekt den Verbreitungstyp von Biotopen in einem Landschafts- oder Planungsraum ermitteln und ihn mit den lokalen und regionalen Graden ihrer Naturnähe und Erhaltung sowie ihrer entsprechenden Häufigkeit kombinieren. Aus diesem multivariaten Überblick erfolgt dann eine Bewertung der Erhaltenswürdigkeit und des Schutzbedarfs.

Dabei kann die Ausprägung einzelner Kriterien, z.B. naturnah, aber lokal oder regional einmalig, ausschlaggebend für das Urteil sein - hier z.B. "absolut erhaltenswürdig". Eine bestimmte Stufe in der Skala eines Kriteriums kann also zum "Tabu"-Wert werden und alle anderen Aspekte dominieren. Ähnlich wie bei BASTIAN (1992) wird hierbei für jeden Aspekt "Unter bewußtem Verzicht auf eine komplizierte Verarbeitung auf mathematischem Wege (z.B. Berechnung von Mittelwerten)" eine Wertung auf der Grundlage der systemar gebündelten Beurteilungen vorgenommen.

Diese Trennung zwischen einer zugrundeliegenden multivariaten Beurteilung mit der Möglichkeit zur Beachtung umfeldabhängiger relativer Bedeutungen und einer darauf aufbauenden Wertung ist wichtig. Denn die Wertung ist notwendigerweise von Bewertungsmaßstäben abhängig und kann sich daher mit diesen ändern. Dagegen sollen die Beurteilungen zumindest intersubjektiv dem derzeitigen Wissensstand entsprechen und so auch bei veränderten Wertmaßstäben gültig bleiben.

Die Wertungen unter den verschiedenen Aspekten können wiederum in wenigstuftigen Skalen vollzogen und in einer Schlüsselzahl zusammengefaßt werden. Dabei ist wesentlich, daß die Höchstwerte der einzelnen Aspekte praktisch "Tabu"-Bedeutung haben können. Würden sie mit anderen zu einem "Mittelwert" verrechnet, ergäben sich nie Spitzenwerte als Hinweis auf absolute Schutz- oder Erhaltenswürdigkeit.

Durch das schrittweise Vorgehen in mehreren Ebenen der sachlichen Beurteilung und der Wertung wird die Ebene der Entscheidung über die weitere Behandlung eines bewerteten Objekts (Standort, Habitat, Vorkommen einer Art, Biotop, Kleinlandschaft usw.) nachvollziehbar fundiert, und zwar multivariat und unter Beachtung relativer Bedeutungen. In den Schlüsselzahlen der Beurteilungen und Bewertungen sind "Tabu"-Werte erkennbar und können argumentativ in die Entscheidung eingebracht werden.

Eine ausführlichere, mit einem kompletten Beispiel versehene Darstellung des Verfahrens ist in Vorbereitung und für ein fachspezifisches Publikationsorgan vorgesehen.

## Literatur

Bastian, O., 1992: Eine gestufte Biotopbewertung in der örtlichen Landschaftsplanung - Erweiterte Fassung eines Vortrags zu den Pillnitzer Planergesprächen, BDLA, Bonn.

Brocksieper, R., 1978: Der Einfluß des Mikroklimas auf die Verbreitung der Laubheuschrecken, Grillen und Feldheuschrecken im Siebengebirge und auf dem Rodderberg bei Bonn - Decheniana-Beihefte (Bonn) Nr. 21, S. 1 - 141.

Christaller, Th., 1998: Umwelt und (Künstliche) Intelligenz - KI, Künstliche Intelligenz, 2/98, S. 29 - 31.

Dahmen, F. W., 1994: Terra Botanica, Handbuch - Rose GmbH Blankenheim. Insbes. 8.2 - 4.
Dahmen, F. W., Flinspach, K., Schwann, H. 1987: Feuchtgebietsuntersuchung 1984/1986 Naturpark Schwalm-Nette und Kreis Heinsberg - Beiträge zur Landesentwicklung 43, Köln. Insbes. S. 40.
Dahmen, F. W., Dahmen, G., Heiss, W., 1976: Neue Wege der graphischen und kartographischen Veranschaulichung von Vielfaktorenkomplexen - Decheniana (Bonn), 129, S. 145 - 178 mit div. Karten und Diagrammen.
Dahmen, F. W., Dahmen, H.-CH., 1994: TERRA BOTANICA, Wildpflanzen-Datenbank und -Informationssystem - Rose GmbH, Blankenheim.
Ellenberg, H., 1974: Zeigerwerte der Gefäßpflanzen Mitteleuropas - Göttingen.
Ehlers, M., 1960: Baum und Strauch in der Gestaltung der deutschen Landschaft - Berlin und Hamburg. Insbes. 2a.
Kirsten, M. et al., 1998: Einsatz von Data Mining-Techniken zur Analyse ökologischer Standort- und Pflanzendaten - KI, Künstliche Intelligenz, 2/98, S. 39 - 42.
Lundegard, H., 1957: Klima und Boden - Jena. Zit. bei Stugren, B. 1978.
Poletaev, I., A., 1973: Volterras "Räuber-Beute"-Modelle und einige Verallgemeinerungen auf Grund des Liebigschen Prinzips - Z. obsc. Biol. 34, S. 43 - 57. Zit. bei Stugren, B. 1978.
Stugren, B., 1978: Grundlagen der allgemeinen Ökologie - Jena. Insbes. S. 24.
Walter, H., 1973: Allgemeine Geobotanik - UTB 284, Stuttgart. Insbes. S. 18.
Walter, H., Breckle, S.-W., 1983: Ökologie der Erde 1, Ökologische Grundlagen in globaler Sicht. - Stuttgart. Insbes. S. 123.

# A. Ökologische Risiken - Arbeitsfelder

## 2. - Ökotoxikologie

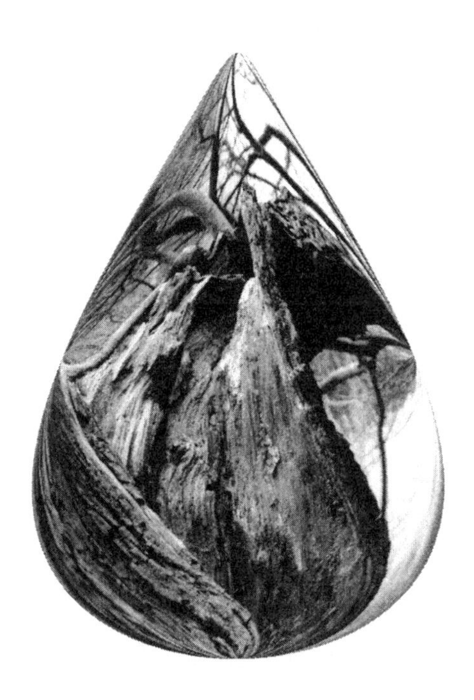

# Methoden und Probleme der Risikobewertung von Umweltchemikalien

Otto Fränzle

*Christian-Albrechts-Universität zu Kiel, Ökologie-Zentrum, Schauenburgerstr. 112, D-24118 Kiel*

## Synopsis

A comprehensive assessment of the potential ecotoxicity of new and existing chemicals implies the determination of their persistence and distribution potentials on the one hand, and the analysis of the respective exposure modes and the structure of the ecosystems exposed on the other. In practice the environmental hazard assessment of a substance is generally based on a comparison of its predicted environmental concentration (PEC) with the predicted no-effect concentration (PNEC). PNEC values are typically calculated from single-species acute or chronic laboratory toxicity tests using an appropriate assessment factor. It is assumed that where the PEC exceeds the PNEC (i.e., PEC/PNEC >1), there could be a potential for adverse environmental effects, and the corresponding risk then is the ecosystem-specific probability of such a hazard. The present article analyses this approach with an emphasis on its contentions issues, which leads to a set of suggestions for procedural improvements.

Keywords: *risk assessment, environmental chemicals, ecotoxicology, toxicokinetics, toxicodynamics*

Schlüsselwörter: *Risikobewertung, Umweltchemikalien, Ökotoxikologie, Toxikokineti*

## 1 Chemikalienbewertung als metatheoretisches Problemfeld

Im allgemeinen und wissenschaftlichen Sprachgebrauch ist der Begriff "Risiko" unterschiedlich gefaßt. In Naturwissenschaften und Technik wird er vor allem im Zusammenhang mit der Sicherheitsbeurteilung technischer Produkte verwendet und definiert als Produkt von Schadensausmaß und Schadenswahrscheinlichkeit, gegebenenfalls summiert über mehrere potentielle Schadensereignisse. Der umweltrechtliche Risikobegriff umfaßt mindestens die Aspekte Erkennbarkeit, Bestimmbarkeit und Bewertung eines Risikos. Zunächst muß eine bestimmte Quelle bzw. ein Ausgangspunkt für nachteilige Wirkungen wahrgenommen werden können. Die Risikobestimmung i.S. der in den Naturwissenschaften üblichen Definition beruht auf einer Prognose, in die alle aktuell verfügbaren Wissensbestände über die Eintrittswahrscheinlichkeit eines schädlichen Ereignisses und des Ausmaßes des verursachten Schadens eingehen. Die aus dieser Prognose im Idealfall ableitbare Risikogröße steht dann einer juristischen, ökologischen, ethischen oder sonstigen Bewertung anheim.

Um wissenschaftlichen wie praktischen Ansprüchen zu genügen, sollten Risikobewertungen Meßverfahren analog aufgebaut sein, d.h. sie müssen intersubjektiv überprüfbare Modelle enthalten, die anhand definierter Regeln auf Maßstäbe (Qualitätsstandards) bezogen werden. Die Modelle müssen infolgedessen die zu bewertenden Sachverhalte fragestellungsbezogen (hinreichend) wenig verzerrt wiedergeben, sonst ist schon vom Ansatz her eine Bewertung im Sinne eines reproduzierbaren Vorgangs nicht möglich. Ferner muß ein sinnvolles Bewertungsverfahren sich möglichst exakt auf ein definiertes Ziel- oder Wertsystem beziehen, eine formal konsistente Struktur besitzen und zu einer Ordnung der bewerteten Alternativen führen (BECHMANN 1989).

Metatheoretische Prüfungen von Bewertungsverfahren verlangen daher eine fallbezogene Analyse ihrer formalen und inhaltlichen Aspekte. Dies soll im folgenden am Beispiel der Beurteilung von Umweltchemikalien gemäß Chemikaliengesetz der Bundesrepublik Deutschland (1994) und der einschlägigen Richtlinien und Verordnungen der Europäischen Union (Technical Guidance Documents 1996) geschehen, wobei der Schwerpunkt auf den Altstoffen liegt, die bereits vor 1982 vermarktet wurden. Die Darstellung beschränkt sich im wesentlichen auf die für die Abklärung des ökologischen Risikobegriffs relevanten Modellaspekte der Chemikalienbewertung, d.h. die Bestimmung des Gefährdungs- und Risikopotentials von Fremdstoffen in der Umwelt. In Deutschland ist letztere Aufgabe des 1982 von der Bundesregierung bei der Gesellschaft Deutscher Chemiker eingerichteten Beratergremiums für umweltrelevante Altstoffe (BUA), welches die Ergebnisse seiner Recherchen in Stoffberichten zusammenfaßt; die Bewertung i.e.S. erfolgt dann durch das Umweltbundesamt und das Bundesinstitut für gesundheitlichen Verbraucherschutz und Veterinärmedizin auf der Grundlage dieser Berichte. An die Analyse des Modellteils der Chemikalienprüfung im folgenden Abschnitt schließen sich Vorschläge für eine verbesserte ökotoxikologische Bestimmung und Modellierung von Chemikalienwirkungen auf verschiedenen räumlichen und zeitlichen Skalenebenen an, die für eine verläßlichere Bewertung des Risikopotentials notwendig erscheinen.

## 2 Grundsätze ökotoxikologischer Chemiekalienprüfung

Zur Beurteilung der Gefährlichkeit eines Stoffes bzw. Stoffgemisches sind folgende Punkte im Sinne eines toxikologischen Profils (Modells) zu untersuchen:

- Wirkung nach einmaliger und wiederholter Exposition
- Aufnahme und Verteilung auf die einzelnen Organe sowie Speicher- und Ausscheidungsmechanismen (Toxikokinetik, Organotropie)
- Wirkungsmechanismen und interspezifische Wirkungsunterschiede, etwa zwischen verschiedenen Testorganismen (Toxiko- dynamik).

Fortführung und Erweiterung dieser im Rahmen der Human- und Veterinärtoxikologie entwickelten Verfahrensweise bei der Untersuchung einzelner Organismen oder Arten läßt sich die Aufgabe der Ökotoxikologie dahingehend bestimmen, daß direkte und indirekte anthropogene Störungen von Ökosystemen durch stoffliche oder energetische Einflüsse analysiert und bewertet werden sollen. Ob und inwieweit eine beobachtbare Wirkung eintritt, hängt einmal von der Konzentration des Stoffes im jeweiligen Umweltmedium (Boden, Wasser, Luft usw.), d.h. seiner externen Exposition, ab, zum anderen von der Verweildauer und Bioverfügbarkeit des Stoffes im Organismus, die zusammen die interne Exposition bestimmen. Damit wird verständlich, daß Eintrag (Eintragspfad und -menge) und Verhalten (Stoffdispersion und -persistenz) eines Stoffes maßgeblich die externe Exposition beeinflussen, während Stoffaufnahme, -resorption, -verteilung, -metabolismus und -exkretion die wesentlichen Steuergrößen der internen Exposition darstellen. Die Bioverfügbarkeit gibt dabei den Anteil der externen Exposition an, der in den Stoffwechsel gelangt bzw. ohne Umwandlung biochemische oder physiologische Homöostasemechanismen auf zellulärer oder höherer Ebene beeinflußt. Die resultierende Wirkung ist keine Stoffkonstante, sondern hängt im jeweiligen Einzelfall ab von:

- physikalisch-chemischen Stoffeigenschaften
- Zusammensetzung und physiko-chemischen Eigenschaften des Expositionsmediums
- externer Expositionskonzentration
- Aufnahmeart und -pfad in den Organismus und der
- physiologischen Verfassung des exponierten Organismus

Diese Übersicht verweist auf die weiter unten im einzelnen behandelten grundsätzlichen Probleme, die sich bei einer Bewertung des ökotoxikologischen Gefährdungspotentials bzw. einer Risikoabschätzung von Stoffen auf der Grundlage einfacher Testverfahren und Modellierungsansätze ergeben.

Im Lichte juristischer und politischer Notwendigkeiten (EC Commission Regulation No. 1488/94, Chemikaliengesetz 1994) haben sich Wissenschaft, Behörden und Industrie daher zunächst auf ein vorzugsweise pragmatisches Vorgehen geeinigt, welches in Teilbereichen wissenschaftlich plausibel und nachvollziehbar ist (Technical Guidance Documents 1996). Grundsatz der Bewertung ist demnach der Vergleich der Umweltkonzentration mit intrinsischen gefährlichen Stoffeigenschaften; d.h. der geschätzte Wert für die Exposition (PEC = predicted environmental concentration) wird dividiert durch einen mittels Toxizitätstests unter Verwendung von Sicherheitsfaktoren bezeichneten Grenzwert der Konzentration (PNEC = predicted no-effect concentration), bei der mit einer gewissen Wahrscheinlichkeit keine Schädigung von Organismen, Populationen oder Ökosystemen zu erwarten ist. Die Sicherheitsfaktoren wiederum werden konventioneller Weise in Abhängigkeit von der vorhandenen Information - wie Anzahl getesteter Arten, akute oder chronische Toxizitätstestergebnisse - festgesetzt und schwanken dementsprechend zwischen 10 und 1000 (AHLERS et al. 1994, KOCH 1994, FRÄNZLE et al. 1995).

Wenn der Quotient PEC/PNEC > 1, wird eine Gefährdung der Umwelt durch die jeweilige Substanz angenommen und die Größe des Quotienten kann - unter den unten benannten Randbedingungen - als Ausdruck ihres ökotoxikologischen Gefährdungspotentials gelten. Die Multiplikation dieses Wertes mit der Wahrscheinlichkeit seines Auftretens ergibt dann das Risikopotential, dem im Sinne eines objektivierten Bewertungsverfahrens die Rolle des Sachmodells zukommt. Die beiden folgenden Abbildungen (Abb. 1, Abb. 2) fassen die geschilderte Ableitungsmethodik zusammen.

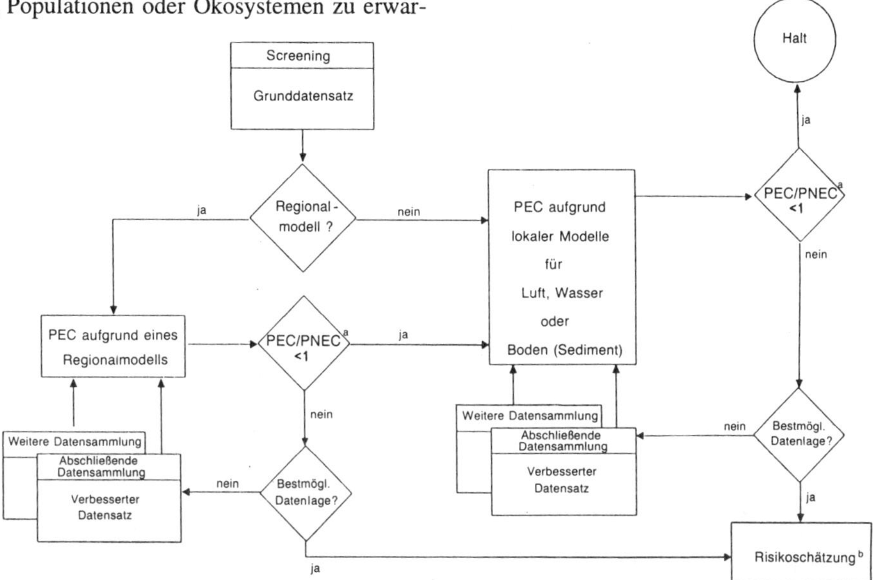


a PNEC-Bestimmung gemäß Abbildung 2

b Nur wenn Bestwerte für PEC <u>und</u> PNEC vorliegen

**Abb. 1**: Iterativer Verfahrensgang zur Bestimmung der Umweltkonzentration (PEC-Wert) eines Stoffes

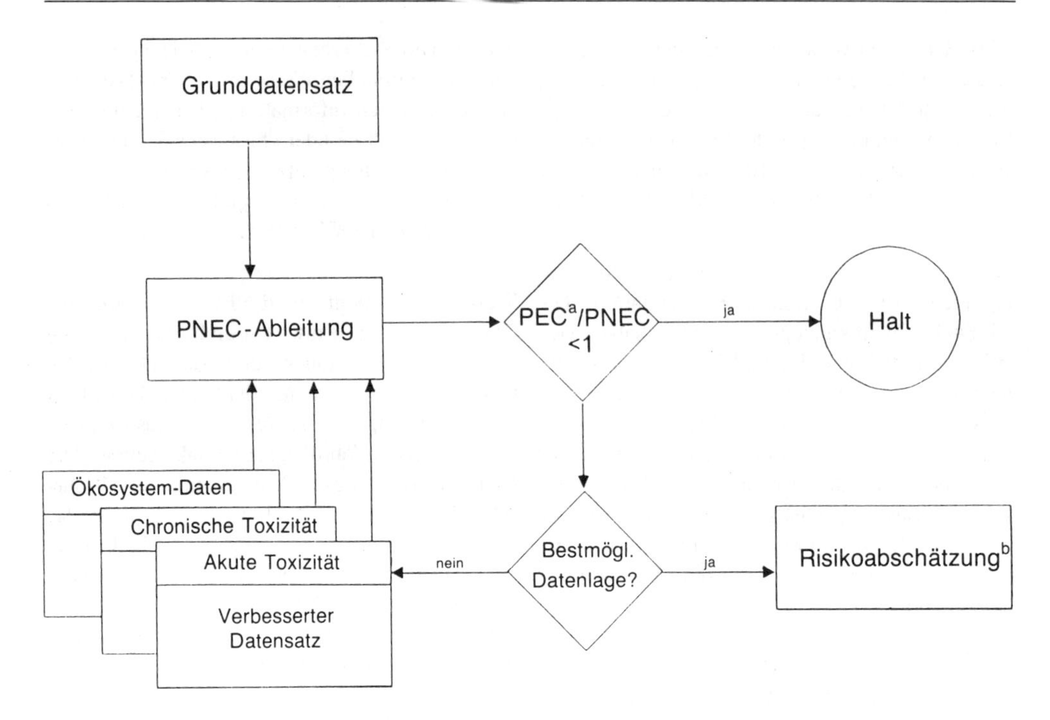


a PEC-Bestimmung gemäß Abbildung 1

b Nur wenn Bestwerte für PEC und PNEC Vorliegen

**Abb. 2**: Iterativer Verfahrensgang zur Toxizitätsbestimmung (PNEC-Wert) eines Stoffes

## 2.1 Expositionsabschätzung

Der Vergleich der Chemikaliengesetze verschiedener Industrieländer und der darauf gründenden Prüfverfahren zeigt, daß in der Mehrzahl der Fälle der Exposition eine geringere Bedeutung im Rahmen des gesamten Bewertungsganges als der Bestimmung des toxischen Potentials einer Substanz beigelegt wird. Der Grund dürfte darin zu suchen sein, daß die Ermittlung der vorhandenen bzw. die Prognose der zu erwartenden Belastungen (PEC) schwieriger ist als die Vorhersage möglicher Wirkungen (PNEC).

Das aktuelle Prüfschema sieht ein dreistufiges Vorgehen zur Gewinnung von Expositionsdaten vor, das in der folgende Tabelle zusammengefaßt ist. In der Prüfstufe I finden einfache regionale Verteilungsmodelle Anwendung, die unter stark einschränkenden Voraussetzungen Vorhersagen über die in den Umweltkompartimenten Boden, Wasser und Luft zu erwartenden Stoffkonzentrationen zulassen. Gängig sind das aus dem Mackay-Modell, Stufe 3 (MACKAY & PATERSON 1991) abgeleitete Modell HAZCHEM sowie PRISEC (VAN DE MEENT & TOET 1992). Die solcherart berechneten Werte können aufgrund der modelltechnischen Annahmen und der Realstruktur der betrachteten Kompartimente erheblich von den wirklichen, d.h. durch Messungen oder genauere Modellan

sätze erfaßten Verteilungen abweichen (vgl. ECETOC 1993).

In den Prüfphasen II und III ist gemäß der in Tabelle 1 zusammengefaßten datentechnischen Voraussetzungen die Verwendung spezieller Modelle auf der lokalen bis subregionalen Maßstabsebene bzw. im Hinblick auf spezifische

**Tab. 1:** Datentechnische Voraussetzungen für die verschiedenen Prüfstufen der gesetzlichen Chemikalienbewertung (nach ECETOC 1993)

| Prüfstufe | Datenqualität | |
|---|---|---|
| | **Emissionswerte** | **Physikalische und chemische Daten** |
| I (Screening) | Grobabschätzung von Produktionshöhe, Emissionsfaktoren, Verbrauch, Abfallmenge | Grunddatensatz. Geschätzte mikrobielle Primärabbaurate |
| II (Confirmatory) | Genaue Daten über Produktionshöhe, verläßliche Abschätzung der Emissionen, Verbrauchsmuster und Abfallmengen | Labordaten des Primärabbaus, Analysen der Abbauprodukte usw. |
| III (Investigative) | Genaue Kenntnis der import- und exportbereinigten Produktmengen, Emissionsmessung, genaue Aufschlüsselung der Verbrauchsmuster und der Abfallmengen | Geländeuntersuchungen, Daten der Umweltbeobachtung |

Problemfelder bzw. Umweltkompartimente angezeigt. Gemessen an der Fülle der bislang im atmosphären- und geowissenschaftlichen Kontext entwickelten Simulationsmodelle und Expertensysteme ist deren Verwendung im Rahmen ökotoxikologischer Fragestellungen bislang allerdings recht zurückhaltend erfolgt. Die hier liegenden Möglichkeiten einer substantiellen Verbesserung des Bewertungsganges werden im Abschnitt 3 dargestellt.

Die in der Tabelle genannten Grunddatensätze werden von der chemischen Industrie geliefert und enthalten die wesentlichen Informationen zu den physikalisch-chemischen, toxikologischen bzw. ökotoxikologischen Eigenschaften sowie zur Verwendung der Umweltchemikalien.

## 2.2 Abschätzung der Chemikalienwirkung

### 2.2.1 Testsysteme für aquatische Lebensgemeinschaften

Im Bereich der aquatischen Ökotoxikologie kommen bevorzugt Einzelspeziestests mit unterschiedlichen Toxizitätsendpunkten zur Anwendung. Die exemplarische Auswertung von 137 Stoffberichten des GDCh-Beratergremiums für umweltrelevante Altstoffe (BUA) zeigt, daß zwar generell die vier Trophieebenen der Destruenten, Primärproduzenten, Primär- und Sekundärkonsumenten durch Bakterien, Algen, Protozoen, Krebse und Fische vertreten sind, im einzelnen aber die Häufigkeitsverteilung der Testspezies sehr unterschiedlich ist. Für neu angemeldete Chemikalien ist dagegen im Prinzip eine homogene Datenlage für die vorge- schriebenen Testorganismen vorhanden; ein Problem stellt möglicherweise deren wissenschaftliche Verfügbarkeit dar.

Die Tests auf akute und chronische Toxizität umfassen zumeist Parameter, die - analog zu den Ansätzen der Humantoxikologie - vorzugsweise auf Einzelindividuen, seltener auf Populationen bezogen sind. Damit lassen sich durch derartige Ansätze, die STEINBERG et al. (1995) in einer kritischen Übersicht dargestellt haben, unter Standortbedingungen lediglich Toxizitätspotentiale, aber keine ökosystemaren Schädigungen erfassen. Aus ökologischer Sicht ist der Aussagewert vor allem durch die Tatsache eingeschränkt, daß die für die Bioverfügbarkeit relevanten Matrixeigenschaften - etwa das Vorhandensein von gelöster organischer Substanz oder Schwebstoffen im Wasser - sowie synergistische Effekte unberücksichtigt bleiben. Die Extrapolation der Testergebnisse auf die zu erwartenden Chemikalienwirkungen in Ökosystemen unterschiedlichen Komplexitätsgrades erfolgt daher unter Zuhilfenahme der einleitend erwähnten Si-

| Wirkdatum | Faktor EG | OECD | ECETOC |
|---|---|---|---|
| Ein akutes Wirkdatum Alge, Daphnie oder Fisch | | 1 000 | |
| Akute Toxizität Alge, Daphnie oder Fisch | 1 000 (für das niedrigste Wirkdatum) | 100 | 200 |
| Chronische Toxizität Fisch oder Daphnie | 100 (NOEC) | | |
| Chronische Toxizität Alge, Daphnie oder Fisch | 10 (für das niedrigste Wirkdatum) | 10 | 5 |
| Chronische Toxizität für zwei Spezies zweier taxonomischer Gruppen | 50 (für das niedrigste Wirkdatum) | | |
| Felduntersuchungen | Fall zu Fallbetrachtung | | 1 |

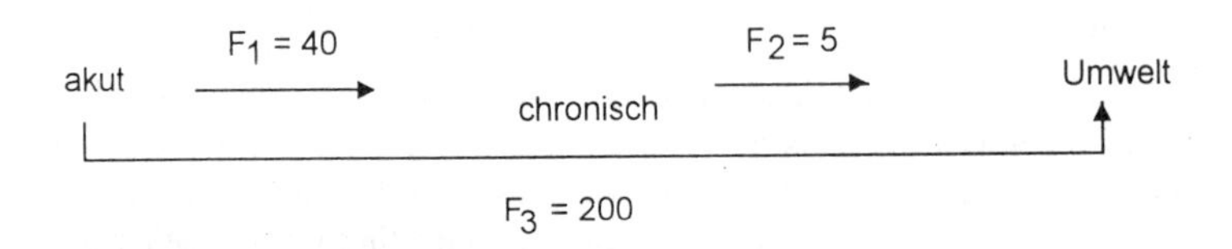


**Abb. 3**: Sicherheitsfaktoren für aquatische Testsysteme

cherheitsfaktoren, die in der folgenden Abbildung 3 zusammengefaßt sind.

Wesentlich naturnäher als diese Einarten-Testsysteme sind aufgrund ihres Aufbaus (einfache Phyto- oder Biozönosen und ggf. Böden) die Mikro- und Mesokosmen-Untersuchungen, die i.S. einer Überprüfung des Sicherheitsfaktorenkonzepts beispielsweise für die Analyse der Wirkung von 13 Pestiziden und 21 Vertretern anderer Stoffgruppen (Organika, Metalle, Tenside) zum Einsatz kamen (vgl. ECETOC 1997). Der Vergleich der niedrigsten NOEC-Werte aus monospezifischen chronischen Toxizitätstests mit den entsprechenden Werten aus diesen Modellsystemen ergab einen Medianwert des NOEC-Quotienten von 1.45 und einen 90 Perzentilwert von 8.14. Dies bedeutet, daß ein Sicherheitsfaktor von 8, angewendet auf den niedrigsten Einzelspezies-NOEC-Wert, in 90 % der Fälle auch den Schutz der empfindlichsten Art im Modellsystem gewährleisten würde. In methodologischer Hinsicht verweist dieses Prüfergebnis allgemein auf die Bedeutung derartiger komplexerer Ansätze für die in Abb. 2 dargestellte iterative Datenvalidierung, wenn das zunächst abgeleitete PEC/PNEC-Verhältnis in der Nähe von 1 liegt und die physikochemischen Eigenschaften des Stoffes eine begrenzte Bioverfügbarkeit im

Freiland vermuten lassen. Allerdings erfordert auch die Überprüfung der Extrapolation vom Testniveau des Mikro- oder Mesokosmos auf die Freilandsituation eine Vielzahl weiterer Fallstudien auf diesen unterschiedlichen Komplexitätsstufen. Sie sind zugleich die Voraussetzung für die Kalibrierung und Validierung von Wirkungsmodellen auf unterschiedlichen Raum- und Zeitskalen.

### 2.2.2 Testsysteme für terrestrische Biozönosen und Ökosysteme Böden

Böden stellen regulatorische Hauptkompartimente terrestrischer und benthischer Ökosysteme dar, die über die Stoff- und Energiekreisläufe mit den übrigen Kompartimenten (Biosphäre, Hydrosphäre, Atmosphäre, Lithosphäre) verbunden sind. Die zentrale Bedeutung der Böden beruht u.a. darauf, daß hier wesentliche ökosystemare Prozesse wie Biomasseproduktion und -zersetzung zusammenfließen. Durch die Erfüllung wichtiger ökologischer Funktionen stellen die Böden somit eine unverzichtbare Grundlage aller Lebensvorgänge dar. Im ökotoxikologischen Kontext sind daher die Filter-, Puffer- und Transformatorfunktion sowie die Lebensraum- und Produktionsfunktion der Böden von besonderer Bedeutung. Die Fülle von Randbedingungen dieser komplexen Funktionen macht verständlich, daß die ökologische Erfassung von Chemikalienwirkungen auf Böden mit ungleich-größeren Schwierigkeiten verbunden ist als jene in aquatischen Systemen. Die summenparametrische Erfassung von Gesamtfunktionsänderungen, etwa der Atmungs- und Enzymaktivitäten, reichen für eine kausale Störanalyse ebenso wenig aus wie Einzelspeziestest an funktional bedeutsamen, in ihrer Repräsentativität aber nur sehr grob (auf höheren taxonomischen Niveaus) bestimmten Bodenorganismen. Am geringsten ist natürlich der ökotoxikologische Aussagewert von Konzentrationsbestimmungen in Bodeneluaten, wenn deren Toxizitätspotential nur in aquatischen Testsystemen bestimmt wird (s. Abschnitt 2.2.1). Abb. 4 faßt die z.Z. gebräuchlichen Sicherheitsfaktoren für den terrestrischen Bereich zusammen.

| Daten | Faktor |
|---|---|
| $L(E)C_{50}$ für'screening'-Tests (z.B. akute Pflanzen-, Regenwurm- oder Mikrobentoxizität) | 1000 |
| NOEC für einen zusätzlichen chronischen Toxizitätstest | 100 |
| NOEC für zusätzliche[1] Toxizitätstests an zwei Arten unterschiedlicher Trophiestufen | 50 |
| NOEC für zusätzliche chronische Toxizitätstests an drei Spezies unterschiedlicher Trophiestufen | 10 |
| Geländebefunde oder Daten aus Modellökosystemen | Einzelfallbewertung |

1 chronische

Für den PNEC $_{Boden}$ wird jeweils der niedrigste Wert zugrunde gelegt.

**Abb. 4:** Sicherheitsfaktoren für terrestrische Testsysteme

## 3 Ökotoxikologie als ökosystemares Aufgabenfeld

Aus der Übersicht über die gegenwärtig angewandten ökotoxikologischen Prüfverfahren folgt allgemein, daß Verbesserungen im Sinne des einleitend formulierten Anspruchs an Bewertungsverfahren einerseits präzisere Expositionsbestimmungen, andererseits eine Weiterentwicklung der biozönotisch orientierten Toxikokinetik und -dynamik erfordern. Dies bedeutet in forschungslogischer Hinsicht, daß die Ökotoxikologie nur im Zusammenhang umfassender Ökologischer Informationssysteme eine zielgerichtete Förderung erfahren kann. Ein derartiges System muß aus drei streng und durchgehend aufeinander bezogenen Komponenten bestehen: vergleichender Ökosystemforschung, flächendeckender ökologische Umweltbeobachtung und Umweltprobenbank (ELLENBERG et al. 1978).

### 3.1 Expositionsanalyse

#### 3.1.1 Auswahl repräsentativer Meßfelder

Die Anlage von Dauermeßnetzen für die selektive Bestimmung von Stoffeinträgen in Ökosysteme wie die Ausweisung kürzerfristiger Meßfelder zur Datengewinnung für die Kalibrierung und Validierung von räumlich und zeitlich höher auflösenden Expositionsmodellen bedarf geostatistischer Begründung. Da aus Praktikabilitäts- und Kostengründen häufig eine hinreichend engständige Rasterbeprobung für größere Untersuchungsgebiete, etwa ganze Länder oder subkontinentale Bereiche, nicht möglich ist, empfiehlt sich die gestufte Anwendung repräsentanzanalytischer Auswahlstrategien, um mit einem (relativ) minimalen Aufwand diesen Ansprüchen zu genügen.

Grundlage der Ausweisung optimal geeigneter, repräsentativer Bezugsflächen für die emissions- und verbrauchsmusterabhängige Expositionsbestimmung sind dann durch Digitalisierung von Karten verschiedener Maßstäbe gewonnene flächendeckende nominalskalierte sowie metrische Daten des interessierenden Gesamtgebietes. Sie werden mittels multivariater Gruppierungsalgorithmen bezüglich der expositionsrelevanten Eigenschaften nach dem Grade ihrer strukturellen Ähnlichkeit klassifiziert. Anschließend werden die einzelnen durch ihre Klassenzugehörigkeit charakterisierten Flächen im Hinblick auf positive oder negative räumliche Autokorrelation verglichen (Nachbarschaftsanalyse). Das Ergebnis ist eine Nachbarschaftsmatrix, welche die Summe aller räumlichen Beziehungsstrukturen darstellt. Mit ihrer Hilfe lassen sich anschließend durch weitere spezielle Suchprozeduren jene Flächen, d.h. die potentiellen Forschungsräume bestimmen, welche konkret genau die Art und Menge von Nachbarschaftsbeziehungen aufweisen, welche für die jeweilige Klasse konstitutiv und damit repräsentativ sind.

Innerhalb der solcherart bestimmten Gebiete - beispielsweise der Hauptforschungsräume der deutschen Ökosystemforschung (FRÄNZLE et al. 1987) - können dann in prinzipiell gleicher Weise, aber auf der Grundlage eines entsprechend größermaßstäbigen Primärdatensatzes, einzelne Meßfelder ausgewiesen werden. In diesen sind die einzelnen Meßpunkte dann nach den Prüfkriterien der Variogrammanalyse anzulegen, so daß aus den Punktmessungen valide Wertefelder mittels Kriging- oder Cokriging-Prozeduren abzuleiten sind, welche aufgrund ihrer statistischen Repräsentativität auf das gesamte Untersuchungsgebiet und seine weitere Umgebung mit angebbarer Genauigkeit extrapolierend übertragen werden können (vgl. MATHERON 1963, JOURNEL & HUIJBREGTS 1978, YVANTIS et al. 1987, VETTER 1989, HEINRICH 1994, FRÄNZLE & KUHNT 1994, FRÄNZLE 1996).

#### 3.1.2 Modellierung atmosphärischer Stoffeinträge in Ökosysteme

Der Ferntransport atmosphärenbürtiger Xenobiotika läßt sich skalenabhängig mit praxiserprobten Modellen beschreiben (PAGE et al. 1990, FRÄNZLE 1993). Der anschließende Eintrag in terrestrische oder aquatische Ökosysteme erfolgt durch trockene, feuchte und nasse Deposition. Eine hinreichend genaue Bewertung der atmogenen Schadstoffeinflüsse setzt daher eine differenzierte Erfassung der Gesamteinträge in die jeweils betrachteten Ökosysteme voraus, denn nur so können kritische Belastungsgrenzen unter Berücksichtigung der übrigen natürlichen und anthropogenen Streßfaktoren mit der aktuellen Belastung verglichen werden. Dies schließt im Rahmen interdisziplinär angelegter Ökosystemanalysen Untersuchungen zur Freilanddeposition (trockene, nasse und 'bulk'-Deposition) sowie zur Bestandesdeposition ein (BRANDING 1995). Diese sind durch speziellere Ansätze wie Blattabwaschversuche zum Leaching aus Pflanzen und Messungen zur Immissionskonzentration relevanter Spurengase zu ergänzen.

Die Zahl der anhand derartig komplexer Meßdaten kalibrierten und validierten Modelle zur Simulation atmosphärischer Stoffeinträge erreicht allerdings bei weitem nicht die Fülle der für den Stofftransport in Böden und Sedimenten konzipierten. Als Beispiele für Depositionsmodelle sei hier auf CHANG et al. (1987), HANSEN et al. (1990), HICKS & MATT (1988) und LÖVBLAD et al. (1993) sowie die Widerstandsmodelle von WESELY (1989) und ERISMAN et al. (1993) verwiesen. Im Rahmen ökosystemarer Untersuchungen hat sich das von ULRICH (1983) entwickelte und von VAN DER MAAS et al. (1990) erweiterte Kronenraum-Interaktionsmodell bewährt.

### 3.1.3 Stofftransport in Böden und Lockergesteinen

Das Verhalten von Umweltchemikalien wird nach der Deposition zum einen von abiotischen und biotischen Transformationsprozessen im Boden gesteuert, zum anderen durch Transportvorgänge innerhalb des Bodens und der anschließenden Aerationszone bzw. dem Aquifer. Die Modellierung dieser Verteilungsprozesse wird einerseits kompliziert durch den Umstand, daß der Boden im Vergleich zu den Ökosystemkompartimenten Luft oder Wasser in viel höherem Maße äußeren Einflüssen wie Strahlung, Lufttemperatur und Niederschlag unterliegt. Andererseits ergeben sich Schwierigkeiten aus dem Umstand, daß der Boden und die unterlagernden Schichten immer nur punkthaft zugänglich sind und zudem räumlich stark differenzierte Mehrphasensysteme mit einer Vielzahl chemischer Komponenten darstellen. Daraus resultieren spezifische Probleme bei der extrapolierenden Übertragung von Laborexperimenten auf die Freilandsituation, die noch durch die zu berücksichtigenden Zeitskalen verstärkt werden. Die Wasserbewegung und der damit zusammenhängende Stofftransport kann beispielsweise in ariden Böden oder vielen Aquiferen Jahrhunderte bis Jahrtausende umfassen, so daß eine experimentelle Überprüfung nicht möglich ist und Risikoabschätzungen nur auf der Grundlage von ceteris paribus-Annahmen erfolgen können.

Die überwiegende Zahl der einschlägigen Modelle zur Beschreibung des Verhaltens gelöster oder mit Wasser mischbarer Chemikalien in der ungesättigten und gesättigten Bodenzone bzw. dem Aquifer folgt drei verschiedenen Ansätzen, die üblicherweise als Dynamische Modelle, Kompartimentmodelle und Stochastische Modelle bezeichnet werden (ABRIOLA & PINDER 1985, BACHMAT et al. 1980, BONAZOUNTAS 1987, DUYNISVELD 1983, FAUST 1984, FRÄNZLE 1993, 1996, FREEZE & CHERRY 1979, MATTHESS 1994, REICHE 1991, 1996).

## 3.2 Ökotoxikologische Testsysteme

Auf einem gegebenen Auflösungsniveau besteht ein biotisches System aus einer unterschiedlichen Zahl verschieden intensiv wechselwirkender Komponenten und ist selbst Teil umfassenderer Organisationseinheiten (O'NEILL et al. 1989). Derartige Hierarchien lassen sich daher als teilweise geordnete Sätze auffassen, in denen die Subsysteme durch asymmetrische Interaktionen verknüpft sind (SHUGART & URBAN 1988). Diese bedingen eine spezifische Ganzheitlichkeit, die als Makrodeterminiertheit in Erscheinung tritt: Die Schwankungen der Eigenschaften des betrachteten Gesamtkomplexes sind um einen signifikanten Betrag kleiner als die Summen der Teilvarianzen; das Gesamtsystem verhält sich daher vergleichsweise invariant gegenüber Schwankungen seiner Teile (LASZLO 1978). In der entgegengesetzten Richtung sind die Freiheitsgrade der Einzelprozesse durch

Kontroll- bzw. Steuerfunktionen der übergeordneten hierarchischen Ebene eingeschränkt, die als Ordnungsparameter bezeichnet werden. Aus ihnen erwächst die Organisation eines Systems: Mikroskopische Vorgänge werden durch die makroskopischen Ebenen koordiniert und erst dadurch in ihrer Ordnung verständlich (HAKEN & HAKEN-KRELL 1989). Hierarchien sind demnach Systeme aus Ordnungsparametern, mit denen übergeordnete Ganzheiten auf Subsysteme wirken. Ein wichtiges Unterscheidungsmerkmal stellen demzufolge die typischen Raum- und Zeitkonstanten des Systemverhaltens (Scale) dar. Der Begriff "Scale" wird in diesem Zusammenhang definiert als Periode in Raum und Zeit, über die Signale, etwa Stoff- und Energieflüsse, integriert, gedämpft oder geglättet werden, bevor sie vom Empfänger in eine Botschaft umgesetzt werden können (ALLEN & STARR 1982).

Die sich über viele zeitliche und räumliche Größenordnungen erstreckende hierarchische Gliederung lebender Systeme erfordert entsprechend differenzierte Testsysteme (Biomarker) für die aquatischen und terrestrischen Umweltkompartimente. Daher sind schon die Probleme, die bei der statistischen Sicherung der so gewonnenen Daten auftreten, vielschichtig:

(i) Messungen beziehen sich immer auf einen raumzeitlichen Ausschnitt, der von sogenannten "Punktwerten" bis zu Mittel- und Summenwerten reicht. Die Gewinnung valider Daten setzt daher voraus, daß für jede Meßgröße ein charakteristisches Datenmodell formuliert wird; auch komplexe Modelle, die verschiedene Komponenten verzahnen, sind unter Umständen erforderlich. Neben den Methoden der Qualitätssicherung und Fehlerschätzung sind Geostatistik und Zeitreihenanalysen stärker zu verbinden, um die raum-zeitlichen Aspekte ökologischer bzw. ökotoxikologischer Daten adäquat zu berücksichtigen. Damit lassen sich zielgerichtet neue Wege und Möglichkeiten bei der Datenaggregierung und -interpolation, Scaletransformation, räumlichen Übertragung und zeitlichen Prognose erschließen.

(ii) Je komplexer ein Versuchssystem ist, desto schwieriger werden Parallel- und Wiederholungsmessungen. Der Meßvorgang selbst kann systematische Störungen verursachen. Hinzu kommt, daß Aussagen über Merkmalsausprägungen bereits auf der Stichprobenebene (also ohne Generalisierung) Wahrscheinlichkeitsaussagen darstellen. Die Probleme beim extrapolierenden Schluß von der Stichprobe auf die Grundgesamtheit sowie Unsicherheiten beim Meßvorgang und der Erfassung der relevanten Randbedingungen verstärken diesen Wahrscheinlichkeitscharakter.

(iii) Die für Ökosysteme charakteristische Wechselwirkung biotischer und abiotischer Elemente sowie die häufig anzutreffende Nichtlinearität bzw. deterministisches Chaos im Verhalten der Komponenten sind unter anderem Ursachen dafür, daß es noch keine verbindliche Meßtheorie und keinen Methodenkatalog für komplexe ökologische Meßprogramme gibt (KLUGE & HEINRICH 1994, MAY 1976, PAHL-WOSTL 1995).

### 3.2.1 Einarten-Biotests

Aus der Tatsache, daß Chemikalien und ihre Metaboliten nicht diffus auf lebende Systeme jeden Komplexitätsgrades einwirken, sondern selektiv die jeweiligen Subsysteme oder Elemente treffen, folgt, daß der Begriff "Ökotoxizität" nicht allgemein bestimmbar ist, sondern nur in bezug auf hinreichend präzise definierte Indikatorsysteme einen angebbaren Sinn erhält. Daher liefern Einarten-Testsysteme zunächst einmal nur Aussagen über das Toxizitätspotential eines Stoffes im Hinblick auf eine Art unter definierten Expositionsbedingungen und im Lichte des jeweils herangezogenen Endpunktes. Wie die o.e. vergleichende Analyse der ökotoxikologischen Testergebnisse von 137 BUA-Stoffberichten zeigt, ist das solcherart gewonnene Datenmaterial zumindest für die Gruppe der umweltrelevanten Altstoffe qualitativ und quantitativ recht heterogen. Fortschritte in der Interpretation i.S. eines reproduzierbaren Vorgangs, wie er für den Modellteil eines Bewertungsverfahrens zu fordern ist, sind nur durch multivariate Verknüpfung der mit Hilfe von 'fuzzy logic'-Ansätzen transformierten Primärdaten zu erwarten (FRIEDERICHS et al. 1996, MELCHER & MATTHIES 1996).

Die solcherart auf dem Wege der Datenaggregierung erzeugten "synthetischen" Mehrspezies-Testsysteme stellen zwar im Vergleich zum Einzelspeziestest schon wesentlich verbesserte Indikatoren für (relativ) rasch verlaufende Reak- tionen dar, müssen aber durch modelltheoretisch unterbaute Mikro- und Mesokosmenansätze ergänzt werden, um die Reaktion einer aus den gleichen Spezies zusammengesetzten Biozönose unter den dann gegebenen intra- und interspezifischen Konkurrenzbedingungen bestimmen zu können. Bei der Analyse des Chemikalieneinflusses auf Populationen hat eine größere Zahl jüngerer Arbeiten über die intrinsische Vermehrungsrate r beispielsweise gezeigt, daß dieser Parameter geeignet ist, die ökologische Relevanz von an Einzelindividuen beobachteten Wirkungen schärfer zu fassen (VAN STRAALEN & KAMMENGA 1998). Im einzelnen lassen sich daraus Schlüsse auf arttypische Reaktionsweisen ("bevorzugte" Nutzung der Energieressourcen für Vermehrung oder für das Überleben) i.S. eines sublethalen Empfindlichkeitsindex ableiten (CROMMENTUIJN et al. 1995). Hier eröffnet sich der Weg zu einem tieferen Verständnis der phänotypischen Plastizität und spezifischen Kompensationsmechanismen, die auf dem Populationsniveau Analoga zu der "funktionalen Redundanz" von Ökosystemen darstellen (vgl. hierzu LEVINE 1989).

### 3.2.2 Schadensindikation auf der Biozönose- und Ökosystemebene

Bei der Untersuchung chemikalieninduzierter Schädigungen sind neben summenparametrischen Größen in Zukunft verstärkt Strukturparameter heranzuziehen, welche verläßlich die Stabilität und Resilienz der Systeme charakterisieren. Auf der Expositionsseite im allgemeinen wie der Bioverfügbarkeit im besonderen ist die Bedeutung natürlicher und anthropogener chemischer Matrizes (Organische Substanz, Tonmineralspezies, Komplexbildner, Tenside) systematisch auf verschiedenen Maßstabsebenen zu untersuchen.

**Böden**

Zur adäquaten Bewertung von Bodenbelastungen sind Testsysteme auszuarbeiten, die ein in situ-Monitoring erlauben und dabei die Chemikalienwirkung auf Leistung und Populationsstruktur von Pedozönosen erfassen. Dabei ist als Bezugswert die Spannbreite der Variablität und Dynamik bei natürlichen Belastungen von Böden ähnlicher Beschaffenheit und Nutzung zu berücksichtigen. Für die Beurteilung i.S. eines reproduzierbaren Prüfverfahrens sind ferner Kenngrößen zu wählen, die sich aus den Ergebnissen vergleichender Untersuchungen von Struktur- und Funktionsänderungen zunehmend komplexer angelegter Testsysteme (Laborversuche an einzelnen Stämmen bzw. Arten, Mikro- und Mesokosmen, Freilandversuche) ergeben (zu bodenbiologischen Testverfahren vgl. ALEF 1991 und STEINBERG et al. 1995).

**Phytozönosen**

Pflanzengemeinschaften bilden neben den Böden das zweite regulatorische Hauptkompartiment von Ökosystemen; bezüglich der Biomasse übertreffen sie die Fauna eines Ökotops in der Regel um das Ein- bis Dreitausendfache. Bei der Beurteilung der Chemikalienwirkung auf Pflanzengemeinschaften und damit umgekehrt auch deren Indikatorqualität ist daher die oben genannte, für alle komplexen Systeme charakteristische selektive Toxikokinetik und -dynamik und die Bildung von Metaboliten besonders zu beachten.

Im Lichte dieser Situation ist es unbefriedigend, daß bisher vor allem Einzelpflanzentests zur Bewertung des Bodenzustandes oder der Wirkung luftbürtiger Schadstoffe herangezogen wurden. Dabei spielen vor allem leicht feststellbare biometrische Größen wie Form oder Biomasse eine Rolle, während mechanistische Betrachtungen bisher nur von untergeordneter Bedeutung sind (STEINBERG et al. 1995). Auf der Ebene der Pflanzengesellschaften liefern Analysen von Artenbestand, Abundanzspektren und Taxondiversität analoge höherdimensionale Indikatorgrößen, die jedoch aus ökosystemarer Sicht durch Wirkungsuntersuchungen zu ergänzen sind. D.h. es ist notwendig, Verfahren anzuwenden, mit deren Hilfe akute und chronische Belastungen in Testsystemen unterschiedlicher Komplexität - von der Einzelpflanze bis zur Freilandgesellschaft - festgestellt werden können. Zu beachten ist dabei, daß eine Vorbelastung durch physikalische oder chemische Stressoren die phytopathologische Disposition durch Bildung oder Abbau von Schutzstoffen verändern (vgl. beispielhaft LEVITT 1980, HEISER & ELSTNER 1998, KIRÁLY 1998, DUBOW 1998).

Die Bemühungen gehen infolgedessen im Bereich der retrospektiven Umweltanalyse dahin, molekulare oder physiologische Meßgrößen zu finden, die als Biomarker i.e.S. entweder auf möglichst viele Pflanzenarten anwendbar oder für funktional wichtige Arten oder Artengruppen eines Ökosystems charakteristisch sind. Bislang wurden - ohne daß genormte Testverfahren zur Entwicklung kamen - als Indikatorsysteme für die Belastung von durch Modellorganismen repräsentierten Pflanzen(beständen) herangezogen: Polyamine, Phytoalexine, Ligninstoffwechel, Ethin (bzw. Vorstufen ACC und MACC), oxidativer Streß, Streßproteine und -gene, Metabolismus von Xenobiotika, Entgiftungsstoffwechsel (Literaturübersicht bei STEINBERG et al. 1995).

**Biozönosen und Ökosysteme**

In umfassenderer Weise als mit Hilfe von Biomarkern, aber wegen der unterschiedlichen Raum- und Zeitskalen der einschlägigen Phänomene wesentlich aufwendiger, läßt sich bei kontinuierlicher oder periodischer bzw. episodischer Belastung von Biozönosen oder Ökosystemen mittels Energie- und Stofffflußuntersuchungen deren Fähigkeit feststellen, bestimmte chemische Substanzen zu eliminieren und Störungen auszugleichen. Das ökologische Hauptproblem sind dabei nicht so sehr die Einzelstoffe, sondern die Stoffgemische; denn es ist bekannt, daß beispielsweise schon die zeitliche Reihenfolge des Einwirkens mehrerer Stoffe deren Systemtoxizität bestimmen bzw. verändern kann. Daher machen die im Freiland in der Regel nicht ausschließbaren additiven, synergistischen oder antagonistischen Kombinationswirkungen die Festlegung stoffspezifischer Grenzwerte anhand einfacher Testsysteme zumindest problematisch und erschweren damit die realistische Abschätzung von Risikobereichen. Daraus folgt, daß zur integrativen Chemikalienindikation in Ökosystemen oder ihren regulatorischen Hauptkompartimenten Böden, Tier- und Pflanzenwelt vor allem jene Parameter in Frage kommen, die (möglichst) einfach zu messen, wesentlich für das System und hinreichend empfindlich sind. Nach dem derzeitigen Kenntnisstand sind dies vor allem

- Energieflüsse und Entropiequellraten repräsentativer Kompartimente
- Durchsätze ausgewählter Makro- und Mikronährstoffe wie K, Ca, Mg, P, S und Mn, Fe, Cu, Zn
- Dauer biogeochemischer Zyklen
- Biomarker, z.B. Streßproteine, Phytoalexine
- Veränderung der floristischen und faunistischen Diversität oder anders definierter Strukturparameter von Biozönosen
- Dynamik ausgewählter Populationen
- Kompetitives Verhalten verschiedener Spezies innerhalb eines Ökosystems
- Struktur von Nahrungsnetzen oder experimentellen Nahrungsketten

Auf die vielfältigen methodischen Probleme, die sich bei der quantitativen Bestimmung dieser i.d.R. multivariaten Indikatorgrößen stellen, sowie die damit im Zusammenhang stehenden Schwierigkeiten der Definition valider höherdimensionaler Dosis-Wirkungs-Beziehungen, kann hier nicht näher eingegangen werden (vgl. dazu BARNTHOUSE 1992, 1998, BEGON et al. 1990, ELLENBERG 1983, FRÄNZLE 1983, 1993, 1995, HAPKE 1983, MATHES 1997, PARLAR & ANGERHÖFER 1991).

Simulationsmodelle versuchen, Veränderungen auf der Ebene von Populationen, Biozönosen und Ökosystemen zu erfassen. Im Lichte des probabilistischen Charakters von Ökosystemen können Computersimulationen allerdings nur unter definierten (d.h. empirisch überprüften) Randbedingungen deterministische Prognosen liefern (BRECKLING 1990, MATHES 1997). Im allgemeinen Falle dürften sich nur Hypothesen zu ökosystemaren Wirkungsketten formulieren, ökotoxikologische Mechanismen aufdecken und sensible Systemeigenschaften identifizieren lassen. Dabei bringt die Relativität des Ökosystembegriffs es mit sich, daß je nach dem Abstraktionsgrad der gewählten Modellstruktur - also der berücksichtigten Elemente mit inter- wie intrasystemischen Wirkzusammenhängen - sowohl tatsächlich mögliche Schädigungen nicht erkannt wie umgekehrt in der Realität nicht eintretende Wirkungen postuliert werden (BARNTHOUSE 1992,1998).

### 3.3 Zusammenfassende Schlußfolgerungen

- Wesentliche Verbesserungen bei der Bestimmung des Gefährdungs- und Risikopotentials von Umweltchemikalien mit Hilfe der Quotientenmethode sind nur durch eine verläßlichere Fassung des PEC/PNEC-Verhältnisses und der jeweiligen Auftretenswahrscheinlichkeiten zu erreichen. Dies beinhaltet neben der genaueren Modellierung der externen und der i.S. der Bioverfügbarkeit relevanten internen Exposition die komplementäre Entwicklung von Wirkungsmodellen auf unterschiedlichen Raum- und Zeitskalen. Sie müssen in sich konsistent sein und untereinander in definierten Prüfbeziehungen stehen, da der Gültigkeitsrahmen einfach strukturierter Modelle immer nur anhand komplexerer bestimmt werden kann. Bei der Erfassung des Verteilungs- und Abbauverhaltens in den Böden als regulatorischen Hauptkompartimenten von Ökosystemen führt dies beispielsweise zu folgender Testhierarchie:
  (1) Schüttelversuche mit Bodensuspensionen, (2) Sickerversuche in Lysimetern oder Mikrokosmen aufsteigender Größe,
  (3) Exposition auf Freilandparzellen wachsender ökologischer Komplexität (FRÄNZLE 1984). Die Probleme, die bei der statistischen Sicherung der so gewonnenen Daten auftreten, sind vielschichtig und wurden oben im Überblick dargestellt.
- Expositions- und Wirkungsdaten müssen als Grundlage einer Bewertung validierbar sein und erfordern eine Evaluierung (FRÄNZLE 1996, KOCH 1994). Nur die Gesamtheit der überprüften Daten sollte Grundlage der Ermittlung des Gefährdungspotentials eines Stoffes sein. Die bei der mehrdimensionalen Verknüpfung auftretenden Gewichtungsprobleme bedürfen systematischer Untersuchung; die Entwicklung reproduzierbarer Verfahren sollte zu Expertensystemen unter weitgehender Einbeziehung von fuzzy logic-Ansätzen führen (FRIEDERICHS et al. 1996, SALSKI et al. 1996).

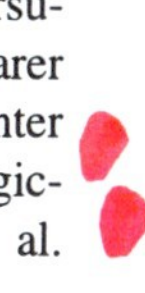

- Sicherheitsfaktoren stellen konventionelle Größen dar; sie müssen jedoch an Art, Umfang und Qualität der Wirkungsdaten orientiert sein, deren Größenordnung zumindest wissenschaftlichen Plausibilitätserwägungen entsprechen sollte. Diese Faktoren dürfen nicht im Sinne von Konstanten interpretiert werden; sie stellen zur Zeit vielmehr pragmatische Entscheidungshilfen dar, um Regulierungsmaßnahmen einzuleiten (KOCH 1994). Die damit in Kauf genommene Unsicherheit sollte durch längerfristige Tests an Organismen mehrerer Trophiestufen und durch Verbesserung der Expositionsdaten verringert werden, wie dies oben gezeigt wurde. Bei der Extrapolation von Labordaten auf die Umweltsituation muß außerdem berücksichtigt werden, daß im Freiland zahlreiche weitere Chemikalien von ähnlicher Wirkung vorhanden sein können (Hintergrundbelastung). Bei ähnlicher Toxikodynamik sind daher additive oder synergistische Effekte zu erwarten; bei schlechter Abbaubarkeit ist ferner mit einer kontinuierlichen Erhöhung der Umweltkonzentration zu rechnen. Nicht zuletzt muß in Zukunft den indirekten Chemikalienwirkungen auf der Ebene der Biozönosen und Ökosysteme erhöhte Aufmerksamkeit geschenkt werden.

## Literatur

Abriola, L.M. & G.F. Pinder (1985): A multiphase approach to modeling of porous media contamination by organic compounds: 1. equation development, 2. numerical solution. Water Resour. Res. 21, 11-32

Ahlers, J., Diderich, R., Klaschka, U., Marschner, A. & B. Schwarz-Schulz (1994): Environmental risk assessment of existing chemicals - ESPR-Environ. Sci. a. Pollut. Res. 1, 117-123

Alef, K. (1991): Methodenbuch Bodenmikrobiologie. Landsberg/Lech

Allen, T.H.F. & T.B. Starr (1982): Hierarchy. Chicago

Bachmat, Y., Bredehoeft, J., Andrews, B., Holz, D.& S. Sebastian (1980): Groundwater Management: The Use of Numerical Models. Am. Geophys. Union, Washington DC

Barnthouse, L.W. (1992): The role of models in ecological risk assessment: A 1990's perspective. Environ. Toxicol. Chem. 11, 1751-1760

Barnthouse, L.W. (1998): Modeling ecological risks of pesticides: A review of available approaches. In: Schüürmann, G. & B. Markert (eds.): Ecotoxicology, 769-798. New York; Heidelberg

Bechmann, A. (1989): Bewertungsverfahren - der handlungsbezogene Kern von Umweltverträglichkeitsprüfungen. In: Hübler, K.-H. & K. Otto-Zimmermann (Hg.): Bewertung der Umweltverträglichkeit. Bewertungsmaßstäbe und Bewertungsverfahren für die Umweltverträglichkeitsprüfung, 84-103. Taunusstein

Bonazountas, M. (1987): Chemical fate modelling in soil systems: A state-of-the-art review. In: Barth, H. & P. L'Hermite (eds.): Scientific Basis for Soil Protection in the European Community, 487-566. London

Branding, A. (1995): Die Bedeutung der atmosphärischen Deposition für die Forst- und Agrarökosysteme des Hauptforschungsraumes Bornhöveder Seenkette. Diss. Univ. Kiel

Breckling, B. (1990): Singularität und Reproduzierbarkeit in der Modellierung ökologischer Systeme. Diss. Univ. Bremen

Chang, J.C., Brost, R.A., Isaksen, I.S.A., Madronich, P., Middleton, P., StockwelL, W.R. & C.J. Walcek (1987): A three-dimensional Eulerian acid deposition model: physical concepts and formulation. Journal of Geophysical Research 92, 14681-14700

Crommentuijn, T., Doodeman, C.J.A.M., Van der Pol, J.J.C. et al. (1995): Sublethal sensitivity index as an ecotoxicity parameter measuring energy allocation under toxicant stress: Application to cadmium in soil arthropods. Ecotoxicol. Environm. Safety 31, 192-200

Dubow, M.S. (1998): The detection and characterization of genetically programmed responses to environmental stress. In: Csermely; P. (ed.): Stress of Life. From Molecules to Man. Annals of the New York Academy of Sciences 851, 286-291, New York

Duynisveld, W.H.M. (1983): Entwicklung von Simulationsmodellen für den Transport von gelösten Stoffen in wasserungesättigen Böden und Lockersedimenten. Umweltbundesamt "Texte" 17/83. Berlin

ECETOC (European Chemical Industry Ecology and Toxicology Centre) (1993): Environmental Hazard Assessment of Substances. Technical Report 51. Brussels

ECETOC (1997): The Value of Aquatic Model Ecosystem Studies in Ecotoxicology. Technical Report 73. Brussels

Ellenberg, H. (1983): Konkurrenzgleichgewicht wichtiger Arten. In: Ellenberg, H. et al. (Bearb.): Ökosystemforschung als Beitrag zur Beurteilung der Umweltwirksamkeit von Chemikalien. Deutsche Forschungsgemeinschaft/Arbeitsgruppe Umweltwirksamkeit von Chemikalien, 35-38. Weinheim

Ellenberg, H., Koransky, W., Nösler, H.G. & G. Siebert (Bearb.) (1983): Ökosystemforschung als Beitrag zur Beurteilung der Umweltwirksamkeit von Chemikalien. Deutsche Forschungsgemeinschaft/Arbeitsgruppe Umweltwirksamkeit von Chemikalien. Weinheim

Ellenberg, H., Fränzle, O. & P. Müller (1978): Ökosystemforschung im Hinblick auf Umweltpolitik und Entwicklungsplanung. Umweltforschungsplan des Bundesministers des Innern - Ökologie - Forschungsbericht 78-101 04 005. Bonn

Erisman, J.W., Pul, A. v. & P. Wyers (1993): Parametrization of dry deposition mechanisms for the quantification of atmospheric input to ecosystems. CEC Air Pollution Research Report 47, 223-241

Faust, C.R. (1984): Transport of Immiscible Fluids within and below the Unsaturated Zone - a Numerical Model. Geotrans. Report No. 84-01. Geotrans, Herdon VA

Fränzle, O. (1983): Die Bestimmung von Bodenparametern zur Vorhersage der potentiellen Schadwirkung von Umweltchemikalien. Angew. Botanik 58, 207-216. Gießen

Fränzle, O. (1993): Contaminants in Terrestrial Environments. Berlin

Fränzle, O. (1996): Validierung von Expositionsmodellen als Monitoringproblem. In: Behret, H. & R. Nagel (Hg.): Chemikalienbewertung in der Europäischen Union. GDCh-Monographie 5, 25-66. Frankfurt/M.

Fränzle, O., Kuhnt, D. & G. R. Zölitz (1987): Auswahl der Hauptforschungsräume für das Ökosystemforschungsprogramm der Bundesrepublik Deutschland (Teilvorhaben I). Forschungsbericht im Umweltforschungsplan des Bundesministers für Umwelt, Naturschutz und Reaktorsicherheit Nr. 101 04 043/02. Kiel

Fränzle, O. & G. Kuhnt (1994): Fundamentals of representative soil sampling. In: Kuhnt, G. & H. Muntau (eds.): EURO-Soils: Identification, Collection, Treatment, Characterization,11-29. Ispra

Fränzle, O., Straškraba, M. & S.E. Jørgensen (1995): Ecology and Ecotoxicology. In: Ullmanns Encyclopedia of Industrial Chemistry Vol. 7, 19-154. Weinheim

Freeze, R.A. & J.A. Cherry (1979): Groundwater. Englewood Cliffs

Friederichs, M., Fränzle, O. & A. Salski (1996): Fuzzy clustering of existing chemicals according to their ecotoxicological properties. Ecological Modelling 85, 27-40

Gesetz zum Schutz vor gefährlichen Stoffen (Chemikaliengesetz-ChemG). BGBL. I. S.1703, zuletzt geändert durch G. v. 2.8.1994, BGBL. I. S.1963

Haken, H. & M. Haken-Krell (1989): Entstehung von biologischer Ordnung und Information. Darmstadt

Hansen, S., Jensen, H., Nielsen, E. & H. Svendsen (1990): Daisy - Soil Plant Atmosphere System Model. Copenhagen

Hapke, H.-J. (1983): Möglichkeiten und Grenzen der ökotoxikologischen Prüfung von Chemikalien. In: Ellenberg, H. et al. (Bearb.): Ökosystemforschung als Beitrag zur Beurteilung der Umweltwirksamkeit von Chemikalien. Deutsche Forschungsgemeinschaft-/ Arbeitsgruppe Umweltwirksamkeit von Chemikalien, 11-20. Weinheim

Heinrich, U. (1994): Flächenschätzung mit geostatistischen Verfahren - Variogrammanalyse und Kriging. In:

Schröder, W., Vetter, L. & O. Fränzle (Hg.): Neuere statistische Verfahren und Modellbildung in der Geoökologie, 145-164. Braunschweig

Heiser, I. & Elstner, E.F. (1998): The biochemistry of plant stress and disease: oxygen activation as a basic principle. In: Csermely; P. (ed.): Stress of Life. From Molecules to Man. Annals of the New York Academy of Sciences 851, 286-291, New York

Hicks, B.B. & D.R. Matt (1988): Combining biology, chemistry, and meteorology in modeling and measuring dry deposition. Journal of Atmospheric Chemistry 6, 117-131

Journel, A.G. & C.J. Huijbregts (1978): Mining Geostatistics. New York

Király, Z. (1997): Plantinfection - biotic stress. In: Csermely, P. (ed.): Stress of Life. From Molecules to Man. Annals of the New York Academy of Sciences 851, 286-291, New York

Kluge, W. & U. Heinrich (1994): Statistische Sicherung geoökologischer Daten. In: Schröder, W., Vetter, L. & O. Fränzle (Hg.): Neuere statistische Verfahren und Modellbildung in der Geoökologie, 31-67. Braunschweig

Koch, R. (1994): Problematik der Bewertung des ökotoxikologischen Gefährdungspotentials auf der Basis von Testergebnissen. In: Bayer, E. & H. Behret (Hg.): Bewertung des ökologischen Bewertungspotentials von Chemikalien. GDCh-Monographie 1, 17-28. Frankfurt/Main

Laszlo, E. (1978): Evolution und Invarianz in der Sicht der Allgemeinen Systemtheorie. In: Lenk, H. & G. Rohpohl (Hg.): Systemtheorie als Wissenschaftsprogramm, 221-238. Königstein

Levine, S.N. (1989): Theoretical and methodological reasons for variability in the responses of aquatic ecosystem processes to chemical stress. In: Levin, S.A. et al. (eds): Ecotoxicology: Problems and Approaches, 145-179. New York

Levitt, J. (1980): Responses of Plants to Environmental Stresses. 2 Vols. New York...San Francisco

Lövblad, G., Erisman, J.W. & D. Fowler (eds.)(1993): Models and Methods for the Quantification of Atmospheric Input to Ecosystems. Nordiske Seminar of Arbejds Rapporter 1993. Copenhagen

Mackay, D. & S. Paterson (1991): Evaluating the multimedia fate of organic chemicals: a level III fugacity model. Environm. Sci. Technol. 25, 427-436

Matheron, G. (1963): Principles of geostatistics. Economic Geology 58, 1246-1266

Mathes, K. (1997): Ökotoxikologische Wirkungsabschätzung. Das Problem der Extrapolation auf Ökosysteme. Z. Umweltchem. Ökotox. 9, 17-23

Matthess, G. (1994): Die Beschaffenheit des Grundwassers. Berlin-Stuttgart

May, R.M. (1976): Simple mathematical models with very complicated dynamics. Nature 261, 459-467

Melcher, D. & M. Matthies (1996): Application of fuzzy clustering to data dealing with phytotoxicity. Ecological Modelling 85, 41-49

O'Neill, R.V. et al. (1989). A hierarchical framework for the analysis of scale. Landscape Ecology 3, 193-205

Page, B., Jaeschke, A. & W. Pillmann (1990): Angewandte Informatik im Umweltschutz. Informatik-Spektrum 13, 86-97

Pahl-Wostl, C. (1995): The Dynamic Nature of Ecosystems. Chichester

Reiche, E.-W. (1991): Entwicklung, Validierung und Anwendung eines Modellsystems zur Beschreibung und flächenhaften Bilanzierung der Wasser- und Stickstoffdynamik in Böden. Kieler Geogr. Schriften, Kiel, 79

Reiche, E.-W. (1996): WASMOD - Ein Modellsystem zur gebietsbezogenen Simulation von Wasser- und Stoffflüssen. EcoSys 4, 143-163

Salski, A., Fränzle, O. & P. Kandzia (eds.) (1996): Fuzzy Logic in Ecological Modelling. Ecol. Modelling 85, No. 1 (Special Issue)

Schröder, W., Fränzle, O., Keune, H. & P. Mandy (eds.) (1996): Global Monitoring of Terrestrial Ecosystems. Berlin

Shugart, H.H. & D.L. Urban (1988): Scale, synthesis, and exosystem dynamics. In: Pomeroy, L.R. & J.J. ALBERTS (eds.): Concepts of Ecosystem Ecology - A Comparative View. Ecological Studies 67, 279-289. Springer, New York, Heidelberg, Berlin

Steinberg, CH., Klein, J. & R. Brüggemann (Hg.) (1995): Ökotoxikologische Testverfahren. Landsberg/Lech

Technical Guidance Documents (1996) in Support of the Commission Directive 93/67/EEC on Risk Assessment for New Notified Substances and the Commission Regulation (EC) 1488/94 on Risk Assessment for Existing Substances, Part II., Brussels

Van de Meent, W. & C. Toet (1992): Dutch Priority Setting System for Existing Chemicals - A Systematic Procedure for Ranking Chemicals According to Increasing Environmental Risk Potential. Concept RIVM Report no. 670 120 001, Bilthoven

Van Straalen, N.M. & J.E. Kammenga (1998): Assessment of ecotoxicity at the population level using demographic parameters. In: Schüürmann, G. & B. Markert (eds.): Ecotoxicology, 621-644. New York, Heidelberg

Vetter, L. (1989): Evaluierung und Entwicklung statistischer Verfahren zur Auswahl von repräsentativen Untersuchungsobjekten für ökotoxikologische Fragestellungen. Diss. Univ. Kiel

Wesely, M.L. (1989): Parametrization of surface resistance to gaseous dry deposition in regional-scale numerical models. Atmospheric Environment 23, 1293-1304 ökologischer Funktionen stellen die Böden somit eine unverzichtbare Grundlage aller Lebensvorgänge dar. Im ökotoxikologischen Kontext

# Bewertung von schadstoffbelasteten Böden unter Berücksichtigung ökologischer Risiken

Endre Laczko

*Solvit, Postfach, CH-6011 Kriens, Schweiz*

## Synopsis

An extensive valuation of contaminated soils should include the assessment of the related ecological risks. In contrast to the established risk assessment procedures in other fields, ecological risk assessment cannot operate properly with a traditional, event oriented, risk concept. The essential extension of event oriented risk concepts is presented and discussed. It is claimed that in the formulation of ecological risk concepts event orientation has to be completed by development and adding-up orientation.

A case study illustrates the implementation of the extended risk concept into an ecological risk assessment procedure. This procedure, in the form of an expert system, considers toxicological as well as ecological risks. The final discussion of the presented case study ends with the statement that ecological risk concepts lead invariably to questions of morality. Therefore, any ecological risk assessment has to deliver the base for decision-making.

Keywords : *soil, heavy metals, harmful organics substances, cyclic aromatic hydrocarbons, ecological risk, negative risk philosophy*

Schlüsselwörter: *Boden, Schwermetalle, organische Schadstoffe, PAK, ökologisches Risiko, negative Risikophilosophie*

## 1 Entwicklung eines ökologischen Risikobegriffs auf der Basis einer negati ven Risikophilosophie

In der Philosophie, den Geistes- und Naturwissenschaften wird die Risikofrage erst seit ca. 40 Jahren problematisiert, älter ist die Fragestellung nur in der Ökonomie im Zusammenhang des Versicherungswesens (Saner, 1994). Der Begriff Risiko läßt sich hingegen bis ins 16. Jahrhundert zurückverfolgen und war sehr lange positiv konnotiert, nach dem Motto "wer wagt, gewinnt!". Neueren Datums ist die Betrachtung, nach welcher gewisse Risiken als untragbar gelten und durch Verzichtshandlungen vermieden werden sollen. Das aktuelle Problem der Risikotheorien in ihrer moralischen und politischen Dimension ist, welche Risiken eingegangen werden dürfen und welche unbedingt zu vermeiden sind (Saner, 1994). Diese Problemlösung kann nur in Verbindung mit einer negativen Risikophilosophie geleistet werden, die von der Möglichkeit nicht tolerierbarer Schäden ausgeht und die Frage untersucht, wo und unter welchen Bedingungen bestimmte Handlungen unterlassen werden müssen. Dies ist eine notwendige Ergänzung zur traditionellen Risikophilosophie, welche immer davon ausgeht, dass Risiken voraussagbar, berechenbar, und letztendlich unvermeidbar, also tragbar sind und ertragbar zu sein haben (Saner, 1994).

Um der Zielsetzung einer ökologischen Risikobewertung zu entsprechen, muss also die traditionelle positive Risikophilosophie erweitert werden, weil auch ökologische Schäden vorstellbar sind, die durch die Betroffenen nicht in Kauf genommen werden können. Damit kann argumentiert werden, dass die Hauptaufgabe der ökologische Risikoanalyse die Unterscheidung von einerseits unvermeidbaren oder tolerierbaren und andererseits ausschliessbaren und unbedingt auszuschliessenden Risiken sein sollte.

Bei der Beschreibung von ökologischen Risiken lassen sich, den drei Orientierungen entsprechend, folgende Verfahren unterscheiden:

Risikoanalysen beziehen sich oft auf ein katastrophales, das heisst ein plötzlich eintretendes, endgültiges und (im Moment des Eintretens und Erkennens) unumkehrbares Schadensereignis. Saner (1994) bezeichnet dies als **Ereignisorientierung** einer Risikotheorie und diese prägt auch die "klassische" Risikoanalyse von Versicherungen und technischen Einrichtungen. Die Ereignisorientierung führt nicht zur Schadensvermeidung. Eine Unfallversicherung etwa schützt nicht vor dem Tod beim Autounfall. Ebenso schützt ein Umweltverträglichkeitsbericht oder ein Sicherheitskonzept für ein Erdöltanklager nicht vor dem Ölunfall oder vor einer Umweltkatastrophe. Eine reine Unfallstatistik und die Bewertung der Einzelanlage hilft die Folgeschäden richtig zu bestimmen. Sie reicht aber bei den Entscheidungen, ob man sich noch ins Auto setzen oder das Tanklager bauen soll, nicht aus. Das Ergebnis der Ereignisorientierung sind Versicherungsprämien, Vorgaben zur Schadenslinderung und Wiederherstellung und die, oft unausgesprochene, Zulassung des scheinbar unabwendbaren Schadensereignisses (positive Risikophilosophie). Saner (1994) fordert deshalb eine Erweiterung der bestehenden Risikotheorien und -analysen durch eine **Verlaufs- und Bilanzorientierung**. Unter den Aspekten der Verlaufs- und Bilanzorientierung lassen sich weitere Entscheidungsgrundlagen erarbeiten: Nimmt der Verkehr zu oder ab? Wieviele Tanklager gibt es schon in der Region? Das Ergebnis der Verlaufs- und Bilanzorientierung sind Entscheidungshilfen für die Verzichtsfrage und zielen auf die Vermeidung des Schadensereignisses ab (negative Risikophilosophie). Für die Bewertung von ökologischen Risiken werden von den Entscheidungsträgern der Gesellschaft genau diese Entscheidungshilfen erwartet. Werden nur technische und statistische Grundlagen bzw. Konzepte bereitgestellt, kommt es kaum zu einer Entscheidungsfindung (Power et al., 1998). Wenn ein ökologischer Risikobegriff die umfassende Bewertung von ökologischen Risiken meint, sollte er die drei obgenannten Orientierungen berücksichtigen und die positive und negative Risikophilosophie kombinieren. Dieser Ansatz läßt Raum für Umwelteingriffe mit vorübergehendem oder veränderlichem Charakter, zielt aber gleichzeitig auf die Verhinderung von Umweltzerstörung. Die letztendlich moralische Entscheidung, welcher Umweltschaden als unerwünschte Zerstörung zu bezeichnen ist, wird in dem hier skizzierten Risikobegriff nicht nur zugelassen, sondern im Sinne einer Ausrichtung der Bemühungen ins Zentrum gerückt.

1. **Beschreibung der potentiellen Umweltschadensereignisse** (Risikostatistik) **und deren ökologischen Folgen** (z.B. Öko-Toxikologie). Dies entspricht der **Ereignisorientierung**.
2. **Beschreibung von Umweltveränderungen** (probabilistische Extrapolation), die zu potentiellen Schadensereignissen mit ökologischen Folgen führen können (z.B. Schadstoffakkumulationen oder Versauerung). Dies entspricht der **Verlaufsorientierung**.
3. **Aufrechnung gleichartiger, auch kleiner Schadensereignisse und -potentiale und Bewertung der Schadensbilanz** sowie deren ökologischen Folgen (z.B. Aufsummierung aller Flächenverluste durch den Strassenbau in Relation zur landwirtschaftlichen Nutzfläche). Dies entspricht der **Bilanzorientierung**.

Die eingeforderte Kombination der drei Orientierungen sowie der positiven und negativen Risikophilosophie wurde im Rahmen einer ökologischen Risikobewertung, welche im nachfolgenden Fallbeispiel dargestellt ist, angewandt.

## 2 Die Bewertung der Schadstoffbelastung von Böden in der Umgebung eines Stahlwerks als Fallbeispiel einer ökologischen Risikobewertung

Das Projekt wurde im Auftrag des Kantons Solothurn, Schweiz, für das Amt für Umweltschutz durchgeführt und ist ein Bestandteil des kantonalen Bodenschutzkonzeptes (Volkswirtschafts Departement des Kt. Solothurn, 1992).

Zielsetzungen waren die Kenntnisse über die Bodenbelastung in der Umgebung eines seit über 100 Jahren betriebenen Stahlwerks zu vervollständigen, das Belastungsgebiet abzugrenzen und die Böden hinsichtlich ihrer Eigenschaften und Bewirtschaftungsformen zu charakterisieren. Damit sollten Grundlagen für die Anordnung von Massnahmen zum Schutz erstens und vordringlich der Bevölkerung und zweitens der Böden hinsichtlich ihrer ökologischen und ökonomischen Funktionen geschaffen werden. In Tabelle 1 sind stichwortartig die ausgeführten Arbeiten und die Ergebnisse dargestellt.

### 2.1 Aufnahme der Daten

Die Aufnahme der Daten wurde schrittweise entworfen und durchgeführt. Das Abwechseln von Untersuchungsplanung, Feldarbeit und Auswertung wurde bei der Darstellung des Fallbeispiels beibehalten, weil nur auf diese Weise die Methodik des interaktiven und für jeden konkreten Fall spezifizierten Vorgehens nachvollzogen werden kann. Im Einzelnen wurde weitgehend entsprechend den Empfehlungen der AG Boden (1994) vorgegangen. Bei der Festlegung des Umfanges der Datenaufnahme wurde eine optimale Abstimmung zwischen finanziellem Aufwand und Informationszuwachs gesucht. Erklärtes Ziel war, nicht alle Probleme erschöpfend zu untersuchen, sondern Lösungen zu erarbeiten, welche Handlungsprioritäten aufzeigen und eine Grundlage für vertiefende und nach Bedarf durchgeführte Detailstudien zu liefern.

#### 2.1.1 Auswertung bereits vorhandener Daten der Bodenschutzfachstelle (A1 Vorarbeiten I)

Mit den bereits verfügbaren Daten und Informationen wurde eine auf den topographischen und geologischen Karten basierende Konzeptkarte erstellt und die maximale Ausbreitung der Schadstoffe extrapoliert (A1.1). Das potentiell belastete Untersuchungsgebiet umfasste eine Fläche von beinahe 30km$^2$. Innerhalb dieser Fläche fallen die Schwermetallgehalte vom Zentrum (Stahlwerk) aus gesehen in allen Richtungen mehr oder weniger schnell ab. Am Rand der Belastungszone liessen sich nur noch Schwermetallgehalte finden, die gemäss Vogel et al. (1989) im Bereich der im schweizerischen Mittelland üblichen Hintergrundwerte liegen. Die Cadmium-, Blei-, Kupfer- und Zinkgehalte der Böden im Zentrum der belasteten Zone waren bis zu sechsmal höher als die damals gesetzlich geltenden Richtwerte (0.8ppm Cd, 50ppm Pb, 50ppm Cu, 200ppm Zn).

Für die Abschätzung der Risiken ist die Einstufung der Mobilität der Schadstoffe im Boden notwendig. Eine hohe Mobilität entspricht einem leichten Übergang in die Bodenlösung, einer guten Pflanzenverfügbarkeit und einem erleichterten Transport ins Grundwasser, wogegen niedrige oder geringe Mobilität einem starken Rückhalt durch den Boden in ungelöster Form entspricht. Nach Blume (1992) können die Bindungspotentiale der Böden für Schadstoffe anhand ihres pH-Wertes, ihres Tongehaltes (Bodenart), ihres Humusgehaltes und ihrer Farbe (Gehalt an Fe/Al-Oxiden) abgeschätzt werden. In Böden mit hohem Bindungspotential ist eine geringe Schadstoffmobilität zu erwarten. Solche Böden werden hier als unempfindlich gegenüber einer Schadstoffbelastung bezeichnet, weil erst eine sehr hohe Belastung zu einer Anreicherung der Bodenlösung mit Schadstoffen führt. Umgekehrt werden Böden mit geringem Bindungspotential und einer hohen Schadstoffmobilität als empfindlich gegenüber Schadstoffen bezeichnet, weil schon bei relativ geringen Belastungen eine Anreicherung der Bodenlösung mit Schadstoffen erfolgt. Die Bindungspotentiale werden nach Blume in 5 Stärken eingestuft. Böden, die Bindungspotentiale der gleichen Stufe aufweisen, werden hier als gleich empfindlich gegenüber Belastungen bezeichnet, gehören also zum selben Empfindlichkeitstyp und haben vergleichbare Kennwerte für pH, Ton, Humus und Farbe.

Eine erste hypothetische Einteilung der Böden im Belastungsperimeter in Empfindlichkeitstypen erfolgte anhand des Geologischen Atlasses der Schweiz, topographischer Karten (Massstäbe 1:25000 und 1:10000) sowie stereoskopischer Luftbilder (Massstab ca. 1:25000) der Eidg. Landestopographie. Dabei wurde

| Hauptgliederung | Arbeitsschritte | Einzelprobleme: *Inhaltsangabe und Ergebnisse* |
|---|---|---|
| A Aufnahme der Daten | A1 Vorarbeiten I | A1.1 Vorläufige Belastungszone: *Auswertung alter Daten zur Schwermetallbelastung der Böden um das Stahlwerk* |
| | | A1.2 Vorläufige Einteilung der Böden nach Empfindlichkeitstypen und ihre Ausdehnung: *Auswertung geologischer und topographischer Karten sowie von Luftbildern des schweizerischen Bundesamtes für Landestopographie* |
| | | A1.3 Vorläufige Nutzungstypen: *Auswertung der topographischen Karte und von Luftbildern* |
| | | A1.4 Vermutete Gefährdungen: *Zusammenstellung der vermuteten Gefährdungen anhand alter Berichte und Emissionsdaten* |
| | A2 Feldarbeiten I | A2.1 Überprüfung der Einteilung der Böden im vorläufigen Belastungsperimeter: *Stichprobenartige Bodenprüfung an 43 Standorten* |
| | | A2.2 Kartierung der Nutzung im vorläufigen Belastungsperimeter: *Feldaufnahme der Boden-Nutzung für alle Grundbuch-Parzellen* |
| | A3 Vorarbeiten II | A3.1 Probenahmeplan: *Entnahmeorte und Vorgehen bei der Probenahme* |
| | | A3.2 Auswahl der Messgrössen: *Relevante Schwermetalle, org. Schadstoffe und Bodeneigenschaften (Bodenkennwerte)* |
| | A4 Feldarbeiten II | A4.1 Probenahme: *Ausführung, Ergänzungen, Protokolle.* |
| | | A4.2 Dokumentation der Entnahmeorte: *Einmessung, Beschreibung und Kontrollen* |
| | A5 Analysen (Laborarbeiten) | A5.1 Methoden: *Beschreibung der durchgeführten Analysen.* |
| | | A5.2 Ergebnisse: *Zusammenstellung der Laborresultate* |

angenommen, dass sich über identischen geologischen und geomorphologischen Einheiten auch vergleichbare Bodentypen und damit dieselben Empfindlichkeitstypen ausbilden. Die im Belastungsperimeter wichtigen geologischen Einheiten wurden aus dem Geologischen Atlas übernommen. Um geomorphologische Einheiten in den Karten und Luftbildern abzugrenzen, wurden zwei Kriterien, nämlich Hangneigung und Exposition eingeführt. Bei der Hangneigung wurden 3, bei der Exposition 2 Fälle unterschieden. Die Dekomposition der topographischen Karte 1:25'000 anhand dieser Kriterien, ergab eine Arbeitskarte "Exposition und Neigung". Die Überlagerung dieser Arbeitskarte mit der Konzeptkarte (A1.1) ergab eine Arbeitskarte mit 11 vorläufigen Empfindlichkeitstypen (A1.2), wobei drei Typen bereits 80 - 90% der Siedlungs- und Landwirtschaftsflächen umfassten.

Zur Bewertung der Risiken, die von einer Bodenbelastung ausgehen, sind jedoch weitere Daten zur aktuellen Bodennutzung notwendig (A1.3). Informationen über die im Gebiet voraussichtlich anzutreffender Nutzungstypen wurden anhand der Zonenpläne der Ortsplanungen, der topographischen Karten und Luftbilder ausgewertet. Anhand der Ergebnisse wurde der Klassierungsschlüssel für die Feldkartierung der Nutzung ausgearbeitet.

Die vorhandenen Unterlagen der Bodenschutzfachstelle wiesen auf verschiedene potentielle Gefährdungen hin (A1.4). Die zu Projektbeginn vorliegenden Berichte belegten:

Bodenbelastungen durch die Schwermetalle Cd, Cu, Pb, Zn

- Beeinträchtigungen von Pflanzen durch Cadmium und Blei

- eine Anreicherung von Cd in Regenwurmkot
- eine Beeinträchtigung der Bodenatmung durch die Schwermetallbelastung
- eine Cd-Verlagerung in tiefere Bodenschichten
- Kontaminationen des Grundwassers im Untersuchungsraum mit Cd, Cr, Cu und chlorierten org. Stoffen
- Kontaminationen von Oberflächengewässern im Untersuchungsraum mit chlorierten org. Stoffen und Hg
- die Deposition von schwermetallhaltigen Stäuben (Immissionsmessungen im Untersuchungsraum).

Aufgrund dieser Berichte und von anderen Literaturangaben (Blume, 1992; Weber, 1990) wurden Gefährdungen durch die Schwermetalle Cd, Cr, Cu, Pb, Zn, Hg und durch die organischen Stoffe PAK (Polyzyklische aromatische Kohlenwasserstoffe), PCB (Polychlorierte Biphenyle) und Dioxine (Polychlorierte Dibenzodioxine und Dibenzofurane) vermutet. Unter Berücksichtigung der vorläufigen Nutzungstypen (A1.3) und der verfügbaren Grundwasserkarten (Gewässerschutzkarte 1:25'000, Hydrogeologische Karten; AWW Kt. SO) wurden schliesslich folgende Schutzgüter als potentiell gefährdet eingestuft:

1. die Gesundheit der ansässigen Menschen, insbesondere der Kinder (belastete Spielplätze)
2. die wirtschaftliche Prosperität im Untersuchungsraum
3. die Gesundheit von Pflanzen und Tieren (Wild- und Kulturformen)
4. die Bodenorganismen
5. das Grundwasser
6. die ökologischen Bodenfunktionen und die "Bodenfruchtbarkeit" im Sinne des Schweizerischen Umweltschutzgesetzes USG
7. die Qualität der produzierten Nahrungs- und Futtermittel.

### 2.1.2 Feldbegehung zur Überprüfung der Konzeptkarten und zur Aufnahme der aktuellen Nutzung

Die vorläufigen Empfindlichkeitstypen der Böden wurden im Feld stichprobenartig überprüft. Von jedem Typ wurden nach Möglichkeit mehrere Flächen begangen. Dabei wurde versucht, die charakteristischen Eigenschaften der Typen, ihre Abfolge und ihre Abgrenzung im Feld zu bestätigen. Zur Ermittlung der charakteristischen Eigenschaften wurden mit einem Hohlmeiselbohrer 43 Bohrkerne bis zu einer Tiefe von maximal 100 cm entnommen (Durchmesser 30mm). Protokolliert wurden die Hauptbodenhorizonte, ihre Mächtigkeit, die Bodenart der Feinerde (ermittelt anhand der Fühlprobe), der Steinanteil (Bodenskelett), der Humusgehalt (geschätzt anhand der Bodenfarbe), der pH-Wert (bestimmt mit dem Hellige pH-Meter) und der Kalkgehalt (Reaktion mit Salzsäure) (AG Boden, 1994). Die Abfolge der Typen wurde ebenfalls durch Bohrungen geprüft, während die Abgrenzungen durch Geländebeobachtungen gesichert wurden. Im Waldbereich wurden zusätzlich Waldbodenkarten des Umweltschutzamtes zur Absicherung herangezogen. Die Ergebnisse der Feldbegehung führten zu einer Zusammenfassung der vorläufigen Typen zu den sechs Empfindlichkeitstypen, die in der Tabelle 2 aufgelistet sind (A2.1). Neu wurde der Typ n eingeführt. Damit sind felsige Areale oder anthropogene Schüttungen bzw. Gruben gemeint, die von der Bewertung ausgeschlossen wurden.

Für die Feldkartierung der Bodennutzung (A2.2) wurden die Grundbuchpläne im Massstab 1:5'000 und die Grundkarte der Schweiz im Massstab 1:10'000 verwendet. Als feinste Kartierungseinheiten wurden die Parzellen der Grundbuchpläne bestimmt. Die Nutzungstypen wurden so festgelegt, dass sie für eine ganze Parzelle gelten, entsprechend wurde jeder Parzelle ein bestimmter Nutzungstyp zugeordnet. Bei grossen Parzellen mit mehreren Nutzungstypen oder bei der Zusammenfassung von mehreren Parzellen wurde der dominierende Typ zugeordnet.

### 2.1.3 Entnahme und Analyse von Bodenproben

Gestützt auf die Konzeptkarte sowie die Feldkarten der Bodenempfindlichkeits- und Bodennutzungstypen wurden die Standorte für die Entnahme von Bodenproben festgelegt. Berücksichtigt wurden hierbei:

- die Distanz vom Emissionsschwerpunkt (= geometrischer Schwerpunkt der Stahlwerkskamine)

| **Tabelle 2**: Die Boden-Empfindlichkeitstypen im Untersuchungsraum | |
|---|---|
| Typ | Beschreibung |
| Al | Böden auf kalkhaltigen Alluvionen |
| AlW | Waldböden auf kalkhaltigen Alluvionen |
| Ghl | Böden auf Gehängelehm |
| Ps | Böden auf postglazialen Schottern |
| Gs | Böden auf glazialen Schottern |
| PGsW | Waldböden auf postglazialen und glazialen Schottern |
| n | von der Bewertung ausgeschlossen |

- Richtung bezüglich des Emissionsschwerpunktes
- die drei wichtigsten Nutzungstypen Acker, Wiese, Weide, Garten, Wald
- alle sechs Bodenempfindlichkeitstypen

Die Probenahmestellen wurden auf den Schnittpunkten von radialen Strahlen und konzentrischen Kreisen angeordnet, so dass einerseits die Distanzabhängigkeit der Schadstoffbelastungen vom Emissionsschwerpunkt und andererseits der Einfluss der Windrichtungen geprüft werden konnte. Diese Planungsgeometrie, die ein verdichtetes Messnetz im Zentrum der Belastungszone aufweist, wurde der erwarteten Steilheit der vom Zentrum abfallenden Schadstoffgradienten angepasst. Berücksichtigt wurden zudem die Nutzungstypen, wobei ein Schwergewicht auf die landwirtschaftlich genutzten Böden gelegt wurde. Sämtliche Bodentypen sind etwa entsprechend ihrer relativen Flächenanteile vertreten. Insgesamt wurden an 60 Stellen 61 Bodenproben und 11 Sandproben aus den Sandkästen aller öffentlichen Spielplätze und Kindergärten der betroffenen Gemeinden entnommen.

Die Bodenproben wurden erstens hinsichtlich der vermuteten Schadstoffe und zweitens hinsichtlich der Faktoren, welche die Mobilität der vermuteten Schadstoffe bestimmen, analysiert (Tabelle 3). Bei den Sandproben wurden lediglich die Schadstoffgehalte bestimmt. Die sehr kostspieligen Analysen der Dioxine wurde zunächst weggelassen und vom Ergebnis der PAK und PCB-Analysen abhängig gemacht. Die Entnahme und Dokumentation von Bodenproben erfolgte nach den Vorschriften von BUWAL und FAC (1987). An jedem Standort wurden auf einer Fläche von 100 $m^2$ mit einem Hohlmeiselbohrer (Durchmesser 18 mm) 25 Einzelproben vom Oberboden (0-20 cm) entnommen und zu einer Mischprobe vereinigt. Sandproben wurden mit Hilfe einer Polyethylen-Schaufel entnommen, wobei jeweils 10 Einzelproben zu 100 ml von verschiedenen Stellen der Sandkästen zu einer Mischprobe vereinigt wurden. Im weiteren wurden die Sandproben gleich wie die Bodenproben behandelt. Die Vorbereitung sämtlicher Proben erfolgte einheitlich nach den Vorschriften der FAC (1989), ebenso die Durchführung

| **Tabelle 3**: Auswahl der Messgrössen für die Analyse der Boden- und Sandproben. | |
|---|---|
| **Messgrössen** | **Probenart** |
| Gesamtgehalte der Schwermetalle: Cd, Cr, Cu, Pb, Zn, Hg ($HNO_3$-Auszug) | Boden-, Sandproben |
| Lösliche Gehalte der Schwermetalle: Cd, Zn ($NaNO_3$-Auszug) | Bodenproben |
| Organische Stoffe: PAK, PCB | Boden-, Sandproben |
| Bodenkennwerte: pH($H_2O$), pH($CaCl_2$), OC, Körnung (Sand, Schluff, Ton), $CaCO_3$, $KAK_{pot}$, $KAK_{eff}$ | Bodenproben |

| **Tabelle 4**: Liste der quantifizierten organischen Einzelstoffe | |
|---|---|
| Gruppe | Einzelstoffe |
| Polyzyklische aromatische Kohlenwasserstoffe PAK | Naphthalin, Acenaphthylen, Acenaphthen, Fluoren, Phenanthren, Anthracen, Fluoranthen, Pyren, Benzo(a)anthracen, Chrysen, Benzo(b)fluoranthen, Benzo(k)fluoranthen, Benzo(a)pyren, Indeno(1,2,3-c,d)pyren, Dibenzo(a,h)anthracen, Benzo(g,h,i)perylen |
| Polychlorierte Biphenyle PCB | PCB 28, PCB 52, PCB 101, PCB 138, PCB 153, PCB 180 (Nummerierung nach Ballschmitter) |

| | | |
|---|---|---|
| **B** Auswertung und Validierung der aufgenommenen Daten | **B1** Empfindlichkeitstypen der Böden (Bodentypenkarte) | **B1.1** Bodenkennwerte der verschiedenen Empfindlichkeitstypen: *Beschreibende statistische Auswertung der Bodenkennwerte, gruppiert nach Empfindlichkeitstypen*<br>**B1.2** Abgrenzung der eingeteilten Bodenflächen und Zuordnung mittlerer Bodeneigenschaften: *Vervollständigung und Korrektur der Empfindlichkeitskarte der Böden (= Bodentypenkarte) mittels der Labordaten und vorhandener Waldbodenkarten* |
| | **B2** Schadstoffbelastung der Böden | **B2.1** Ausdehnung der Schadstoffbelastung: *Abgrenzung des Perimeters mit erhöhter Schadstoffbelastung*<br>**B2.2** Schadstoffbelastung und Empfindlichkeitstypen: *Beschreibende statistische Auswertung der Schadstoffdaten, gruppiert nach Empfindlichkeitstypen*<br>**B2.3** Schadstoffbelastung und Bodennutzung: *Beschreibende statistische Auswertung der Schadstoffdaten, gruppiert nach Nutzungstypen*<br>**B2.4** Verteilungsmuster der Schadstoffe im Umkreis des Stahlwerks: *Beschreibende statistische Auswertung zur Distanz- und Richtungsabhängigkeit der Schadstoffbelastung*<br>**B2.5** Risikorelevante Schadstoffe: *Auswahl von Schwermetallen und org. Schadstoffen anhand der erhobenen Daten* |
| | **B3** Ergänzungsarbeiten | **B3.1** Nachuntersuchungen: *Verdichtung des Messnetzes zur Klärung von Inhomogenitäten der PAK-Verteilung im Siedlungsraum.*<br>B3.2 Dioxinbelastung: *Erhebung der Dioxinbelastung im Bereich stark erhöhter PAK-Belastung* |
| | **B4** Schadstoffkarten | **B4.1** Kartierung der Schadstoffbelastung: *Bestimmung und Kartierung von Linien gleicher Schadstoffbelastung (Isolinien) für die risikorelevanten Schadstoffe*<br>**B4.2** Lagefehler der Isolinien: *Fehlerrechnung zur Interpolation der Isolinienstützpunkte* |

der Schwermetallanalysen und die Bestimmungen der Bodenkennwerte. PAK und PCB wurden nach der US EPA Methode 625 analysiert. Die Auswahl der quantifizierten Einzelstoffe (Tabelle 4) entspricht der Niederländischen Liste (Rosenkranz et al., 1990) und der FAC/BUWAL-Liste zur Prüfung von schadstoffbelastetem Bauaushub (FAC/BUWAL, 1993). Die Darstellung der wichtigsten Ergebnisse der Bodenanalysen erfolgt im Rahmen des nächsten Abschnittes.

## 2.2 Auswertung und Validierung der Daten

Der durch die eingeschränkten finanziellen Mittel bedingte, relativ geringe Datenumfang, liess keine umfassenden geostatistischen Analysen der Daten zu. Um die wahrscheinlichsten räumlichen Muster (Verteilung und Varianz, Distanzabhängigkeit vom Emissions- oder Belastungsschwerpunkt) der Bodeneigenschaften und der Schadstoffgehalte zu ermitteln, wurden Methoden der beschreibenden Statistik und der Regressionsanalyse eingesetzt.

### 2.2.1 Abgrenzung und Charakterisierung der Bodenempfindlichkeitstypen

Die Abgrenzung der Bodenempfindlichkeitstypen (B1.2), abgeleitet aus der Geologie, der Topographie und den Feldbeobachtungen (A1.2, A2.1), wurde mittels der Labordaten kontrolliert. Die Resultate der empfindlicheren Laboranalysen machten teilweise Korrekturen bei der Abgrenzung der kalkhaltigen Böden notwendig. Hinsichtlich aller anderen Bodeneigenschaften ergaben sich keine Widersprüche zwischen den Feldbeobachtungen und den Laboranalysen.

Die 6 Bodenempfindlichkeitstypen innerhalb des Belastungsperimeters wurden durch die in der Tabelle 5 aufgeführten Mittelwerte für den Oberboden von 0-20 cm charakterisiert (B1.1). Berücksichtigt man die Varianz der Bodenkennwerte innerhalb eines Empfindlichkeitstyps, lassen sich die unter Al, AlW, Gs und PGsW zusammengefassten Böden nach den Einteilungskriterien von Blume (1992) der gleichen Empfindlichkeit gegenüber allen Schadstoffen zuordnen. Beim Typ Ghl wird durch die Mittelwerte die Rückhaltekapazität für Cd und Zn auf einem Teil der Fläche etwas zu hoch, beim Typ Ps hingegen die Rückhaltekapazität für Cd, Zn, Cu und Pb teilweise zu tief eingeschätzt. Das Ausmass der Fehlbeurteilung wurde jedoch als gering eingestuft und die Verwendung der Mittelwerte zur Ableitung der Empfindlichkeitstypen beibehalten.

**Tabelle 5**: Mittlere Bodenkennwerte der Boden-Empfindlichkeitstypen und die zugehörigen Vertrauensbereiche (p=0.95). Die Vertrauensbereiche (+/-) stellen die Varianz der Kennwerte, welche mit 95%iger Wahrscheinlichkeit zu erwarten ist, dar.

| Boden | pH | | pH | | OC | | Ton | | Schluff | | Sand | | CaCO3 | | KAKpot | | KAKeff | |
|---|---|---|---|---|---|---|---|---|---|---|---|---|---|---|---|---|---|---|
| | | +/- | | +/- | | +/- | | +/- | | +/- | | +/- | | +/- | | +/- | | +/- |
| Al | 7.21 | 0.1 | 6.93 | 0.08 | 2.6 | 0.74 | 19.7 | 3.94 | 31.1 | 4.12 | 49.2 | 7.24 | 10.6 | 3.34 | 18.7 | 3.01 | 19.4 | 3.34 |
| AlW | 7.36 | 0.19 | 6.9 | 0.12 | 1.63 | 0.65 | 10.4 | 3.09 | 23 | 14.3 | 66.6 | 17.4 | 17.9 | 3.08 | 11.9 | 3.74 | 12.2 | 3.86 |
| Ghl | 5.95 | 0.64 | 5.45 | 0.64 | 2.93 | 22.9 | 23.8 | 96 | 36.6 | 14.6 | 39.8 | 80.1 | 0 | 0 | 26.2 | 180 | 19.5 | 1.51 |
| Ps | 6.25 | 0.35 | 5.86 | 0.4 | 1.93 | 0.38 | 20.7 | 1.96 | 32.9 | 2.42 | 46.4 | 3.58 | 0.79 | 0.55 | 18.2 | 2.71 | 15.2 | 3.01 |
| Gs | 5.54 | 0.28 | 5.02 | 0.29 | 1.28 | 0.3 | 18 | 2.41 | 31.2 | 4.73 | 50.8 | 5.4 | 0.04 | 0.08 | 13.2 | 2.69 | 8.39 | 1.78 |
| PGsW | 5.02 | 1.54 | 4.5 | 1.66 | 2.31 | 0.96 | 21.4 | 4.21 | 37 | 10 | 41.6 | 13 | 0.76 | 1.91 | 21.2 | 5.81 | 14.1 | 6.57 |
| Garten Al | 7.2 | 0.11 | 6.9 | 0.09 | 1.77 | 0.25 | 18.5 | 2.14 | 27.2 | 3.97 | 54.3 | 5.37 | 6.46 | 4.86 | 17.4 | 1.64 | 16.5 | 1.51 |
| Garten Ps | 6.94 | 0.32 | 6.58 | 0.36 | 2.08 | 1.17 | 20.1 | 4.93 | 34.1 | 7.59 | 45.8 | 9.27 | 1.8 | 1.58 | 18.9 | 6.78 | 18.1 | 8.32 |
| Garten Gs | 6.6 | 1.26 | 6.45 | 0.64 | 1.62 | 2.16 | 18.2 | 11.4 | 27.9 | 21.6 | 53.9 | 33.7 | 0.4 | 5.12 | 14.7 | 14.6 | 11.6 | 22.9 |

### 2.2.2 Art und Verteilung der risikorelevanten Schadstoffe

Die Analyse der Schadstoffe (B2.1-5, Tabelle 6) ergab, dass an insgesamt 35 Standorten Richtwerte bzw. Referenzwerte überschritten waren und dass die Schadstoffe Pb, Cd, Zn Cu und PAK zu den relevanten Risikostoffen im Untersuchungsraum gehören (B2.3, B2.5, Tabelle 6). Alle Standorte mit erhöhter Schadstoffbelastung lagen in nächster Nähe des Stahlwerkes in zwei Gemeinden. An 7 weiteren Standorten wurden Richtwertüberschreitungen bei den löslichen Gehalten der Schwermetalle Cd und Zn registriert, welche aber der allgemeinen Bodenversauerung (saurer Regen) zuzuschreiben sind.

Die Analyse der löslichen Schwermetallgehalte zeigte, dass nur die kalkfreien Empfindlichkeitstypen Ps, Gs und PGsW eine verminderte Rückhaltekapazität für Cd, Zn und Pb aufwiesen (Tabelle 6). Diese Ergebnisse (B2.2) bestätigten weitgehend die Anwendbarkeit der Rückhaltekapazitätsklassierung der Böden nach dem Modell von Blume (1992). Eine Nachuntersuchung an 17 ausgewählten Beprobungspunkten im Schwerpunkt der Schwermetall- und der PAK-Belastung ergab, dass von der Dioxinbelastung im Untersuchungsraum ausserhalb des Stahlwerkareales keine Gefährdung ausgeht (B3.2). Sämtliche Messwerte lagen weit unter dem Richtwert des Deutschen BGA von 5ng I-TE-Q/kg TS (Bundesumweltministerium, 1992).

Bei den Schwermetallen Cd, Cu, Pb und Zn konnte eine stetige Abnahme der Totalgehalte in den Böden mit zunehmender Distanz vom Stahlwerk beobachtet werden. Diese Distanzabhängigkeit war, wie Regressionsanalysen zeigten, bis auf eine Entfernung von rund 1000 m signifikant. Es wurde angenommen, dass diese Schwermetalle homogen verteilt sind und dass sich der Totalgehalt im Boden aus der Distanz zum Stahlwerk ableiten lässt. Bei den organischen Schadstoffen PAK und PCB konnte keine solche Distanzabhängigkeit beobachtet werden. Eine Nachuntersuchung mit einem verdichteten Messnetz ergab, dass das Zentrum der PAK-Belastung in der Ortsmitte einer der betroffenen Gemeinde lag und punktuell sehr hoch sein konnte (B3.1). Die Datenanalysen zeigten, dass mit dem verdichteten Messnetz die maximale Varianz und die Verteilung der PAK-Gehalte mit hoher Wahrscheinlichkeit und in guter Näherung erfasst wurde (B2.4).

### 2.2.3 Kartierung der Schadstoffverteilung

Durch die Analyse der Schadstoffdaten wurde bestätigt, dass die Interpolation von Schadstoffgehalten zwischen zwei Messpunkten zulässig ist und dass die Interpolationsfehler mit einer hohen Wahrscheinlichkeit bestimmbar sind. Damit sind die Voraussetzungen für die Berechnung von Schadstoffgehaltsisolinien (Linien gleicher Schadstoffgehalte, analog zu Höhenlinien) und für die Abgrenzung von Flächen mit bekannten Schadstoffgehaltsbereichen gegeben. Diese wurden für die risikorelevanten Schadstoffe Cd, Cu, Zn, Pb und PAK berechnet und auf einer Karte dargestellt (B4.1-2).

Der interpolierte Linienzug zwischen den peripheren Standorten mit einer Richtwert- oder Referenzwertüberschreitung und den nach aussen gelegenen Nachbarstandorten ohne Richtwert- oder Referenzwertüberschreitung wurde schliesslich zur Begrenzung der effektiven Ausdehnung der risikorelevanten Schadstoffbelastung benutzt. Dieser Linienzug war identisch mit der Hüllkurve um die 50 ppm Isolinie für $Pb_{tot}$, die 0.2ppm Isolinie für PAK und 30 ppb Isolinie für Cd-löslich. Alle Standorte mit RW-Überschreitungen lagen innerhalb dieser Hüllkurve. Damit liess sich abschliessend feststellen, dass für die Bewertung der Risiken eine Fläche von ca. 16 $km^2$ ausreichen würde (B2.1).

## 2.3 Risikobewertung mit SolRisk©

### 2.3.1 Das Bewertungsmodell

SolRisc© wurde als Modell zur umfassenden Bewertung der Risiken für Mensch, Tier, Pflanze und Grundwasser, die von schadstoffbelasteten Böden ausgehen, entwickelt (C1). Mit diesem Modell können Aussagen über die Nutzungseignung von belasteten Böden und

| | | |
|---|---|---|
| C Risikobewertung | C1 Risikobewertungsmodell SolRisc© | *Ableitungsregeln für die Risiko-Bewertung, die Nutzungs-Eignung bzw. der Nutzungs-Einschränkungen, der Konflikte und der möglichen Massnahmen zur Risikominderung* |
| | C2 Übertragung in das GIS ArcInfo® | *Digitalisierung der erarbeiteten Daten und Karten sowie Implementation des Risikobewertungsmodells.* |
| | C3 Ergebniskarten | *Parzellengenaue Risikokarten, Eignungskarten und Konfliktkarten für die betroffenen Gemeinden* |
| | C4 Risiken, Eignungen, Konflikte | *Bemerkungen und Ergänzungen zu den einzelnen Schadstoffen.* |
| | C5 Mögliche Massnahmen | *Vorschläge zur Minderung oder Abwendung ausgewiesener Gefährdungen* |

Konflikte in Bezug auf die aktuelle Nutzung gemacht werden. Es entspricht dem Modelltypus "Expertensystem" (Breckling et al., 1996) und besteht im Prinzip aus einem hierarchischen System von Regeln, welches Risikoanalyse und -bewertung vereint.

> "Der Einsatz von Expertensystemen in der Ökosystemforschung steht bisher noch am Anfang. Als Unterstüzungsinstrument zur Beurteilung komplexer Situationen, zum Zwecke der Planungsunterstützung und zur Abschätzung von Eingriffen in das ökologische Gefüge werden sie jedoch in der Zukunft von herausragender Bedeutung sein." (Breckling et al., 1996)

Für die Anwendung des Risikobewertungsmodells SolRisc© werden folgende Daten benötigt, wobei die Bodendaten mittels Feld- oder Laboranalysen erhoben werden können:

1. Bodendaten (pH-Wert, Gehalt an organischer Substanz, Ton-Gehalt, Bodenfarbe)
2. Schadstoffgehalte
3. Angaben zur aktuellen Bodennutzung

Das Risikobewertungsmodell SolRisc© ist ein Regelwerk, welches anhand der obgenannten Daten Aussagen über die Gefährdung von Mensch und Umwelt liefert. Insgesamt werden im Modell 16 verschiedene Gefährdungspfade (Tabelle 7) für die anorganischen Schadstoffe (Schwermetalle) Pb, Cu, Zn und Cd und für die organischen Schadstoffe PAK und Dioxine beschrieben. Die Bewertungen der Risiken R1 bis R15 wurden auf der Grundlage bekannter Transfermodelle und toxikologischer Daten (Tabelle 7) für die erwähnten Schadstoffe entwickelt (Laczko, 1996). Für die Bewertung des Risikos R16 einer Grundwasserkontamination wurde der Vorschlag von Blume (1992) übernommen. Die Risiken entlang jedes Gefährdungspfades werden mit einer vierstufigen Skala (1) kein Risiko, (2) keine Bewertung, (3) mögliches Risiko, (4) sicheres Risiko klassiert.

### 2.3.2 Bewertungsbeispiel

Im Beispiel der Tabelle 8 wird das Erkrankungsrisiko für Schafe, die im betrachteten Areal weiden, geschätzt. Die Schwellenwerte basieren auf tiertoxikologischen Daten und auf Studien über die Anreicherung der Schadstoffe in der Nahrungskette, hier die Schadstoffaufnahme der Futterpflanzen aus dem Boden und der Schafe aus den Futterpflanzen. Die Bewertung der aktuellen Schadstoffgehalte im Boden erfolgt durch den Vergleich mit zwei Schwellenbereichen SB1 und SB2 gemäss folgender Skala:

1. Schadstoffgehalte unterhalb des Schwellenbereichs: kein Risiko → (-)
2. Schadstoffgehalte im Schwellenbereich: Risiko möglich → (+/-)
3. Schadstoffgehalte oberhalb des Schwellenbereichs: Risiko gegeben → (+)

Der Vergleich mit aktuellen, flächenbezogenen Schadstoffdaten führt zu Ergebniskarten mit den Themen Risiko, Nutzungseignung und Konflikte. Die Bestimmung der Nutzungseignung für das Beispiel (Tabelle 8, Pfad 15) erfolgt auf der Grundlage der Risikoklassierung nach folgendem Muster:

**Tabelle 6**: Mittlere und maximale Schadstoffgehalte, bezogen auf trockenen Boden, der Bodentypen und Nutzungsarten Wald (AlW, PGsW), Garten, Acker-Wiese-Weide (Al, Ghl, Ps, Gs).

| Boden | $Pb_{tot}$ | $Cd_{tot}$ | $Hg_{tot}$ | $Zn_{tot}$ | $Cu_{tot}$ | $Cr_{tot}$ | $Cd_{lös}$ | Znlös | Summe PAK | Summe PCB |
|---|---|---|---|---|---|---|---|---|---|---|
| | mg/kg | ug/kg | ug/kg | mg/kg | mg/kg | mg/kg | ug/kg | ug/kg | ug/kg | ug/kg |
| Mittel | | | | | | | | | | |
| Al | 104 | 640 | 94 | 306 | 38 | 28 | 1 | 76 | 298 | 9 |
| AlW | 77 | 357 | 56 | 200 | 19 | 15 | 1 | 103 | 432 | 7 |
| Ghl | 34 | 326 | 153 | 73 | 35 | 29 | 2 | 216 | 174 | 46 |
| Ps | 48 | 213 | 79 | 102 | 23 | 25 | 2 | 182 | 821 | 13 |
| Gs | 27 | 173 | 54 | 72 | 18 | 22 | 5 | 585 | 116 | 6 |
| PGsW | 37 | 223 | 91 | 102 | 15 | 22 | 15 | 3949 | 359 | 19 |
| Garten Al | 81 | 2148 | 85 | 892 | 1572 | 24 | 1 | 90 | 681 | 45 |
| Garten Ps | 117 | 374 | 136 | 184 | 36 | 27 | 1 | 54 | 1500 | 23 |
| Garten Gs | 44 | 276 | 54 | 153 | 42 | 20 | 1 | 85 | 191 | 34 |
| Maxima | | | | | | | | | | |
| Al | 329 | 2405 | 126 | 961 | 100 | 62 | 2 | 202 | 542 | 29 |
| AlW | 148 | 816 | 72 | 489 | 25 | 20 | 1 | 213 | 608 | 8 |
| Ghl | 39 | 415 | 167 | 77 | 43 | 40 | 3 | 315 | 236 | 87 |
| Ps | 137 | 557 | 298 | 326 | 41 | 36 | 10 | 1072 | 7091 | 93 |
| Gs | 40 | 237 | 84 | 124 | 29 | 26 | 10 | 1757 | 213 | 10 |
| PGsW | 91 | 567 | 149 | 265 | 24 | 26 | 43 | 13027 | 358 | 9 |
| Garten Al | 211 | 16439 | 184 | 6473 | 13910 | 27 | 1 | 288 | 3248 | 174 |
| Garten Ps | 309 | 531 | 408 | 286 | 55 | 45 | 1 | 72 | 4289 | 111 |
| Garten Gs | 54 | 358 | 61 | 212 | 58 | 20 | 1 | 100 | 193 | 62 |

- Flächen Risiko (-) oder mit einem geringen Risiko (-/+) sind für alle Nutzungen geeignet
- Flächen mit einem gegebenen Risiko (+) sind eingeschränkt für die landwirtschaftliche Nutzung geeignet. Die Einschränkung betrifft die Nutzung als Futterfläche für Schafe.

### 2.3.3 Die Integration der flächenhaften Daten und des Risikobewertungsmodelles unter einem GIS

Die Auswertung von komplexen, umfangreichen Bodendaten und -karten wird durch eine Verknüpfung von Geographischen Informationssystemen (GIS), Modellen und Datenbanken

**Tabelle 7**: Regelwerk-Code (R), Gefährdungspfade, Risikoarten und gefährdete Güter des Modells SolRisc©

| R | Gefährdungspfad | Art des Risikos | Gefährdetes Gut | Quellen |
|---|---|---|---|---|
| 1 | Schadstoffeintrag -> Boden | Überschreitung der Richtwerte der VSBo oder VBBo | Boden | VSBo, 1990 |
| 2 | Boden -> Bodenorganismen | Toxische Effekte bei Bodenorganismen | Boden-Biozönose | Blume, 1990; Domsch, 1985; FAC, 1989 b Schachtschabel, 1989 |
| 3 | Boden -> Boden (Aushub, Verschleppung, Erosion) | Überschreitung der Grenzwerte für die Wiederverwendung von abgeschältem Oberboden | Boden | FAC/BUWAL, 1993 |
| 4 | Boden -> Mensch = Erwachsener (70kg; 10g Boden/Person)direkte, einmalige orale Bodenaufnahme | AkuteVergiftung | Menschliche Gesundheit | Schuldt, 1990; Rosenkranz, 1986; Schrenk, 1993; Lindt, 1990; BAG, 1993 Merck Index |
| 5 | Boden -> Mensch = Erwachsener(70kg; 0,1g Boden/d)direkte, chronische orale Bodenaufnahme | Chronische Vergiftung | Menschliche Gesundheit | siehe R4 |
| 6 | Boden -> Mensch = Kleinkind(6kg; 10g Boden/Person) direkte, einmalige orale Bodenaufnahme | Akute Vergiftung | Menschliche Gesundheit | siehe R4 |
| 7 | Boden -> Mensch = Kleinkind(6kg; 0,2g Boden/d)direkte, chronische orale Bodenaufnahme | Chronische Vergiftung | Menschliche Gesundheit | siehe R4 |
| 8 | Boden -> Rind (400kg; 600g Boden/d)direkte, orale Bodenaufnahme | Chronische Vergiftung | Tiergesundheit | Schuldt, 1990; Kessler, 1992; Schrenk, 1993 |
| 9 | Boden -> Schaf (60kg; 200g Boden/d) direkte, orale Bodenaufnahme | Chronische Vergiftung | Tiergesundheit | siehe R8 und Hennig, 1972 |
| 10 | Boden -> Kleinvieh (3kg; 20g Boden/d) -> Mensch = Erwachsener direkte, orale Bodenaufnahme durch Tiere | Akkumulation im Gewebe | Nahrung und menschliche Gesundheit | Schrenk, 1993; Lindt, 1990 |
| 11 | Boden -> Pflanze = Vegetation | Toxische Effekte bei Pflanzen | Natürliche Vegetation | Blume, 1990; Lindt, 1990;Richner,1989;Vogler, 1993;DLG, 1973 |
| 12 | Boden -> Pflanze = Nahrung -> Kleinkind | Akkumulation im Gewebe | Nahrung und menschliche Gesundheit | siehe R11 und Hoins, 1993; Schetter, 1992 |
| 13 | Boden -> Pflanze = Futter -> Kleinvieh -> Mensch = Erwachsener | Akkumulation im Fleisch | Nahrung und menschliche Gesundheit | siehe R10 |

wesentlich erleichtert (Scheuss, 1996). Deshalb wurden sämtliche Projektkarten und -daten digital erfasst und mit dem GIS ARCINFO¨ und der Datenbank dBase¨ verwaltet, sowie die Regeln des Risikobewertungsmodelles SolRisc© auf der Datenbank dBase¨ implementiert.

Bei der computergestützten Auswertung wurden zunächst für sämtliche risikorelevanten Schadstoffe und für jeden Pfad R1 bis R16 eine Riskokarte berechnet. Bei den Gefährdungspfaden, die einen Tansfer der Schadstoffe vom Boden in die Pflanzen beinhalten, wurden jeweils zwei Fälle dargestellt: Variante SB1 mit geringem Transfer in die Pflanzen, und die Variante SB2 mit hohem Transfer in die Pflanzen (Tabelle 8). Die Überlagerung zweier oder mehrerer Risikokarten führte weiter zu zusammenfassenden Risikokarten bis zu der Gesamtrisikokart, in denen sämtliche Schadstoffe und Gefährdungspfade berücksichtigt sind. Aus dieser Gesamtrisikokarte wurde anschliessend die Karte der Nutzungsbeschränkungen abgeleitet und in einer Eignungskarte dargestellt. Die Überlagerungen dieser Karte mit der virtuellen Nutzungskarte (Parzellenkarte mit aktuellen Nutzungs- vermerken) ergab schlussendlich eine parzellengenaue Konfliktkarte für die im Belastungsraum liegenden Gemeinden.

### 2.3.4 Ergebnisse der GIS gestützten Risikoanalyse

Neben den Richtwertüberschreitungen wurden im Untersuchungsraum weitere konkrete Gefährdungen durch die Schadstoffe im Boden ermittelt:

- Die Bodenorganismen und die "Bodenfruchtbarkeit", im Sinne der Definition des schweizerischen Umweltschutzgesetzes USG, sind sicherlich in der Kernzone durch die vier Schwermetalle Cadmium, Kupfer, Blei und Zink beeinträchtigt (R2). In der Randzone ist eine Beeinträchtigung der Bodenorganismen durch Kupfer und lösliches Zink und in den Waldböden durch lösliches Zink nicht auszuschliessen.
- In weiten Bereichen mit Richtwertüberschreitungen, einschliesslich der Waldböden, ist die uneingeschränkte Wiederverwendung von abgeschältem Oberboden (Bauaushub, R3) nicht mehr möglich.
- In der Kernzone können Kleinkinder durch Zink infolge einer einmaligen Erdaufnahme vergiftet werden (R6).
- In der Kernzone und in grossen Teilen der Randzone ist eine chronische Vergiftung von Kleinkindern durch Blei nicht auszuschliessen (R7).
- In der Kernzone ist die Gesundheit von weidenden Schafen möglicherweise durch Kupfer und Blei gefährdet (R9).
- In der Kernzone ist eine Beeinträchtigung der Vegetationsdecke durch Zink sicher. In der Randzone ist eine Beeinträchtigung durch Kupfer nicht auszuschliessen. Bei zunehmender Bodenversauerung würde sich die Situation verschärfen. Dann wären Beeinträchtigungen zusätzlich durch Blei und Cadmium möglich (R11).
- Eine Belastung von pflanzlichen Lebensmitteln mit Kupfer und Zink ist in der Kernzone möglich. Bei sauren Gartenböden in der Kern- und Randzone zusätzlich mit Blei und Cadmium (R12).
- Eine für Rinder unverträgliche Belastung von Futtermitteln mit Kupfer und Zink ist in der Kernzone, bei sauren Böden bzw. bei zunehmender Bodenversauerung auch in der Randzone möglich (R14).
- Eine für Schafe unverträgliche Belastung von Futtermitteln mit Kupfer ist in der Kernzone sicher, mit Kupfer und Zink in der Randzone und bei sauren Böden bzw. bei zunehmender Boddenversauerung auch in der weiteren Umgebung möglich (R15).
- Grundwasserkontaminationen durch alle Schwermetalle sind in den Zonen, wo geringe Grundwasserüberdeckungen (weniger als 1 m) und saure Böden aufeinandertreffen sicher. Ob dies zu Grenzwertüberschreitungen beim Trinkwasser führt, bleibt zu überwachen.

**Tabelle 8**: Bewertung der Schadstoffhehalte im Boden für den Gefährdungspfad 15
(SB1 steht für Verhältnisse bzw. Pflanzen mit geringer Schadstoffaufnahme,
SB2 für Verhältnisse und Pflanzen mit hoher Schadstoffaufnahme bzw. für erfolgte Bodenversauerung)

| Schadstoff-<br>Schwellenwerte | Schadstoffgehalt im Boden | Bewertung<br>SB1 | SB2 |
|---|---|---|---|
| PAK | PAK <= 1mg/kg<br>PAK >1mg/kg - 5mg/kg<br>PAK >5mg/kg - 20mg/kg<br>PAK >20mg/kg | ungenügende Basis | ungenügendeBasis |
| Dioxine, I-TEQ<br>SB1 = 1500ng/kg<br>SB2 = 300ng/kg | I-TEQ Dioxine <5 ng/kg | - | - |
| Pb tot, mg/kg<br>SB1= 1500-3000<br>SB2= 150-300 | Pb tot<=25 mg/kg<br>Pb tot>25 - 50 mg/kg<br>Pb tot>50 - 100 mg/kg<br>Pb tot>100 mg/kg | -<br>-<br>-<br>- | -<br>-<br>-<br>+/- |
| Cu tot, mg/kg<br>SB1= 30-50<br>SB2= 5-12.5 | Cu tot <=25 mg/kg<br>Cu tot >25 - 50 mg/kg<br>Cu tot >50 mg/kg | -<br>+/-<br>+ | +/-<br>+/-<br>+ |
| Cd tot, mg/kg<br>SB1= 600<br>SB2= 10 | Cd tot <=0,5 mg/kg<br>Cd tot >0,5 - 0,8 mg/kg<br>Cd tot >0,8 - 2,0 mg/kg<br>Cd tot >2,0 mg/kg | -<br>-<br>-<br>- | -<br>-<br>-<br>- |
| Cd löslich | Cd lös <=0,015 mg/kg<br>Cd lös >0,015 - 0,03mg/kg<br>Cd lös >0,03 mg/kg | keine | keine |
| Zn tot, mg/kg<br>SB1= 600<br>SB2= 100 | Zn tot <=100 mg/kg<br>Zn tot >100 - 200 mg/kg<br>Zn tot >200 - 400 mg/kg<br>Zn tot >400 - 500 mg/kg<br>Zn tot >500 mg/kg | -<br>-<br>-<br>-<br>+/- | -<br>+/-<br>+/-<br>+/-<br>+/- |
| Zn löslich | Zn lös <=0,5 mg/kg<br>Zn lös >0,5 - 1,0 mg/kg<br>Zn lös >1,0 mg/kg | keine | keine |
| Pb löslich | Pb tot <100 mg/kg<br>Pb tot >=100 und Bodentyp = Al, AlW Ghl, Ps, Gs<br>Pb tot >=100 und Bodentyp = PGsW | | |

- In der Randzone ist eine Beeinträchtigung der Bodenorganismen durch PAK möglich (R2).
- In der Kernzone ist eine chronische Vergiftung von erwachsenen Menschen durch PAK nicht auszuschliessen (R5).
- In der Kern- und Randzone ist eine chronische Vergiftung der Kleinkinder durch PAK nicht auszuschliessen (R7).
- In der Kernzone könnte das Fleisch von Kleintieren zu stark mit PAK belastet sein (R10).

Kodierung der Nutzungen

A = Acker oder Wiese oder Weide

O = Obstkulturen

G = Garten

GR = Mischunutzung Rasen / Garten

K = Spielplatz oder Kindergarten oder Sandkasten

R = Rasen (Park, Freizeitanlagen, Hof, Umschwang

Index "e" bedeutet eingeschränkte Nutzung: Bsp

Ge = Nutzung als Garten eingeschränkt.

- In der Kernzone könnte pflanzliche Nahrungsmittel zu stark mit PAK belastet sein (R12).
- Grundwasserkontaminationen durch PAK sind in den Zonen mit geringer Grundwasserüberdeckung (weniger als 1m) möglich. Ob dies zu Grenzwertüberschreitungen beim Trinkwasser führt bleibt zu überwachen. (R16).

Aus der Risikobewertung lassen sich Nutzungseignungen der Böden ableiten. Die Regeln, die im Projekt verwendet wurden, sind in Tabelle 9 aufgeführt. Der Vergleich der aktuellen Nutzungen aller Parzellen mit ihrer Nutzungseignung ergab, dass praktisch alle bestehenden Spielplätze Konfliktzonen sind. Weitere Konflikte wurden in der Kernzone der Schadstoffbelastung bei den Nutzungen als Garten und bei der landwirtschaftlichen Nutzung ermittelt.

Neben der Nutzungseignung lassen sich aus der Risikobewertung auch Massnahmen zur Schadensabwehr und Konfliktbehebung ableiten. In Tabelle 10 sind Vorschläge zur Ergreifung von Massnahmen aufgelistet, die gemäss der bestehenden gesetzlichen Grundlagen begründet oder für die Behörden verbindlich sind. Bei den "harten" Massnahmen (Einschränkungen, Verbote, Sanierungsverfügungen, Umnutzungsverfügungen) ist jeweils die wichtigste gesetzliche Grundlage in der Tabelle genannt. Gehen von den Pfaden 11 - 15 mögliche oder sichere Risiken aus, so ist vor der Ergreifung einschränkender Massnahmen eine Kontrolle der Schadstoffgehalte in Pflanzen und in Tiergeweben notwendig. Hinsichtlich des Spielsandes in Sandkästen wurde als Massnahme ein jährlicher Austausch empfohlen.

Liste der akkumulierenden Gemüse

Kopfsalat (*Lactuca sativa*)

Krauskohl = Kohl = Wirz (*Brassica oler.*)

Krauskohl = Kohl = Wirz (*Brassica oler.*)

Spinat (*Spinacia oler.*)

Grünkohl = Kabis (*Brassica oler. var. acephala*)

Mangold = Krautstiel (*Beta vulgaris var. cicla*)

Rote Rüben = Randen (*Beta vulg. conditiva*)

Endivie (*Chicorium endivia*)

Weisse Rüben (*Brassica rapa*)

Kresse (*Lepidium latifol.*)

Radieschen = Rettich (*Raphanus sativus*)

Möhren = Karott (*Daucus carota*)

Kartoffeln (*Solanum tuberosum*)

Zwiebeln (*Allium cepa*)

Schon Schutzmassnahmen, die in erster Priorität die Gesundheit der ansässigen Menschen zum Ziel haben, ziehen Einschränkungen in der Bodennutzung nach sich. Die resultierenden wirtschaftlichen Kosten und Verluste treffen die Landwirtschaft, die Bauwirtschaft und auch die Kommunen. Damit wäre als letztes Gefährdungsgut die wirtschaftliche Prosperität und die politische Kultur der betroffenen Gemeinden zu nennen. Es ist zwar möglich, technische Hinweise und Begründungen zu den notwendigen oder prioritären Massnahmen zu geben, aber die konkrete Umsetzung muss in jedem Falle mit den Betroffenen zusammen erarbeitet werden. Als allgemeine Regel lässt sich festhalten, dass nur eine gute Information der Betroffenen die Einsicht und eine erfolgreiche Umsetzung der notwendigen Massnahmen sichert. Wesentlich ist auch die Aufbereitung der Information. Diese muss für alle Adressaten verständlich sein und mit der eigenen Person bzw. Körperschaft in Verbindung gebracht werden können (Granger et al.,1992). Weiter muss es gelingen, "versteckte" ökologische Risiken, die nicht in Kauf genommen werden dürfen, weil die möglichen Spätfolgen unvereinbar mit der allgemein erwünschten Sicherung bestimmter Lebensqualitäten sind, sichtbar und damit diskutierbar zu machen.

**Tabelle 9**: Aus der Risikobewertung R abgeleitete Einschränkungen E der Nutzung

| R | E | Risikostufe 3 oder +/- | Risikostufe 4 oder + |
|---|---|---|---|
| 1 | 1 | (bei R1 kommt Stufe 3 nicht vor) | Belastet (Grenzwert bzw. Richtwert überschritten) |
| 2 | 2 | Keine Einschränkungen | Keine Einschränkungen |
| 3 | 3 | (bei R3 kommt Stufe 3 nicht vor) | (Verwendung bzw. Entsorgung des Aushubes gemäss VSBo-Mitteilung Nr. 4) |
| 4 | 4 | Keine Nutzung als G + K, eingeschränkte Nutzung als Ae, GRe | Keine Nutzung zulässig |
| 5 | 5 | Keine Nutzung als G + K, eingeschränkte Nutzung als Ae, GRe | Keine Nutzung als K, G, A, R, GR oder O |
| 6 | 6 | Keine Nutzung als K | Keine Nutzung zulässig |
| 7 | 7 | Keine Nutzung als K | Keine Nutzung als K |
| 8 | 8 | Keine Einschränkungen | Keine Nutzung als Weide, Mähwiese: eingeschränkte Nutzung als Ae |
| 9 | 9 | Keine Einschränkungen | Keine Nutzung als Weide, Mähwiese: eingeschränkte Nutzung als Ae |
| 10 | 10 | Keine Einschränkungen | Keine Kleintierhaltung |
| 11 | 11 | Keine Einschränkungen | Keine Einschränkungen |
| 12 | 12 | Kein Anbau von Brotgetreide,Speisemais und akk. Gemüsen (siehe Liste): eingeschränkte Nutzung als Ge, Gre, Ae | Kein Pflanzenbau: keine Nutzung als A, GGR oder O |
| 13 | 13 | Keine Einschränkungen | Keine Tierhaltung oder keine Beweidung und kein Futterbau: eingeschränkte Nutzung als Ae |
| 14 | 14 | Keine Einschränkungen | Futterbau unterlassen, kein Weidegang: eingeschränkte Nutzung als Ae |
| 15 | 15 | Keine Einschränkungen | Futterbau und Weidegang für Schafe unterlassen: eingeschränkte Nutzung als Ae |
| 16 | 16 | Keine Einschränkungen | Keine Einschränkungen |

## 3 Schlussfolgerungen

Das Modell SolRisc wurde im Rahmen eines Auftrages des Kantons Solothurn entwickelt und angewendet (Laczko, 1996). Innerhalb des Belastungsgebietes von 16 km$^2$ um ein Stahlwerk wurden die Böden hinsichtlich ihrer Empfindlichkeit gegenüber Schadstoffen (Schwermetalle und organische Schadstoffe) sowie ihrer Nutzung eingeteilt und gruppiert.

**Tabelle 10**: Aus der Risikobewertung abgeleitete, gesetzlich mögliche Maßnahmen zur Schadensvermeidung

| R | M | Risikostufe 3 oder +/- | Risikostufe 4 oder + |
|---|---|---|---|
| 1 | 1 | (bei R1 kommt Stufe 3 nicht vor) | Immissionsminderung |
| 2 | 2 | Immissionsminderung | Studie |
| 3 | 3 | (bei R3 kommt Stufe 3 nicht vor) | Kontrolle und Verwendung des Aushubes gemäß FAC/BUWAL 1993, Erosionsminderung |
| 4 | 4 | Dauerbegrünen offener Bodenflächen, Information der Betroffenen | Sanierung (gemäß USG Art. 34 und 35) |
| 5 | 5 | Dauerbegrünen offener Bodenflächen, Information der Betroffenen | Umnutzung, Sanierung (gemäß USG Art. 34 und 35) |
| 6 | 6 | Dauerbegrünen offener Bodenflächen, Information der Betroffenen | Sanierung (gemäß USG Art. 34 und 35) |
| 7 | 7 | Dauerbegrünen offener Bodenflächen, Information der Betroffenen | Umnutzung, Sanierung (gemäß USG Art. 34 und 35) |
| 8 | 8 | Information der Betroffenen | Information der Betroffenen |
| 9 | 9 | Information der Betroffenen | Information der Betroffenen |
| 10 | 10 | Information der Betroffenen Kontrolle der Nahrungsmittel | Information der Betroffenen Kontrolle der Nahrungsmittel |
| 11 | 11 | Immissionsminderung | Studie |
| 12 | 12 | Information der Betroffenen Kontrolle der Pflanzen Anbaueinschränkung | Information der Betroffenen Kontrolle der PflanzenAnbauverbot, Umnutzung |
| | | (gemäß LMG Art. 29Z2 und 59Z3) | (gemäß LMG Art. 29Z2 und 59Z3) |
| 13 | 13 | Information der BetroffenenKontrolle der Pflanzen und Tiere Kontrolliertes Futter | Information der BetroffenenKontrolle der Pflanzen und Tiere Kontrolliertes Futter, Umnutzung |
| 14 | 14 | Information der Betroffenen | Information der Betroffenen, Kontrolle der Pflanzen und Tiere |
| 15 | 15 | Information der Betroffenen | Information der Betroffenen |
| 16 | 16 | Überwachung des Trinkwassers | Überwachung des Trinkwassers Studie |

USG Schweizerisches Umweltschutzgesetz

LMG Schweizerisches Lebensmittelgesetz

Neben der Verteilung der Schadstoffe, wurde deren Ausbreitung durch Bauaushub, Abschwemmung und Versickerung, sowie die Veränderung der Schadstoffmobilität durch die drohende Bodenversauerung berücksichtigt. Dies entspricht der im ersten Abschnitt angeführten Verlaufsorientierung. Nicht nur die aktuellen Schadstoffgehalte, sondern auch künftige Entwicklungen und Entwicklungspotentiale flossen in die Bewertung ein.

Die flächendeckende Bewertung der aktuellen Schadstoffgehalte erfolgte durch Vergleich mit Risikoschwellenwerten, das heisst toxikologischen und ökotoxikologischen Schwellenwerten bzw. gesetzlichen Richt- oder Grenzwerten. Dieser Bewertung folgte die Ableitung der

Eignung und der Konflikte zwischen Eignung und aktueller Nutzung. Im Sinne einer Bilanzorientierung wurden sämtliche Parzellen und Risiken aufsummiert und gemeinsam betrachtet.

Im Sinne einer Ereignisorientierung wurden in Konfliktfällen die potentiellen Schäden erwogen und zur Konfliktlösung Nutzungseinschränkungen oder Massnahmen zur Abwehr von Krankheiten, Ertragsausfällen oder anderer "Katastrophen" vorgeschlagen.

Das Modell SolRisc verfolgt einen probabilistischen Ansatz. Ausgehend von gemessenen (oder auch angenommenen Bodenkontaminationen) und unter Berücksichtigung der Bodennutzung wird ein potentieller Schaden extrapoliert. Als Schäden gelten Beeinträchtigungen der Gesundheit von Mensch, Tier und Pflanze sowie der Bodenfunktionen ("Bodenfruchtbarkeit"). Sind Schäden nicht auszuschliessen, so wird eine nicht tolerierbare Risikolage (sicheres Risiko) ausgewiesen, welche verhindert werden muss. Das Modell SolRisc liefert Entscheidungshilfen im Sinne einer negativen Risikophilosophie, was auch bedeutet, dass Massnahmen vorgeschlagen werden, bevor ein Schaden eintritt. Das Ziel ist letzlich eine Vermeidung von Gefahren, welche zu irreparablen Schäden führen, und dann nur noch durch eine Bodensanierung per Bodenaustausch behebbar wären. Die hier vorgestellte Risikobewertung wurde vom Umweltschutzamt des Kantons Solothurn bereits umgesetzt und dient weiterhin als Entscheidungsgrundlage bei der Konfliktlösung in schadstoffbelasteten Gebieten.

## Danksagung

Diese Arbeit entstand im Rahmen eines Auftrag des Kantons Solothurn. Besonderer Dank für die grossartige Unterstützung gebührt den Herren Dr. F. Borer und Dr. A. Adam vom Amt für Umweltschutz. Mein Dank gilt auch den zahlreichen Arbeitskollegen und Mitarbeitern der Firmen Solvit, AGBA AG und Carbotech AG, sowie den Professoren R. Schulin (ETH Zürich) und H. Webster für ihre wertvollen Hinweise, den beiden anonymen Lektoren für die wertvollen Anmerkungen und Frau A.E. Schwarz, für ihre unentbehrliche Hilfe bei der Überarbeitung des Manuskripts.

## 4 Literatur

AG Boden, 1994. Bodenkundliche Kartieranleitung. 4. Aufl., Hannover. E. Schweizerbart'sche Verlagsbuchhandlung, Stuttgart.

BAG, 1993. Bulletin des Bundesamtes für Gesundheitswesen Nr.13. BAG, Bern.

Blume H. P., 1992. Handbuch des Bodenschutzes. ecomed, Landsberg/Lech. 2. Auflage.

Breckling B., Reiche E.-W., 1996. Modellierungstechniken in der Ökosystemforschung - eine Übersicht. EcoSys 4: 17-26.

Bundesumweltministerium, 1992. Bericht der Bund/Länder Arbeitsgruppe DIOXINE. Bonn, BRD.

BUWAL und FAC, 1987. Wegleitung zur schweizerischen Verordnung zum Schutz des Bodens VSBo. EDI, Bern.

DLG, 1973. Futterwerttabellen: Mineralstoffe in Futtermitteln. Arbeiten der DLG. Band 62. 2. Auflage. DLG Verlag, Frankfurt am Main.

Domsch K. H., 1985. Funktionen und Belastbarkeit des Bodens aus der Sicht der Bodenmikrobiologie. Materialien zur Umweltforschung harausgegeebn vom Rat von Sachverständigen für Umweltfragen. Verlag W. Kohlhammer, Stuttgart.

FAC, 1989. Methoden für Bodenuntersuchungen. Schriftenreihe der FAC Liebefeld Nr. 5, Liebefeld-Bern.

FAC, 1989b. Schlussbericht des COST-Projektes 681. Methodik zur Bestimmung biologisch relevanter Schwermetallkonzentrationen im Boden und Überprüfung der Auswirkungen auf Testpflanzen und Mikroorganismen in belasteten Gebieten. FAC Schriftenreihe Nr. 2. Liebefeld, Bern.

FAC / BUWAL, 1993. VSBo Mitteilung Nr. 4.. Die Weiterverwendung von schadstoffbelasteter Kulturerde, die bei Bauvorhaben anfällt.

FAO / WHO, 1996. Summary of the evaluations performed by the joint FAO/WHO expert comittee on food additives. ILSI Press.

FIV, 1995. Verordnung über Fremd- und Inhaltsstoffe in Lebensmitteln. EDI, Bern.

Granger M. M., 1992. Communicating risk to the public. Environ. Sci. Technol. 26 (11): 2048-2056.

Hennig A., 1972. Mineralstoffe, Vitamine, Ergotropika. VEB Deutscher landwirtsch. Verlag, Berlin.

Hoins U., Geiger G., Schulin R., 1993. Risikosituation und Evalultion von weiteren Massnahmen im Fall des Bodenbelastungsgebietes Gerlafingen / Biberist und Umgebung. Vorläufiger Bericht. ITÖ, ETH Zürich, im Auftrag AfU Kt. Solothurn.

Kessler J., 1993. Schwermetalle in der Tierproduktion. Landw. Schweiz 6: 273-277.

Laczko E., 1996. Schadstoffbelastung der Böden im Raum Biberist/Gerlafingen. Aufnahme der Daten, Auswertung und Validierung, Risikobewertung. Bericht zu Handen des Kanton Solothurn, Amt f. Umweltschutz, Solothurn.

Lindt T. J., Fuhrer J., Stadelmann F.X., 1990. Kriterien zur Beurteilung einiger Schadstoffgehalte von Nahrungs- und Pflanzenmitteln. FAC Schriftenreihe: 8.

LMG, Lebensmittelgesetz. EDI, Bern.

Power M., McCarty L.S., 1998. A comparative analysis of environmental risk assessment / risk management frameworks. Environmental Science & Technology 32: 224A-231A.

Richner B.,1989. Auswirkungen hoher Tierdichten auf die Qualität des Bodens. Bericht 41 des NFP 22 Boden. Liebefeld-Bern.

Rosenkranz D., Einsele G., Harress H.-M., 1988. Bodenschutz. Ergänzbares Handbuch. Erich Schmidt Verlag, Berlin.

Saner H., 1994. Gedanken zum Risikobegriff bei latenten Umweltgefährdungen. In F. Borer, T. Heim, C. Heusi, P. Kohler, P. Lüscher, V. Schubiger, H. Schwaller, B. Trüssel, M. Walter, M. Würsten (Hrsg.), 1996. Umwelt-Risiko-Bewertung für den Kanton Solothurn. Berichte des Umweltschutzamtes Kt. Solothurn: 25. Amt für Umweltschutz, Solothurn.

Schachtschabel P., Blume H.-P., Brümmer G., Hartge K.-H., Schwertmann U, 1989. Lehrbuch der Bodenkunde. Scheffer/Schachtschabel. 12. Auflage. Ferdinand Enke Verlag, Stuttgart.

Schetter G., 1992. Anwendung physiko-chemischer Grundlagenkentnisse zur Reduzierung des Austrages polychlorierter Dibenzo-p-dioxine und Dibenzofurane aus Abfallverbrennungsanlagen. Fortschr.-Berichte VDI Reihe 15, Nr. 95.

Schleuß U., 1996. Bewertung flächenhaft erhobener Bodendaten unter Verwendung eines GIS. EcoSys 4: 39-47.

Schrenk D., 1993. Toxikologie von polychlorierten Dibenzodioxinen, polychlorierten Dibenzofuranen und Biphenylen. Workshop Dioxin-Analytik 11. - 13. 10. 1993, WiT Wissens Transfer Universitätsverbund Tübingen, Tübingen.

Schuldt M., 1990. Hamburger Ansätze zur Beurteilung von Bodenverunreinigungen. In: D. Rosenkranz, G. Einsele, H.-M. Harress. Bodenschutz. Ergänzbares Handbuch., Leitfaden Nr. 3540 (4. Lfg. I/90). Erich Schmidt Verlag, Berlin

USG, Umweltschutzgesetz. EDI, Bern.

VBBo, 1997. Verordnung über Belastungen des Bödens. EDI, Bern.

Vogel H., Desaules A., Häni H., 1989. Schwermetallgehalte in den Böden der Schweiz. Bericht 40 des NFP 22 Boden. Liebefeld-Bern.

Vogler K., 1993. Schwermetallaufnahme der Vegetation in Abhängigkeit von sorptionsrelevanten Bodeneigenschaften. Mit: Bestandesaufnahme des Schwermetallgehaltes landwirtschaftlicher Kulturpflanzen in normal belasteten Gebieten der Schweiz.. Diss. ETH Nr. 10117. Zürich.

Volkswirtschafts-Departement des Kt. Solothurn, 1992. Bodenschutzkonzept Kt. Solothurn.. Amt für Umweltschutz, Solthurn.

VSBo, 1990. Verordnung über Schadstoffe im Boden. EDI, Bern.

Weber H. H., 1990. Altlasten. Springer Verlag, Berlin.

# A. Ökologische Risiken - Arbeitsfelder

---

# 3. - Freisetzung gentechnisch veränderter Organismen

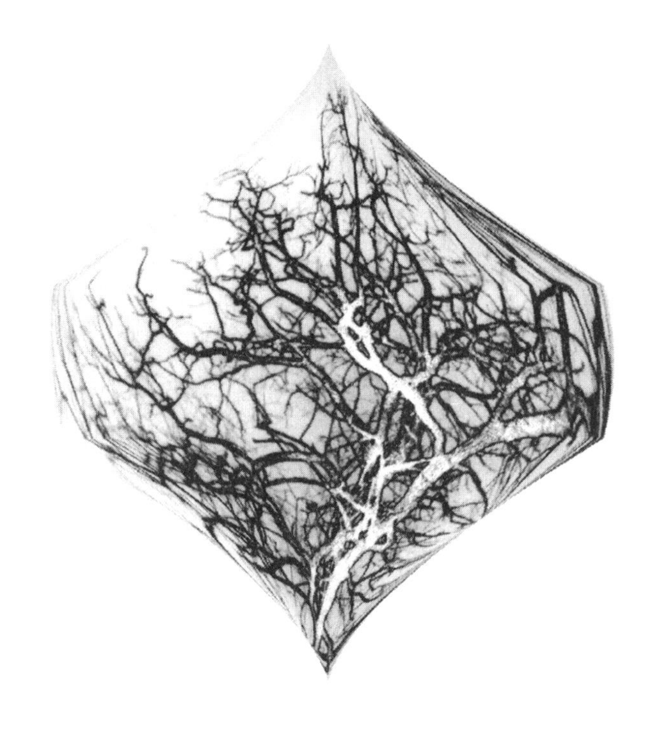

---

# Zum Wandel des ökologischen Risikobegriffs in der Gentechnikdiskussion

Barbara E.G. Weber

*Öko-Institut e.V., Postfach 6226, D-79038 Freiburg*

## Synopsis

The notion of ecological risks of genetically engineered organisms (GEOs) has been deeply influenced by the fact that in the beginning the objects of genetic engineering were microorganisms and viruses. Those were developed by molecular biologists for contained use and environmental issues were widely ignored. Deliberate releases of GEOs were only discussed and carried out later on, and led to a paradigmatic change and contradicting arguments in the discussion about risks of genetic engineering. Ecologists then took increasingly part in this discussion and related risk assessment. Nevertheless, ecological risk assessment and current ecological knowledge have been neglectet in the evaluation of GEOs. The current trend to stress the necessity of monitoring GEOs instead of risk assessment and its results is misleading, as both of them, risk assessment and monitoring, are needed in order to reach the feasible level of safety. Furthermore, risk assessment is fundamental to monitoring. Ecologists and their work are decisive in ameliorating the basis of ecological risk assessment of GEOs. However, the assessment of ecological risks of GEOs touches open questions which concern the functions and ecological effects of naturally evolved and conventionally bred organisms too. In addition, there is a lack of theoretical links between molecular biology and the behaviour of organisms as well as between ecology and evolutionary theory. Thus, ecologists should not only play a decisive role in practice and conception of ecological risk assessment and monitoring of GEOs. Their experience and skill is also urgently needed in order to give an idea of the complexity of ecology and the limits of ecological risk or safety estimates in the face of the whishes and exigencies concerning the effects and the safety of released GEOs.

Keywords : *ecological risks, risk assessment, genetically engineered organisms, transgenic plants*

Schlüsselwörter: *ökologische Risiken, Risikoforschung, Risikoabschätzung, gentechnisch veränderte Organismen, transgene Pflanzen*

## 1 Einleitung

Der folgende Beitrag geht der Frage nach, wie sich die mit dem Begriff der ökologischen Risiken verbundenen Vorstellungen und die daraus abgeleiteten Konsequenzen im Lauf der Gentechnikdiskussion entwickelt und gewandelt haben. Insbesondere wird verfolgt, inwieweit Ergebnisse ökologischer Forschung und ökologische Konzepte, aber auch ein bewußter Umgang mit der Begrenztheit des verfügbaren empirischen Wissens und den offenen Fragen zur ökologischen Theorie Eingang in die Risikoforschung und -abschätzung bei der Freisetzung und Vermarktung gentechnisch veränderter Organismen gefunden haben, wie auch in die Gentechnikregulierung und deren Umsetzung. Daraus werden Forderungen an die ökologische Risikoforschung und Folgenabschätzung im Zusammenhang mit der umweltoffenen Nutzung gentechnisch veränderter Organismen abgeleitet.

Wie für den Risikobegriff als solchen gibt es für den Begriff des ökologischen Risikos keine allgemein akzeptierte Definition. Der Begriff ist umstritten und schließt eine Bewertung ein, die natürlich zentral für verschiedene Vorstellungen von Risiken ist. Zwei aktuelle Beispiele aus der Literatur sollen eingangs das wissenschaftliche und politische Spannungsfeld verdeutlichen, in dem sich die Diskussion um ökologische Risiken der Gentechnik bewegt. Ein 1998 in der Zeitschrift *Nature Biotechnology* veröffentlichtes Editorial ist ein pointiertes Beispiel für den Umgang mit der Bewertungsdimension des Risikobegriffs in der an politisch-ökonomischen Implikationen der Gentechnik orientierten Diskussion (ANONYM 1998). Die zweite Veröffentlichung setzt sich mit dem Verhältnis von (Natur-)Wissenschaft und Bewertung im wissenschaftlichen Umfeld auseinander (KOWARIK 1996).

Im Beitrag ANONYM (1998) wird betont, daß nur auf der Grundlage von Ergebnissen aus "wahrer, wissenschaftlicher Untersuchung der Nutzen und Risiken" die grundsätzliche Freiheit des internationalen Marktes eingeschränkt werden könne. Der Artikel kommt zu dem Schluß, daß es keine ökologischen und auch keine gesundheitlichen Risiken bei den derzeit in den USA vermarkteten transgenen Pflanzen gebe, da diese Risiken nicht sicher prognostizierbar seien. Dieses Konzept, in dem nicht sicher Vorhersagbares als nicht gegeben gilt, wird allerdings streng einseitig nur in Bezug auf die Risiken, nicht jedoch auf die Sicherheit der transgenen Pflanzen angewandt. Nebenbei wird damit der Anspruch erhoben, daß die in den USA für die USA durchgeführte Sicherheitsprüfung auch für andere Länder - im konkreten Fall für die der Europäischen Union - gelte. Die großen landschaftlichen, ökologischen und klimatischen Unterschiede zwischen verschiedenen Regionen dieser Länder, die sich in einer großen Vielfalt landwirtschaftlicher Kulturen und Anbauweisen niederschlagen, werden damit ignoriert. Ebensowenig wird berücksichtigt, daß sich verschiedene Bevölkerungsgruppen hinsichtlich der Empfänglichkeit für Lebensmittelrisiken unterscheiden können. Beispielsweise wurde festgestellt, daß die daraufhin untersuchten SojaallergikerInnen aus den USA auf andere Sojaproteine allergisch reagieren als diejenigen aus Japan (LALLÈS & PELTRE 1996). Kulturelle Verschiedenheiten - nicht umsonst gibt es die Begriffe Agri- und Essenskultur - und die Frage, welche Lebensqualität sie schaffen, spielen in dieser risikozentrierten Diskussion erst recht keine Rolle.

Die Forderung von ANONYM (1998), daß sich Wissenschaftler - als Wissenschaftler, nicht als Privatpersonen - aus der Politik heraushalten sollen, wirkt vor diesem Hintergrund ernsthaft abwegig. Sie bestätigt die von VON WEIZSÄCKER (1996) gezogene Parallele zwischen der modernen Wissenschaft und der Inquisition bezüglich des Dogmatismus und der politischen Macht. Wenn man betrachtet, mit welch großem internationalen Vorsprung die USA mit GVO für den Einsatz in der Landwirtschaft auf den (Welt-)Markt drängen, ist offensichtlich, daß den Beitrag ANONYM (1998) gerade das bewegt, was er verurteilt: vitale ökonomische, d.h. außerwissenschaftliche Interessen.

KOWARIK (1996) kommt auf der Grundlage von Überlegungen zur Trennung von Analyse und Bewertung zu dem Schluß, daß es ökologische Schäden nicht geben könne - sofern Ökologie als Natur- und nicht als Leitwissenschaft verstanden werde -, da Schaden ein anthropozentrischer Terminus sei. Zum Schaden würden ökologische Veränderungen erst im Kopf des Betrachters: durch Abgleich mit dessen Wertvorstellungen und Zielsetzungen. Die Feststellung der ökologischen Veränderung sei dagegen eine naturwissenschaftliche Leistung. Die ökologische Analyse und ihre Bewertung seien getrennt und jeweils nachvollziehbar vorzunehmen. KOWARIK (1996) meidet den Begriff 'ökologische Risiken', was nahelegt, daß er ihn mit der gleichen Begründung ablehnt wie den Begriff der ökologischen Schäden.

Ich schließe mich dieser Argumentation gegen die Verwendung des Begriffs 'ökologische Schäden' bzw. auch 'ökologische Risiken' aus zwei Gründen nicht an. Zum einen gibt es die gedanklich vorgestellte Trennung zwischen als objektiv gedachter (Natur-)Wissenschaft und subjektiver Bewertung in der Realität nicht. Es fließt auch in die noch so sehr um Objektivität bemühte Wissenschaft der Standpunkt der Untersuchenden ein. Das gilt von der Wahl des Forschungsgegenstandes, über den Blickwinkel der Betrachtung bis zur Versuchsanordnung und der Interpretation der Ergebnisse (KOLLEK

1988, BRECKLING 1993, BANSE 1996). Das bedeutet, daß es nicht ausreicht, den Bewertungsgehalt der Begriffe 'ökologische Risiken' und 'ökologische Schäden' dadurch bewußt zu machen, daß, wie von KOWARIK (1996) vorgeschlagen, stattdessen Formulierungen wie 'Wahrscheinlichkeit unerwünschter Auswirkungen' bzw. 'unerwünschte Auswirkungen' gewählt werden. Vielmehr darf die Reflexion und Offenlegung von Bewertungsprozessen vor der wissenschaftlichen Analyse nicht halt machen. Es erscheint mir notwendig, die zwangsläufige Verflechtung von Wissenschaft und Bewertung auch hier zu reflektieren, sie wahrzunehmen, offenzulegen und bewußt damit umzugehen. Dazu gehört, daß die kulturellen Kontexte, die Weltbilder, Naturbilder und Interessen der Forschenden und derer, die Forschungsergebnisse als Handlungsgrundlage heranziehen, Bestandteil der wissenschaftlichen und gesellschaftlichen Auseinandersetzung um Forschung, ihre Anwendung und ihre Folgen werden (POTTHAST 1996, HOHLFELD 1997). Das Bewußtsein dafür, daß zumeist zunächst unbewußt Werthaltungen auch in die für objektiv gehaltene Wissenschaft Eingang finden, sollte es jedoch WissenschaftlerInnen erleichtern, sich aktiv und bewußt in Bewertungsprozesse einzubringen.

Ein weiterer, pragmatischerer Grund, den Begriff der ökologischen Risiken zu verwenden ist, daß er ein lebendiger Begriff der internationalen Literatur sowie der wissenschaftlichen und öffentlichen Diskussion ist. Dies wird dadurch, daß es unterschiedliche Definitionen und Interpretationen dieses Begriffs gibt - was schon für den des Risikos als solchen gilt (BANSE 1996) - noch unterstrichen. Offenbar werden aus der Sicht derjenigen, die den Begriff gebrauchen, Inhalte, Urteile oder Absichten transportiert, die zweifellos der Diskussion, Auseinandersetzung und Präzisierung bedürfen. Jedoch kann und wird vermutlich erst dieser Prozeß den Sprachgebrauch verändern.

## 2 Wandel des ökologischen Risikobegriffs in der Gentechnikdiskussion - zentrale Beiträge von ÖkologInnen

### 2.1 Die frühe Gentechnik-Risikodiskussion

Die Diskussion über die Risiken der Gentechnik nahm ebenso wie die Gentechnik selbst ihren Ausgang in den USA. Dort riefen kurz nach der Konstruktion der ersten gentechnisch veränderten Organismen (GVO) ForscherInnen, die zu den Pionieren der Gentechnikentwicklung gehörten, zu einer Selbstbeschränkung der Forschung auf.

Begründet wurde dies mit der Neuartigkeit des Eingriffspotentials und der Nichtvorhersagbarkeit der Folgen (BERG & al. 1974, 1975). Das hatte entscheidenden Einfluß auf den weiteren Verlauf der Gentechnik-Risikodiskussion, auch wenn festzuhalten bleibt, daß die Bedenken **nach** dem wissenschaftlichen Durchbruch geäußert wurden. Auch waren die Motive der Bedenkenträger möglicherweise weniger die Risikovorsorge als der Versuch, den erwarteten, deutlich restriktiveren Regelungen der Behörden zuvorzukommen. Ebenso scheinen die von der Öffentlichkeit befürchteten Reaktionen eine Rolle gespielt zu haben. Für diese Interpretation der Ereignisse in den USA liefert WRIGHT (1994, zitiert nach GREENBERG 1995) Belege. Bei der späteren Gentechnik-Gesetzgebung in der Bundesrepublik scheint sich ähnliches wiederholt zu haben.

Ökologische Risiken standen anfänglich sehr im Hintergrund und wurden weniger beschrieben als nur erwähnt, dies allerdings mit drastischeren Worten als heute im allgemeinen. BERG & al. (1974, 1975) schreiben z.B. von *potential biohazards, harmful products, ecological disruption.*

Daß nur sehr vage Vorstellungen von ökologischen Risiken bestanden, läßt sich aus dem damaligen Stand der Gentechnik und dem Kreis der WissenschaftlerInnen erklären, die die frühe Gentechnikforschung und -Risikodiskussion bestritten. Im Vordergrund standen Arbeiten mit Bakterien und Viren. Sowohl die frühen GentechnikerInnen als auch die Grundlagen für ihre Experimente kamen aus der Molekularbiologie, Mikrobiologie, Virologie, Physik und (Bio-) Chemie und nicht aus der Ökologie, Populationsbiologie, Evolutionstheorie, Pflanzen- und Tierzüchtung oder Landwirtschaft. Als Risiken wurden vor allem eine mögliche Pathogenität bzw. Pathogenitätssteigerung oder Toxizität der GVO für Menschen wahrgenommen. Man dachte sogar bereits daran, daß die Verbreitung rekombinanter Antibiotikaresistenzgene den humantherapeutischen Einsatz von Antibiotika gefährden könnte (BERG & al. 1974).

Zur Gefahrenabwehr entwarfen BERG & al. (1975) ein Konzept physikalischer und biologischer Containmentmaßnahmen, die die Konfrontation der Umwelt mit GVO reduzieren sollten, ebenso wie die Verbreitung der GVO und der rekombinanten Gene in der Umwelt. Die Strenge dieser Maßnahmen orientierte sich an der angenommenen Höhe des Risikos. Dieses Konzept findet sich nicht wesentlich verändert in der EU-Richtlinie 90/219/EWG zum Einsatz der Gentechnik in geschlossenen Systemen wieder. An Arbeiten im industriellen Maßstab, an transgene Tiere und Pflanzen wurde Mitte der 70er Jahre noch kaum gedacht. Absichtliche Freisetzungen wurden zunächst ausgeschlossen. Sofern überhaupt Vorstellungen zu ökologischen Risiken geäußert wurden, dachte man vor allem an eine mögliche Pathogenität rekombinanter Mikroorganismen und Viren für Pflanzen und Tiere (BERG & al. 1974). Außerdem wurden "neue Stoffwechselleistungen" in rekombinanten Mikroorganismen, die "ihre Beziehungen zur Umwelt verändern", als potentiell gefährlich erkannt (BERG & al. 1975).

Wie sehr die frühe Gentechnik auf die Perspektive der MikrobiologInnen und VirologInnen und ihrer Disziplinen beschränkt war, geht daraus hervor, wie TOLIN & VIDAVER (1989) ihre Aufgabe und die anderer BotanikerInnen im RAC, dem *Recombinant DNA Advisory Committee* der USA, beschreiben, das die US-amerikanischen Gentechnik-Richtlinien ausarbeiten sollte: "....und mußten häufig prominente Wissenschaftler daran erinnern, daß Pflanzen, ebenso wie Menschen und Tiere, eukaryontische Organismen sind, und daß gentechnische Forschung auch mit anderen Organismen als *E. coli* und menschlichen Krankheitserregern durchgeführt wird."

## 2.2 Absichtliche Freisetzungen, "Paradigmenwechsel"

Überlegungen zu absichtlichen Freisetzungen kamen Anfang der 80er Jahre auf. Das stellte im Grunde die bis dahin herrschende Sicherheitsphilosophie auf den Kopf. Die damit auftretenden Widersprüche zwischen verschiedenen Argumentationen wurden in den folgenden Jahren nicht wirklich aufgelöst. Zugunsten eines geringen Gentechnikrisikos wurde und wird im wesentlichen auf der Grundlage zweier allerdings kontradiktorischer Gedanken argumentiert. Zum einen sollen GVO so künstlich sein, daß sie andere Arten in der Umwelt praktisch nicht beeinflussen. Zum anderen sollen sie so natürlich sein, daß sie sich in natürliche Prozesse so einfügen, daß diese zur Kontrolle der GVO ausreichen. Im Lauf der Diskussion gewann das zweite Argument an Bedeutung. Die Auseinandersetzung um die mit diesen Grundvorstellungen verbundenen Konzepte läßt sich zum guten Teil als eine Auseinandersetzung zwischen den o.g. Disziplinen beschreiben, der Virologie, Molekular- und Mikrobiologie einerseits und der Ökologie, Populations- und Evolutionsbiologie andererseits, deren VertrerInnen sich zunehmend in die Diskussion einschalteten.

## 2.3 Auseinandersetzung mit den Risiken absichtlicher Freisetzungen

1985, ein Jahr vor der ersten Freisetzung transgener Pflanzen, eröffnete BRILL mit seinem Artikel *"Safety concerns and genetic engineering in agriculture"* in *Science* die Diskussion um ökologische Risiken absichtlicher Freisetzungen von GVO - d.h. genauer um ökologische Folgen. Das Wort Risiko kommt in diesem Artikel nicht vor. BRILL (1985) nennt bezogen auf die Freisetzung von Pflanzen nur eine Sorge:

*weediness*, worunter er anscheinend sowohl das Unkrautverhalten von Nutzpflanzen auf Ackerflächen als auch die Auswilderung und Invasion von Nichtagrarstandorten versteht. Er diskutiert weder die Möglichkeit von Auskreuzungen, noch geht er auf die gentechnisch vermittelten neuen Eigenschaften ein und deren möglichen Einfluß auf das Verhalten der transgenen Pflanzen in der Umwelt. Evtl. unbeabsichtigte Nebenwirkungen der Transforma- tion sind für BRILL (1985) erst recht kein Thema. Zur Bewertung zieht der Autor den Vergleich mit konventionellen Techniken und deren Risiken und kommt zu der bemerkenswerten Einschätzung, daß die Auswirkungen von GVO leichter prognostizierbar seien als diejenigen konventionell gezüchteter Lebewesen und es keinesfalls häufiger zu unerwünschten Effekten kommen sollte (s.a. COLWELL & al. 1985).

Die Replik von COLWELL & al. (1985) in *Science* hebt den anderen Blickwinkel von ÖkologInnen und die Notwendigkeit hervor, die ökologischen Risiken von GVO interdisziplinär zu erforschen. Im übrigen werden BRILLs Annahmen harsch kritisiert und bereits viele Überlegungen und Szenarien zum ökologischen Risiko von GVO formuliert, die in der Stellungnahme der Ökologischen Gesellschaft von Amerika ausgeführt sind (TIEDJE & al. 1989, s.u.). Bemerkenswert ist, daß COLWELL & al. (1985), wahrscheinlich in Reaktion auf BRILLs vage Aussagen, ausdrücklich "ausreichend quantitative Information über Schadenspotentiale" fordern. Risikoforschung solle diese zum Ziel haben. Ähnliche Forderungen finden sich beim englischen Ökologen CRAWLEY (1990), während die dänischen bzw. deutschen Ökologen FREDSHAVN (1993) und WÖHRMANN & al. (1996) am Beispiel Raps vor Augen führen, daß z.B. Auskreuzungsraten über einen so weiten Bereich variieren, daß eine quantitative Abschätzung der Auskreuzung und ihrer Auswirkungen praktisch nicht möglich sei.

## 2.4 Eine zentrale Stellungnahme von ÖkologInnen in den USA 1989

Die Stellungnahme der Ökologischen Gesellschaft von Amerika (TIEDJE & al. 1989) zur vorsätzlichen Freisetzung von GVO stellt einen Meilenstein der Diskussion ökologischer Risiken dar. Hier werden eine Reihe von Freisetzungsfolgen als unerwünscht charakte-risiert, die es zu vermeiden gelte (s. Tabelle 1). Darunter fällt u.a. das Auskreuzen von Krankheitsresistenz- und Herbizidresistenzgenen in Unkräuter, die Verdrängung wilder oder eingebürgerter Arten oder Populationen und die Verschwendung natürlicher Ressourcen, wie z.B. *Bacillus thuringiensis*. Der Einsatz letzterer in der biologischen Schädlingsbekämpfung ist durch transgene Pflanzen gefährdet, die aus diesen Bakterien stammende Toxine bilden und die Resistenzentwicklung bei den Schädlingen beschleunigen. Die Fähigkeit eines GVO, in der Umwelt zu persistieren oder die Trans-Gene auf andere Organismen zu übertragen, werden von TIEDJE & al. (1989) als Warnsignale verstanden, die Risikountersuchungen erfordern.

TIEDJE & al. (1989) legen außerdem klar, daß und warum GVO im allgemeinen genauer geprüft werden müssen als konventionell hergestellte Produkte: "Organismen mit neuen Merkmalskombinationen werden im Durchschnitt mit größerer Wahrscheinlichkeit eine neue ökologische Rolle spielen als Organismen, die durch die Rekombination von genetischer Information hergestellt wurden, die aus nur einer evolutionären Linie stammt." Die Autoren unterbreiten ein detailliertes Konzept zur Risikoermittlung, -abschätzung und Regulierung. Sie fordern Einzelfallbetrachtungen, solange bis die Ergebnisse aus Risiko- und Begleitforschung eine Eingruppierung der Organismen in Risikoklassen erlauben (*case by case* Prinzip). Des weiteren soll in der Abfolge Labormikro- und -mesokosmosstudien, Gewächshausversuche, kleinflächige Freisetzungen, großflächige Freisetzungen nur dann der jeweils nächste Schritt erfolgen, wenn der vorangehende keine unannehmbaren Risiken aufgezeigt hat (*step by step* Prinzip). Eine detaillierte Kriterienliste dient dazu,

## Tabelle 1:
## Overview of the types of desirable outcomes to be avoided

**(nach TIEDJE & al. 1989)**

- **Creation of new pests**
  e.g. salt-tolerant transgenic rice invading estuaries
- **Enhancement of the effects of existing pests**
  through hybridization with related transgenic crop plants
  e.g. acquisition by weeds of engineered disease or herbicide resistance
- **Harm to nontarget species**
  e.g. viruses with broadened host range
- **Disruptive effects on biotic communities**
  e.g. the elimination of wild or desirable naturalized species through competition or interference
- **Adverse effects on ecosystem processes**
  e.g. increased expression of microbial ligninase
- **Incomplete degradation of hazardous chemicals leading to the production of even more toxic by-products**
- **Squandering of valuable biological resources**
  e.g. the genes for toxins produced by strains of *Bacillus thuringiensis*

Problempunkte zu identifizieren, die einer eingehenden Prüfung bedürfen. Letztlich bleibt jedoch unklar, wie das Ergebnis einer Prüfung anhand der Kriterienliste bewertet werden soll. TIEDJE & al. (1989) betonen, daß die Angaben zu den Prüfkriterien (z.B. Vorkommen wilder oder verwilderter Verwandter, Veränderung des Wirtsspektrums) nur qualitativ oder halbquantitativ sein können und nicht zu einem Gesamtergebnis multiplizierbar oder summierbar sind.

### 2.5 Die weitere Entwicklung des ökologischen Risikobegriffs im Zusammenhang mit der Freisetzung transgener Pflanzen

In der weiteren Erforschung und Diskussion der ökologischen Risiken von transgenen Pflanzen durch ÖkologInnen stehen vor allem die folgenden Gefahren im Vordergrund:

- Fitnesserhöhung der transgenen Pflanzen bzw. ihrer Kreuzungspartner mit der Ge-fahr der Verunkrautung und der Invasivität,
- Resistenzbildung bei Zielorganismen, die bekämpft werden sollen, und
- Schädigung von Nichtzielorganismen.

ÖkologInnen sprechen sich für eine Einordnung der GVO in Risikoklassen aus, für die jedoch weiterhin schlüssige Konzepte fehlen. Als Warnsignale, die eine eingehende Risikoprüfung herausfordern, gelten die Persistenz der Empfängerpflanze, das Vorkommen von Kreuzungspartnern und bestimmte rekombinante Eigenschaften (siehe z.B. SNOW & MORAN PALMA 1997).

Vernachlässigt wird jedoch auch unter ÖkologInnen die selbstverständlich erscheinende Forderung von TIEDJE & al. (1989), die auch gern von Gentechnik-Befürwortern erhoben wird, daß der Phänotyp der GVO entscheidend für die Beurteilung der Risiken sei. Bei den Überlegungen zu den durch Trans-Gene vermittelten neuen Eigenschaften liegt der Fokus auf den bekannten Eigenschaften der eingeführten Gene. Unerwartete und unerwünschte "Nebenwirkungen" der gentechnischen Veränderung werden vernachlässigt, obwohl sie immer wieder auftreten. Dies beruht z.T. darauf, daß bei der Transformation von Pflanzen der Integrationsort der Trans-Gene nicht gesteuert werden kann und es für wirklich neue genetische Information auch keinen passenden Ort im Empfängergenom geben kann. Insertionsmutagenese, Positionseffekte, Rearrangements und pleiotrope Effekte (d.h. die Möglichkeit, daß ein Gen mehrere Wirkungen hat) können bei gentechnischen Veränderungen zu ebenso unvorhersehbaren wie u.U. risikorelevanten Folgen führen. Die Vernachlässigung des Gesamtphänotyps schlägt sich in der unterschiedlichen Interpretation dessen nieder, was unter Fall zu Fall Beurteilungen verstanden wird, welche allgemein von ÖkologInnen gefordert werden.

RAYBOLD & GRAY (1993) gehen relativ weit, indem sie jede Nutzpflanze und jedes Genkonstrukt als Fall betrachtet wissen wollen, wenn Hybridisierungsmöglichkeiten für die transgene Pflanze bestehen. Da aufgrund verschiedener Integrationsorte des Trans-Gens das gleiche Genkonstrukt auch in der gleichen Pflanzenlinie verschiedene Auswirkungen haben kann, müßten im Grunde alle Transformanten untersucht werden (WEBER 1995). Der Aufwand für eine eingehende Risikoprüfung in jedem Fall gilt aber als zu hoch (KAREIVA 1993). So plädieren ÖkologInnen für eine Vorabrisikoeinstufung, durch die Pflanzen mit bestimmten rekombinanten Merkmalen von gründlichen Risikountersuchungen ausgenommen werden. Dabei sind sie sich jedoch häufiger als GentechnikerInnen der Fehlstellen in der Risikoprüfung bewußt. Hierzu z.B. CRAWLEY (1990):
*".... Murphy's (safety of genetic releases) law should be borne in mind. This states that the biggest problems with genetically engineered organisms will come from those that look to be the 'safest' (i.e. from those cases where we perceive no risk at all)."*

## 3 Der ökologische Risikobegriff im Spannungsfeld zwischen Gentechnikregulierung und Risikoforschung

Das durch Gentechnik im Vergleich zu konventioneller Züchtung erweiterte Potential zur genetischen Veränderung von Organismen, die größere Eingriffstiefe und die spezifische Form der Ungezieltheit gentechnischer Veränderungen begründen einen Risikoverdacht (s.o.). Insbesondere die Konfrontation der Umwelt mit GVO führt zu nicht prognostizierbaren Wirkungen und Wirkungsketten, da die Vielfalt möglicher Kombinationen von ihrerseits sich ändernden Einflußfaktoren praktisch nicht erfaßt und modelliert werden kann. Freisetzungen stoßen räumlich und zeitlich unbegrenzte und nicht reversible Prozesse an, weshalb hohe Anforderungen an die Sicherheit gerechtfertigt sind.

Das Dilemma der Regulierung - und natürlich auch der ÖkologInnen, die die Behörden beraten wollen - ist, daß eine Vorsorge hinsichtlich im Detail nicht prognostizierbarer Risiken getroffen werden soll. Nicht nur über den Zeitpunkt und die Wahrscheinlichkeit des Eintretens von Schäden durch GVO besteht Unsicherheit, der Schaden selbst kann oft nicht im einzelnen vorhergesehen werden, da entsprechend detaillierte Wirkungsmodelle fehlen.

### 3.1 Der Wandel von Konzepten für den Umgang mit ökologischen Risiken

Das o.g. Konzept des schritt- und fallweisen Vorgehens und Prüfens im Vorfeld und bei der Durchführung von Freisetzungen zielt auf eine sukzessive Verbesserung der Datenlage und des Wissensstandes. Damit ist oft der Versuch verbunden, risikorelevante Auswirkungen der Freisetzungen zu verringern, wie z.B. das Auskreuzen der rekombinanten Gene oder das Überdauern der GVO *(field containment)*. Im übrigen plädieren z.B. COLWELL & al. (1985) und TIEDJE & al. (1989) dafür, das Wissen über die Ökologie nichttransgener Pflanzen zu nutzen bzw. zu vergrößern. Dieser Ansatz zur Risikoermittlung wird einerseits noch viel zu wenig ausgeschöpft, andererseits offenbart er, daß große Wissensdefizite bezüglich der Ökologie nichttransgener Organismen und in der Theorie der Ökologie bestehen. Beispielsweise standen die Kreuzbarkeit von Kulturpflanzen mit Wildpflanzen und die Auskreuzungsraten bisher nicht im Zentrum des Forschungsinteresses. Auch ist bisher weitgehend unbekannt, welche Rolle Pflanzenviren für die Populationsdynamik von Wildpflanzen spielen. Grundlegende ökologische Begriffe wie Stabilität und Sukzession sind nicht ausreichend geklärt (BRECKLING 1993), so daß die möglichen ökologischen Wirkungen transgener Organismen im Vergleich zu nichttransgenen auch wegen dieser Wissens- und Theoriedefizite schwer faßbar sind.

RAYBOLD & al. (1998) beispielsweise versuchen, durch die Untersuchung von nichttransgenen *Brassica*-Arten Aufschluß über die Wirkung von Trans-Genen zu erhalten. So soll die in der Natur vorkommende natürliche Variation von Chromosomenabschnitten, die Insekten- oder Virusresistenz vermitteln, im Vergleich zur Variation neutraler Marker Aussagen über die Bedeutung der Selektion für die Festlegung des Variationsmusters dieser Resistenzen ermöglichen. Des weiteren soll die ökologische Rolle der Variation der Insektenresistenz von Pflanzen geklärt werden, indem ihr Zusammenhang mit schädlingsverursachten Schäden, mit dem Vorkommen von Schädlingen und mit der Samenproduktion der betreffenden Pflanzen untersucht wird.

Im Zuge der Freilandversuche mit transgenen Pflanzen wurde immer offensichtlicher, daß GVO über ihr Ausbreitungsverhalten und den Transfer der rekombinanten Gene unaufhaltsam und nicht rückholbar mit ihrer Umgebung wechselwirken. Ebenso wurde offensichtlich, daß die bei kleinflächigen Freisetzungen gewonnenen Ergebnisse häufig nicht auf den geplanten Anbau extrapolierbar sind und daß ökologische Wirkungen der Ausbreitung von GVO oder rekombinanten Genen so nicht ermittelt werden können. Gentechnik-KritikerInnen weisen auf die beim großflächigen Anbau zu erwartenden größeren Risiken hin, z.B. durch absolut häufigere und fortgesetzte Trans-Gen-Auskreuzungen und Überdauerung oder Auswilderung transgener Pflanzen. Von Gentechnik-BefürworterInnen wurde die Entwicklung dagegen zunehmend mit einem *"does it matter?"* quittiert: Nicht mehr die Ausbreitung der GVO selbst oder ihrer Trans-Gene sollte ein Risiko darstellen, sondern die Folgen sollten jeweils im Hinblick auf ihre evtl. Schädlichkeit geprüft werden (s. z.B. GUNARY 1993) - eine Forderung, die bei kaum prognostizierbaren Prozessen ins Leere läuft und einer Umkehr der Beweislast gleichkommt. Über die ökologischen Wirkungen von beispielsweise durch GVO induzierten Resistenzentwicklungen oder Virusrekombinanten geben die von z.B. MILLER & GUNARY (1993) geforderten *worst case* Experimente im Freiland höchstens in dem Sinne Aufschluß, als die zu untersuchenden Risiken eingegangen werden, irreversible Folgen eingeschlossen.

MILLER & al. (1995) vertreten ein radikal additives Konzept. In der deutschen Gentechnik-Risikodiskussion wurde als additives Konzept die Vorstellung bezeichnet, daß sich die Eigenschaften eines GVO - von seltenen unter dem Restrisiko subsumierten Ausnahmen abgesehen - aus der Summe der Eigenschaften des Empfängerorganismus und dem (den) neuen Merkmal(en) vorhersagen lassen. Das synergistische Konzept geht dagegen aufgrund der Kontextabhängigkeit der genetischen Information von einer prinzipiellen Prognoseunsicherheit bezüglich der Eigenschaften von GVO aus (KOLLEK 1988, BONß & al. 1990, BERNHARDT & al. 1991). MILLER & al. (1995) fordern, daß die Risikoabschätzung von Organismen allgemein - nicht nur von GVO - anhand von Listen erfolgen soll, die die bekannten relevanten Daten zu den betreffenden Wildtyp-, genetisch unveränderten bzw. Ausgangsorganismen enthalten. Auf der Grundlage der so ermittelten *intrinsic risks*, des "inhärenten Risikos", der Organismen sollen sie einer Risikoklasse zugeordnet werden. Handelt es sich um genetisch veränderte Organismen, sollen deren bekannte (!) neue Eigenschaften zu einer Höher- oder Herabstufung im Vergleich zum Ausgangsorganismus führen können. Wie Umgebungsparameter in diesen *"algorithm"* einfließen sollen, bleibt weitgehend offen. Lediglich Kreuzungspartner werden genannt. Ihr Vorkommen soll zu einer Veränderung der Risikoklassifizierung führen können. Damit würden die risikorelevanten Eigenschaften und Parameter wie addierbare Größen behandelt, auch wenn sie dies offensichtlich nicht sind (TIEDJE & al. 1989).

### 3.2 Praxis des Umgangs mit ökologischen Risiken

In der Praxis wird gegen das Prinzip des fall- und schrittweisen Vorgehens massiv verstoßen. Teils wird es von der Regulierung nicht verlangt: Vereinfachte Genehmigungsverfahren für Freisetzungen, zumeist für mehrere Standorte gleichzeitig, wurden zuerst in den USA (1993) und dann auch in der EU (Entscheidung der EU-Kommission 1994, erstmalige Anwendung 1995) eingeführt. Dadurch bleibt vor allem die Freisetzungsumgebung weitgehend unberücksichtigt. Der Sinn der Freisetzungen wird ganz überwiegend darin gesehen, agronomisch relevante Daten zu erheben. Eine Untersuchung ökologischer Aspekte findet in den seltensten Fällen statt - SUKOPP & SUKOPP (1997) schätzen bei weniger als einem Prozent der Freisetzungen weltweit, aber immerhin bei ca. 15 % der Versuche in der Bundesrepublik Deutschland.

Auch vorgeschriebene Prüfungen werden häufig nicht durchgeführt und bekannte Risiken ignoriert, wie eine Untersuchung der ersten Vermarktungsgenehmigungen für transgene Pflanzen in den USA zeigte (PURRINGTON & BERGELSON 1995). Beispielsweise wurden teilweise gar nicht diejenigen transgenen Linien getestet, die schließlich in Verkehr gebracht wurden. Obwohl die Genehmigungsbehörde verlangt, daß das Ausbreitungspotential der transgenen Linien mit dem der Ausgangslinien verglichen wird, fehlt in etlichen genehmigten Anträgen dieser Vergleich. Häufig wurden zu diesem Prüfpunkt keine eigenen Untersuchungen vorgenommen, obwohl diese von der Behörde erwünscht sind. So wird in mehreren Fällen allen Ernstes angeführt, man habe die Sequenz des Trans-Gens in Augenschein genommen und keine Anhaltspunkte für ein Unkrautpotential gefunden, was nicht gerade überrascht. Schließlich werden die Genehmigungen für die untersuchten transgenen Linien und alle daraus zukünftig durch Hybridisierungen und Rückkreuzungen hergestellten Sorten erteilt. Damit wird der Einfluß des genetischen Hintergrunds auf die Wirkungen der Trans-Gene ignoriert. Alle diese Abweichungen vom Prinzip der Einzelfallprüfung und des schrittweisen Vorgehens wiegen umso schwerer, als es sich hier nicht um Freisetzungs- sondern um Anbaugenehmigungen handelt, mit denen die transgenen Pflanzen in einen gänzlich unkontrollierten Status entlassen werden.

Es wurden u.a. Inverkehrbringungen von Kürbis und Raps in USA und Europa genehmigt, obwohl beide Pflanzen rasch mit in den USA bzw. Europa vorkommenden wilden Verwandten Nachkommen bilden, die Wildpflanzencharakter zeigen und die Trans-Gene enthalten. Im Fall des virusresistenten transgenen Kürbis wurde gezeigt, daß die Auskreuzungsprodukte unter starkem Virusbefall die wilden Verwandten in ihrer Fitness übertreffen (FUCHS & GONSALVES 1998).

### 3.3 Ergebnisse gezielter Risikoforschung

Die großen Wissensdefizite auf dem Gebiet der ökologischen Wirkungen transgener Organismen waren (bisher) erstaunlich wenig Anlaß für gezielte Forschung. Nicht nur, daß bei den wenigsten Freisetzungen die Chance ergriffen wird, ökologische Begleitforschung zu betreiben, auch gezielte Risikoforschung ist selten. In die Risikoforschung fließen insgesamt nur wenige Prozent der staatlichen Fördermittel, die in die Entwicklung der Gentechnik investiert werden (DOLATA 1996). Dennoch hat es interessante Forschungsresultate gegeben, die frühere Risikoannahmen und -szenarien bestätigten, die zuvor von Gentechnik-Befürworterseite als haltlose Spekulationen abgetan worden waren:

Beispielsweise stellte sich heraus, daß RNA-Pflanzenviren mit in Pflanzen klonierten viralen Sequenzen rekombinieren können. Solche Rekombinationen können sogar relativ häufig auftreten, auch ohne daß ein relevanter Selektionsdruck erkennbar ist. Die Fitness von Virusrekombinanten übertrifft zudem u.U. entgegen den Erwartungen die der Ausgangsviren. Rekombinationen können das Wirtsspektrum der Viren und die durch sie hervorgerufenen Krankheitsbilder verändern. Davon könnten Kultur- ebenso wie Wildpflanzen betroffen sein. Bis zum Beweis des Gegenteils 1986 wurde bezweifelt, daß RNA-Viren überhaupt rekombinieren können (s. detailliert in ECKELKAMP & al. 1997a, WEBER & al. 1998).

Auch das Auskreuzungsverhalten von Raps, der gemeinhin als gut untersuchte Nutzpflanze gilt, sorgte bei näherer Untersuchung für Überraschungen. Mit Unkrautrübsen (*Brassica campestris*) werden rascher und effektiver als angenommen Nachkommen gebildet, die das Trans-Gen aus gentechnisch verändertem Raps - im untersuchten Falle ein Herbizidresistenzgen - und die Fitness des Unkrauts in sich vereinen (MIKKELSEN & al. 1996). Vor kurzem experimentell ermittelte Auskreuzungsraten von transgenem Raps in Raps übertreffen die bisher ermittelten und erwarteten bei weitem (FELDMANN 1997). Auch sind Bestäubungen über wesentlich größere Entfernungen hinweg möglich, als aufgrund der Auskreuzungsraten zwischen weniger weit entfernten Rapspflanzen extrapoliert worden war (TIMMONS & al. 1995). Entsprechende Untersuchungen mit wildwachsenden Kreuzungspartnern von Raps gibt es noch kaum (s. ECKELKAMP & al. 1997b).

Neuere Untersuchungen mit verschiedenen insektenresistenten transgenen Pflanzen zeigen deren Potential, auch andere, z.T. nützliche Insekten zu schädigen. In zwei Fällen von *worst case* Experimenten muß die Bedeutung der Ergebnisse für die Freilandsituation noch ermittelt werden. So wurden durch den Verzehr von Maiszünsler-resistentem Mais, der ein Toxingen aus *Bacillus thuringiensis* enthält, nicht nur wie beabsichtigt Maiszünslerlarven *(Ostrinia nubilalis)* vergiftet. Wurden Maiszünslerlarven, die transgenen Mais gefressen hatten, an Florfliegenlarven *(Chrysoperla carnea)* verfüttert, unterlagen auch letztere einer erhöhten Sterblichkeit. Dieser Effekt trat auch dann auf, wenn Florfliegenlarven mit Larven der ägyptischen Baumwolleule *(Spodoptera littoralis)* gefüttert wurden, welche zuvor transgenen Mais gefressen hatten, obwohl das im Mais enthaltene *Bacillus thuringiensis* Toxin die Baumwolleulenlarven selbst nicht schädigt (HILBECK & al. 1998). In Fütterungsversuchen mit Proteinaseinhibitoren wurde die Sterblichkeit von Honigbienen erhöht und ihre Fähigkeit, Nahrungspflanzen zu finden, beeinträchtigt. Proteinaseinhibitoren sollen von transgenen Pflanzen zum Schutz vor Schädlingen gebildet werden, allerdings in Konzentrationen, durch die Fraßinsekten einer geringeren Dosis ausgesetzt wären als in den genannten Versuchen (PHAM-DELEGUE 1997). Im Fall von transgenen Kartoffeln mit einem Lectingen aus Schneeglöckchen handelte es sich um der Anbausituation nahe Gewächshausversuche. Hier wurden nicht nur wie erwünscht Blattläuse *(Myzus persicae)* geschädigt, sondern auch deren Gegenspieler, Marienkäfer *(Adalia bipunctata)* (BIRCH & al. 1997).

## 3.4 Zum Verhältnis von Risikoforschung und ökologischem Risikobegriff

Während zu Beginn der Gentechnik-Risikodiskussion viele Annahmen zu ökologischen Risiken als wissenschaftlich nicht haltbare Hypothesen galten, erfahren sie nach ihrer experimentellen Bestätigung eine andere argumentative Behandlung. Das Grundmuster der Argumentation rekurriert auf die 'Natürlichkeit' der nun nachgewiesenen Phänomene.

Beispielsweise wurde horizontaler Gentransfer zunächst für ausgeschlossen oder zumindest extrem unwahrscheinlich und selten gehalten. Jahrelang wurden kaum Experimente zu dieser Fragestellung unternommen, vor allem keine *worst case* Experimente im Labor mit dem Ziel zu klären, ob Trans-Gene horizontal übertragen werden können, und welche Bedingungen einen Transfer begünstigen. Die unter den gewählten Bedingungen erfolglosen Versuche, horizontalen Gentransfer nachzuweisen, dienten in der Diskussion dazu, die Unwahrscheinlichkeit des Phänomens zu untermauern, obwohl die Versuchsanordnungen kritisiert wurden (ECKELKAMP & al. 1997b, SANDERMANN & al. 1997). Experimente, die Hinweise auf die Übertragung rekombinanter Sequenzen von Pflanzen auf Pilze gaben (HOFFMANN & al. 1994), wurden wissenschaftlich nicht ernst genommen und abgebrochen, bevor die Ergebnisse eindeutig interpretiert werden konnten. 1997 berichteten schließlich auf einem Workshop des Umweltbundesamtes in Berlin zwei von einander unabhängige Arbeitsgruppen über Versuchsanordnungen, in denen das gesuchte Ereignis begünstigt wurde, indem homologe Rekombina- tionsmöglichkeiten geschaffen worden waren. In beiden Fällen wurde der horizontale Transfer rekombinanter Sequenzen von Pflanzen auf Bodenbakterien gezeigt (WACKERNAGEL 1997, GEBHARD & SMALLA 1998). Auch hier steht man bezüglich der Frage, was diese Ergebnisse für die Freilandsituation bedeuten, noch am Anfang der Forschung, aber man könnte sie auf dieser Grundlage gezielter angehen.

Im konkreten Fall wird, wie auch in anderen, in denen für unwahrscheinlich gehaltene Hypothesen experimentell bestätigt wurden, oft der spezielle Charakter der Versuchsanordnung hervorgehoben und weiterhin betont, daß es sich um möglicherweise zwar unvermutete, aber ganz natürliche Phänomene handle. Gerade letzteres trifft jedoch m.E. nicht zu und verdeutlicht, wie schwer plausible Hypothesen Eingang in die Fragestellungen einer gezielten Risikoforschung finden. Im Fall des horizontalen Gentransfers ist es die Hypothese, daß rekombinante Gene horizontal übertragen werden können, daß ihr Transfer möglicherweise häufiger stattfinden wird als der natürlich evolvierter Gene und daß er qualitativ andere ökologische und evolutionäre Folgen haben wird. Die in Pflanzen klonierten Gene stellen zumeist komplizierte Mosaike von DNA-Sequenzen aus ganz verschiedenen Organismen dar. Die Regulationseinheiten der Gene stammen oft aus Pflanzenviren, die aufgrund ihrer parasitären Existenzform Regulationssignale evolviert haben, die von Pflanzen **und** Bakterien "verstanden" werden. Auch die Sequenz der klonierten Strukturgene ist häufig in Hinblick auf eine starke Expression optimiert worden und weicht dadurch weitgehend vom Wildtyp ab. Evolvierte pflanzliche Gene mit ihrer für sie typischen Struktur und ihren Regulationselementen werden dagegen in Bakterien nicht ohne weiteres exprimiert und umgekehrt. Aufgrund ihrer spezifischen Konstruktionsmerkmale könnten daher in Pflanzen klonierte Gene mit höherer Wahrscheinlichkeit in Prokaryonten exprimiert werden als evolvierte pflanzliche Gene. Auch die Integration in prokaryontische Replikons könnte in den Fällen erleichtert sein, in denen die rekombinanten Genkonstrukte prokaryontische Gene oder Sequenzen enthalten. Risikovorsorge muß bedeuten, daß solche Hypothesen früher und intensiver bearbeitet werden. Sie muß außerdem die Option einschließen, daß, in Anerkennung tatsächlicher Erkenntnisgrenzen, Veränderungen ökologischer und evolutionärer Prozesse, die in ihren Folgen nicht absehbar sind, als Gefahr verstanden und behandelt werden.

### 3.5 Herausforderung an die ökologische Risikoforschung

Zwei gegenläufige Tendenzen charakterisieren demnach den Wandel des ökologischen Risikobegriffs in der Gentechnikdiskussion. Anfänglich wurden noch weitgehend unbekannte Risiken relativ ernst genommen. Allerdings gab es auch noch kaum Methoden und Vorhaben zur gentechnischen Veränderung von Organismen, die im Freiland eingesetzt werden sollten. Inzwischen sind ökologische Risiken, obwohl ihre Erforschung sehr vernachlässigt wurde, besser bekannt, und es wurden viele Annahmen zur Risikolosigkeit von GVO widerlegt. Dennoch werden mit transgenen Organismen verbundene Risiken allgemein und ökologische Risiken insbesondere immer weniger ernst genommen. Die Kommerzialisierung von GVO, die im Freiland angewandt werden sollen, und ihr tatsächlicher Einsatz schreiten dagegen rasch voran.

Diese Situation stellt eine dringende Herausforderung an die Weiterentwicklung sowohl der ökologischen Risikoforschung als auch der Regulierung dar. Bisher wird darauf allerdings noch kaum reagiert, so daß die Anwendung der Technologie einerseits und die Erforschung ihrer Risiken und eine angemessene Regulierung andererseits immer weiter auseinanderdriften. Insbesondere konzentriert sich weder die Risikoforschung noch die Regulierung auf die im Zuge des großflächigen Anbaus transgener

Pflanzen zu erwartende Situation in der Umwelt:

Bisher beziehen sich sowohl die ökologische Risikoforschung als auch die Regulierung auf transgene Pflanzen mit einem oder wenigen Trans-Genen und auf die Konfrontation der Umwelt mit einer dieser Pflanzen. Die absehbare, in Kürze eintretende Situation ist eine andere. Es werden bereits Pflanzen in Freisetzungsversuchen erprobt, die eine Vielzahl von ca. 15 Trans-Genen enthalten, darunter beispielsweise mehrere Herbizidresistenzgene (EUROPEAN COMMISSION 1997). Mit der Verbreitung dieser Pflanzen oder ihrer rekombinanten Gene in der Umwelt eröffnen sich weitergehende Risikoszenarien als die bisher vorgestellten. Des weiteren kommen mit dem Anbau vieler verschiedener gentechnisch veränderter Pflanzen andere Einwirkungen auf die Umwelt zustande als die bisher von der Forschung und Regulierung berücksichtigten. Mit einer bestimmten Nutzpflanzenart kreuzbare Wildpflanzen werden zunehmend einem Genfluß vieler verschiedener Trans-Genkonstrukte ausgesetzt sein, die auf die Populationsdynamik, Weiterentwicklung der Art und Speziation Einfluß nehmen. Da andererseits in ganz verschiedene Nutzpflanzenarten die gleichen Trans-Gene kloniert werden, ist damit zu rechnen, daß zukünftig der Genpool verschiedenster Wildpflanzenarten die gleichen Trans-Genkonstrukte enthält. Es wurde noch kaum darüber nachgedacht und geforscht, welche Auswirkungen auf die Populationsdynamik und -genetik von Wildpflanzen und mit ihnen in Wechselwirkung stehenden Organismen dies haben wird. Auch in Hinblick auf einen horizontalen Transfer von rekombinanten Genen wird das Zusammenwirken einer Vielzahl von Trans-Genen nicht berücksichtigt. Risikoforschungs- und -regulierungskonzepte, die diesen absehbaren Entwicklungen Rechnung tragen und mit ihnen Schritt halten, sind deshalb dringend erforderlich.

Indirekt wird auf die bestehende und zukünftige Situation mangelnder Risikoerfassung und -vorsorge insofern reagiert, als die Notwendigkeit eines Monitorings zunehmend erkannt wird, siehe z.B. die Arbeitstagung "Langzeitmonitoring von Umwelteffekten transgener Organismen" des Umweltbundesamtes (UBA 1996), das Gutachten des Rats von Sachverständigen für Umweltfragen (SRU 1998) und die Änderungsvorschläge zur EU-Richtlinie 90/220/EWG, die die Freisetzung und das Inverkehrbringung transgener Organismen regelt. Allerdings darf das nicht darüber hinwegtäuschen, daß die Entwicklung von Konzepten und Methoden des Monitorings von GVO und ihren Wirkungen in der Umwelt noch ganz am Anfang steht. Dennoch zeichnet sich ab, daß Monitoring auf den Ergebnissen von Risikoforschung aufbaut. Risikoforschung liefert die Grundlagen dafür, wonach und mit welchen Methoden im Rahmen des Monitorings gesucht werden soll. Insofern würde sich eine Schwerpunktverlagerung von der Risikoforschung auf das Monitoring negativ auf die Qualität beider auswirken. Zudem würde damit das Vorsorgeprinzip praktisch aufgegeben, obwohl eine Nachsorge im eigentlichen Sinne angesichts der Nichtreversibilität ökologischer und evolutionärer Wirkungen nicht möglich ist. Eine Intensivierung der Risikoforschung und der Aufbau von Monitoringkonzepten und -programmen müssen daher Hand in Hand gehen.

## 4 Fazit

Die Debatte über den ökologischen Risikobegriff in der Gentechnikdiskussion ist durch einen Wandel dieses Begriffs geprägt. Anfänglich wurde die Möglichkeit der Etablierung und evtl. Invasivität transgener Organismen ebenso wie die Auskreuzung oder horizontale Übertragung der Trans-Gene, teils noch kaum wahrgenommen, teils jedoch als - zumeist zwar unwahrscheinliches, aber doch erhebliches - ökologisches Risiko betrachtet. Dies geschah vor dem Hintergrund, daß mit Mikroorganismen und Viren gearbeitet wurde, deren Freisetzung nicht intendiert war, und auf der Grundlage eines Verständnisses von GVO, in dem deren Künstlichkeit im Vordergrund stand. Im Zuge der Entwicklung von transgenen Organismen für landwirtschaftliche Zwecke, die zwangsläufig im Freiland eingesetzt werden sollen, wird dieses Risikoverständnis immer mehr verdrängt und ignoriert. Dies steht im Gegensatz dazu, daß sich das Ausmaß und die Weise der Einwirkungen von transgenen Organismen auf die Umwelt deutlicher abzeichnen als zu Beginn der Diskussion. Eine Vielzahl verschiedener Trans-Genkonstrukte wird so in den Genpool von wildlebenden Arten Eingang finden. Zunehmend wird es sich dabei auch um offensichtlich Fitness-erhöhende Gene handeln, so daß eine deutliche Beeinflussung der Artenzusammensetzung von Lebensgemeinschaften zu erwarten ist. Dies gilt insbesondere für Freisetzungen von transgenen Kulturpflanzen in ihren Ursprungsgebieten. Auch in Nutzpflanzen muß mit einer unkontrollierten Verbreitung von Trans-Genen gerechnet werden, insbesondere wenn keine Maßnahmen ergriffen werden, die die Kontrolle unterstützen oder die Verbreitung behindern, wie z.B. die Deklaration der spezifischen gentechnischen Veränderung und die Einschränkung der Pollenübertragbarkeit der Trans-Gene. Solche Maßnahmen sind jedoch nicht vorgeschrieben und würden daher nur dann angewandt, wenn sie auch einen ökonomischen Vorteil böten. So wird die Kontrolle der Ausbreitung von Trans-Genen in Wildpflanzenpopulationen, auch im Sinne eines Monitorings, zusätzlich erschwert. Auch die Tatsache, daß durch gezielte Risikountersuchungen einige früh formulierte Hypothesen und Szenarien zu ökologischen Risiken von GVO untermauert wurden, hat nicht zu konkreten, an den Ergebnissen dieser Untersuchungen orientierten Sicherheitsmaßnahmen geführt. Stattdessen wird entweder die Vergleichbarkeit der gentechnischen Eingriffe mit natürlichen Prozessen oder mit der konventionellen Züchtung postuliert.

Es gibt eine Reihe von Gründen für diese Entwicklung, insbesondere die enormen Nutzen- bzw. genauer Gewinnerwartungen an den Gentechnikeinsatz in der Landwirtschaft, auch wenn diese in Anbetracht des Marktvolumens für Agrarbetriebsmittel - etwa im Vergleich zu dem von Medikamenten und Diagnostika - überschätzt erscheinen. Daß ökologische Risiken die (Weiter-)Entwicklung der Gentechnik zu landwirtschaftlichen Zwecken so wenig beeinflussen, hat seine Ursache aber auch darin, daß Gentechnik eine molekularbiologische Strategie ist. So werden oft Vorstellungen über die ökologischen Wirkungen transgener Organismen aus molekularbiologischen Experimenten abgeleitet, ohne daß Kenntnisse aus ökologischer Forschung ausreichend berücksichtigt werden. Zur Relativierung ökologischer Risiken tragen außerdem tatsächliche Wissensdefizite sowohl bezüglich der ökologischen Wirkungen nichttransgener Organismen als auch nicht abgeschlossene Prozesse der ökologischen Theoriebildung bei (s.u.). Bezogen auf die (De-)Regulierung der Gentechnik spielt eine Rolle, daß von ökologischen Risiken angenommen wird, daß sie sich im allgemeinen langsam und schleichend realisieren werden und nicht von unmittelbarer ökonomischer Relevanz sind. Auch wenn das Vorsor- geprinzip grundsätzlich befürwortet wird, so haben solche Distanzrisiken immer noch wenig Gewicht in der Diskussion.

Die Auseinandersetzung mit den unbeantworteten Fragen zu ökologischen Risiken von GVO macht offensichtlich, daß diese z.T. viel weitergehende ungelöste Probleme berühren. Bis heute gibt es keine schlüssigen Theorien, die die Mikroebene, die Molekularbiologie, mit der Makroebene, den Eigenschaften und dem Verhalten von Organismen, verbinden (BONß & al. 1993). Auch zwischen ökologischer und Evolutionstheorie gibt es wenig konzeptionelle Verbindungen (POTTHAST 1998). Der Versuch, die von GVO ausgehenden ökologischen Risiken abzuschätzen, führt hin zu offenen Fragen zur Funktionsweise und zu ökologischen Wirkungen auch von evolvierten oder konventionell gezüchteten Organismen. Zur Annäherung an die Komplexität der Realität sind Methoden- und Theorienpluralismus und Interdisziplinarität notwendig und sinnvoll (s.a. BONß & al. 1993, EWEN & al. 1998, POTTHAST 1998). Die oben skizzierte Situation macht auch deutlich, daß die Freisetzung und Vermarktung von GVO Wissen erwünschen läßt, das z.T. nicht und z.T. nicht kurzfristig gewonnen werden kann, sondern große Fortschritte in der Forschung und insbesondere in kritischer Interdisziplinarität erfordert. ÖkologInnen und ökologische Forschung sind dabei von zentraler Bedeutung: Einerseits für die Konzeption und Realisierung von ökologischer Risiko- und Begleitforschung sowie von Monitoringstrategien - andererseits für die Verdeutlichung der Komplexität ökologischer Prozesse und Zusammenhänge und der auf ihrer Grundlage begrenzten Möglichkeit von Prognosen über das Risiko oder die Risikolosigkeit der umweltoffenen Nutzung von gentechnisch veränderten Organismen.

## Literatur

Anonym, 1998: Label this science science-free. - Nature Biotechnology 16: 1

Banse, G., 1996: Herkunft und Anspruch der Risikoforschung. In: G. Banse (ed.): Risikoforschung zwischen Disziplinarität und Interdisziplinarität. - Edition Sigma, Berlin: 15-72

Berg, P., Baltimore, D., Boyer, H.W., Cohen, S.N., Davis, R.W., Hogness, D.S., Nathans, D., Roblin, R., Watson, J.D., Weissman, S. & N.D. Zinder, 1974: Potential biohazards of recombinant DNA molecules. - Science 185: 303

Berg, P., Baltimore, D., Brenner, S., Roblin, R. & M.F. Singer, 1974: Asilomar conference on recombinant DNA molecules. - Science 188: 991-994

Bernhardt, M., Weber, B. & B. Tappeser, 1991: Gutachten zur biologischen Sicherheit bei der Nutzung der Gentechnik. - Werkstattreihe Nr. 84, Öko-Institut e.V.

Birch, A.N.E., Geoghegan, I.E., Majerus, M.E.N., Hakkett, C. & J. Allen, 1997: Interactions between plant resistance genes, pest aphid populations and beneficial aphid predators. - In: Scottish Crop Research Institute (eds.): Annual Report 1996/97: 68-72

Bonß, W., Hohlfeld, R. & R. Kollek, 1990: Risiko und Kontext. Zum Umgang mit den Risiken der Gentechnologie. - Diskussionspapier 5/90, Institut für Sozialforschung, Hamburg

Bonß, W., Hohlfeld, R. & R. Kollek, 1993: Soziale und kognitive Kontexte des Risikobegriffs in der Gentechnologie. - In: Bonß, W., Hohlfeld, R. & R. Kollek (eds.): Wissenschaft als Kontext - Kontexte der Wissenschaft. - Junius-Verlag: 53-67

Breckling, B., 1993: Naturkonzepte und Paradigmen in der Ökologie - einige Entwicklungen. Wissenschaftszentrum Berlin (WZB) papers, FSII93-304, Berlin

Brill, W.J., 1985: Safety concerns and genetic engineering in agriculture. - Science 227: 381-384

Colwell, R.K., Norse, E.A., Pimentel, D., Sharples, F.E. & D. Simberloff, 1985: Genetic Engineering in Agriculture. - Science 229: 111-112

Crawley, M.J., 1990: The ecology of genetically engineered organisms: assessing the environmental risks. - In: Mooney, H.A. & G. Bernardi (eds.): Introduction of genetically modified organisms into the environment. - Wiley & Sons, New York: 133 - 150

Dolata, U., 1996: Riskante Beschleunigung - Gentechnik in Deutschland: eine politisch-ökonomische Bilanz. - Blätter für deutsche und internationale Politik 5: 577-586

Eckelkamp, C., Jäger, M. & B. Weber, 1997a: Risikoüberlegungen zu transgenen virusresistenten Pflanzen. - Umweltbundesamt Berlin (ed.): UBA-Texte 59/97

Eckelkamp, C., Mayer, M. & B. Weber, 1997b: Bastaresistenter Raps. Vertikaler und horizontaler Gentransfer unter besonderer Berücksichtigung des Standortes Wölfersheim-Melbach. - Werkstattreihe Nr. 100, Öko-Institut e.V.

European Commission, 1997: List of snifs circulated under article 9 of directive 90/220/EEC. - European Commission, Bruxelles

Ewen, C., Hahn, L. & B. Weber, 1998: Resilienzstrategien. - Gutachten im Auftrag des Wissenschaftlichen Beirats der Bundesregierung Globale Umweltveränderungen, Öko-Institut e.V.

Feldmann, S., 1997: Begleitforschung in Niedersachsen. - Vortrag beim Fachgespräch "Stand der Sicherheitsforschung zur Freisetzung gentechnisch veränderter Pflanzen" des Niedersächsischen Umweltministeriums, 16. Dezember 1997, Hannover

Fredshavn, J., 1993: Competitiveness of transgenic plants (sugar beet and oil seed rape). - Vortrag beim Symposium "Gene transfer: are wild species in danger?" 9.9.1993 Neuchâtel

Fuchs, M. & D. Gonsalves, 1998: Risk-assessment of gene flow from virus-resistant transgenic squash into a wild relative. - In: Ecological risks and prospects of transgenic plants, where do we go from here? A dialogue between biotech industry and science. 28.-31. January 1998, Universität Bern:

Gebhard, F. & K. Smalla, 1998: Transformation of Acinetobacter sp. strain BD413 by transgenic sugar beet DNA. - Applied and Environmental Microbiology 64: 1550-1554

Greenberg, D.S., 1995: Social irresponsibility. - Nature 374: 127 -128

Gunary, D., 1993: Field releases of transgenic plants, 1986-1992, an analysis. - OECD

Hilbeck, A., Baumgartner, M., Fried, P.M. & F. Bigler, 1998: Effects of transgenic Bacillus thuringiensis corn-fed prey on mortality and development time of immature Chrysoperla carnea (Neuroptera: Chrysopidae). - Environmental Entomology 27: 480-487

Hoffmann, T., Golz, C. & O. Schieder, 1994: Foreign DNA-sequences are received by a wild type strain of Aspergillus niger after co-culture with transgenic higher plants. - Current Genetics 27: 70-76

Hohlfeld, R. 1997: Alternativen in Pflanzenzüchtung und Pflanzenbau - ihre Leitbilder, Problemlösungstypen und Zukunftsentwicklung. - VDW Info 2: 21-14

Kareiva, P., 1993: Transgenic plants on trial. - Nature 363: 580-581

Kollek, R., 1988: "Ver-rückte" Gene. Die inhärenten Risiken der Gentechnologie und die Defizite der Risikodebatte. - Ästhetik und Kommunikation 18: 29 -38

Kowarik, I., 1996: Auswirkungen von Neophyten auf Ökosysteme und deren Bewertung. - In: Umweltbundesamt (ed.): Langzeitmonitoring von Umwelteffekten transgener Organismen: 119 -155

Lallès, J.P. & G. Peltre, 1996: Biochemical features of grain legume allergens in humans and animals. - Nutrition Reviews 54: 101-107

Mikkelsen, T.R., Andersen, B. & R.B. Jorgensen, 1996: The risk of crop transgene spread. - Nature 380: 31

Miller, H.I. & D. Gunary, 1993: Serious flaws in the horizontal approach to biotechnology risk. - Science 262: 1500-1501

Miller, H.I., Altman, D.W., Barton, J.H. & S.L. Huttner, 1995: An algorithm for the oversight of field trials in economically developing countries. - Bio/Technology 13: 955

Pham-Delègue, M.-H., 1997: Risk assessment of transgenic oilseed rape on the honeybee. - INRA, Laboratoire de neurobiologie comparée des invertèbres, 1-3

Potthast T., 1996: Transgenic organisms and evolution: Ethical implications. - In: Tomiuk, J., Wöhrmann, K. & A. Sentker (eds.): Transgenic organisms: Biological and social implication. - Birkhäuser Verlag, Basel: 227 -240

Potthast, T., 1998: Evolutionstherorie als Handlungsanleitung? Zum Verhältnis von Evolution, Biologie, Ökologie und Naturschutzethik. - Dissertation an der Universität Tübingen

Purrington, C.B. & J. Bergelson, 1995: Assessing weediness of transgenic crops: industry plays plant ecologist. - Tree 10: 340-342

Raybould, A.F. & A.J. Gray, 1993: Genetically modified crops and hybridization with wild relatives: a UK perspective. - Journal of Applied Ecology 30: 199 - 219

Raybould, A.F., Moyes, C.L., Maskell, L.C., Mogg, R.J., Wardlaw, J.C., Elmes, G.W., Edwards, M.L., Cooper, J.I., Clarke, R.T. & A.J. Gray, 1998: Predicting the ecological impacts of transgenes for insect and virus resistance in natural and feral populations of Brassica species. - In: Universität Bern (eds.): Ecological risks and prospects of transgenic plants, where do we go from here? A dialogue between biotech industry and science. 28.-31. January 1998, Universität Bern: 5

Sandermann, H., Rosenbrock, R. & D. Ernst, 1997: Horizontaler Gentransfer bei Herbizidresistenz? Der Einfluß von Genstabilität und Selektionsdruck. In: Brandt, P. (ed.): Zukunft der Gentechnik, Birkhäuser, Basel: 209 -220

Snow, A.A. & P. Moran Palma, 1997: Commercialization of transgenic plants: Potential ecological risks. - BioScience 47: 86 -96

Sukopp, U. & H. Sukopp, 1997: Ökologische Dauerbeobachtung gentechnisch veränderter Kulturpflanzen. - Berichte des Landesamtes für Umweltschutz Sachsen-Anhalt. Sonderheft 3: 53-70

Tiedje, J.M., Colwell, R.K., Grossman, Y.L., Hodson, R.E., Lenski, R.E., Mack, R.N. & P.J. Regal, 1989: The planned introduction of genetically engineered organisms: ecological considerations and recommendations. - Ecology 70: 298-315

Timmons, A.M., O`Brien, E.T., Charters, Y.M., Dubbels, S.J. & M.J. Wilkinson, 1995: Assessing the risk of wind pollination from fields of genetically modified Brassica napus ssp. oleifera. - Euphytica 85: 417-421

Tolin, S.A. & A.K. Vidaver, 1989: Guidelines and regulations for research with genetically modified organisms: a review from academe. - Ann. Rev. Phytopathol. 27: 551-581

UBA, 1996: Langzeitmonitoring von Umwelteffekten transgener Organismen. Arbeitstagung am 5./6. Oktober 1995 in Berlin. - UBA-Texte 58/96

SRU, Der Rat von Sachverständigen für Umweltfragen, 1998: Umweltgutachten 1998: Umweltschutz: Erreichtes sichern - Neue Wege gehen. - Metzler-Poeschel, Stuttgart

van den Daele, W., Pühler, A., Sukopp, H., Bora, A., Döbert, R., Neubert, S. & V. Siewert, 1996: Grüne Gentechnik im Widerstreit. - VHC, Weinheim

von Weizsäcker, C., 1996: Biodiversity Newspeak. - In: Baumann, M., Bell, G., Koechlin, F. & M. Pimbert (eds.): The life industry, biodiversity, people and profits: 53 -68

Wackernagel, W., 1997: Beitrag zum Arbeitsgespräch "Verbreitung und Etablierung rekombinanter DNA in der Umwelt" des Umweltbundesamtes in Berlin am 24.11.1997

Weber, B., 1995: Überlegungen zur Aussagekraft von Risikoforschung zur Freisetzung transgener Pflanzen. - In: Albrecht, S., Beusmann, V. (eds.): Ökologie transgener Nutzpflanzen: 111-126

Weber, B. E. G., Jäger, M. & C. Eckelkamp, 1998: Ökologische Risiken gentechnisch veränderter virusresistenter Pflanzen. - Verhandlungen der Gesellschaft für Ökologie 28: 345-354

Wöhrmann, K., Tomiuk, J. & P. Braun, 1996: Die Problematik der Freisetzungen transgener Organismen aus der Sicht der Populationsbiologie. Eine Literaturübersicht. - In: Arbeitsmaterialien zur Technikfolgenabschätzung und -bewertung der modernen Biotechnologie. Biogum, Universität Hamburg: 16 -21

Wright, S., 1994: Molecular politics: developing american and british regulatory policy for genetic engineering, 1972-1982. - University of Chicago press

# Die behördliche Risikoabschätzung bei der Freisetzung von gentechnisch veränderten Organismen (GVO)

Ulrike Middelhoff

*Ökologie Zentrum an der Christian Albrechts Universität zu Kiel, Schauenburgerstr.112, D-24118 Kiel, e-mail: uli@pz-oekosys.uni-kiel.de*

## Synopsis

Ecological risks and harmful effects are not yet exactly defined. At least because of lacking knowledge, the causal analysis referring an imagined damage to a specific genetical modification must fail. Neither is it possible to figure out the likelihood of an identified hazard based on the frequencies of the causal steps leading to it. The licensing procedure practiced by German authorities focuses on the requirement of these precise descriptions, in order to obtain a definite result. As the law does not provide a procedure to consider specific states of not-knowing, the practice of the risk assessment is in permanent conflict with the fact that the lacking knowledge does not allow precise prognoses. The situation is aggravated by the fact that the law refers to the present state of science. This excludes the legal obligation of an applicant to further testing either before, during or after the application in order to improve the knowledge. This remains a public task.

In this context facing the fact that deliberate releases of genetically modified organisms are steadily increased, there is a minimum claim that the risk assessment should focus on a systematic naming of gaps in the knowledge. This on the other hand requires a technical discussion leading to criteria about which gaps may be filled with which methods and where the knowledge base does not allow reliable predictions. The latter situation causes, even under the present legal position, that an approval can not be granted.

Keywords : *genetically modified organisms, release, harmful effects, risk assessment*

Schlüsselwörter: *gentechnisch veränderte Organismen (GVO), Freisetzung, Schaden, Risiko-Abschätzung*

## 1 Einleitung

Seit 13 Jahren werden weltweit gentechnisch veränderte Pflanzen und seit 11 Jahren auch gentisch veränderte Mikroorganismen freigesetzt. Spätestens seitdem werden auch die ökologischen Risiken solcher Freisetzungen diskutiert. Die öffentliche Diskussion um diese Vorhaben wird sehr heftig geführt, wobei vor allem die „kritische Öffentlichkeit" einerseits und die Anwender (VertreterInnen von Firmen und Universitäten) andererseits konträre Positionen vertreten, ohne daß derzeit eine Aussicht auf Konsens besteht. Bisher sind ÖkologInnen an diesen Auseinandersetzungen eher am Rande beteiligt, obwohl ihre fachlichen Kenntnisse bei Freisetzungen von gentechnisch veränderten Organismen (GVO) von zentraler Bedeutung sind. Einer der Gründe für diese unbefriedigende Situation ist, daß weder ökologische noch gesundheitliche Risiken, oder ökonomische und soziale Folgewirkungen der freisetzungsorientierten Gentechnik im Vorfeld untersucht und abgeschätzt wurden. Und auch seitdem GVO freigesetzt werden, werden nur selten ökologische Parameter untersucht. Die Förderung von Folgenforschung steht auch derzeit in keinem Verhältnis zu den finanziellen Aufwendungen zu Gunsten der Etablierung von Gentechnik als „Schlüsseltechnologie des 21. Jahrhunderts". Einzelarbeiten zur Risikoabschätzung werden eher sporadisch angefertigt und sind keinem kohärenten, übergeordneten Risikoforschungskonzept zuzuordnen (siehe WEBER in diesem Band).

Seit der Verabschiedung des Gentechnikgesetzes 1991 übernehmen es FachwissenschaftlerInnen in den Genehmigungsbehörden, die ökologischen Auswirkungen von konkreten Freisetzungsvorhaben zu beurteilen. Die Möglichkeiten und Grenzen, grundsätzlich und unter den gegebenen Rahmenbedingungen eine verläßliche, angemessene Risikoabschätzung vorzunehmen, sollen im folgenden Text analysiert und diskutiert werden. Zuerst wird ein kurzer Überblick über Freisetzungen in Deutschland und die Entwicklung bis zum freien Verkauf von gentechnisch verändertem Saatgut in der EU gegeben. Anschließend wird ein aktuelles Konzept der behördlichen Risikoabschätzung vorgestellt. Anhand eines Beispiels werden einige Aspekte der Rechtsgrundlage sowie Teilschritte der Risikoanalyse erläutert und problematisiert. Abschließend werden Vorschläge für einen dringend erforderlichen, angemesseneren Umgang gemacht.

## 2 Die derzeitige Freisetzungssituation

In Deutschland wird seit dem legendären Versuch mit gentechnisch veränderten Petunien im Jahr 1990 zu Forschungzwecken freigesetzt. Bis April 1998 wurden 66 Freisetzungen genehmigt, wobei eine Genehmigung für mehrere GVO oder Standorte gelten kann (siehe Übersicht Nr.1, Robert-Koch Institut (RKI) 1998). Die Gesamtzahl der genehmigten Freisetzungen, als je ein GVO an einem Standort, beläuft sich bis April 1998 tatsächlich auf insgesamt 101. Hiervon wurden in 8 Fällen andere Organismen als die Hauptkulturarten Kartoffeln, Mais, Raps und Zuckerrüben freigesetzt. In den Versuchen werden in der Regel anbaurelevante Parameter (Ertrag und Ausprägung der gentechnischen Veränderung) untersucht. Die gentechnischen Veränderungen orientieren sich im wesentlichen an der Machbarkeit (monogene Eigenschaften; höhere Erfolgsraten bei Zweikeimblättrigen) und an wirtschaftlichen Interessen. Paradepferde sind die gentechnisch vermittelten Resistenzen gegen Totalherbizide. So werden bei der Hälfte der Versuche Pflanzen verwendet, die gentechnisch gegen ein Totalherbizid resistent gemacht wurden. Allmählich kommen auch Pflanzen mit Resistenzen gegen Krankheitserreger oder veränderten Pflanzeninhaltsstoffen ins Freiland (Siehe Übersicht Nr.1). Pflanzen, deren gentechnisch vermittelte neue Eigenschaft sich nicht gleichzeitig als Marker verwenden läßt (wie z.B. Herbizidresistenz), enthalten häufig ein zusätzliches Gen für eine Antibiotikaresistenz.

Etwa die Hälfte der Antragsteller von Freisetzungsexperimenten sind Saatzuchtfirmen. Für sie ist der Freisetzungsversuch der erste Schritt auf dem Weg zur Vermarktung eines neuen Saatgutes. Die Vermarktung einer neuen Sorte kann erst erfolgen, wenn diese auch anerkannt ist. Hierfür ist, ob GVO oder herkömmliche Pflanze, eine Prüfung an mehreren Standorten vorgeschrieben. Damit die Firmen die hierfür notwendigen Freisetzungen eines oder mehrerer GVO an mehreren Standorten ohne größeren Verwaltungsaufwand durchführen können, stellt der Gesetzgeber seit 1996 das sogenannte „vereinfachte Verfahren" bereit. Die Bearbeitungsdauer durch die Behörden beträgt hier nur noch zwei Wochen gegenüber drei Monaten im sogenannten Basisverfahren. Es wird in solchen Fällen angewandt, in denen davon ausgegangen wird, daß über den betreffenden GVO schon genügend Information verfügbar ist, daß eine eingehende Prüfung nicht mehr für notwendig erachtet wird. Mit dieser Begründung werden für bereits genehmigte GVO (siehe Übersicht Nr.1)

**Übersicht Nr. 1**
**Freisetzungsversuche mit gentechnisch veränderten Organismen in Deutschland**
**(Stand April 1998)**

| angestrebte neue Eigenschaft | Anzahl |
|---|---|
| Herbizidresistenz (Basta, Roundup) | 32 |
| Virusresistenz | 10 |
| veränderter Kohlenhydratstoffwechsel | 8 |
| verändertes Fettsäurespektrum | 5 |
| veränderte Blütenfarbe | 4 |
| Pilz-, Bakterienresistenz | 3 |
| Markierung* | 3 |
| Enzymproduktion | 1 |
| Freisetzungsversuche insgesamt | 66 |

* gentechnisch veränderte Bakterien und Baumart

weitere Freisetzungsstandorte nachgemeldet. Konzerne, die schon international freigesetzt haben, können auf dieser Basis zusammen mit einem Freisetzungsantrag auch einen Antrag auf das vereinfachte Verfahren stellen, so daß sie ihre Versuche in Deutschland sofort an mehreren Standorten durchführen. Inzwischen werden in Deutschland 13 gentechnisch veränderte Pflanzenarten zusätzlich nach dem vereinfachten Verfahren freigesetzt (siehe Übersicht Nr.2, RKI 1998). Die Gesamtzahl der genehmigten Freisetzungen (je ein GVO an je einem Standort) in Deutschland erhöht sich damit drastisch. Das RKI (1998) gibt an, daß in Deutschland bis zum 21.7.1998 insgesamt 277 Freisetzungen genehmigt wurden.

Die letzte Hürde zum freien Verkauf des Saatgutes ist die Zulassung der gentechnisch veränderten Pflanze oder Sorte zum Inverkehrbringen.

**Übersicht Nr. 2**
**Der nächste Schritt zur Vermarktung:**

**Vorhaben aus Übersicht 1, für die im Rahmen des vereinfachten Verfahrens zusätzliche Freisetzungen an bis zu 20 weiteren Standorten nachgemeldet wurden. (Stand 4/1998)**

| Kulturart | neue Eigenschaft | Anzahl |
|---|---|---|
| Raps | Herbizidresistenz | 4 |
| Zuckerrüben | Herbizidresistenz | 4 |
| Mais | Herbizidresistenz | 1 |
| Raps | Fettsäurespektrum* | 1 |
| Zuckerrüben | Virusresistenz* | 2 |
| Petunie | Blütenfarbe | 1 |
| vereinfachte Verfahren insgesamt | | 13 |

*** enthalten zusätzliches Gen für Antibiotikaresistenz**

Für die EU-weit gültige Zulassung geht der Antrag auf Inverkehrbringen an die Kommission in Brüssel, die hierzu Stellungnahmen von allen Staaten der EU einholt. In diesem Rahmen wird über verschiedene Zweckbindungen des Saatgutes entschieden. Das sind unter anderem der Anbau oder der Import in die EU, die Verwendung oder Weiterverarbeitung zu Lebensmitteln oder Tierfutter. Es liegen bisher für 7 Pflanzensorten EU-weite Zulassungen zum Anbau vor (siehe Übersicht Nr.3, RKI 1998). Das Saatgut kann nun frei verkauft und diese GVO überall in der EU freigesetzt werden.

## 3 Konzepte zur behördlichen Risikoabschätzung

Die derzeitige gesetzliche Grundlage „über die absichtliche Freisetzung genetisch veränderter Organismen in die Umwelt und über das Inverkehrbringen von Produkten" bildet die Richtlinie 90/220/EWG von 1990, die derzeit überarbeitet wird. Diese wurde in 1991 mit dem Gentechnikgesetz (GenTG) in deutsches Recht umgesetzt. Zweck des Gesetzes ist es, „Leben und Gesundheit von Menschen, Tieren, Pflanzen sowie die sonstige Umwelt in ihrem Wirkungsgefüge und Sachgüter vor möglichen Gefahren gentechnischer Verfahren und Produkte zu schützen und dem Entstehen solcher Gefahren vorzubeugen"

**Übersicht Nr. 3**
**Der freie Anbau von gentechnisch veränderten Kulturpflanzen:**

| Kulturart | Eigenschaft(en) |
|---|---|
| Tabak | Herbizidresistenz (Bromoxynil) |
| Nelke (4 Linien) | veränderte Blütenfarbe |
| Radicchio* | männliche Herbizidresistenz |
| Raps (2 Linien) | männliche Sterilität, Herbizidresistenz |
| Mais | Herbizidresistenz |
| Mais | Insektenresistenz (Bt) |
| Mais | Insektenresistenz (Bt), Herbizidresistenz, Antibiotikaresistenz (Ampicillin) |

*** nur zur Saatguterzeugung**

und: die Gentechnik zu fördern (§1, Abs.1 und 2 GenTG).

Dementsprechend wird jeder Freisetzungsversuch von zuständigen Behörden beurteilt und wurde bisher innerhalb einer festgesetzten Frist genehmigt. "Die Genehmigung für eine Freisetzung ist zu erteilen, wenn....nach dem Stand der Wissenschaft und im Verhältnis zum Zweck der Freisetzung unvertretbare schädigende Einwirkungen auf die in § 1 Nr. 1 bezeichneten Rechtsgüter nicht zu erwarten sind." (§ 16, Abs. 1 GenTG). Die zuständigen Behörden, sind in Deutschland das Robert-Koch Institut (RKI), das Umweltbundesamt (UBA) und die Biologische Bundesanstalt (BBA). Diese Behörden nehmen im Rahmen von Einzelfallprüfungen (case-by-case approach) eine Risikobeurteilung vor. Das Ergebnis muß in sofern einvernehmlich sein, daß eine Entscheidung des RKI nicht gegen das Votum des UBA oder der BBA gefällt werden darf. Die Prüfzuständigkeit ist zwischen den Behörden nicht eindeutig festgelegt. Das UBA sieht den Schwerpunkt seines Prüfauftrages im Bereich der Umweltwirkungen (NÖH 1997).

Für alle Staaten der EU gilt der Prüfkatalog, der in der Richtlinie 90/220/EWG im Anhang IIB festgelegt ist. Dieser Katalog deckt sich im wesentlichen mit den Informationen, die in den USA mit einem Freisetzungsantrag einzureichen sind.

Das UBA-Konzept zur Risikobewertung bei Freisetzung von GVO wird mit 6 Arbeitsschritten beschrieben (siehe Übersicht Nr. 4, nach NÖH 1996).

## 4 Praxis und Defizite der Risikoabschätzung

Für die Behörden ist maßgeblich, ob sie das in dem Konzept bereitgestellte Instrumentarium so einsetzen können, daß eindeutige Ergebnisse er-

**Übersicht Nr. 4**

**Verfahren zur Risikobewertung bei Freisetzung von GVO**

**hier: Konzept des Umweltbundesamtes**

| | |
|---|---|
| **1. Schritt** | **Erfassung spezifischer Charakteristika des GVO und des Freisetzungsversuches** |
| **2. Schritt** | **Charakterisierung potentiell schädlicher Eigenschaften und Wirkungen** |
| **3. Schritt** | **Ermittlung des Risikos bei ungehindertem Geschehensverlauf (Schadenshöhe X Eintrittswahrscheinlichkeit)** |
| **4. Schritt** | **Ermittlung des konkreten Risikos (Schadeshöhe X Eintrittswahrscheinlichkeit unter Berücksichtigung der vom Antragsteller vorgeschlagenen Sicherheitsmaßnahmen)**<br>**- Es ist kein oder ein vernachlässigbares Risiko vorhanden -> Genehmigung**<br>**- Es ist ein Risiko zu erwarten ->** |
| **5. Schritt** | **- Sicherheitsauflagen zur Minimierung des Risikos -> Genehmigung**<br>**- Es ist immer noch ein Risiko zu erwarten ->** |
| **6. Schritt** | **Zweck- und Vertretbarkeitsabwägung (§ 16, GenTG): Genehmigung oder Ablehnung** |

zielt werden können, an die Rechtsfolgen geknüpft werden können (NÖH 1997). Doch schon die Definition eines Umweltschadens ist nicht eindeutig. Wie WEBER (dieser Band) ausführt, ist nicht geklärt, was ein Umweltschaden überhaupt sein kann. Der Begriff beinhaltet sowohl eine wissenschaftliche Beschreibung eines Zustandes oder eines Prozesses als auch die Bewertung desselben. Hier sei beispielhaft die Schadensdefinition des Sachverständigenrates für Umweltfragen genannt (nach NÖH 1997):

> "Schäden im ökologischen Sinn sind über das natürliche Schwankungsmaß des betroffenen Systems hinausgehende, sich über größere Zeiträume manifestierende Veränderungen, die sich später nur mit erhöhtem Aufwand in den Ausgangszustand zurückführen lassen."

Auf Grund dieser Definition ist die Persistenz eines Genkonstruktes in einer Population eine entsprechende Einwirkung. Für die Beurteilung des Phänotyps stellt sich die Frage, wie eine solche Veränderung mit den Wirkungen des übertragenenen Genkonstruktes über eine nur einigermaßen genau zu charakterisierende Ursache-Wirkungskette in Zusammenhang gebracht werden kann. Ein solches Vorhaben kann auf Grund des in vielen Bereichen mangelnden Kenntnisstandes über ökologische Zusammenhänge höchstens sehr unvollständig durchgeführt werden. Wie wird hier also ein Risiko bestimmt, das sich nach der klassischen Definition als Produkt der Eintrittswahrscheinlichkeit mal der Schadenshöhe errechnet? Wie ist zu entscheiden, wenn der Stand der Wissenschaft nicht weit genug gediehen ist, um eine verläßliche Aussage über die Eintrittswahrscheinlichkeit zu machen? Hier stellt sich die Frage nach dem Umgang mit Noch-Nichtwissen und der Abschätzbarkeit des Nichtwissen.

*Fallbeispiel: Freisetzung von Raps mit gentechnisch erhöhtem Laurinsäuregehalt*

An einem Beispiel soll eine wichtige Problematik der derzeitigen Handhabung von Analyse und Bewertung in der deutschen Risikoabschätzung aufgezeigt werden. Die erste Frage jeder Risikoanalyse ist die nach den Eigenschaften des GVO. Eine neue Eigenschaft des Laurinraps ist, daß dessen Samen durch den gentechnischen Eingriff ein verändertes Fettsäurespektrum aufweisen. Dies stellt gleichzeitig eine Veränderung im Energiespeicher des Samen dar und könnte folglich einen Einfluß auf das Keimverhalten (Zeitpunkt, Keimlingsentwicklung) der Samen haben. Eine Literaturrecherche ergibt, daß bei diesen Rapslinien und deren Raps-Wildkraut-Hybriden das Keimverhalten und die Keimlingsentwicklung verändert sind (LINDER & SCHMITT 1995). Dabei variieren die Versuchsergebnisse in Abhängigkeit von den Versuchs- und Standortbedingungen sehr stark. Die Quellen diskutieren die erhobenen Befunde auch hinsichtlich daraus abzuleitender Schadwirkungen des GVO.

Dieses entspricht auch dem nächsten Schritt der behördlichen Risikoanalyse, in dem für mögliche neue Eigenschaften ein plausibles Szenario einschließlich der möglichen Schadwirkungen (z.B. Selektionsvorteil) und deren Eintrittswahrscheinlichkeiten am konkreten Ausbringungsort abgeleitet werden. FREDSHAVN et al. (1995) weisen darauf hin, daß die eigenen und andere bisher durchgeführte Versuchsansätze nicht ausreichen um nachzuweisen, daß diese gentechnische Veränderung keinen Selektionsvorteil bedingen kann. Die empirische Grundlage belegt also für diesen GVO ein Potential für ein verändertes Umweltverhalten. Der derzeitige Wissensstand reicht jedoch nicht aus, eine Eintrittswahrscheinlichkeit für die mögliche Schadwirkung an dem konkreten Ausbringungsort zu ermitteln.

Das Ergebnis der deutschen Behörden wird in dem entsprechenden Genehmigungsbescheid so wiedergegeben (BUHK 1997):

> "Da die übertragenen Eigenschaften keinen erkennbaren Selektionsvorteil verleihen, sind Risiken für die Umwelt oder die Landwirtschaft daraus nicht abzuleiten."

Dieser Satz deutet darauf hin, daß der experimentelle Befund "verändertes Umweltverhalten" gar nicht erst berücksichtigt wurde. Hierfür kann es mehrere Gründe geben, die im Folgenden anhand der Ausführungen von WINTER et al. (1998) zu den spezifischen Eigenheiten der gesetzlichen Regelung sowie der Umsetzung durch die Behörden, erläutert werden.

Das Antragsverfahren ist im speziellen Fall des Gentechnikgesetzes so geregelt, daß die Behörden zu eigenen Literaturauswertungen nicht verpflichtet sind. Die sogenannte "Beibringungslast" liegt beim Antragsteller, dem die Recherche anheimsteht.

- Hieraus ließe sich ableiten, daß den Behörden die o.g. experimentellen Befunde gar nicht bekannt sind, weil der Antragsteller sie nicht erwähnt hat.

Allerdings können die Behörden zur Klärung eines Sachverhaltes selbst aktiv werden oder vom Antragsteller Unterlagen z.B. in der Form von Literaturrecherchen nachfordern. Eine solche Recherche hätte die o.g. Befunde ergeben, die die Ermittlung eines konkreten Risikos nicht zulassen, die jedoch durch neue Experimente am konkreten Freisetzungsstandort weiter aufgeklärt werden könnten. Da sich das Gentechnik Gesetz mit dem Stand der Wissenschaft (§16 Abs.3, GenTG) als Referenzkriterium begnügt, ist die Anordnung weiterer klärender Versuche oder von Begleitforschung nicht zulässig. Die Beibringungslast endet dort, wo der Stand der Wissenschaft in das Verfahren eingebracht ist.

- Es besteht also auch die Möglichkeit, daß das vorhandene Wissen nicht berücksichtigt wurde, weil das rechtliche Instrumentarium der Behörden keine Möglichkeit vorsieht, dieses Wissen zu verwerten.

An dieser Stelle sei noch auf eine weitere Unwägbarkeit hingewiesen. Selbst wenn ein konkretes Risiko ermittelt werden kann, das auch durch Sicherheitsauflagen nicht auf ein akzeptables Minimum zu reduzieren ist, würde die Abschätzung spätestens an dem letzten Schritt scheitern. Die in diesem Fall vorgesehene Zweck- und Vertretbarkeitsabwägung (Schritt 6 in Übersicht Nr.4) kann derzeit gar nicht durchgeführt werden, da hierfür bisher keine Kriterien festgelegt wurden.

Wie im folgenden Abschnitt ausführlicher beschrieben wird, haben die Behörden einen gewissen Ermessensspielraum, Unsicherheiten in der Risikoabschätzung mit der Auferlegung von Sicherheitsauflagen zu begegnen. Das könnten in dem hier angeführten Fall Nebenbestimmungen, wie eine umfangreiche "nachgehende Kontrolle" (Vernichtung von nachwachsenden GVO in den Folgejahren) und Begrenzungsmaßnahmen sein, da in diesem Fall auch ein Auskreuzungspotential (Weitergabe der neuen Eigenschaft an verwandte Wildarten) gegeben ist. Die Nebenbestimmungen wurden in diesem Fall jedoch nicht explizit verschärft.

- Die Behörden könnten schließlich das vorhandene Wissen nicht beachten, weil dies Konsequenzen hätte, die dem Ermessen nach nicht im Verhältnis mit dem Ziel der Gentechnikförderung (§1 Abs.2 GenTG) stehen.

In diesem Zusammenhang könnte auch von Bedeutung sein, daß gerade die Entwicklung von GVO zur Erzeugung von industriell nutzbaren Rohstoffen oder zur Erhöhung der Qualität von Nahrungspflanzen relativ positiv bewertet wird. Das Beispiel des Laurinraps wird gerne herangezogen, um die Möglichkeiten aufzuzeigen, mittels Gentechnik "gesündere" Lebensmittel zu produzieren (siehe Wirtschaftswoche vom 30.10.1997). Eine gewisse PR-Wirkung und die Tatsache, daß dieser Raps bereits in den USA und Kanada großflächig angebaut wird, könnte bewirken, daß Behörden damit überfordert sind, einschneidendere Nebenbestimmungen anzuordnen.

Die gesetzliche Festschreibung der Gentechnikförderung heißt schließlich, daß die Gesellschaft einen wie auch immer bemessenen Teil des Entwicklungsrisikos zu übernehmen hat.

Allen drei Deutungsversuchen ist gemeinsam, daß sie an der einen Tatsache vorbeiführen, nämlich: daß das derzeitige Wissen nicht ausreicht, um zu entscheiden, ob und mit welcher Wahrscheinlichkeit die denkbare schädliche Eigenschaft "Selektionsvorteil" eintritt. Nach WINTER et al. (1998) sind sich Rechtsprechung und juristische Literatur einig, daß in einem solchen Fall die Genehmigung abzulehnen wäre.

Diese eindeutige Rechtslage kommt allerdings, wie die Autoren ausführen, in der Praxis kaum je zum Zuge, weil die Behörden eine Situation des Nichtwissens nicht zugeben würden. Bisher ist die Frage, ob der Wissensstand für eine Wahrscheinlichkeitsaussage ausreicht, in dem Prüfkanon des behördlichen Risikokonzeptes gar nicht erst enthalten.

Raps mit einem erhöhten Gehalt an Laurinsäure wurde dieses Frühjahr nach dem vereinfachten Verfahren an weiteren Standorten ausgesät. Es ist höchst unbefriedigend, daß nicht wenigstens versucht wurde, die vorhandenen Wissensdefizite im Rahmen dieser Freisetzungen zu reduzieren.

## 4.1 Sicherheitsauflagen und Maßnahmen zur Risikoreduktion

Häufig werden von den genehmigenden Behörden Sicherheitsauflagen auferlegt, um Unsicherheiten in der Risikoabschätzung zu begegnen (siehe 5. Schritt, Übersicht 4). Diese in den Nebenbestimmungen festgelegten Auflagen zielen auf eine gewisse, meist räumliche Begrenzung der GVO oder der Genkonstrukte. Bei Pflanzenarten, die im Verbreitungsgebiet von wildwachsenden, kreuzungsfähigen Verwandten angebaut werden oder deren Pollen über weite Strecken auf nicht transgene Artgenossen übertragen wird, können um die Versuchsfelder Isolationszonen vorgeschrieben sein, innerhalb derer die entsprechende Kulturart nicht angebaut werden darf. Häufig muß zusätzlich direkt um das transgene Versuchsfeld eine sogenannte Mantelsaat, ein Pflanzstreifen mit der entsprechenden nicht gentechnisch veränderten Kulturart, angelegt werden, die z.B. den transgenen Pollen abfangen soll. Weitere Sicherheitsauflagen sind z.B. eine Einzäunung des Versuchsfeldes oder die Nachkontrolle der Erntemaschinen und des Saatbettes in den Folgejahren des Versuches.

Die Tatsache, daß z.B. die Isolationszonen seit einigen Jahren zunehmend reduziert werden, spricht dagegen, daß es hier per se um die Vermeidung von Auskreuzung geht. Sonst wären schon viel früher Versuche durchgeführt worden, um z.B. bei Raps Auskreuzungsfrequenzen in verschiedenen Entfernungen zu ermitteln. So wurden die Standorte für solche Nebenbestimmungen selbst dort nicht experimentell überprüft, wo es leicht möglich gewesen wäre. Erst im Dezember 1997 wurden zu diesem Thema anläßlich eines Fachgespräches im niedersächsischen Umweltministerium z.T. ganz neue Ergebnisse zum diesbezüglichen Stand der Sicherheitsforschung in Deutschland vorgestellt, die belegen konnten, daß die für Raps üblicherweise vorgeschriebenen Beschränkungsmaßnahmen eine Übertragung von transgenem Pollen auf Kreuzungspartner nicht unterbinden können. So entsteht der Eindruck, daß die "Schärfe" der Nebenbestimmung ein Gradmesser für die argumentativen Unsicherheiten bei der Beurteilung von GVO sind oder auch auch in einem gewissen Maß zur Minimierung von Auswirkungen generell gedacht sind. Es stellt sich immer wieder die Frage, auf welcher Erkenntnisgrundlage die Entscheidung getroffen werden kann, daß ein GVO mit einer Zulassung zum Inverkehrbringen nicht mehr beschränkt werden muß. Wie werden hier die Belange des Arten- und Biotopschutz berücksichtigt?

Eine ganz andere sehr grundsätzliche Strategie zur Risikoreduktion die bereits bei der Konstruktion des GVO ansetzt, wirkt auch nach der Vermarktung fort. Es geht um die Verwendung von Markergenen, die bei der Entwicklung des GVO eine Rolle spielen, aber mit der eigentlichen erwünschten Eigenschaft nicht im Zusammenhang stehen. Häufig sind dies Gene, die ursprünglich in Mikroorganismen vorkommen. Es wurde festgestellt, daß Pflanzen-DNA mit einer Homologie zu solchen Genen vermehrt von Mikroorganismen aufgenommen und in das Genom integriert werden kann (siehe Genethischer Informationsdienst Juni 1998). Bei solchen Vorgängen könnten auch ursprünglich pflanzliche Gene mit übertragen werden. Auf diese Weile werden Artgrenzen aufgehoben, die schon seit sehr langen evolutionären Zeiträumen bestehen. Das Ausmaß und die Auswirkungen solcher Ereignisse können bisher nicht nicht annähernd abgeschätzt werden.

Horizontaler Gentransfer von Markergenen ist auch in einem anderen Zusammenhang von Bedeutung. Eine heftige Diskussion entbrannte beim Zulassungsverfahren zum Inverkehrbringen des sog. Bt-Mais der Firma Norvartis. Dieser Mais enthält als erwünschtes Gen u.a. ein Endotoxin-Gen aus dem Bakterium *Bacillus thuringiensis*, das Resistenz gegen bestimmte Schadinsekten vermitteln soll. Österreich und andere Länder der EU übten heftige Kritik an dem zusätzlich vorhandenen Markergen, das Resistenz gegen ein humanmedizinisch relevantes Antibiotikum vermittelt. Der Mais soll als Tierfutter verwendet werden und es wird befürchtet, daß die Resistenz über horizontalen Gentransfer auf Darmbakterien der Rinder übergehen könnte. Dadurch würde die ohnehin schon problematische Verbreitung von Antibiotikaresistenzen gefördert. Da zudem epidemiologisch nachgewiesen ist, daß in Bakterien verbreitete Antibiotikaresistenzen zunehmend auch in Bakterien der menschlichen Körperflora zu finden sind, wird inzwischen empfohlen, Markergene mit Antibiotikaeigenschaften generell zu vermeiden (SRU 1998, Stellungnahme der Zentralen Kommission zur Biologischen Sicherheit (ZKBS) in RKI 1988, WIGGERING 1998). Nach dem veröffentlichten Stand der Forschung gibt es - trotz vorhandener Forschungsanstrengungen - keine Hinweise darauf, daß in absehbarer Zeit eine vergleichsweise billige und einfach anzuwendende Alternative zu den Antibiotika-Resistenz-Genen als Marker zur Verfügung stehen wird.

**Abb.1**: Die Rapsblüte am Straßenrand: Verluste von Saat- und Erntegut entlang der Transportwege erweitern die Nachbarschaft zu wildwachsenden Kreuzungspartnern. Anders als auf dem Acker blüht der Raps hier während der ganzen Vegetationsperiode. Neuartige Genkonstrukte können also zudem auf verwandte Arten übertragen werden, deren Blühzeitpunkt nicht im Frühjahr liegt.

## 4.2 Sekundäre Wirkungen

Unter sekundären Wechselwirkungen werden Effekte verstanden, welche nicht unmittelbar durch den GVO selbst verursacht werden, sondern mittelbar durch seine Verwendung. Dies können ökologische Probleme, Folgen für die Gesundheit, eine Veränderung der landwirtschaftlichen Praxis oder ökonomische Parameter sein. Sekundäre Wirkungen sind z.B. bei der Verwendung von GVO mit gentechnisch vermittelter Resistenz gegen Totalherbizide oder Insekten zu erwarten.

Eine mögliche Folge des massenhaften Anbaus von herbizidresistenten Kulturpflanzen könnte sein, daß insgesamt noch größere Mengen an Totalherbiziden verwendet werden als bisher. Mehr Kulturarten als bisher können mit diesen Mitteln behandelt werden, so daß eine Verengung von Fruchtfolgen anbautechnisch möglich wird.

Ursprünglich wurden die im Rahmen dieser sogenannten Herbizidstrategie verwendeten Totalherbizide als besonders biologisch und wenig toxisch angepriesen. Doch inzwischen gibt es in den USA heftige Diskussionen um gesundheitliche Gefahren des Totalherbizids Bromoxynil, das z.B. im Rahmen des Baumwollanbaues in den USA verwendet wird (EPA 1998). Für ein weiteres Totalherbizid der amerikanischen Firma Monsanto (Handelsname Roundup) darf seit 1997 in den USA nicht mehr mit der angeblichen Umweltfreundlichkeit geworben werden. Dem Mittel wird Fischtoxizität (WHO 1994), die Beeinträchtigung von Bodenmikroorganismen (CHAKRAVARTY & CHATARPAUL 1990) und die Entstehung von Phytoöstrogenen in Leguminosen mit der entsprechenden Herbizidresistenz (SANDERMANN & WELLMANN 1988) zugeschrieben. Zudem wurde über gesundheitliche Probleme bei Landarbeitern berichtet (PEASE et. al. 1993).

Von ÖkologInnen wird insbesondere die Freisetzung von Kulturpflanzen mit einem Toxingen des insektenpathogenen Bakteriums *Bacillus thuringiensis* (Bt) kritisiert. Es liegen inzwischen Ergebnisse vor, nach denen Fressfeinde der Zielschadinsekten indirekt durch diese Pflanzen geschädigt werden (HILBECK et al. 1998). Auch gibt es Hinweise darauf, daß durch das Bt-Gifteiweiß aus gentechnisch veränderter Baumwolle Veränderungen in der Bodenfauna und -mikroflora verursacht werden (DONNEGAN et al. 1995). Der großflächige Anbau solcher Pflanzen erzeugt einen hohen Selektionsdruck und trägt zur beschleunigten Entwicklung von resistenten Schadinsekten bei. Dies hätte auch Auswirkungen auf die Verwendbarkeit von *Bacillus thuringiensis*-Präparaten als ein wichtiges Insektenbekämpfungsmittel des Biolandbaus und in Naturschutzgebieten. Nicht vorherzusagen sind die Auswirkungen auf das Wirkungsgefüge zwischen natürlich vorkommenden Stämmen des Bakteriums und ihren Wirtsinsektenarten.

Die amerikanische Umweltbehörde (EPA) hat die Zulassung der Bt-Baumwolle in den USA an eine Managementmentauflage gebunden: Um die Resistenzentwicklung zu verlangsamen, muß ein Anteil von 4% der Anbaufläche mit nicht gentechnisch veränderten Pflanzen bestellt werden. Dieser soll den Schadinsekten als Rückzugsrefugien dienen. Dennoch rechnet man damit, daß es je nach Schadinsekt nur noch 3-4 bzw. 10 Jahre dauert bis diese Resistenz gebrochen ist (GOULD et. al. 1997, New Scientist 27.2.1998). In der EU wurde bei der Zulassung des Bt-Mais offenbar nicht daran gedacht, solche Entwicklungen mittels Managementauflagen zu verlangsamen.

Es ist zu befürchten, daß die seitens der Betreiber erhoffte, konsequente Nutzung von GVO dazu beiträgt, bisherige problematische Entwicklungen in der Landwirtschaft weiter zu verstärken. Deshalb ist unstrittig, daß auch Effekte dieser Art eine erweiterte Risikoabschätzung im Zuge des Inverkehrbringens von GVO erforderlich machen.

## 5 Ansätze zu einem angemesseneren Umgang

Das Verfahren der Risikoabschätzung von GVO muß den spezifischen Eigenheiten der Schutzgüter und den Besonderheiten der hier verwendeten Technik Rechnung tragen. Beide Aspekte zeichnen sich generell durch erhebliche Anteile an Nicht-Abschätzbarkeit und Nicht-Begrenzbarkeit aus. Die Unwägbarkeiten des Schutzguts Umwelt mögen inzwischen ein Begriff sein, wohingegen man sich immer wieder vor Augen führen muß, wie unpräzise und gleichzeitig wirkungsvoll die zu bewertende Technik ist. Jeder GVO kann alleine auf Grund der zufälligen Positionierung des Genkonstruktes im Genom und durch nicht vorhersehbare Wechselwirkungen der neuen Gene oder ihrer Genprodukte mit vorhandenen Genen und Genprodukten (Positionseffekte, pleiotrope Effekte) völlig unerwartete Eigenschaften aufweisen. Ein Ziel sollte sein, eine Vorstellung von der Wahrscheinlichkeit des Auftretens solcher Effekte zu entwickeln.

Zur Abschätzung der vorstellbaren Risiken ist unter Umweltschutzgesichtspunkten nach WINTER et al. (1998) ein Verfahren vorteilhaft, das zunächst alle Veränderungen der Umwelt implizit als unerwünscht behandelt. Nach seiner Analyse sind solche Elemente in der praktizierten deutschen Risikoabschätzung enthalten. Er belegt dies mit den Nebenbestimmungen zur Begrenzung (Containment) von GVO, die auch erteilt werden, wenn das zurückzuhaltende Konstrukt als unschädlich identifiziert wurde. Das dahinterstehende Prinzip halte ich angesichts des mangelhaften Wissensstandes über Umweltzusammenhänge für angemessen. Eine konsequente Weiterführung des Containments beim Inverkehrbringen könnte dann z.B. darin bestehen, daß GVO nur dort zugelassen werden, wo keine wildlebenden Kreuzungspartner vorkommen.

Nach WINTER et al. (1998) ist es rechtlich geboten, die derzeitige Risikoabschätzung um einen Schritt zu erweitern, in dem sich die Behörde darüber vergewissert, ob der aktuelle Wissensstand für eine Wahrscheinlichkeitsaussage ausreicht. Sollte dies verneint werden, so könnte die Abschätzung zu verschiedenen Ergebnissen kommen: Es wird festgestellt, daß die weitere Entwicklung der Forschung abgewartet werden soll (keine Genehmigung); ein klärender Vorversuch im geschlossenen System wird zur Genehmigungsvorraussetzung; die Freisetzung wird mit Auflagen zur Begleitforschung genehmigt. Diese sehr einschneidende Erweiterung des Konzeptes erfordert eine umfangreiche Vorbereitung: Der aktuelle Wissensstand sowie der Stand der Risikoforschung müssen erfaßt und ausgewertet werden. Es müssen umfassende und konkretere Vorstellungen entwickelt werden, worin Einwirkungen auf das Wirkungsgefüge der Umwelt bestehen können (siehe auch WEBER in diesem Band).

Bisher wurde erst ganz selten nach einem Stufenprinzip verfahren (step-by-step approach) um ökologisch problematische Eigenschaften abzuprüfen. Danach durfte ein Antragsteller zunächst nur kleine, streng eingegrenzte Freisetzungen durchführen, um offene Fragen durch Untersuchungen zu klären (BERGSCHMIDT 1995). So mußte in den Niederlanden bei gentechnisch veränderten Kartoffeln und Zuckerrüben die Frosthärte experimentell untersucht werden. In Dänemark wurde das Überleben von herbizidresistenten Zuckerrübensamen und -pflanzen bei niedrigen Temperaturen und die Überlebensfähigkeit und Konkurrenzkraft von herbizidresistentem Raps in Unkrautbeständen untersucht. Derartige Versuche sollten im Rahmen der Sortenzulassung Routine werden, um unerwünschte umweltrelevante Eigenschaften an verschiedenen Standorten abzuprüfen. In diesem Rahmen wäre es auch möglich, Prüfkriterien zum Ausschluß problematischer sekundärer Wirkungen zu entwickeln. Diese Maßnahme ist für nicht gentechnisch veränderte Sorten (siehe WIGGERING 1998), wie für GVO gleichermaßen zu empfehlen und würde eine erhebliche Erweiterung der Datenbasis sowie eine dringend notwendige zusätzliche Absicherung vor der Zulassung zum Inverkehrbringen bedeuten.

Abschließend sei noch auf die Forderung des Umweltrates hingewiesen, daß die Richtigkeit der in der behördlichen Risikoabschätzung von GVO getroffenen Vorhersagen über (staatliche) ökologische Begleitforschung und ökologische Dauerbeobachtung an der Realität zu überprüfen sei (SRU 1998, WIGGERING 1998).

## 6 Schlußfolgerungen

Auf Grund der geschilderten Unzulänglichkeiten scheint es dringend geboten, das derzeitige Konzept der Risikoabschätzung grundsätzlich zu überdenken. Es ist paradox, daß Bewertungen von ökologischen Risikopotentialen auf der Basis von faktischem Nichtwissen getroffen werden und gleichzeitig keinerlei Regulative für einen zwingenden Wissenszuwachs vorgesehen sind. Wichtige ökologisch oder evolutionär relevante Aspekte werden derzeit offensichtlich nicht berücksichtigt, wie z.B. Verbreitung von Genkonstrukten über Auskreuzung und horizontalen Gentransfer, Arten- und Biotopschutz, vergrößerte Wahrscheinlichkeit von seltenen Ereignissen bei massenhaftem Anbau sowie sekundäre Wirkungen von GVO.

Die Entwicklung schreitet sehr schnell voran. Der kommerzielle Anbau von GVO kann nun auch in Europa beginnen; inzwischen stehen schon gentechnisch veränderte Obstgehölze und Stauden auf dem Prüfstand. Selbst der Umweltrat hält ein "Bündel von Maßnahmen für erforderlich, um die unterschiedlichen Risikoqualitäten der gentechnischen Eingriffe auch künftig angemessen bewerten und mögliche langfristige Auswirkungen des kommerziellen Einsatzes der Gentechnik auf Menschen und Umwelt erkennen zu können" (WIGGERING 1998). Die von dieser Seite vorgeschlagenen Maßnahmen beschränken sich jedoch im wesentlichen auf öffentlich geförderte Begleitforschung und Monitoring. Diese sollen bei dem derzeitigen unzureichenden Wissensstand als Warnsystem dienen.

Dieses Vorgehen stellt einen Widerspruch in sich dar. Die öffentliche Hand hat die rechtliche Kontrolle über die Entwicklung der freisetzungsorientierten Gentechnik. Wenn sie also das Fortschreiten der Entwicklung nicht so steuert, daß Entscheidungen auf der Basis eines ausreichenden Wissens getroffen werden können, dann ist etwas falsch an der Kontrolle. Ganz abgesehen davon, daß ein solches Vorgehen dem gesetzlich verankerten Vorsorgeprinzip entgegensteht (siehe WEBER dieser Band). Es ist ganz entschieden zu fordern, daß diese Widersprüche aufgelöst werden, bevor weitere Freisetzungen genehmigt werden.

Um wieder einmal die zeitlichen Dimensionen vor Augen zu führen: die Gentechnik ist nur eine von vielen einschneidenden technischen Neuerungen, die in den vergangenen nur 80 Jahren eingeführt wurden. Seit erst 13 Jahren werden GVO freigesetzt. Da wir noch viele Jahrtausende auf diesem Planeten zubringen möchten, darf es nicht auf ein paar Jahre oder Jahrzehnte ankommen.

## 7 Literatur


Bergschmidt, H. 1995: Die Praxis der Behörden - Risikobeurteilung in der EU, Genethischer Informationsdienst 107:18-24

Buhk, G. 1997: Genehmigungsbescheid zum Antrag der Norddeutschen Pflanzenzucht, H.-G. Lembke KG, Holtsee zu einem Freisetzungsvorhaben am Standort Kirchdorf, Gemarkung Malchow, Insel Poel vom 25.3.1997: Vertriebs- und Versand GmbH, Berlin

Chakravarty, P. & Chatarpaul, L. 1990: Non-target effect of herbicides: I. Effect of glyphosate and hexazinone on soil microbial activity, microbial population and in-vitro growth of ectomycorrhizal fungi: Pesticide Science, 28, 233-241

Donnegan, K.K.; Palm, C.J.; Fieland, V.J.; Porteous, L.A.; Ganio, L.M.; Schaller, D.L.; Bucao, L.Q. & Seidler, R.J. 1995: Changes in levels, species and DNA fingerprints of soil mikroorganisms associated with cotton expressing the *Bacillus thuringiensis* var *kurstaki* endotoxin. Applied Soil Ecology 2, 111-124

EPA 1998: Pressemitteilung der amerikanischen Umweltbehörde (EPA) über http://www.epa.gov vom Januar 1998

Fredshavn, J.R.; Poulsen, G.S.; Huybrechts, I. & Rudelheim, P. 1995: Competitiveness of transgenic oilseed rape: Transgenic Research 4: 2, 142-148

Gould, F.; Anderson, A.; Jones, A.; Sumerford, D.; Heckel, D.G.; Lopez, J.; Micinski, S.; Leonhard, R. & Laster, M. 1997: Initial frequency of alleles for resistance to *Bacillus thuringiensis* toxins in field populations of Heliothis virescens: Proc. Nat. Acad. Sci. USA, 94: 8, 3519-3523

Hilbeck, A.; Baumgartner, M.; Fried, P.M. & Bigler, F. 1998: Effects of transgenic *Bacillus thuringiensis* corn-fed prey on mortality and development time of immature Chrysoperla carnea (Neuroptera: Chrysopiae). Environmental Entomology, Vol. 27: 2, 480-487

Linder, C. R. & Schmitt, D. 1995: Potential persistence of escapes transgenes: performance of transgenic oilmodified Brassica seeds and seedlings: Ecological Applications 5(4), 1056-1068

Nöh, I. 1996: Risikoabschätzung bei Freisetzungen transgener Pflanzen: Erfahrungen des Umweltbundesamtes beim Vollzug des Gentechnikgesetzes (GenTG). Langzeitmonitoring von Umwelteffekten transgener Organismen: Arbeitstagung 5., 6. Oktober 1995 in Berlin, Umweltbundesamt Texte 58/96: 9-26

Nöh, I. 1997: Bewertung von Umweltwirkungen gentechnisch veränderter Oragnismen: Vortrag vor der Enquetekommission des SH Landtages zu „Chancen und Risiken der Gentechnologie“ Kommissionsvorlage 14/47

Pease, W.S.; Morello-Frosch, R.; Albrecht, D.; Kyle, A. & Robinson, J., 1993: Preventing pesticide-related illness in California agriculture: strategies and priorities: California Polica Seminar, Berkeley, CA., 72pp

RKI 1998: Internetseiten des Robert-Koch Instituts, Berlin, http://www.rki.de

Sandermann, H. & Wellmann, E.; Bundesministerium für Forschung und Technologie (Hrsg.), 1988: Biologische Sicherheit 1, 285-292

SRU 1998: Der Rat von Sachverständigen für Umweltfragen (SRU): Umweltprobleme der Freisetzung und des Inverkehrbringens gentechnisch veränderter Pflanzen. Umweltgutachten 1998, Kapitel 3.2, 267-318

UBA 1996: Gentechnik in Entwicklungsländern - Ein Überblick: Landwirtschaft. Umweltbundesamt Texte, 96/15

UBA 1997: Gentechnik in Mittel- und Osteuropa - Analyse der gesetzlichen Regelungen, Forschungsschwerpunkte und Stand der Freisetzungen in ausgewählten Ländern - Kurzfassung des Gutachtens: Umweltbundesamt Texte, 97/02

Weber, B. 1998: Zum Wandel des ökologischen Risikobegriffs in der Gentechnikdiskussion. In diesem Band

Winter, G.; Anker H., T,; Fisahn A.; Jörgensen M.; Macrory R. & Purdy R. 1998: Die Prüfung der Freisetzung von gentechnisch veränderten Organismen - Recht und Genehmigungspraxis. Umweltbundesamt Berichte, 4/98

WHO 1994: United Nations Environment Programme; International Labour Organization; Glyphosate: Environmantal Health Criteria 159, Geneva, Switzerland

Wiggering, H. 1998: Umweltprobleme gentechnisch veränderter Pflanzen: Der Rat von Sachverständigen für Umweltfragen, Februar 1998 über http://www.umweltrat.de

# B. Operationalisierung von Risiken mit Datenanalyse und Modellen

# Risikoabschätzung und Entscheidungen in der Populationsgefährdungsanalyse (PVA)

Volker Grimm und Martin Drechsler

*UFZ Umweltforschungszentrum Leipzig-Halle, Sektion Ökosystemanalyse, PF 2, D-04301 Leipzig*

## Synopsis

A central concept in conservation biology is the concept of extinction risk, i.e. the risk of a population to become extinct within a certain time interval. Extinction risk is usually assessed with the help of stochastic simulation models. A comprehensive analysis of the factors affecting extinction risk is called "population viability analysis" (PVA). We explain the basic concepts and techniques usually used in PVA using a simple example model of rhinos in a small reserve. The basic concepts are: demographic and environmental noise, mean time to extinction, and "minimum viable population". We then discuss techniques how to cope with the uncertainty which is necessarily linked to risk assessment in conservation biology. We give an example of a promising technique, where the sensitivity of the ranking of certain management measures is tested with respect to extreme changes of model parameters. This kind of sensivity analysis was developed within the framework of "decision analysis". We advocate for a wider use of decision analysis techniques when using PVA's for certain management decisions. Finally we discuss some critical remarks which were raised recently against PVA's.

Keywords: *extinction risk, population viability analysis, ecological modelling, sensitivity analysis, decision analysis*

Schlüsselwörter: *Aussterberisiko, Populationsgefährdungsanalyse, ökologisches Modellieren, Sensitivitätsanalyse, Entscheidungstheorie*

## 1 Einleitung

Die Erde verliert gegenwärtig Arten mit einer Rate die dramatisch über dem Niveau der letzten 65 Millionen Jahre liegt. Wenn die derzeitigen Landnutzungspraktiken fortgesetzt werden, dann muß binnen der nächsten fünfzig bis hundert Jahre mit einem Verlust der Hälfte aller zur Zeit lebenden Arten gerechnet werden (MYERS 1981, SIMBERLOFF 1986, MAY 1988, 1990, WILSON 1988, BURGMAN et al. 1993). Angesichts dieses drohenden Verlustes hat sich Mitte der 80er Jahr die Naturschutzbiologie ("conservation biology") als eigenständige "Krisendisziplin" konstituiert (SOULÉ 1986, 1987). Der zentrale Risikobegriff der Naturschutzbiologie ist das *Risiko bzw. die Wahrscheinlichkeit, daß eine Population innerhalb eines bestimmten Zeitraumes ausstirbt.* Im Gegensatz zu anderen Disziplinen und auch zum umgangssprachlichen Gebrauch ist dieser Risikobegriff "einstufig", d.h. er wird nicht als Produkt aus Eintrittswahrscheinlichkeit eines unerwünschten Ereignisses und einer "Schadenshöhe" definiert. Der Grund hierfür ist, daß das unerwünschte Ereignis in der Naturschutzbiologie - das Aussterben einer Population oder Art - "absorbierend" ist (BURGMAN et al. 1993), d.h. das was einmal verloren wurde kann nicht wieder gewonnen werden. Unerwünschtes Ereignis und maximaler Schaden sind beim Aussterben also identisch.

Ein zentrales Anliegen der Naturschutzbiologie ist es, Aussterberisiken oder, allgemeiner, die Gefährdung von Populationen zu minimieren, d.h. gefährdete Populationen zu schützen. Dies kann mittels konkreter Schutzmaßnahmen geschehen, aber auch durch den Versuch, gesellschaftliche Entscheidungen, z.B. über weitere Landnutzungen, zu beeinflussen. Die zur Verfügung stehenden Mittel (Zeit, Geld, Personal) sind aber in beiden Fällen begrenzt, so daß sich die Frage stellt, wie diese Mittel möglichst optimal eingesetzt werden. Mit anderen Worten: Wie soll man sich im Hinblick auf das Ziel, Aussterberisiken zu minimieren, zwischen Handlungsalternativen *entscheiden*? Um die Effektivität von Handlungsalternativen zu vergleichen, müssen die Aussterberisiken, die aus den Handlungen resultieren, miteinander verglichen werden, und dies kann nur geschehen, wenn Aussterberisiken *quantifiziert* werden. Die Quantifizierung von Aussterberisiken ist demnach kein Selbstzweck, sondern sie dient dem Ziel, *rationale Entscheidungen* zu treffen, d.h. Entscheidungen, die beim verfügbaren Kenntnisstand mit größter Wahrscheinlichkeit zum gewünschten Ergebnis führen (vgl. EISENFÜHR & WEBER 1994).

Das größte Überlebensproblem, vor dem heute die meisten Populationen stehen, ist die Fragmentierung ihres Lebensraumes. Selbst wenn die Bedingungen in den Resthabitaten im Mittel ein Anwachsen der Population und somit intuitiv auch ihr Überdauern ermöglichen würden, können die Populationen infolge zufälliger Schwankungen aussterben. Die Berücksichtigung des Zufalls spielt daher bei der Quantifizierung von Aussterberisiken eine entscheidende Rolle. Da sich aber der menschliche Verstand nur wenig dazu eignet, Zufallsereignisse quantitativ zu "verrechnen", helfen bei der Quantifizierung von Aussterberisiken verbale oder grafische Modelle nicht weiter. Statt dessen greift die Naturschutzbiologie auf stochastische Simulationsmodelle zurück. Eine umfassende Analyse aller Faktoren, die das Aussterben einer Art bzw. Population verursachen können, wird "Populationsgefährdungsanalyse" ("population viability analysis", PVA) genannt (GILPIN & SOULÉ 1986). Sie beruht so gut wie immer auf Simulationsmodellen. Während BOYCE (1992) noch beklagte, daß die meisten PVA's nur in internen Berichten veröffentlicht würden, sind sie heute ein etablierter Bestandteil der Literatur in Naturschutzbiologie, Ökologie und angewandter Ökologie (z.B. ARMBRUSTER & LANDE 1993, AKÇAKAYA 1994, BENDER et al. 1997, STELTER et al. 1997, ZHOU & PAN 1997).

Die in diesem Rahmen verwendeten Konzepte, Maße und Techniken werden im vorliegenden Beitrag anhand eines einfachen Beispieles erläutert. Es werden Verfahren vorgestellt, die es erlauben, trotz der Unsicherheiten, mit der PVA's prinzipiell behaftet sind, zu rationalen Eingriffsentscheidungen kommt. Wir werden die Quellen dieser Unsicherheiten kurz aufführen und dann ein eigenes Verfahren zur sog. "Sensitivitätsanalyse" vorstellen (DRECHSLER 1998). Darüber hinaus werden wir für eine Kombination von PVA's und Techniken der Entscheidungstheorie ("decision analysis", vgl. EISENFÜHR & WEBER 1994) plädieren. Und schließlich werden wir die Möglichkeiten und Risiken der modellgestützten Populationsgefährdungsanalysen kritisch diskutieren, insbesondere auch die Kritik an PVA's, sie würde sich nur auf Zufallsfaktoren als Aussterbeursachen konzentrieren, während die tatsächliche Aussterbeursache immer der Mensch ist, der deterministisch abnehmende Populationsgrößen verursacht (CAUGHLEY 1994).

## 2 Ökologische Modelle

Das wichtigste Werkzeug bei der PVA sind ökologische Modelle der Dynamik der gefährdeten Populationen. Aber was sind "ökologische Modelle"? Der Begriff "Modell" wird in der Ökologie mit äußerst unterschiedlichen, teilweise einander sogar widersprechenden Bedeutungen benutzt. Wir verwenden hier die folgende Definition: Ein Modell ist die *zielgerichtete Repräsentation eines Problems* (vgl. WISSEL 1989, STARFIELD et al. 1990). Das bedeutet zum einen, daß ohne ein bestimmtes Problem oder Ziel kein Modell aufgestellt werden kann, denn erst das Ziel bestimmt, welche Aspekte des modellierten, realen Systems im Modell berücksichtigt werden (GRIMM et al. 1996). Zum anderen macht die Definition deutlich, daß Modelle nicht das Ziel verfolgen, die "Realität" abzubilden. Modelle sollten statt dessen eher als Hypothesen, Gedankenexperimente oder Problemlösungswerkzeuge aufgefaßt werden.

Die in der obigen Definition angesprochene "Repräsentation" kann verbal, grafisch, mathematisch oder mit Hilfe eines Computerprogramms erfolgen. Modelle beginnen also nicht erst mit Mathematik und Programmen. Schon beim ersten Nachdenken über ein Problem entstehen verbale und grafische Modellvorstellungen. Mathematik und Computer kommen erst dann ins Spiel, wenn wir an die Grenzen verbaler und grafischer Modelle stoßen. Das ist der Fall, wenn es um Dynamiken geht, wenn mehr als ein oder zwei Einflußfaktoren berücksichtigt werden, wenn Zufall eine Rolle spielt, oder wenn das untersuchte System räumlich explizit betrachtet werden muß.

Im Gegensatz zu einigen anderen Bereichen der Ökologie bemüht man sich bei Modellen, die der PVA dienen sollen, in der Regel darum, die Modelle möglichst einfach und überschaubar zu halten. Für detailliertere Modelle fehlt in der Regel die Datengrundlage; außerdem sind sie schwer zu analysieren und infolgedessen auch schwer zu verstehen. Modelle, die Ergebnisse produzieren, die sich nicht im wesentlichen nachvollziehen lassen, sollten in der Regel aber abgelehnt werden, da Modelle gerade nicht gemacht werden, um ihnen blind zu vertrauen.

## 3 Ein Beispielmodell

Die grundlegenden Techniken und Konzepte bei der Beurteilung des Aussterberisikos gefährdeter Populationen sollen im folgenden an einem Beispielmodell angewendet werden. Wir orientieren uns dabei an einem hypothetischen Lehrbeispiel von BURGMAN et al. (1993), in dem es um Nashörner in einem Reservat geht. Das Reservat ist klein und infolgedessen auch die Nashorn-Population. Kleine Populationen sind aber prinzipiell vom Aussterben bedroht. Es soll deshalb ein Modell erstellt werden, das es erlaubt, das Aussterberisiko der Nashorn-Population abzuschätzen. Außerdem sollen mit Hilfe des Modells verschiedene - hier hypothetische - Managementmaßnahmen getestet werden, die das Ziel haben, das Aussterberisiko zu verringern.

Um von einem Problem zu einem Modell zu kommen, müssen die folgenden Entscheidungen getroffen werden: Welche Grundstruktur soll das Modell haben (räumlich explizit, deterministisch, stochastisch, kontinuierliche oder diskrete Zeitachse, usw.)? Welche Zustandsvariablen und welche Prozesse und Strukturen des Systems sollen berücksichtigt werden? Welche Parameter werden benötigt? Von welcher Ausgangssituationen ausgehend soll das Modell die Dynamik simulieren?

In Fall der Nashörner erscheint es angemessen, die Zeit in diskreten Schritten von einem Jahr voranschreiten zu lassen und einen Zeithorizont von 100 Jahren zu betrachten. Zwischen den Geschlechtern, Altersklassen usw. wird nicht explizit unterschieden, d.h. die Zahl $N$ an Individuen ist die einzige Zustandsvariable des Modells. Der Grund für diese vereinfachende Annahme ist, daß wir - in unserem hypothetischen Beispiel - davon ausgehen, daß Informationen über Geschlechterverhältnis, Altersstruktur usw. nicht vorliegen. Lägen sie bei einer konkreten PVA vor, dann gäbe es zwei mögliche Gründe sie zu berücksichtigen: Erstens, falls z.B. von der Alterstruktur bekannt wäre, daß sie in bestimmten Situationen die Überlebenswahrscheinlichkeit der Population wesentlich beeinflußt; und zweitens, wenn Informationen über den Populationsaufbau benutzt werden könnten, das Modell anhand der vorhandenen Daten auf seine "Stimmigkeit" zu überprüfen.

An Prozessen werden in unserem Modell nur Mortalität, Reproduktion und Dichteabhängigkeit betrachtet. Damit werden alle anderen Prozesse im realen System summarisch erfaßt, denn sie wirken sich letzten Endes alle auf Mortalität und Reproduktion aus. Die Parameter für Mortalität und Reproduktion sind die Geburts- und Sterberaten $b$ und $d$. Über die Mechanismen der Dichteabhängigkeit des Populationswachstums sei in unserem Beispielproblem im Detail nichts bekannt. Sie muß trotzdem im Modell berücksichtigt werden, weil sonst die Population unbegrenzt anwachsen könnte. Wir führen deshalb eine Kapazität $K$ ein, die von der Populationsgröße nicht überschritten werden kann. Die Simulation soll mit $N=N_0$ Individuen beginnen.

Das Modell sieht nun folgendermaßen aus: Jedes Jahr wird für jedes Individuum gemäß der Geburts- und Sterberaten "ausgewürfelt", ob es reproduziert und ob es stirbt. "Auswürfeln" heißt, daß jeweils vom Computer eine Zufallszahl erzeugt wird, die gleichverteilt zwischen Null und Eins liegt. Ist diese Zahl kleiner als die Geburtsrate (bzw. Sterberate), dann findet eine Geburt (bzw. Sterben) statt. Wenn diese Programmschleife für alle Individuen durchlaufen wurde, dann wird die Individuenzahl aktualisiert auf den Wert, der sich aus der alten Individuenzahl *minus* den Sterbefällen *plus* den Geburten ergibt. Anschließend wird die neue Individuenzahl mit der Kapazität $K$ verglichen. Ist sie größer als $K$, dann wird sie auf $K$ herabgesetzt. Danach springt die Ausführung des Programms zur obigen Individuenschleife zurück. Dieser ganze Jahreszyklus wird solange durchlaufen, bis entweder die Population ausgestorben ist oder bis das Ende eines vorgegebenen Zeithorizontes erreicht ist (hier: 100 Jahre) (BURGMAN et al. 1993).

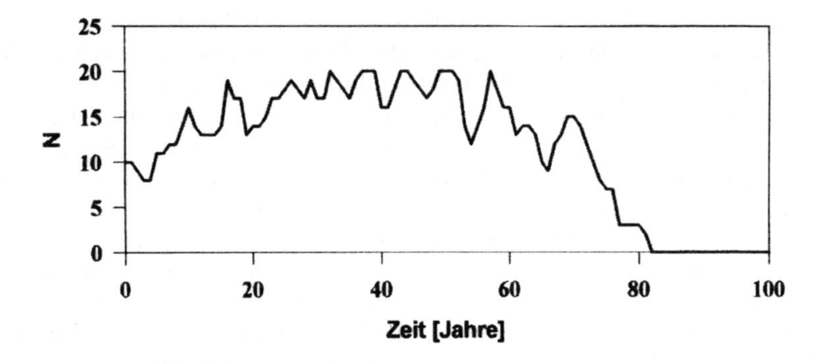


**Abb. 1**: Eine typische vom Beispielmodell bzw. -programm produzierte Populationsdynamik. Die Population ist nach 82 Jahren ausgestorben.

Abb. 1 zeigt eine von diesem Programm produzierte Populationsdynamik, wobei folgende Modellparameter verwendet wurden: $b = 0.15$, $d = 0.145$, $K = 20$ und $N_0 = 10$. Die Population stirbt aus, obwohl sie tendenziell anwachsen sollte (die Geburtsrate ist größer als die Sterberate). Der Grund hierfür ist die geringe Individuenzahl. Wenn nur wenige Individuen vorhanden sind, kann es passieren, daß zufällig keines der vorhandenen Individuen reproduziert, oder daß zufällig alle Individuen gleichzeitig sterben. Genauso kann es bei fünfmaligen Werfen einer Münze passieren, daß fünfmal "Zahl" erscheint. Bei Populationen nennt man diese Aussterbeursache "demographisches Rauschen" ("demographic noise"). Sie ist Ausdruck der zufallsbedingten individuellen Variabilität. Jedes Individuum erlebt sein eigenes, von den anderen teilweise unabhängiges Schicksal, das z.B. darin bestehen kann, von einem Räuber gefressen zu werden. Trotz guter Lebensbedingungen kann es passieren, daß zufällig die letzten drei Männchen im selben Jahr von Räubern gefressen werden. Diese Aussterbeursache kann vernachlässigt werden, sobald die Population genügend groß ist. Genauso ist es bei 20 oder mehr Münzwürfen äußerst unwahrscheinlich, in allen Fällen "Zahl" zu werfen.

Eine weitere entscheidende Ursache des Aussterbens einer Population wurde in unserem Modell aber noch nicht berücksichtigt. Während das demographische Rauschen das unabhängige Schicksal der Individuen berücksichtigt, steht das "Umweltrauschen" für Schwankungen in der biotischen oder abiotischen Umwelt, die die gesamte Population gleichermaßen betreffen. Ein sehr trockenes Jahr kann beispielsweise die Individuen derart geschwächt haben, daß für alle Individuen die Wahrscheinlichkeit, erfolgreich zu reproduzieren, verringert ist. Für unser Programm bedeutet dies, daß wir den Prozeß, der von Umweltschwankungen am stärksten abhängt, nicht mehr mittels eines konstanten Parameters beschreiben (z.B. die Geburtsrate $b$), sondern jetzt diesen Parameter zufällig variieren lassen. Aus Gründen der Einfachheit "ziehen" wir eine aktuelle Geburtsrate $b_a$ aus dem Bereich zwischen 0 und $2b$. Im Mittel ist die Geburtsrate also wieder gleich $b$, aber es gibt jetzt gleichverteilte Schwankungen dieser Rate im angegebenen Bereich. Weiter unten werden wir ein Maß für die Stärke des Umweltrauschens benötigen. Dieses Maß sei $\delta$ und gebe die relativen Schwankungen in der Geburtenrate an ($\delta$ ist in unserem Beispiel also gleich Eins weil $b_a = b \pm b$). In der Praxis wird das Umweltrauschen natürlich nicht in der hier beschriebenen Weise angesetzt, sondern es werden für die betreffenden Parameter Wahrscheinlichkeitsverteilungen konstruiert - entweder anhand von Daten oder anhand von Expertenschätzungen (STEPHAN et al. 1995).

Die Auswirkungen des Umweltrauschens können intuitiv verstanden werden: Auch große Populationen können durch extrem schlechte Jahre oder durch eine Aufeinanderfolge schlechter Jahre so klein werden, daß sie aufgrund demographischer Schwankungen aussterben. Der Mechanismus des Aussterbens ist also in der Regel zweistufig. Starkes Umweltrauschen läßt die Population klein werden, und demographisches Rauschen versetzt dann u.U. der Population den "Todesstoß".

Da in unserem Modell Zufallseinflüsse berücksichtigt werden, ist - jedesmal ausgehend von der Anfangsindividuenzahl $N_0$ - kein Lauf des Modells wie der andere (Abb. 2): Die Populationen sterben entweder früher oder später aus, oder sie überleben die betrachtete Zeitspanne. Diese Schwankungen in der Überlebenszeit der Populationen spiegeln die Unvorhersagbarkeit des demographischen und Umweltrauschens wider. Deterministische Vorhersagen über das Schicksal der Population sind angesichts dieser zufallsbedingten Schwankungen nicht mehr möglich. Statt dessen können nur noch Wahrscheinlichkeiten, bzw. im Falle unerwünschter Ereignisse wie z.B. dem Aussterben, Risiken angegeben werden.

## 4 Maße zur Quantifizierung des Aussterberisikos und das Konzept der "minimum viable population"

Das wichtigste Maß zur Quantifizierung des Aussterberisikos ist die Wahrscheinlichkeit $P_0(t)$ (sprich: "P-Null-von-t"), daß die Population innerhalb des Zeithorizontes von $t$ Jahren ausstirbt (daher der Index 0) bestimmt werden. Der Beginn des Zeithorizontes wird dabei mit $t = 0$ markiert. Mit Hilfe unseres Simulationsmodells läßt sich $P_0(t)$ folgendermaßen bestimmen: Man führt die Simulation $n$-mal über den Zeithorizont von $t$ Jahren (z.B. 100 Jahre) durch. Dann ist die Zahl der Läufe, in denen die Population zur Zeit t bereits ausgestorben ist, geteilt durch $n$ gleich der Aussterbewahrscheinlichkeit $P_0(t)$. Ist z.B. $n = 100$, und sterben 10 von diesen hundert Populationen vor Ablauf der Zeit $t$ aus, dann ist $P_0(t) = 0{,}1$, d.h. die Population unterliegt einer Wahr-

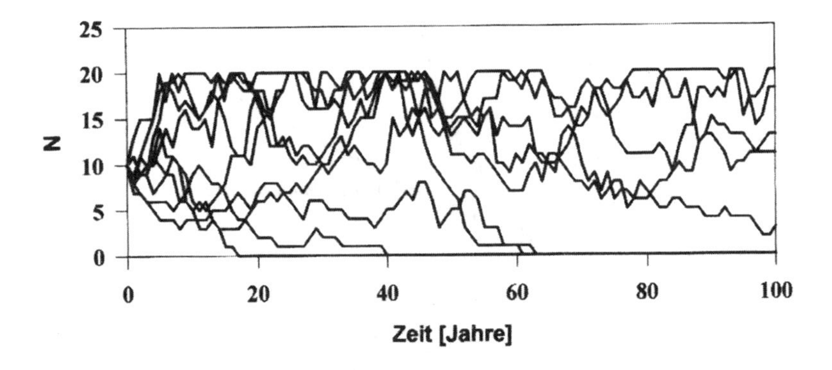


**Abb. 2**: Neun zufällig ausgewählte Dynamiken, die vom selben Modell wie in Abb. 1 erzeugt wurden, aber für verschiedene Folgen von Zufallszahlen. In vier Läufen stirbt die Population aus, in den übrigen fünf Läufen überlebt sie die Zeit von 100 Jahren.

scheinlichkeit (bzw. einem Risiko) von 10%, innerhalb der nächsten hundert Jahre auszusterben.

Ein komplementäres Maß zu $P_0(t)$ ist die mittlere Überlebenszeit $T_m$. Um sie zu bestimmen, muß man im Prinzip das Modell $n$-mal (z.B. 100 mal) jedesmal so lange laufen lassen, bis die Population ausgestorben ist. Jeder Lauf liefert dann eine Überlebenszeit $T$, und $T_m$ ist einfach der Mittelwert all dieser Überlebenszeiten. "Im Prinzip" bedeutet, daß es eine effizientere Methode zur Bestimmung von $T_m$ gibt (STELTER et al. 1997)

Für den Fall, daß bei der Ermittlung von $P_0(t)$ keine extreme, d.h. zu gute oder zu schlechte Ausgangsbedingung gewählt wurde, gilt der folgende Zusammenhang zwischen $P_0(t)$ und $T_m$:

$$P_0(t) = 1 - \exp(- t / T_m)$$

Für kleine Aussterberisiken folgt hieraus näherungsweise:

$$P_0(t) = t / T_m \quad <=> \quad T_m = t / P_0(t)$$

Somit kann das Inverse der mittleren Überlebenszeit, $1/T_m$, interpretiert werden als die Wahrscheinlichkeit bzw. das Risiko, daß die Population in einem Jahr ausstirbt.

Die Wahrscheinlichkeit $P_0(t)$ kann nun verwendet werden, die Mindestgröße einer überlebensfähigen Population zu bestimmen ("minimum viable population", MVP). Was dabei "überlebensfähig" bedeutet, kann nicht naturwissenschaftlich definiert werden, sondern ist Sache der Übereinkunft: Welches Aussterberisiko sind wir für einen bestimmten Zeitraum bereit zu akzeptieren? SHAFFER (1981) fordert, daß $P_0(1000) <= 0.01$ sein soll, d.h. in den nächsten tausend Jahren soll das Aussterberisiko nicht mehr als 1% betragen. Diese Forderung hat sich aber in vielen Fällen als nicht erfüllbar erwiesen, so daß man heute oft schon bereit ist, ein Risiko von 1% in hundert Jahren zu akzeptieren. Eine "minimum viable population" ist nun definiert als diejenige Größe zur (momentanen) Zeit t = 0, die eine Population mindestens haben muß, um während der nächsten 100 oder 1000 Jahre das vorgegebenen Aussterberisiko nicht zu überschreiten. Diese Definition einer MVP weist allerdings Mängel auf, wie wir im folgenden sehen werden.

Da die Lebensraumkapazität $K$, die vor allem durch Größe und Qualität des verbleibenden Habitats bestimmt wird, für die meisten gefähr-

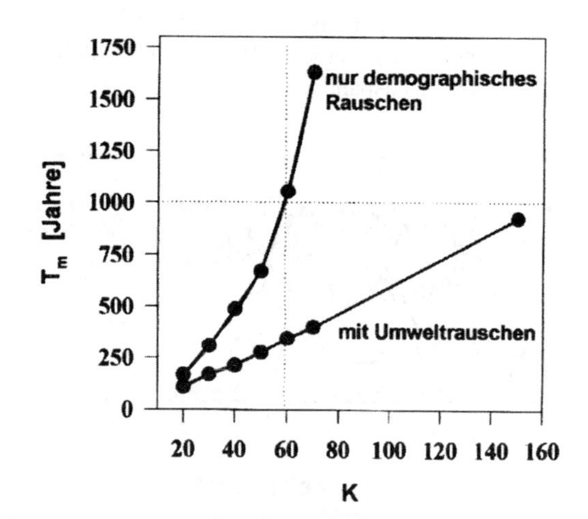


**Abb. 3**: Mittlere Überlebenszeit $T_m$ in Abhängigkeit von der Lebensraumkapazität $K$ für das volle Modell (d.h. demographisches und Umweltrauschen; untere Kurve) und für den Fall ohne Umweltrauschen (obere Kurve). Der Schnittpunkt der gepunkteten Geraden gibt die Mindestkapazität an, die das System haben muß, damit das Aussterberisiko der Population innerhalb von 100 Jahren nicht größer als 1% wird.

deten Populationen ein kritischer Parameter ist, wird bei der Analyse von PVA-Modelle die mittlere Überlebenszeit (oder das Aussterberisiko) über verschiedenen Werten von $K$ aufgetragen. Abb. 3 zeigt diese Kurven einmal für das volle Modell, d.h. inklusive demographischen und Umweltrauschen, und einmal nur für demographisches Rauschen. Es wird deutlich, daß bei Populationen, bei denen Umweltschwankungen keine große Rolle spielen, eine Vergrößerung von $K$ um den Faktor 3 (von 20 auf 60) die mittlere Überlebenszeit erheblich erhöhen kann. Der Grund hierfür ist, daß bei größeren Lebensräumen die Populationen nur noch selten so klein ist, daß das demographische Rauschen überhaupt noch eine Rolle spielt. Wenn Umweltschwankungen aber eine Rolle spielen, ist die Situation anders: nun steigt die mittlere Überlebenszeit nur noch langsam mit der Kapazität an. Habitatvergrößerungen um den Faktor 3 würden also in diesem Fall das Aussterberisiko nur unwesentlich verringern.

Um diese Überlegungen zu quantifizieren können wir fragen, wie groß $K$ sein muß, damit das Aussterberisiko $P_0(t)$ innerhalb von 100 Jahren nicht größer als 0,1 wird. Nach der obigen Umrechnungsformel muß dafür $T_m$ mindestens gleich t / $P_0(t)$ = 100/0,1 = 1000 Jahre sein. Mit dieser Mindestüberlebenszeit läßt sich die dazugehörige Mindest-Lebensraumkapazität in Abb. 3 grafisch bestimmen. Beim vollen Modell beträgt sie ca. 160 Individuen, ohne Umweltrauschen ca. 60 Individuen.

Unserer Auffassung nach eignet sich diese Mindest-Lebensraumkapazität besser zur Definition einer MVP als die von SHAFFER (1981) vorgeschlagene Anfangspopulationsgröße. Wie in Abb. 1 und 2 zu sehen, schwankt die Größe der Population aufgrund der demographischen und Umweltschwankungen erheblich. Für die Größe der Population zu einem bestimmten Zeitpunkt einen Schwellenwert vorzugeben macht deshalb wenig Sinn, weil die momentane Populationsgröße weniger die Überlebensfähigkeit als die Qualität der Lebensbedingungen in den letzten Jahren anzeigt. Entscheidend ist, wie groß die Population nach einer Reihe von "guten Jahren" werden kann, wenn die Bedingungen so gut sind, daß tatsächlich die "Kapazität", d.h. die Ressourcen zum begrenzenden Faktor für die Individuen werden. Die Abundanzen, die eine Population in "guten Zeiten" erreichen kann, sind entscheidend dafür, wie gut sie "schlechte Zeiten" übersteht. Eine Population von 100 Individuen wird z.B. viel seltener aufgrund von Umweltschwankungen unter 20 Individuen absinken (und somit in den kritischen Bereich des demographischen Rauschens kommen) als eine Population von 40 Individuen. Man hat diesen Puffer-Effekt - in einem anderen Zusammenhang - auch als "storage effect" bezeichnet (WARNER & CHESSON 1985).

## 5 Unsicherheit: Das Problem der Überprüfbarkeit modellgestützter Risikoeinschätzungen

Das Schicksal von Populationen läßt sich nicht deterministisch vorhersagen, da sie zufälligen Schwankungen ausgesetzt sind. Die Prognoseunsicherheit, die aus diesen Zufallsschwankungen resultiert, wird in PVA's in der beschriebenen Weise quantifiziert. Die quantifizierte Unsicherheit ist dann das Aussterberisiko, d.h. die Quantifizierung der Unsicherheit wird mit Hilfe von Wahrscheinlichkeitsaussagen formuliert. Aber natürlich können Wahrscheinlichkeitsaussagen falsch sein. In der Tat ist die Überprüfbarkeit der modellgestützten Risikoeinschätzungen das größte Problem bei PVA's. Die modellgestützten Überlebensprognosen resultieren aus Hunderten bis Tausenden unabhängiger Wiederholungen der Modelläufe. In der Realität haben wir aber meist nur einen einzigen "Versuch". Selbst wenn die Prognose einer mittleren Überlebenszeit von 100 Jahren absolut richtig wäre, kann für den realen Fall nicht gesagt werden, wie lange die Population tatsächlich überleben wird. Insbesondere würde ein früheres Aussterben, z.B. schon nach 20 Jahren, die Prognose weder bestätigen noch widerlegen. Ebensowenig kann mit einem einzigen Wurf entschieden werden, ob ein Würfel gezinkt ist oder nicht.

Wir müssen aber davon ausgehen, daß unsere Überlebensprognosen niemals *absolut* richtig sind. Hierfür gibt es zwei Hauptgründe: Zum einen sind in der Regel nicht genügend Daten verfügbar, um die Modellparameter auf einen exakten Wert festzulegen. Zweitens kann es sein, daß das Modell aufgrund seiner stark vereinfachten Struktur eine Dynamik produziert, die von der realen Dynamik stark abweicht.

Gegen die zweite Unsicherheitsquelle hilft nur, das Modell an Mustern auszurichten, die im realen System zu beobachten sind (GRIMM et al. 1996). Wenn das Modell in der Lage ist, diese Muster zu reproduzieren, dann ist dies zwar kein logisch strenger Beweis für die Richtigkeit des Modells, aber es erhöht doch erheblich das Vertrauen, daß das Modell die Dynamik des realen Systems zufriedenstellend widerspiegelt. Das Vertrauen erhöht sich dabei graduell: Je mehr unabhängige Muster oder andere empirische Befunde das Modell reproduziert, desto größer das Vertrauen.

Gegen die erste Unsicherheitsquelle, die Unsicherheit in den Daten, hilft nur die Warnung, daß sich der Zweck einer PVA niemals in der Angabe eines einzelnen Aussterberisikos oder einer einzigen MVP erschöpft! Statt dessen soll die PVA aufzeigen, wie $P_0(t)$ und MVP von den modellierten Prozessen abhängen. Man nennt dies eine "globale Sensitivitätsanalyse", d.h. ausgehend von einem Referenzparametersatz wird ein einzelner Parameter (z.B. die Kapazität $K$) über einen weiten Bereich variiert. Auf diese Weise werden u.U. grundsätzliche Zusammenhänge deutlich, z.B. der Einfluß des Umweltrauschens auf die Beziehung zwischen dem Aussterberisiko und der Kapazität. PVA's sollen vor allem dem Verständnis der Faktoren dienen, die das Aussterberisiko beeinflussen.

## 6 Sensitivitätsanalysen

Bei aller Betonung des Ziels, mit PVA's vor allem ein Verständnis der Zusammenhänge zu fördern, kommt man für konkrete Planungszwecke nicht umhin, mit den konkreten Zahlen, die vom Modell produziert werden, zu arbeiten. Hier wird zunächst die "lokale Sensitivitätsanalyse" eingesetzt, d.h. ausgehend vom Referenzparametersatz wird nacheinander jeder Parameter um einen kleinen Betrag nach oben und unten geändert (z.B. 5%), und die resultierende Änderung der mittleren Überlebenszeit registriert. Die lokale Sensitivität ist dann das Verhältnis der relativen Änderung der Überlebenszeit zu der relativen Änderung des Parameters (s. z.B. Tab. 1 in STELTER et al. 1997). Auf diese Weise wird deutlich, welche der modellierten Prozesse die Überlebenszeit bzw. das Aussterberisiko am stärksten beeinflussen.

Für den eher häufigen Fall, daß über die sensitivsten Prozesse nur wenig genaue Daten vorhanden sind, bleibt die Überlebensprognose mit einer Unsicherheit behaftet, die nicht weiter reduzierbar ist. Hier hilft nur noch die Ausrichtung der Überlebensprognose an möglichen oder geplanten Eingriffen in die reale Population bzw. ihren Lebensraum. Werden diese Eingriffsszenarien im Modell nachgebildet, dann erhält man eine Rangfolge der Eingriffe bezüglich ihrer Auswirkung auf das Aussterberisiko. Bei negativen Eingriffen wird so der am wenigsten schädliche identifiziert, bei positiven der erfolgsversprechendste.

Betrachten wir hierzu wieder unser Beispielmodell. Nehmen wir an, die Habitatkapazität unserer modellierten Population sei 50 Individuen, und wir hätten die Möglichkeit, diese auf 60 Individuen zu erhöhen. Alternativ könnten wir unsere Ressourcen dazu einsetzen, die Population durch Einwanderung von Individuen zu stärken. Die Einwanderung von Individuen ließe sich z.B. durch Translokation oder durch das Anbinden des Habitats an ein anderes bewirken.

Wir könnten nun z.B. annehmen, daß bei den Nashörnern Umweltschwankungen keine große Rolle spielen, so daß die obere Kurve in Abb. 3 zum Tragen käme. Dann würde eine Erhöhung der Habitatkapazität von 50 auf 60 Individuen die mittlere Überlebenszeit um ca. 50% erhöhen. In einer weiteren Modellanalyse finden wir, daß die Immigration von im Mittel 0,2 Individuen pro Jahr $T_m$ um nur 31% erhöht. Wir folgern, daß Habitatvergrößerung die erfolgversprechendere Maßnahme ist. Allerdings können wir uns nicht sicher sein, daß dieses "ranking" der Handlungsalternativen immer zutrifft, denn die Einschätzung der Stärke der Umweltschwankungen kann falsch sein. Bei starken Umweltschwankungen z.B. hat eine Habitatvergrößerung eine vergleichsweise geringe Wirkung (Abb. 3). Welche Managementmaßnahme die effizientere ist, wird daher von den Annahmen bezüglich der Modellparameter abhängen.

Ebenso kann es Unsicherheit bezüglich der Sterberate geben. So ist es z.B. denkbar, daß wir recht sicher wissen, daß sie nicht nennenswert mit der Umweltqualität schwankt, aber wir kennen nicht ihren genauen Wert. Auch diese Unsicherheit kann zu Unsicherheit in der Rangordnung der effizientesten Managementmaßnahmen führen. Wir stehen vor einer Reihe von Abhängigkeiten und Unsicherheiten, die alle das "ranking" der Handlungsalternativen, d.h. den optimalen Managementplan beeinflussen können. Im folgenden entwickeln wir einen möglichen Lösungsweg, um dieses Problem zu lösen.

Zunächst muß man sich über das Ausmaß der Unsicherheiten klarwerden und abschätzen, welche Bandbreiten die Modellparameter haben, d.h. welche Zahlenwerte sie annehmen können. Hier wird man die Ergebnisse von lokalen Felduntersuchungen, Expertenwissen und Literaturangaben kombinieren. Bezüglich der Sterberate und der Stärke der Umweltschwankungen könnten sich z.B. folgende Bandbreiten ergeben: Die jährliche Sterberate $d$ liegt irgendwo zwischen 0.145 und 0.15. Die relativen Schwankung in der Geburtsrate, $\delta$, liegt zwischen 0 und 1.

Die Frage lautet nun: Ist eine der zur Auswahl stehenden Schutzmaßnahmen immer besser als alle anderen, egal welche Zahlenwerte die ökologischen Parameter annehmen? Oder, falls nicht, wie stark können die relativen Vorteile verschiedener Maßnahmen variieren, wenn man die ökologischen Parameter innerhalb ihrer jeweiligen Bandbreiten verändert? Für diese Fragestellung brauchen wir im Allgemeinen nicht jeden möglichen Wert jedes Modellparameters durchzuprobieren, sondern es genügt meist, die Maximal- und Minimalwerte der Parameter zu betrachten, d.h. wir betrachten nur diejenigen ökologischen "Eck-Szenarien", in denen jeder der Parameter entweder seinen jeweiligen Maximal- oder Minimalwert annimmt. Gibt es in unserer Analyse $n$ unabhängige ökologische Parameter, so haben wir eine Anzahl von $2^n$ verschiedenen Eck-Szenarien zu berücksichtigen. In unserem Beispiel ergeben sich $2^2=4$ Szenarien:

1. $d=0.15$ und $\delta=1$
2. $d=0.15$ und $\delta=0$
3. $d=0.145$ und $\delta=1$
4. $d=0.145$ und $\delta=0$

Für jedes dieser Eck-Szenarien ermitteln wir nun die Einflüsse der verschiedenen Handlungsalternativen (im Beispiel Habitatvergrößerung und Immigration) auf die Population und setzen sie durch gegenseitigen Vergleich in eine Rangordnung. Diese Rangordnung gibt an, welchen Einfluß eine bestimmte Maßnahme im Vergleich zu den anderen Maßnahmen hat.

Im unserem Beispiel erhalten wird das in Tab. 1 dargestellte Ergebnis. Da die Zahl der Szenarien hier noch klein ist, kann man leicht direkt nach Ähnlichkeiten zwischen den Rangordnungen suchen, z.B. ob eine der Maßnahmen durchweg die beste, oder ob eine andere Maßnahme immer die schlechteste ist. Im ersten Fall wäre man praktisch fertig, denn man hätte eine Maßnahme gefunden die immer die beste ist, egal welche Werte die ökologischen Parameter im vorher abge-

**Tabelle 1**: Relative Erhöhung der mittleren Überlebenszeit $T_m$ (in %) für vier verschiedene Szenarien und zwei Eingriffsalternativen. Die Stärke der Umweltschwankungen wird angegeben als relative Schwankungsbreite δ der Geburtsrate.

| | | | **Relative Erhöhung von $T_m$ in %** | |
|---|---|---|---|---|
| **Szenario** | **Sterberate** | **Umwelt-schwankungen** | durch Habitatvergrößerung | durch Immigration |
| 1 | maximal (0.15) | maximal (1) | 7 | **15** |
| 2 | maximal (0.15) | minimal (0) | 9 | 13 |
| 3 | minimal (0.145) | maximal (1) | 23 | 22 |
| 4 | minimal (0.145) | minimal (0) | **50** | 31 |

steckten Bereich annehmen. Im zweiten Fall, könnte man die durchweg schlechteste Maßnahme aus dem Maßnahmenkatalog streichen und hätte diesen so um eine Komponente reduziert, was die Entscheidungsfindung zwar nicht abschließt aber immerhin vereinfacht. Man könnte auch nach der Maßnahme suchen die, wenn auch nicht immer die beste, so doch in allen Eck-Szenarien immer ziemlich weit oben steht. Würde man diese in den Naturschutzplan aufnehmen, so nähme man zwar in Kauf, daß diese in dem tatsächlich vorliegenden ökologischen Szenario (das man ja nicht genau kennt) vielleicht nicht die optimale Maßnahme ist; da die gewählte Maßnahme aber in allen Eck-Szenarien recht günstig abschneidet, könnte man sicher sein, daß - egal welches Szenario in der Realität vorliegt - das Ergebnis zumindest befriedigend sein wird. Man hätte so zumindest einen totalen Fehlschlag ausgeschlossen.

Nach diesem Schema kann man aus Tab. 1 folgendes ablesen:

(1) Keine der beiden Maßnahmen ist durchweg die beste. Das optimale Management hängt von der Sterberate und den Umweltschwankungen ab. Sind beide, Sterberate und Umweltschwankungen maximal, also am oberen Rand ihres jeweiligen Plausibilitätsbereichs (Szenario 1), so ist Immigration effektiver als Habitatvergrößerung. Sind beide Parameter minimal (Szenario 4), so ist Habitatvergrößerung effektiver. Dazwischen liegen die beiden 'Mischszenarien' 2 und 3, in denen einer der beiden Parameter maximal, der andere minimal ist. In diesen Szenarien sind beide Maßnahmen in etwa gleich effektiv.

(2) Während die Effektivität der Habitatvergrößerung stark von den Umweltschwankungen abhängt, ist der Erfolg, den man durch Immigration erzielt, relativ konstant. Ein vorsichtiges, "risikoaverses" Naturschutzmanagement wird daher die Maßnahme "Immigration" immer vorziehen, um auf jeden Fall einen totalen Fehlschlag der Maßnahme zu vermeiden.

Man kann das in Tab. 1 dargestellte Ergebnis auch intuitiv verstehen und verallgemeinern: Moderate Habitatvergrößerungen oder Verbesserungen machen nur Sinn, wenn die auf die Population wirkenden Umweltschwankungen klein sind. Maßnahmen, die eine stetige, wenn auch sehr kleine Immigrationsrate zur Folge haben wirken dagegen unabhängig von den Umweltschwankungen: Sie "unterstützen" die Population in jedem Fall, wenn sie zufällig kleine Abundanzen erreicht. Immigration puffert demnach das demographische Rauschen teilweise ab - und dieser Effekt wirkt sich immer positiv aus, unabhängig von der Stärke der Umweltschwankungen.

Man kann sich eine Vielzahl weiterer Methoden ausdenken, mit denen man einen Satz von Rangordnungen wie in Tab. 1 auswerten kann. Derartige Methoden sind Thema der aus den Wirtschaftswissenschaften stammenden Entscheidungstheorie, die seit einigen Jahren auch Anwendung im Naturschutz findet (s. unten).

Für den eher häufigen Fall, daß die Zahl der zu untersuchenden Szenarien ($2^n$) groß ist, kann der rechnerische Aufwand sehr groß werden. Es gibt aber mathematische Methoden (DRECHSLER et al. 1998, DRECHSLER, im Druck), auf die hier nicht näher eingegangen werden kann, mit deren Hilfe mehrere ökologische Parameter in einen einzigen 'Super-Parameter' zusammengefaßt werden können. Auf diese Weise kann man ein Problem mit vielen ökologischen Parametern auf eines mit wenigen 'Super-Parametern' zurückführen.

## 7 Mehr Entscheidungstheorie im Naturschutz und Planung?

Eine oft geäußerte Kritik an PVA's ist, daß sie zwar Aussterberisiken quantifiziert und auch Sensitivitätsanalysen durchführt, daß sie die potentiellen Anwender/innen der PVA aber nicht dabei unterstützt, von den mit Unsicherheiten behafteten Risikoabschätzungen zu Entscheidungen zu kommen. Eine mögliche Lösung dieses Problems wurde im vorigen Abschnitt erläutert. Sie ist Bestandteil der seit ca. 30 Jahren bestehenden Entscheidungstheorie ("decision analysis"), die Methoden entwickelt hat, trotz Unsicherheiten auf verschiedenen Ebenen zu rationalen Entscheidungen zu kommen, d.h. Entscheidungen die mit größter Wahrscheinlichkeit zum gewünschten Ziel führen (EISENFÜHR & WEBER 1994). Wohlgemerkt: Rationale Entscheidungen sind zwar in sich konsistent und "logisch", aber sie können die Unsicherheit nicht beseitigen, d.h. rationale Entscheidungen können nach wie vor zum unerwünschten Ergebnis führen.

Ziel der Entscheidungstheorie ist es, Entscheidungsprozesse zu strukturieren indem sämtliche Aspekte, die hierbei eine Rolle spielen, explizit benannt und nach Möglichkeit auch quantifiziert werden (EISENFÜHR & WEBER 1994.)

In Naturschutzfragen gibt es bisher nur vereinzelte Anwendungen der Entscheidungstheorie (z.B. MAGUIRE et al. 1987, MAGUIRE & SERVHEEN 1992, RALLS & STARFIELD 1995; vgl. GRIMM & GOTTSCHALK 1997). Obwohl die Entscheidungstheorie sicher kein Patentrezept ist, das sich auf alle Entscheidungsprobleme gleichermaßen anwenden läßt, zeigen die Beispielanwendungen doch das Potential einer Kombination aus modellgestützten Risikoabschätzungen und der Entscheidungstheorie. Eine Anwendung der Entscheidungstheorie setzt allerdings bei allen Beteiligten den Willen zur Kooperation voraus. Wer Entscheidungen lieber aus dem Gefühl heraus fällt, ist für die Entscheidungstheorie verloren.

## 8 Diskussion: Möglichkeiten und Risiken der PVA

Bevor wir zusammenfassend den Risikobegriff und die Techniken zur Berücksichtigung von Unsicherheiten in der Naturschutzbiologie diskutieren, sei noch auf eine kürzlich von CAUGHLEY (1994) geäußerte Kritik eingegangen. Die Naturschutzbiologie beschäftigt sich im Rahmen von PVA's fast ausschließlich mit dem Zufall als Aussterbeursache, d.h., die Populationen sind bereits so gefährdet bzw. so klein, daß ihnen der Zufall gefährlich werden kann. Der Zufall ist aber nicht die eigentliche Ursache des Austerbens, sondern es sind dies die Faktoren, die dafür verantwortlich waren, daß die Population überhaupt erst so klein werden konnte (Habitatzerstörung und -fragmentierung, Übernutzung, Wilderei, Schadstoffe, Ausrottung, Einwanderung von Fremdarten, usw.). Nach CAUGHLEY ist es die primäre Aufgabe der Naturschutzbiologie, die "Agentien" zu finden, die für die Abnahme der Populationsgrößen verantwortlich sind.

Dieser Kritik liegt ein Mißverständnis zugrunde: Über die eigentlichen Ursachen des Aussterbens von Populationen besteht kein Zweifel. Es ist aber selten, daß eine der oben genannten deterministischen "Agentien" eine Population oder Art wirklich restlos auslöscht. Meist bleiben Restpopulation übrig, die von den deterministischen Agentien nicht mehr erfaßt werden. Sehr viele Populationen sind bereits in diesem Zustand, und dies allein würde bereits die Anwendung modellgestützter PVA's rechtfertigen. Wenn es aber darum geht, den deterministischen Agentien entgegenzuwirken, braucht man Argumente, wann das Überleben für eine Population kritisch wird und unter welchen Bedingungen ein zufallsbedingten Aussterben ausgeschlossen werden kann. Informationen genau dieser Art liefert die PVA.

Doch kommen wir abschließend zu dem speziellen Risikobegriff, der in dem vorliegenden Beitrag vorgestellt wurde. Durch den "absorbierenden" Charakter des unerwünschten Ereignisses - das Aussterben einer Population oder Art - ist dieser Begriff sehr einfach: Risiko ist die Wahrscheinlichkeit, daß eine Population innerhalb einer bestimmten Zeit ausstirbt. Dieses Risiko wird mit Hilfe von Modellen quantifiziert, um über den Vergleich von Handlungsalternativen zu Entscheidungen für die Praxis zu gelangen. Es gibt bereits Methoden, um die Unsicherheit dieser modellgestützten Risikobeurteilungen zu berücksichtigen, aber diese Methoden sind noch keineswegs vollständig ausgearbeitet. Die Entscheidungstheorie könnte ein Weg sein, Unsicherheiten zu berücksichtigen, aber auch sie wird die Unsicherheit von PVA's nicht restlos ausräumen können. Das ist aber auch gar nicht das Ziel der PVA's. Unser empirisches Wissen und unsere Einblicke in die Prozesse, die die Dynamik einer Population beeinflussen, werden immer begrenzt sein. Die Naturschutzbiologie versteht sich deshalb ausdrücklich als Krisendisziplin: Es wurde bereits eine Unzahl von Arten unwiederbringlich verloren, und der in naher Zukunft drohende Artenverlust ist so dramatisch, daß man sich der Herausforderung stellen muß, Risiken quantitativ abzuschätzen, selbst wenn die wissenschaftliche Grundlage hierfür teilweise noch dünn ist.

Dennoch gibt es ernstzunehmende Gründe, die es Ökologen/innen eigentlich zu verbieten scheinen, Prognosen zu wagen. Kritiker der PVA's plädieren deshalb dafür, die von der Gesellschaft geforderten Risikoabschätzungen zu verweigern. ESER (1999) weist auf die Gefahren hin, die entstehen können, wenn man sich überhaupt auf eine Risiko-Diskussion einläßt. So kann z.B. das Konzept der "minimum viable population" aufgefaßt werden als Kapitulation vor den gesellschaftlichen Kräften, die für eine Zerstörung und Fragmentierung von Lebensräumen verantwortlich sind. Droht wirklich die Gefahr, daß PVA's als "Legitimationsforschung" für eine fortschreitende Zerstörung der Natur mißbraucht werden? Ein Beispiel für diesen Konflikt ist die Diskussion um den Fleckenkauz in den USA. Eine modellgestützte Risikobeurteilung führte zu einem Flächenplan, der - aus Sicht vieler Naturschützer und auch der Holzwirtschaft - "große" Teile des Waldes, der abgeholzt werden sollte, unter Schutz stellen sollte. Dieser Plan wurde zunächst als Erfolg gefeiert, denn die Alternative wäre gewesen, daß der Wald ganz abgeholzt wird und mit ihm auch der Fleckenkauz ganz verschwindet (der Artenschutz ist in den USA durch ein Gesetz vorgeschrieben, "endangered species act"). Es gab dann aber eine Fraktion innerhalb der Naturschutzbiologie, die den Flächenplan genau anders herum interpretierten: Er wird letzten Endes dazu benutzt, das Abholzen des überwiegenden Teils des Urwaldes zu legitimieren (HARRISON et al. 1993). Dabei müßte es doch das eigentliche Ziel des Naturschutzes sein, das Abholzen ganz zu verhindern, oder nur geringe Nutzungsquoten von z.B. 10 oder 20% zuzulassen! Tatsächlich zog diese Fraktion mit dem Argument vor Gericht, daß die Unsicherheiten in der Risikobeurteilung nicht genügend berücksichtigt wurde (insbesondere das Ausbreitungsverhalten der Jungvögel ist entscheidend, aber empirisch völlig unerforscht), so daß der erarbeitete Flächenplan keineswegs den Schutz des Fleckenkauzes garantieren konnte. Das Gericht gab dieser Klage statt und erklärte den Flächenplan für unwirksam. Eine Folge dieses Urteils wird es aber sein, daß der Druck der Wirtschaft erheblich zunehmen wird, das "endangered species act" ganz abzuschaffen.

Wir glauben, daß zwar alle, die sich auf den in diesem Beitrag vorgestellten Risikobegriff einlassen, kritisch prüfen müssen, ob sie nicht letztlich Legitimationsforschung betreiben, d.h. daß Kompromisse eingegangen werden statt Maximalforderungen zu stellen. Andererseits halten wir Maximalforderungen wie z.B. "der Lebensraum für alle Populationen hat so groß zu sein wie irgend möglich" (vgl. ESER 1999) für unwirksam und naiv.

Wir sehen in dem Instrument der Risikobewertung mittels PVA's eine Möglichkeit, ökologisch und naturschützerisch relevante Entscheidungen in der Gesellschaft durch den Sachverstand von Ökologen/innen und Naturschutzbiologen/innen zu beeinflussen. Wir halten es für besser, daß Entscheidungen *mit* diesem Sachverstand getroffen werden als *ohne* ihn, selbst wenn der Sachverstand bzw. das ökologische Wissen noch lückenhaft sind. Risikobeurteilung heißt, sich trotz aller Unsicherheiten der Herausforderung zu stellen, Entscheidungen positiv zu beeinflussen. Darüber hinaus *muß* die Naturschutzbiologie mit *Zahlen* operieren, wenn sie in Entscheidungsprozessen als gleichberechtigter Partner auftreten will. Aussagen über "große", "massive" oder "dramatische" Gefährdungen von Populationen können sich aufgrund ihrer Unbestimmtheit gegenüber Zahlen über Umsätze, Arbeitsplätze und Kosten nicht behaupten.

## Literatur

Akçakaya, H. R., 1994: Ramas/metapop: Viability analysis for stagestructured metapopulations (Version 1.1). - Applied Biomathematics, Setauket, NY.

Armbruster, P. & R. Lande, 1993: A population viability analysis for African Elephant (*Loxodonta africana*): How big should reserves be? - Conservation Biology 7: 602610.

Bender, C., H. Hildenbrandt, K. Schmidt-Loske, V. Grimm, C. Wissel & K. Henle, 1996: Consolidation of vineyards, mitigations, and survival of the common wall lizard (*Podarcis muralis*) in isolated habitat fragments.

- In: J. Settele, C. Margules, P. Poschlod & K. Henle (Hrsg.): Species survival in fragmented landscapes. - Kluwer, Dordrecht: 248261.

Boyce, M.S., 1992: Populaton viability analysis. - Annual Review in Ecology and Systematics 23: 481506.

Burgman, M. A., S. Ferson & H. R. Akçakaya, 1993: Risk assessment in conservation biology. - Chapman & Hall, London.

Caughley, G., 1994: Directions in conservation biology. - Journal of Animal Ecology 63: 215-244.

Drechsler, M. (im Druck): Sensitivity analysis of complex models. - Biological Conservation.

Drechsler, M., M. A. Burgman & P.W. Menkhorst, 1998: Uncertainty in population dynamics and its consequences for the management of the orange-bellied parrot *Neophema chrysogaster*. - Biological Conservation 84:269-281.

Eisenführ, F. & M. Weber, 1994: Rationales Entscheiden (2. Auflage). - Springer, Heidelberg.

Eser, U. (1999): Zur Relevanz des ökologischen Risikobegriffs für das politisch-gesellschaftliche Handeln. In diesem Band.

Gilpin, M. E. & M. E. Soulé, 1986: Minimum viable populations: processes of species extinctions. - In: M. E. SOULÉ (Hrsg.): Conservation biology: the science of scarcity and diversity. - Sinauer, Sunderland MA: 19-34.

Grimm, V., K. Frank, F. Brandl, J. Uchmanski & C. Wissel, 1996: Pattern-oriented modelling in population ecology. - Science of the Total Environment 183: 151-166.

Grimm, V. & E. Gottschalk, 1997: Ein Workshop über Entscheidungstheorie im Naturschutz am UFZ Leipzig-Halle. - Zeitschrift für Ökologie und Naturschutz 6: 253-255.

Harrison, S., A. Stahl & D. Doak (1993): Spatial models and spotted owls: exploring some biological issues behind recent events. - Conservation Biology 7:950-953.

Maguire, L. A., U. S. Seal & P. F. Brussard, 1987: Managing critically endangered species: the Sumatran rhinoceros as a case study. - In: M. E. SOULÉ (Hrsg.): Viable populations for conservation. - Cambridge University Press, Cambridge.

Maguire, L. A., C. Servheen, 1992: Integrating biological and sociological consernc in endangered species management: augmentation of grizzly bear populations. - Conservation Biology 6: 426-434.

May, R. M., 1988: How many species are there on earth? - Science 241: 1441-1449.

May, R. M., 1990: How many species? - Philosophical Transactions of the Royal Society of London B 330: 293-304.

Myers, N., 1981: Conservation needs and opportunities in tropical moist forests. - In: H. SYNGE (Hrsg.): The biological aspects of rare plant conservation. - Wiley, New York: 141-154.

Rall, K. & A. M. Starfield, 1995: Choosing a managment strategy: two structured decision-making methods for evaluating the predictions of stochastic simulation models. - Conservation Biology 9: 175-181.

Shaffer, M. L. , 1981: Minimum population sizes for species conservation. BioScience 31: 131-134.

Simberloff, D., 1986: Are we on the verge of a mass extinction in tropical rain forests? - In: D. K. Elliott (Hrsg.): Dynamics of extinction. - Wiley, New York:165-180.

Soulé, M. E., 1986 (Hrsg.): Conservation biology: the science of scarcity and diversity. - Sinauer, Sunderland MA.

Soulé, M. E., 1987 (Hrsg.): Viable populations for conservation. - Cambridge University Press, Cambridge.

Starfield, A. M., K. A. Smith & A. L. Bleloch, 1990: How to model it: problem solving for the computer age. - McGraw-Hill, New York.

Stelter, C., M. Reich, V. Grimm & C. Wissel, 1997: Modelling persistence in dynamic landscapes: lesson from a metapopulation of the grasshopper *Bryodema tuberculata*. - Journal of Animmal Ecology 66: 508-518.

Stephan, T., U. Brendel & C. Wissel, 1995: Ein Modell zur Abschätzung des Auslöschungsrisikos von *Alectoris gracea* im Nationalpark Berchtesgaden. - Verhandlungen der Gesesllschaft für Ökologie 24: 161167.

Warner, R. R. & P. L. Chesson, 1985: Coexistence mediated by recruitment fluctuations : a field guide to the storage effect. - American Naturalist 125: 769787.

Wilson, E. O., 1988: The current state of biological diversity. - In: E. O. Wilson & F. M. Peter (Hrsg.): Biodiversity. - National Academy Press, Washington:3-18.

Wissel, C. , 1989: Theoretische Ökologie - Eine Einführung. - Springer, Berlin.

Zhou, Z. H. & W. S. Pan, 1997: Analysis of the viability of a giant panda population. - Journal of Applied Ecology 34: 363374.

# Zeitreihenanalyse und ökologische Risikoabschätzung

Michael Bredemeier* und Hubert Schulte-Bisping+

**Forschungszentrum Waldökosysteme der Universät Göttingen, Buesgenweg 1, D-37077 Göttingen, email: mbredem@gwdg.de*

*+ Inst. f. Bodenkunde und Waldernährung der Universität Göttingen, Buesgenweg 2, D-37077 Göttingen*

## Synopsis

We examine how time series analysis can contribute to a more qualified assessment of ecological risk. The improvement in risk assessment concerns the probability of occurence of damage ("Eintrittswahrscheinlichkeit") rather than the quantification or valuation of damage.

There are numerous well established analytical methods in statistical time series analysis to differentiate and quantify the dynamics in temporal ecological datasets (e.g.: autocorrelation function, ARIMA models, spectral analysis). The classical component model of time series analysis distinguishes trend, seasonality and cycles, and a residual "random" component.

We employ two example datasets concerning the regional and global scale to illustrate typical structures in ecological time series. Trend is often the most important and most interesting feature, since it directly quantifies changes in the mean level of observational values over time. A strong trend meaning a negative development directly indicates an ecological risk and predicts the time of its attainment. Besides of the trend, changes in the higher frequency dynamics (seasonalities and cycles) can also indicate ecological risk, e.g., if timing and/or intensity of fluctuations change over time.

Keywords: *time series analysis, trend periodicity, seasonality, risk assessment, ecology, long-term data, global warming, climate change*

Schlüsselworte: *Zeitreihenanalyse, Trend, Periodizität, Saisonalität, Risikoabschätzung, Ökologie, Langzeitdaten, globale Erwärmung, Klimaänderung*

## Einleitung

Zeitlich erhobene Datensätze spielen bei der Einschätzung des Risikos von Entwicklungen seit jeher eine große Rolle. Dabei muß es sich nicht kategorisch um messend erfaßte Daten handeln: Bauern oder Gärtner richten ihre Aktionen intuitiv nach dem Witterungsverlauf, Geldanleger versuchen ihre Strategien auf der Basis der Zyklen an den Kapitalmärkten zu optimieren. Diese und andere Akteure verhalten sich so, um Risiken zu mindern und damit letztlich die Ausbeute ihrer Anstrengungen zu vergrößern. Wir beschreiben in diesem Beitrag, wie das formale Instrument der Zeitreihenanalyse in der ökologischen Risikoabschätzung eingesetzt werden kann.

## Risikobegriff in diesem Beitrag

In dieser Arbeit wird ein sehr einfacher Begriff für "ökologisches Risiko" verwandt:

Ein ökologisches Risiko wird allgemein als Möglichkeit der negativen Veränderung (bis hin zum Verlust) von biotischen oder abiotischen Ressourcen in einem gegebenen Naturraum angesehen. Die hier vorgestellten Zeitreihenanalysen sollen dabei ein Instrument sein, die ***Eintrittswahrscheinlichkeit*** solcher negativer Veränderungen besser einzuschätzen bzw. zu quantifizieren. Von einem allgemein anerkannten oder verbindlichen Quantfzierungsschema für ökologisches Risiko ist man zur Zeit noch weit entfernt, ebenso wie der gesamte Begriff noch sehr stark im Fluß ist (s. die anderen Beiträge in diesem Band, bes. Barkmann, Borggräfe, Breckling und Müller, Eser).

### Aufbau des Beitrags

Im folgenden Abschnitt werden die wichtigsten zeitreihenstatistischen Analyseverfahren kurz vorgestellt und erläutert. Danach werden veröffentlichte Beispieldatensätze exemplarisch untersucht, wobei Trends und Periodizitäten als Komponenten ökologischer Dynamik von besonderem Interesse sind. Die ausgewählten Datensätze betreffen regionale bis globale ökologische Entwicklungen und Probleme. Zeitreihenanalyse ist als Methode unabhängig von räumlichen Skalen und kann auf beliebige, zeitlich geordnete Beobachtungssätze angewandt werden, sofern diese bestimmten formalen Kriterien genügen (Schlittgen & Streitberg, 1995). Schließlich werden Folgerungen darüber gezogen, welche Informationen die Zeitreihenuntersuchung zur ökologischen Risikoabschätzung beitragen kann und welche ihrer statistischen Maßzahlen ggf. hilfreich für die Quantifizierung von Risiko sind.

### Zeitreihenanalyse

Eine Zeitreihe kann allgemein definiert werden als ein Satz von uni- oder multivariaten Beobachtungen zu aufeinanderfolgenden Zeitpunkten (Precht & Kraft, 1992).

$$Y(t) = y(t_1), y(t_2), \ldots , y(t_n)$$

Ein wichtiger Unterschied der Zeitreihenstatistik zu anderen statistischen Analysemethoden (z.B. Zufallsstichproben) besteht darin, daß die Reihenfolge der Beobachtungswerte bei der Zeitreihenanalyse eine zentrale Rolle spielt. Sie wird angewendet für Datensätze, deren aufeinanderfolgende Werte nicht unabhängig voneinander sind, sondern sich mehr oder weniger stark gegenseitig beeinflussen. Völlige Unabhängigkeit aufeinanderfolgender Werte ist nur im Spezialfall des "Weißen Rauschens" (White Noise) gegeben, bei dem die Werte zufällig aufeinander folgen. In den meisten realen Meßreihen zeigen aufeinanderfolgende Werte jedoch einen Zusammenhang. So ist es z.B. selten, daß Marktpreise oder Aktienkurse von einem Tag auf den anderen extreme Veränderungen aufweisen, sondern meistens bewegen sich die Werte in längeren, zyklusartigen Schwankungen. Auch bei Naturphänomemen sind zyklische Entwicklungen häufig, so etwa beim Auftreten von Sonnenflecken (Stranz, 1959; Klaus, 1978; Künzel, 1987), von Epidemien (Diggle, 1990; Turchin & Taylor, 1992; Lloyd & Lloyd, 1995; Stewart Oaten, 1996), beim Zuwachsgang von Bäumen (Riemer, 1994; Stewart Oaten, 1996), oder bei so alltäglichen Phänomenen wie der Temperaturentwicklung und dem Wettergeschehen im allgemeinen.

Die gegenseitige Abhängigkeit, d.h. der quantitative Zusammenhang zeitlich benachbarter bzw. regelmäßig zeitlich versetzter Beobachtungswerte, ist eine spezielle Art innerer Korrelation in einer Zeitreihe und wird als "Reihen-Korrelation", oder - gebräuchlicher - als "Autokorrelation" bezeichnet (Precht & Kraft, 1992).

Methodisch werden Autokorrelationen heute meistens mit Hilfe des Box-Jenkins-Verfahrens (auch bekannt als ARIMA-Verfahren) analysiert (Box & Jenkins, 1976; Precht & Kraft, 1992).

Neben dem allgemeinen Phänomen der Autokorreliertheit können folgende Komponenten zur Beschreibung von Zeitreihen identifiziert werden:

- **Trendkomponente:** ein Trend ist eine langfristige, konsistente Veränderung des mittleren Werteniveaus in einer Zeitreihe. Er kann linear sein oder durch Polynome höherer Ordnung repräsentiert werden. Zur Analyse des Trends ist die Regressionsrechnung geeignet (Gilbert, 1987; Precht & Kraft, 1992), oder auch die starke Glättung durch Bildung gleitender (und evtl. gewogener) Mittel (Tindal & Deno, 1983; Rao et al. 1985; SAS Institute Inc. 1991; SAS Institute Inc. 1993).
- **Saisonale Komponenten:** Saisonalitäten sind dadurch gekennzeichnet, daß sie in einem gegebenen Zeitraum wiederkehrend stets zur gleichen Zeit auftreten. Zum Beispiel ist die Höhe des Absatzes von Weihnachtsbäumen ein ausgeprägt saisonales Phänomen. Saisonalitäten spielen bei vielen biologischen und ökologischen Phänomenen eine enorme Rolle, sowohl aufgrund endogener als auch exogener Steuerungen (Ellner & Turchin, 1995). Unter letzteren ist die

Steuerung durch das Klima bzw. die Witterung, die in den meisten Regionen der Erde saisonal sind, von überragender Bedeutung. Klimabedingte Saisonalitäten treten auch in den hier untersuchten Beispieldatensätzen hervor, wie weiter unten gezeigt wird (s. Abschn. Periodizitäten).

- **Zyklische Komponenten:** Zyklen sind längerfristige Muster steigender und sinkender Werte in einer Zeitreihe. Sie sind weniger regelmäßig als saisonale Muster, d.h. sie treten innerhalb eines gegebenen Zeitausschnitts nicht konsistent in der gleichen relativen Lage auf. Klassische Beispiele aus der Makroökonomie sind die Zyklen von Rezession und Konjunktur in den Volkswirtschaften (Benhabib, 1992; Brock & Sayers, 1992), entsprechende aus der Ökologie sind die Zyklen kontinentaler Vereisung und Erwärmung oder auch das Auftreten von Dürreperioden (Olberg & Rosenow, 1980; Butcher et al. 1992). Zyklische Fluktuationen können in Überlagerung mit saisonalen Komponenten zu komplexen Zeitreihenverläufen führen. Die beitragenden Komponenten sind dann in der Zeitdomäne (d.h. der tatsächlichen, zeitbezogenen Meßreihe) oft nicht mehr zu erkennen. Sie sind jedoch als Fourier-Reihe rekonstruierbar. Diese Verfahren sind Teil der *Spektral-Analyse*, die auch hier in einem Beispielfall zur Anwendung kommt (s.u.).

- **Restkomponente:** auch als Residual- oder Zufallskomponente bezeichnet. Sie umfaßt die *verbleibende Streuung* der Werte, nachdem die oben genannten Komponenten in ein statistisches Zeitreihenmodell einbezogen worden sind (s. Gleichung unten). Physikalisch repräsentiert sie Meß- bzw. Erhebungsfehler oder andere nicht erklärte Einflüsse auf den Zeitreihenverlauf. Als "Zufallsschwankung" sollte die Restkomponente idealerweise normalverteilt mit Mittelwert 0 und konstanter Varianz sowie zeitlich unkorreliert sein.

Das vollständige statistische Modell ("klassisches additives Komponentenmodell") der Zeitreihe ergibt sich dann als:

$$y(t)=m(t)+s(t)+z(t)+e(t)$$

$m(t)$ Trendkomponente,
$s(t)$ Saisonkomponente,
$z(t)$ zykl. Komp.,
$e(t)$ Restkomponente;
nach Precht & Kraft 1992, modifiziert

Ein wesentlicher Anspruch an Zeitreihen als Voraussetzung für ihre Untersuchung mit statistischen Methoden ist die *äquidistante* Lage der Meß- bzw. Erhebungszeitpunkte (Chatfield, 1984; Gilbert, 1987; Ostrom, 1990; SAS Institute Inc. 1991). Aus den obigen Ausführungen zum Phänomen der Autokorrelation folgt bereits, daß nur regelmäßig verteilte Lags für die Berechnung von Autokorrelationskoeffizienten in Frage kommen (Lag = zurückliegender Zeitpunkt in der Reihe). Um die Ergebnisse der Spektralanalyse (Periodogrammordinaten oder Spektraldichteschätzungen) quantitativ zwischen verschiedenen Zeitreihen vergleichen zu können, müssen die Reihen zuvor einheitlich skaliert werden (z.B. mit Mittelwert 0 und Standardabweichung 1, wie bei den entsprechenden Auswertungen in dieser Arbeit).

## Trends

Abb. 1 zeigt eine Langzeitmeßreihe von regionaler ökologischer Relevanz, den Gesamtabfluß im Colorado unterhalb aller Verbauungen. Diese Zeitreihe ist vielen anderen veröffentlichten Datensätzen sehr ähnlich, z.B. den Fangzahlen bestimmter Arten als Maß für deren Häufigkeit (ein Beispiel mit Austernfängen in der Chesapeake-Bucht gibt das Worldwatch Institute (1996)). Es ist ein starker, rückläufiger Trend erkennbar, der im Beispieldatensatz fast bis zum völligen Versiegen des Gebietsabflusses über einen Zeitraum von annähernd zwei Dekaden führt (1960-1980). Ab 1980 wurden zeitweise wieder höhere Abflußraten beobachtet. Die Ursachen für den Verlauf dieser Zeitreihe werden in der Veröffentlichung nicht genannt, es ist jedoch wahrscheinlich, daß der starke Rückgang des Abflusses durch intensive Wasserentnahmen bedingt war. Der Wiederanstieg in jüngster Zeit ist vermutlich bedingt durch Renaturierungsmaßnahmen, wahrscheinlich auch durch hydrologisch ergiebige Jahre (1983-1986).

Über die gesamte Länge des Colorado River Datensatzes liefert das in Abb. 1 gezeigte

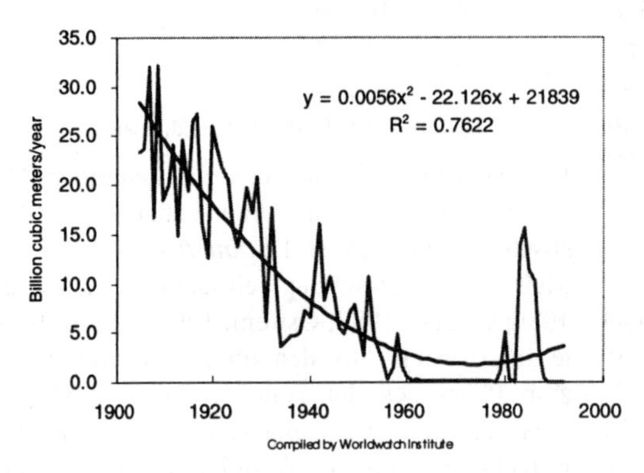


**Abb. 1:** Zeitreihe des Abflusses im unteren Colorado River 1905-1992 mit quadratischem Trendpolynom, veröffentlicht durch Worldwatch Institute (1996)

Trendpolynom 2. Grades statistisch die beste Anpassung. Verwendet man nur die ersten 30 Jahre des Datensatzes zu einer linearen Prognose, so kommt man zu dem in Abb. 2 dargestellten Ergebnis: die Trendextrapolation (gestrichelt) sagt das Versiegen des Abflusses etwa im Jahr 1957/58 voraus, in der Beobachtung trat es 1960 ein, eine akzeptable Vorhersagegenauigkeit des einfachen, linearen Trends.

Die Beurteilung der zeitlichen Entwicklung und des damit verbundenen ökologischen Risikos, z.B. für Feuchtgebiete oder grundwasserabhängige Vegetationsformen im Unterlauf, ist bei einem derart deutlich ausgeprägten, negativen Trend relativ einfach. Das Bestimmtheitsmaß ($R^2$) kann direkt als ein quantitativer Indikator der Trendstärke herangezogen werden, weiterhin die Signifikanzen der Koeffizienten des Trendpolynoms, die im Fall von Abb. 1 beide > 99.9% (***) sind.

Häufig sind in realen Datensätzen *schwache* Trends ausgeprägt, die gleichwohl eine große ökologische Bedeutung haben würden, wenn sie sich auf unabsehbare Zeit fortsetzten. Eine Klasse von Zeitreihen dieses Typs sind Langzeitdatensätze zur Temperaturentwicklung, die für oder gegen die Hypothese globaler Erwärmung ins Feld geführt werden.

Abb. 3 zeigt einen der weltweit längsten kontinuierlichen Datensätze mit Temperaturaufzeichnungen aus San Francisco (FAO, 1995). Die Daten umfassen den Zeitraum vom Februar 1851 bis zum Dezember 1989 als monatliche Mittelwerte. Der Temperaturverlauf ist erwartungsgemäß saisonal und einem schwachen linearen Trend überlagert, dessen Bestimmtheitsmaß gering ist. In einer solchen Situation ist für die Abschätzung eines ökologischen Risikos (Erwärmung) die Frage entscheidend, wie sicher und wie relevant der Trendbefund überhaupt ist. Man kann sich etwa fragen, ob er tatsächlich eine mittlere globale Erwärmung reflektiert oder lediglich lokale Effekte dieser Art, z.B. Expansion der Stadt und Zunahme der Wärmeemissionsquellen. Die rein mathematisch-statistische Ausweisung des Trends kann diese Frage nicht beantworten.

## Periodizitäten

Wenn die Trendkomponente allein keine eindeutige und unmittelbare Einschätzung des Risikos erlaubt, schlagen wir vor, andere Komponenten der Zeitreihendynamik in die Betrachtung einzubeziehen. Eine Perturbation des Witterungsverlaufs sollte sich (an einem Standort mit saisonal geprägtem Klima) in einer Veränderung der Stärke saisonaler Periodizitäten

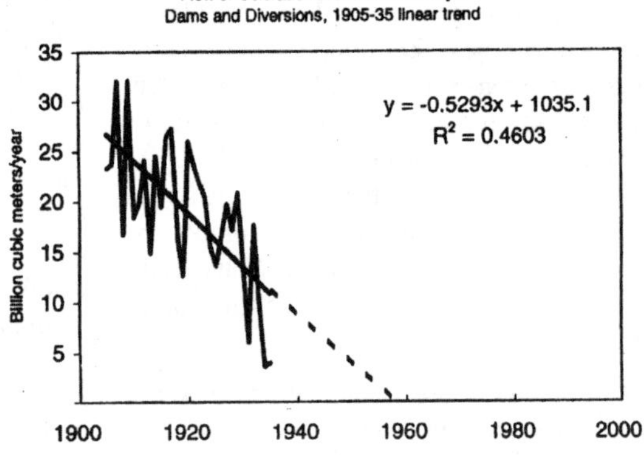


**Abb. 2**: Anfang der Zeitreihe des Abflusses im unteren Colorado River (1905-1935) mit linearem Trend und Extrapolation

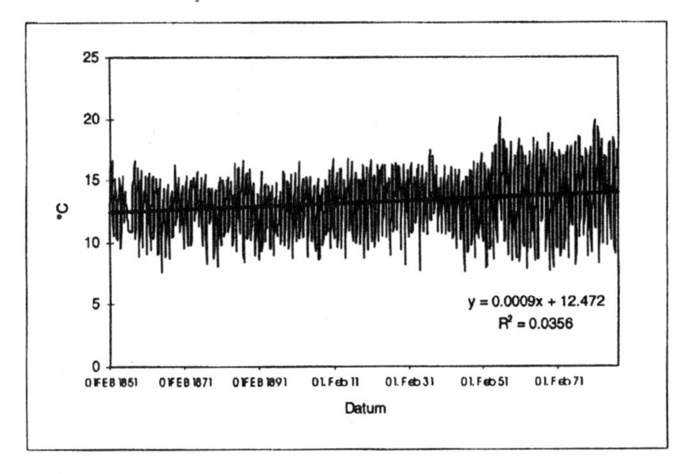


**Abb.3**: Monatliche Temperaturaufzeichnungen aus San Franzisco von 1851 bis 1989 mit lineaerer Trendanpassung; Datensatz veröffentlich von der FAO (1995)

niederschlagen. Am San Francisco Temperaturdatensatz wurde dies getestet, indem mittels Spektralanalyse die Stärke der harmonischen Schwingungskomponenten für die ersten (1851-90) und für die letzten 40 Beobachtungsjahre (1950- 1989) getrennt ermittelt wurde.

Das Ergebnis dieser Berechnungen zeigt Abb. 4, im oberen Teil (a) für die ersten 40 Beobachtungsjahre, im unteren (b) für die letzten 40. Zwischen beiden Zeitfenstern liegen hundert Jahre. Der herausragende Peak in beiden Spektren findet sich erwartungsgemäß genau bei jährlicher Periodizität. Bei den Nebenpeaks mit halb- und vierteljährlicher Periode dürfte es sich um Oberschwingungen (Oktaven) handeln, die keine eigenständige klimatologische Information repräsentieren.

Die (dimensionslose) Spektraldichte der annuellen Saisonalität ist in den letzten 40 Beobachtungsjahren um etwa eine Einheit höher als in den ersten 40 (relative Zunahme ca. 15%). Hierin spiegeln sich die stärkeren saisonalen Fluktuationen der Lufttemperatur am Ende des Beobachtungszeitraums wider, die bereits in der Zeitreihe erkennbar werden (vgl. Abb. 3). Im Spektrum sind sie jedoch - anders als in der Originalreihe - quantifiziert. Es läßt sich konstatieren, daß die Stärke der jährlich-saisonalen Fluktuation der Temperatur um etwa 15 % zugenommen hat. Ein gleichgerichteter Befund ergibt sich für die Niederschlagsmengen der Station San Francisco, deren saisonale Fluktuation auf Basis der Spektraldichten im selben Vergleichszeitraum um ca. 20 % zugenommen hat (aus Gründen des Umfangs hier nicht dargestellt).

## Folgerungen für die ökologische Risikoabschätzung

### *Der "triviale Fall": starke Trends*

Bei Vorliegen eines monotonen, starken Trends, der durch entsprechende statistische Maße wie Größe des (der) Regressionskoeffizienten, Bestimmtheitsmaß und Signifikanzen der Koeffizienten gestützt und quantifiziert ist, wird die Abschätzung des Risikos mehr oder weniger trivial, zumindest was die Eintrittswahrscheinlichkeit betrifft. In der Situation, die Abb. 1 und 2 beschreiben, ist das ökologische Risiko des Wasserentzugs für Systeme im Unterlauf des Flusses nach 5 Dekaden zunehmenden Wasserentzugs erwartungsgemäß vollständig realisiert worden. Wenn ein starker Trend vorliegt, so ist die Eintrittswahrscheinlichkeit eines mit ihm verbundenen Risikos bei seiner Fortschreibung unstrittig. Gegenstand der Diskussion kann dann nur noch die Schadenshöhe sein, die natürlich unterschiedlichen Bewertungsvorstellungen unterlie-

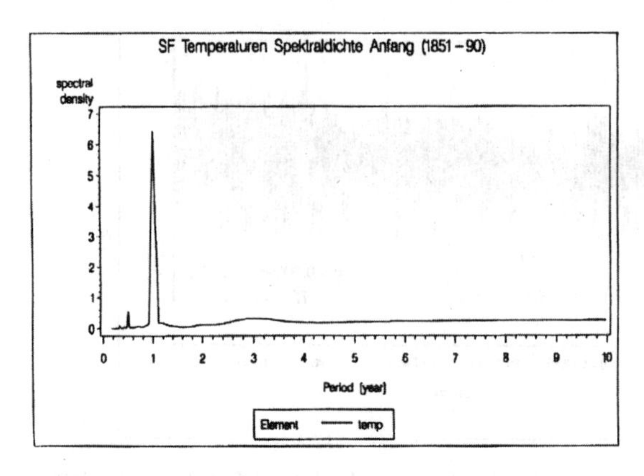


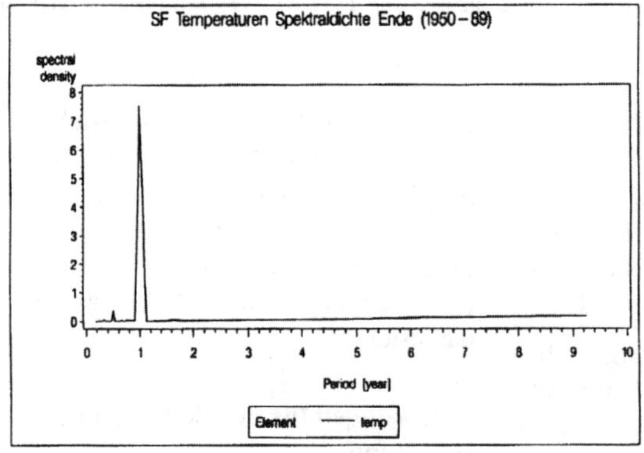


**Abb. 4**: Spektraldichteschätzungen für die Periodizität des Temperaturverlaufs in den ersten 40 Jahren (1851-1890) des San Francisco - Datensatzes (a, oben) und den letzen 40 Jahren (1950-1989, b, unten)

gen kann. Eine Entwicklung wie die in Abb. 1 zeigt auch, daß eine Trendumkehr nach Korrektivmaßnahmen erfolgen kann. Häufig dürften jedoch in der Phase der negativen Trendentwicklung irreversible ökologische Veränderungen eingetreten sein (Verlust von Biotopen und den entsprechenden Populationen).

### *Perturbierte Dynamik und Risiko*

Im Falle *schwacher* Trends, also solcher, deren statistische Absicherung nicht belastbar und deren Plausibilität nicht unbedingt überzeugend ist, wird die Risikoabschätzung wesentlich schwieriger. In diesen Fällen kann die Betrachtung der kurzfristigeren zeitlichen Dynamik (Saisonalitäten und Zyklen) bzw. ihrer Veränderungen im Verlauf der Zeitreihe unterstützend zur Risikoabschätzung herangezogen werden.

Im Beispieldatensatz (Abb. 3) konnten wir eine Zunahme der saisonalen Schwankungen von Lufttemperatur und Niederschlägen zusätzlich zum schwach ausgeprägten Trend der Erwärmung nachweisen. Der Nachweis mit Hilfe der Spektralanalyse (durch Vergleich von zuvor uniform skalierten, gleich langen Ausschnitten der Reihe) stützt in diesem Fall die Einschätzung, daß im Verlauf von ca. 150 Jahren eine leichte Veränderung des Klimas mit Erwärmung und Zunahme von Witterungsextremen eingetreten ist, daß demnach das Risiko einer Klimaveränderung tatsächlich vorliegt. Diese Vermutung wäre durch den schwachen Trend allein wesentlich schlechter zu stützen, insofern bringt hier die erweiterte Zeitreihenuntersuchung durchaus einen Gewinn.

Nicht entschieden werden kann jedoch, ob die gesamte schwach ausgeprägte zeitliche Entwicklungstendenz im Beispieldatensatz nicht durch andere Faktoren gesteuert wird, die mit globaler Erwärmung nichts zu tun haben, sondern z.B. lokale Faktoren reflektieren (Expansion der Stadt). Zeitreihenstatistik allein kann solche Fragen auch niemals entscheiden, sondern hier müßten die Randbedingungen bei Erhebung des Datensatzes weiter recherchiert werden.

## Literatur

Benhabib, J. (1992) *Cycles and Chaos in Economic Equilibrium*, Princeton NJ: Princeton Univ. Press.

Box, G.E.P. and Jenkins, G.M. (1976) *Time series analysis: forecasting and control*, -- edn. -- San Francisco: Holden-Day.

Brock, W.A.; Sayers, C.L. (1992) Is the business cycle characterized by deterministic chaos? In: Benhabib, J. (Ed.) *Cycles and Chaos in Economic Equilibrium*, pp. 374-393. Princeton NJ: Princeton Univ. Press

Butcher, S.S.; Charlson, R.J.; Orians, G.H.; Wolfe, G.V. (1992) *Global biogeochemical cycles*, London: Academic Press.

Chatfield, C. (1984) *The analysis of time series: an introduction*, 3rd edn. London, New York: Chapman and Hall.

Diggle, P.J. (1990) *Time series: a biostatistical introduction*, Oxford: Oxford University Press.

Ellner, S.; Turchin, P. (1995) Chaos in a noisy world - new methods and evidence from time series analysis. *Amer. Natural.* **145**, 343-375.

FAO (1995) *FAOCLIM 1.2 - a CD-ROM with World-wide Agroclimatic Data*, Rome: FAO.

Gilbert, R.O. (1987) *Statistical Methods for Environmental Pollution Monitoring*, New York.

Klaus, D. (1978) Periodizitäten der jährlichen Niederschlagssummen in den Tropen und Subtropen - ihre Beziehungen zur Zirkulationsform der polaren Westerlies und zu den solaren Aktivitätsschwankungen. *Wetter und Leben* **30**, 209-223.

Künzel, F. (1987) Zeitreihenanalyse südamerikanischer Klimadaten. Meteorolog. Inst. Univ. Freiburg. pp.1-66.

Lloyd, A.L.; Lloyd, D. (1995) Chaos - its significance and detection in biology. *Biological Rhythm Research* **26**, 233-252.

Olberg, M.; Rosenow, W. (1980) Zeitliche Änderungen im spektralen Verhalten meteorologisch-klimatologischer Datenreihen. *Zeitschrift für Meteorologie* **30**, 297-307.

Ostrom, C.W. (1990) *Time series analysis: regression techniques*, 2nd edn. Newberry Park, Calif: Sage Publications.

Precht, M. and Kraft, R. (1992) *Biostatistik*, München: Oldenbourg.

Rao, M.M.; Krishnaiah, P.R.; Hannan, E.J. (1985) *Time series in the time domain*, Amsterdam ;New York : North-Holland; Sole distributors for the U.S.A. and Canada, Elsevier Science Pub. Co.

Riemer, T. (1994) Über die Varianz von Jahrringbreiten. A 121. 1-375. Göttingen: Forschungsz. Waldökosysteme. ISSN 0939-1347.

SAS Institute Inc. (1991) *SAS/ETS software: applications guide 1*, Cary, NC, USA: SAS Institute Inc.

SAS Institute Inc. (1993) *SAS/ETS user's guide*, Cary, NC, USA: SAS Institute Inc.

Schlittgen, R. and Streitberg, B.H.J. (1995) *Zeitreihenanalyse*, 6th edn. München: Oldenbourg.

Stewart Oaten, A. (1996) Problems in the analysis of environmental monitoring data. In: Anonymous *Detecting ecological impacts: Concepts and applications in coastal habitats*, pp. 109-131. San Diego: Academic Press

Stranz, D. (1959) Solar Activity and the Altitude of the Tropopause near the Equator. *J. Atmos. Terr. Phys.* **16**, 180-182.

Tindal, G. and Deno, S.L. (1983) *Factors influencing the agreement between visual and statistical analyses of time series data*, [Minneapolis, Minn.]: University of Minnesota, Institute for Research on Learning Disabilities.

Turchin, P. and Taylor, A. (1992) Complex dynamics in ecological time series. *Ecology* **73**, 289-305.

WWI - Worldwatch Institute (1996) *Worldwatch Database Disk*, Frankfurt: Umwelt Kommunikation.

# Stöchiometrische Netzwerk-Modelle in der ökologischen Risikoanalyse

Stefan Fränzle

*Umweltforschungszentrum , Leipzig/Halle, Permoserstraße 15, 04318 Leipzig*

## Synopsis

Often it is necessary to get an overall estimate of how some biocenosis or its site will react or change when there are genetic (evolution, in-migration of new species), chemical (weathering of bedrock, deliberate input or rainout of xenobiotics, VOC production by plants etc.) or other non-biological changes acting on the biocenosis or the corresponding habitate. This kind of educated guess the more needs a solid formal basis, including strictly reliable methods for reduction of complexity. A mathematically sound, theorem-based procedure to achieve this is provided by **stoichiometric network analysis** (SNA), originally (about 1974) derived from graph theory. Using function and interaction topologies of the underlying networks (starting with a) localized biogeochemical cycles and b) the pattern according to which the neighboring ecosystems are arranged) both action modes and sites of a perturbation are covered, thus taking account of the embeddedness of almost all ecosystems into some spatial pattern of ecotones and adjoint neighborhood ecosystems.

Combining these parameters, results become dependent of site of perturbation, moreover clearly showing when non-linear effects are to be anticipated, including oscillations, breakdown of resilience or even all-out collapse of some population or of an entire biocenosis. As biology and stability of populations are primarily concerned with maintaining (auto-)catalysis, so is SNA, focussing on process loops, e.g. enzyme activities or reproduction, distinguishing between sexual and asexual ways. As mentioned above, even most complicated "realistic" interaction networks can be reduced to their essential mechanistic nuclei without jeopardizing representation of realistic gross dynamics of the systems, rather giving hints of what is lacking in a given model.

As a first test of this approach, examples of SNA-based ecological reasoning are given for certain typical limiting cases (eutrophication, point disruptions in climax biocenoses, straightforward structures of food-chains and so on). It is shown that climax biocenoses, almost pure throughflow systems and succession pathways fit into different system classes in terms of SNA, thereby pointing out the **kinds of risk** either prototypicasl systems is subjected to on behalf of their corresponding positions with respect to bifurcations in phase-space.

Keywords: *stoichiometric network analysis - nonlinear dynamics - types and order of biological Catalysis - reproduction strategy - succussion - climax , catalysator definition - risk analysis*

Schlüsselwörter: *Stöchiometrische Netzwerkanalyse - nichtlineares Verhalten - Typen und Ordnungen biologischer Katalyse - Fortpflanzungsstrategie - Sukzession - Klimaxzustand und Katalysatordefinition - Risikoanalyse*

## 1 Beziehungen zwischen stöchiometrischer Netzwerkanalyse und Risiko

Thema jeder Risikoanalyse ist das systematische Aufsuchen von Instabilitäten, denen ein System durch innere oder äußere Effekte unterworfen sein kann. "Risikofähige" Netzwerke sind dynamisch potentiell instabil und weisen generell Rückkopplungsstrukturen auf, infolge derer sie zwischen bistabilen Zuständen pendeln oder Oszillationen durchmachen können. Oszillationen betreffen unter anderem Population, Verbreitungsgebiet und biogeochemische Kenngrößen; die Rückkopplungsstrukturen unterteilen sich in katalytisch und inhibitorisch operierende:

Für Ökosysteme interessieren Phänomene der Autokatalyse besonders, denn autokatalytische Prozesse sind für Leben konstitutiv: Die Skala reicht von Stoffwechselschritten, durch die ein als Katalysator fungierendes Enzym neben anderen Proteinen synthetisiert wird, über die Fortpflanzung einzelner Organismen bis hin zur Selbststabilisierung einer Biozönose. Hierzu gibt es ein graphentheoretisches Verfahren, mit dem man autokatalytisch getriebene Netzwerke auf deren dynamische Eigenschaften und Instabilitäten hin untersuchen kann. Die Methode heißt Stöchiometrische Netzwerkanalyse (SNA, siehe unten). Wieso wird hier in Übertragung auf die Ökologie und Risikoanalyse ebenfalls von *Netzwerk*en gesprochen? Autokatalytische Netzwerke zeichnen sich durch ihre nichttriviale Topologie aus: anstelle einer einfachen Kette von Reaktionen wie Ausgangssubstanz E→L→ M→N→ O→P. (E steht für das Edukt, P ist das Produkt). Mit oder ohne Verzweigungen reproduzieren die Schleifen ein oder mehrere Zwischenprodukte (hier: M, N und O), die damit über längere Sicht erhalten bleiben, z.B.

$$E \rightarrow L \rightarrow M \rightarrow N \rightarrow O \rightarrow (P + 2\,M)$$

Mit der Verdoppelung der Menge von M in dieser Reaktionsfolge liegt eine Autokatalyse vor. Dies bedeutet zugleich die Bildung einer Ringstruktur, die folglich den Graphen eines katalysierten Systems kennzeichnet. Einige typische Topologien werden hier abgebildet und diskutiert.

Die Stöchiometrische Netzwerkanalyse wurde in den 1970er Jahren von B. CLARKE (University of Alberta, Edmonton) auf der Basis zahlreicher von SINANOGLU (1975) sowie CLARKE (1974; 1975; 1980) selbst für graphentheoretisch definierte Reaktionsnetzwerke bewiesener Theoreme entwickelt. Demzufolge läßt sich jede Reaktionssequenz unabhängig von struktureller Komplexität der beteiligten Partner adäquat als Folge von Zweier-Reaktionen beschreiben. Biologisch bzw. ökologisch relevante Beispiele für Anwendungen von SNA umfassen die Chemie der Ozonschicht und atmosphärischer Schadstoffe, Effekte von Kohlendioxid für Oberflächentemperatur und Klima der Erde, biochemische Prozesse, die Muster wie Fellzeichnungen von Leoparden oder Zebras bilden sowie den Ursprung des Lebens. Angesichts komplexer chemischer Systeme, die wie Rechnerschaltkreise funktionieren und "lernfähig" sind, ermutigt dies zu Anwendungen der SNA auch auf Ökosysteme.

Flußparameter und die Wechselbeziehungen der Komponenten und ihre topologische Struktur charakterisieren auch Ökosysteme. Jedes biologische System funktioniert auf einer chemischen Grundlage. Dabei braucht nicht jeder räumliche Eingriff in Ursache oder Auswirkung chemisch zu sein. Es genügt, daß er den Transport oder die Aufnahme von Substanzen beeinflußt - und das ist ziemlich generell der Fall.

Veränderungen einer Systemumgebung lassen sich zudem topologisch beschreiben. Insbesondere für Biozönosen ist deren Einbettungsgeometrie und -topologie in ein Geflecht von Ökotonen und deren Stoffaustausch von zentraler Bedeutung für deren Reaktionen auf Eingriffe. Die Topologie ändert sich z.B., wenn ein bestehendes Ökoton zerstört oder sein Stoffaustausch mit dem betrachteten Ökosystem beeinflußt wird bzw. ein neues hinzukommt.

Die Beziehung zum Risikobegriff (z.B. KOLLERT in BECHMANN [Hrsg.] 1993) besteht darin, daß mittels SNA die Folgen beliebiger Einwirkungen, die chemischer Natur sind oder sich sekundär als biogeochemische Effekte oder veränderte Fertilität äußern, formalisiert werden können. Eingriffe können Einbringen oder Entnahme von Stoffen oder räumliche Neugliederungen der Landschaft sein. Vereinfachungen der Chemie und Netzwerkstruktur erfolgen in der SNA derart, daß Unvollständigkeit von Modellnetzwerken nachgewiesen und behoben werden kann. Auch Zufallsereignisse, räumliche Zusammenhänge zwischen Ökosystemen und individuelle Variabilitäten zwischen darin agierenden Organismen lassen sich qua SNA abbilden. SNA bietet deshalb gerade für Risikobetrachtungen mehr analytische Tiefe als einfache Kausalnetzwerke.

Neueinwanderung, Verschwinden oder erhebliche Bestandsänderungen einer Art sind Indikatoren für Änderungen der Abflüsse und Durchsätze bestimmter Stoffe einer Biozönose. Wenn z.B. Arten, wie Bäume oder Biber den Landschaftszustand ändern, stellen sich für eine SNA zwei Fragen:

- welche biogeochemischen Konsequenzen hat dies für die Artenzusammensetzung der Biozönose und für das Erosionsgeschehen (FRÄNZLE 1984)
- wie erfolgt die weitere Sukzession der Lebensgemeinschaften?

## 2 Grundlagen der Stöchiometrischen Netzwerkanalyse

Der Text dieses Abschnitts beruht zum Teil auf EISWIRTH et al. 1991 b; S. 1295/97.

Nichtlinear verlaufende Reaktionen oder Oszillationen zeigen, daß in Teilen des Parameterraums stationäre Zustände instabil werden oder sprunghaft ineinander übergehen. Die für eine SNA-Betrachtung entscheidenden Meßgrößen sind die stöchiometrischen Größen und kinetischen Exponenten der Prozeßschritte (Einzelreaktionen), d.h. die Anzahlen der einzelnen Komponenten und deren Reaktionsraten. Letztere sind für die qualitativen Resultate meist weniger wichtig. Netzwerke werden anhand ihrer grundlegenden instabilen Teilnetze klassifiziert, die einzelnen Spezies zusätzlich nach deren Rolle innerhalb der Teilnetze. Die jeweiligen biogeochemischen Umsatzraten sind eine Funktion der Häufigkeit der jeweiligen Katalysatoren. Darauf baut eine SNA-basierte Sensibilitätsanalyse auf (LARTER et al. 1983; LARTER & CLARKE 1985).

In der SNA werden starke, kritische und schwache Stromzyklen unterschieden (zum Strombegriff s.u.). "Zyklen" sind zentral für die Prozesse, weil die katalytischen Teilnetze zyklisch sind (z.B. BASZA & BECK 1972; SINANOGLU 1975). Starker, kritischer oder schwacher Zykluscharakter bedeutet jeweils, daß die autokatalytische Zyklusordnung Oak höher als, gleich hoch, bzw. niedriger ist als die formalkinetische Ordnung desjenigen Pfades, der das Endprodukt freisetzt. Nehmen wir einen quadratisch autokatalytischen Prozeß an: $A + 2E \rightarrow 2A + P$, so wird sich dessen Output an Katalysator bei verdoppelter Eduktkonzentration oder Flußrate vervierfachen. In einem Durchflußsystem kann höchstens der Katalysator als über lange Sicht örtlich und materiell stationär gelten. Während die übrigen Komponenten das System nur einmal passieren, durchlaufen Katalysatoren zyklische Reaktionen. Dieser stöchiometrischen Reaktions- gleichung $A + 2E \rightarrow 2A + P$ entspricht das kinetische Gesetz $\Delta[A]/\Delta t = k*[A]*[E]^2$. Daraus folgt für $\Delta[A]/\Delta t$ bei verdoppelter Konzentration von E eine Vervierfachung.

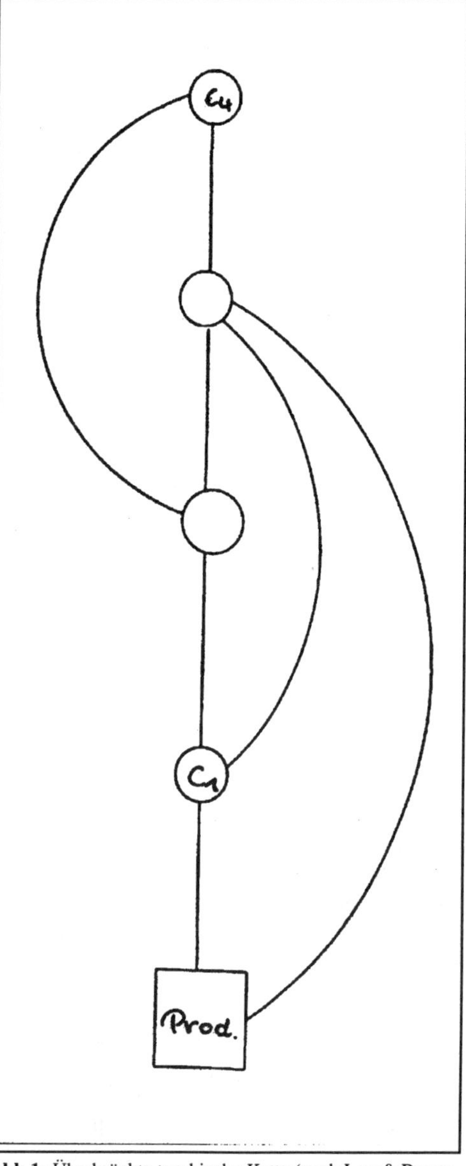


**Abb.1:** Überbrückte trophische Kette (nach LAW & BLACKFORD 1992, verändert)

Stehe dem ein fünfmal so hoher Ausstoß von P gegenüber, so ist der Zyklus schwach, weil die autokatalytische Schleife "ausgezehrt" wird (es wird mehr Katalysator verbraucht als die autokatalytische Schleife nachliefert), bei nur verdreifachtem Abfluß von Endprodukt P oder höherer AK-Ordnung als ca. 2,3 (= $\log_2 5$) wäre der Zyklus dagegen stark (sich mit der Zeit intensivierende AK-Tätigkeit). Das zweite Kriterium des Zyklusverhaltens ist daher die sog. Exit order: wie beeinflußt die Änderung des Edukt- angebotes die Abgabe des Endproduktes (bzw. den Logarithmus des Quotienten aus beiden)?

Betrachten wir den Fall einer trophischen Kette mit Verzweigung oder Überbrückung (siehe etwa LAW & BLACKFORD 1992), dann ist die Populationsdynamik einer sich gemäß quadratischer AK vermehrenden Art davon abhängig, ob deren Freßfeinde auf ihre Zunahme im Habitat proportional mehr, exponentiell oder schneller als quadratisch zunehmend mehr von ihr verzehren.

Oszillationsfähigkeit eines Netzwerks korreliert unmittelbar mit den Chancen bestimmter Tiere oder Pflanzen, neue Biotope (z.B. Baggerseen, aber auch Hochhäuser als Felswandsurrogate) zu besiedeln, hat außerdem Konsequenzen für die Artenvielfalt (Querbeziehungen zwischen unterschiedlichen Autokatalysatoren).

Zum näheren Verständnis sei mit der Bedingung $d[O_{ak}]/dC \neq 0$ eine idealisierte Grundgleichung einer trophische Kette formuliert. Seien P das Kollektiv der (meist photosynthetisch aktiven) Produzenten, $C_1$,... entsprechend die Konsumenten auf dem ersten, zweiten, dritten,... trophischen Niveau, Np die Nebenprodukte, die teilweise unterhalb von P wieder in einen Stoffkreislauf eingehen, ergibt sich folgendes Gleichungssystem (Annahme: sexuelle Fortpflanzung auf allen Konsumentenniveaus, d.h. aus 2 $C_1$ werden 3 $C_1$), das für SNA als Matrix anzuschreiben ist:

$$2\,C_1 + n{*}P \Rightarrow 3\,C_1 + k_1{*}Np$$

$$2\,C_2 + n'{*}C_1 \Rightarrow 3\,C_2 + k_2{*}Np$$

$$2\,C_3 + n''{*}C_1 \Rightarrow 3\,C_3 + k_3{*}Np$$

....

$$x{*}Np + CO_2;\ H_2O + h \Rightarrow m{*}P$$

(stoffliche Rückkopplung für partielle Durchflußsysteme).

Populationsdynamik und die Überlebenschancen unter evolutionärem Streß sind verknüpft. SNA bietet die Chance, zu außerhalb des Computers nachvollziehbaren Aussagen zu gelangen. Dabei spielt nicht nur das Freßverhalten der nächsthöheren trophischen Ebene eine Rolle. Anwendungen dieser Einsicht auf das Ökosystemmanagement, etwa zur Voraussage der Folgen einer Wiederansiedlung von Beutegreifern (Luchse, Wölfe) oder einer Einführung von Arten mit bestimmter Funktion (z.B. in der Landwirtschaft), sind offenkundig dringlich. Hierdurch veränderte Ökosysteme sind nur dann stationär, wenn nach dem Eingriff schwache oder kritische Zyklen dominieren.

Auch insgesamt geschlossene Systeme können aber eine Zeitlang stark sein, sofern interne Senken existieren. Starke Zyklen sind grundsätzlich instabil, schwache immer stabil, während kritische Zyklen dann instabil sein können, wenn noch andere Strukturen auf sie einwirken.

Für ein Netzwerk mit n Substanzen oder Spezies im biologischen Sinne und r Reaktionen resultiert eine stöchiometrische Matrix $\nu_{n \times r}$ für die Anzahl der jeweiligen Partner bzw. eine entsprechende kinetische Matrix $\kappa_{n \times r}$ für die formalen Reaktionsordnungen. Hier nimmt man den Logarithmus der Abhängigkeit der Umsatzrate von der Konzentration oder Durchflußrate einzelner Komponenten. Zudem kann man hier den Vektor **k** sämtlicher Umsatzratenkoeffizienten bilden. Dieser gibt die Geschwindigkeit an, mit der das Netzwerk insgesamt operiert. [Bei einem trophischen Netz sind die entsprechenden Parameter Generationsdauern, die Anzahl für die Reproduktion verzehrter Beutetiere sowie Durchsatzraten bzw. biologische Verweildauern bestimmter Stoffe.]. Die kinetische Matrix und der Geschwindigkeitsvektor geben zusätzliche Informationen zur Stöchiometrie. Die Möglichkeit zu instabilem Verhalten läßt sich schon der stöchiometrischen Matrix entnehmen, denn jedes instabile Netzwerk enthält **mindestens** einen **autokatalytischen Teilschritt**. Die Kinetik ist hier insoweit von Bedeutung, als daß Ka-ta- talysatoren einerseits nicht ewig bestehen bleiben, andererseits Tiere als Katalysatoren betrachtet hungrig sind.

Die Lösungen der obigen Gleichung $\nu$*(diag k)*( $X^{ss}$ ) = **0** unter einer Fließgleichgewichtsbedingung heißen *Ströme*. Der stationäre Zustand ist dadurch gekennzeichnet, daß von jedem einzelnen Zwischenprodukt ebensoviel neu erzeugt wie von der Gesamtheit der Reaktionszweige verbraucht wird. Die steady-state-Bedingung lautet mit den Konzentrationen Xss: $\nu$*(diag k)* ( $X^{ss}$ ) = **0.**

Jeder Strom ist eine Linearkombination der Teilgleichungen. Extremströme als kleinstmögliche realistische Teildarstellung des ursprüngliche Reaktionsensembles sind das einfachste dynamisch vollständige Modell, dynamisch vollständig, weil die Gesamtsystemdynamik abbildend. Die Linearkombination von Extremströmen ersetzt das "vollständige" Diagramm durch ein äquivalentes $D_{EC}$. Das Extremstromdiagramm ist übersichtlicher als das gesamte Netzwerk.

**$\nu_{nxr}$, $\kappa_{nxr}$ und k sind hinreichend zur Charakterisierung des Prozesses und gesamten Netzwerks.**

Hier kommt die Biologie in Ökosystemen zum Tragen. Der topologische Ansatz läßt sich auf "Funktionen" von "Schlüsselarten" im trophischen Netz beziehen, indem man die einzelnen Extremstromzweige als einfache Baukastenkomponenten mit definierten Eigenschaften (z.B.Photosynthese, bestimmte andere Stoffwechselfunktionen, Symbiosebeiträge etc.) behandelt, wiederum ohne die Matrixanalyse explizit auszuführen.

Die Eigenwerte der kinetischen Matrix zeigen etwaige Instabilitäten zwar auch, aber die fast ausschließliche Nutzung topologischer Argumente (EISWIRTH & ERTL 1996) macht Funktionsbeziehungen der Netzwerke anschaulicher. Die Überführung von Graphen in Algorithmen kann etwa mit Stella™-Software realisiert werden.

Ein Strom und damit ein ganzes Netzwerk kann instabil werden, wenn irgendeine der Unterdeterminanten des Matrixproduktes $\nu \times \kappa^{\Upsilon}$ negativ wird. Extremströme bestimmen Stabilitätseigenschaften und Oszillationsfähigkeit des gesamten Netzwerks.

Abgesehen vom trivialen Fall (Eingangsstöchiometrie = Ausgangsstöchiometrie = 0, d.h. gar kein Umsatz) braucht ein irreversibler (autokatalytischer) Stromkreis einen Ausgangsschritt, der einen Teil der autokatalytisch aktiven Spezies verbraucht. Im trophischen Netz bewirkt dies z.B. ein Freßfeind [Systeme nur aus starken Zyklen sind in dem Sinne nicht existenzfähig, daß sie in Ökosystemen explodieren oder kollabieren. Katalysatoren können den Charakter eines Zyklus modifizieren, beispielsweise durch selektive Umsetzung bestimmter Ressourcen explosionsartige Verläufe in lineare oder umgekehrt verwandeln (Ein biologisches Beispiel ist die Populationskontrolle zweier konkurrierender Arten durch einen gemeinsamen Freßfeind)]. Soll in einem isolierten starken Zyklus unbegrenztes Wachstum einer Spezies bei Verdrängung von anderen vermieden werden, müssen noch stabile Zyklen in das Netzwerk eingefügt werden. Man kann dem autokatalytischen Prozeß auch einen Prozeß negativer Rückkopplung hinzufügen.

Grundsätzlich kann man elementare Oszillatoren (mit nur einem nichtschwachen Zyklus) danach klassifizieren, wie der irreversible Stromkreis beschaffen ist und die negative Rückkopplung bewerkstelligt wird. Kritische Zyklen sind äußerst selten, weil es bei Systemen mit so vielen Flüssen (nicht nur chemischer Elemente, wobei oft auch deren Speziation oder Oxidationsstufe wesentlich ist [Arsen, Chrom, Eisen etc.], sondern auch organischer Verbindungen) praktisch unmöglich ist, eine quantitative Gleichheit von autokatalytischer und exit order für nennenswerte Zeiträume oder Räume aufrechtzuerhalten. Von daher sind Argumente über Ökosysteme, die implizit kritische Zyklen annehmen, mit größter Zurückhaltung zu bewerten. In der Praxis sind folglich nur starke oder schwache Zyklen von Belang. Das instabile Netzwerk kann sich auch bistabil verhalten, statt zu oszillieren.

(*Schluß der kommentierten Übersetzung*)

Als **Zeitreaktion**en bezeichnet man Prozesse, bei welchen aufgrund unterschiedlich ausgeprägter Katalyse zweier konkurrierender Zweige ein Substrat vollständig verbraucht wird, bevor die Umsetzung des anderen beginnt. In der Biologie ist ein derartiges Phänomen z.B. als **Diaxie** bekannt {z.B. Umstellung bestimmter Organismen auf Nitratatmung unter Sauerstoff- mangel}.

Zunächst wurde SNA in der Chemie (CLARKE 1974) auf den "klassischen" chemischen Oszillator, das BELOUSOV-ZHABOTINSKY-System, angewandt. Periodische Farbwechsel, die sich im Verlauf von einigen Stunden teils mehrhundertfach wiederholen, verdeutlichen das Wechselspiel zweier Reaktionspfade, das auf Bildung und Zerfall von instabilen Zwischenprodukten beruht (ein Umstand, der sich unmittelbar auf biotische Systeme übertragen läßt, da in diesem Sinn alle Lebewesen als instabil anzusehen sind). Für das BELOUSOV-ZHABOTINSKY-System wurden zahlreiche, sich teils beträchtlich unterscheidende Modellmechanismen aufgestellt und ihre Topologien aufgeklärt. Dies hat einen wesentlichen Beitrag zur Entwicklung der SNA bedeutet.

## 3 Übertragung auf Wellenfronten, Genetik und Stoffwechsel

### 3.1 Wellenfronten

Welche Konsequenzen Prozesse mit quadratischer Autokatalyse bei Ausbreitung selektiv günstiger Allele für die Biologie haben, wird seit langem untersucht (FISHER 1937; RIORDAN et al. 1995). Eine quadratisch katalysierte Wellenfront genetischer Information (FISHER 1937; RINZEL & ERMENTROUT 1982; GRAY et al. 1987; RIORDAN et al. 1995) beruht auf dem erhöhten Selektionswert bestimmter Allele, beispielsweise in Form von verbesserter Stoffwechselaktivität, gesteigerter Biozidresistenz, Säure-, Salz- oder Schwermetalltoleranz oder der auf denudierten Flächen notwendigen höheren Trocken-, Hitze- und Kältehärte. In einer Wellenfront setzt sich derjenige Prozeß durch, der von der autokatalytischen Ordnung $O_{ak}$ bestimmt höhere Ausbreitungsgeschwindigkeit des Katalysatorsatzes aufweist und nur noch sein spezifisches Produkt entstehen läßt (BILLINGHAM & NEEDHAM 1991; MERKIN et al. 1998; GRAY et al. 1987). Es steht zu vermuten, daß der biotische Anteil beim Entstehen von Wellenfronten oder oszillatorischen Kinetiken überwiegt.

SNA hilft die Relevanz von Eingriffen zu klären, da die reversiblen Prozesse außerhalb der katalytischen Kerne eliminiert werden, während die auf den katalytischen Kreis rückwirkenden Änderungen und ihre u.U. qualitativ gegensätzlichen Effekte sich klar hervorheben.

Die Änderung aller Reaktionsordnungen (autokatalytisch, heterokatalytisch[1] mit $O_{ak} \approx 0$, kreuzkatalytisch) sind mit SNA zu betrachten. Kurzfristige Effekte [$^{T}$Störung << $^{T}$Leben] erzeugen vielfältigere Instabilitäten katalysierter Netzwerken als langfristige [$^{T}$Störung $\geq$ $^{T}$Leben]), weil nur im ersteren Fall die hinreichend langlebigen Autokatalysatoren den Eingriff als temporäre Störung anstatt einem faktisch dauerhaften Einfluß "sehen". Für $^{T}$Störung $\geq$ $^{T}$Leben ist i.d.R. die $O_{ak}$ einfach gesenkt. Solange die exit order nicht wesentlich sinkt (sie könnte bei in ihrer Vitalität beeinträchtigten Beutetieren sogar zeitweilig steigen), kann der zuvor starke Zyklus schwach werden, so daß Reaktionen auf externe Oszillationen, etwa auf besseres Nahrungsangebot, u.U. unterbleiben.

[1] Heterokatalytische Reaktion liegt vor, wenn ein Enzym oder anderer Katalysator (bzw. der das Enzym enthaltende Organismus.bestimmte Substrate nutzbar macht, ohne dabei wie bei Autokatalyse das Enzym direkt zu reproduzieren. Z.B. katalysiert Ruthenium zahlreiche Reaktionen von Wasserstoff, Alkoholen oder Kohlenwasserstoffen mit (Luft-) Sauerstoff, ohne daß in deren Folge zusätzliches Ruthenium freigesetzt würde. In der Biologie bedeutet Heterokatalyse die Umsetzung bestimmter Substanzen ohne direkten trophischen Nutzen oder ohne Entgiftungsfunktion. In beiden Fällen (Beteiligung am Baustoffwechsel oder Entgiftung) wäre die differentielle autokatalytische Ordnung höher als Null.

## 3.2 Genetik und Stoffwechsel

Oszillationen beobachtet man für biochemische Einzelprozesse wie die Glykolyse (Birge 1994) wie auch in der Populationsdynamik. Getriebene Oszillationen resultieren schon durch jahreszeitlich wechselnde Aktivität der Produzenten. Schneeschmelze oder Aufgrabungen bewirken befristeten Eintrag bestimmter Stoffe und beeinflussen so von biochemischen bis hinauf zu trophischen Netzen eine ganze Skala autokatalytischer Kreise. Die geringe Anzahl kettenförmig verbundener Prozesse läßt aber meist kein Einschwingen zu (vgl. Gaspar & Beck 1979; Csaszar et al. 1983). Etwaige Oszillationen in Ökosystemen ergeben demnach mit SNA interpretierbare Aussagen darüber, welche Zustände Netzwerke einnehmen können, wie sie auto- oder kreuzkatalytisch (kooperativ) organisiert sind und wo ggf. Risiken angreifen können.

Ist die Katalysatorzerfallsrate (d.h. Sterberate) hinreichend klein, daß eine Population überdauert, impliziert metastabiles Verhalten (Nichtaussterben einer Spezies oder Population) einen Gesamtstoffdurchsatz weit oberhalb der Katalysatormasse. Für mehrstufige trophische Netze resultiert daraus das bekannte Potenzgesetz für die biologisch fixiert bleibende Stoffmenge (7 kg Phytoplankton ergeben 1 kg Zooplankton ergeben 1/7 kg...). Die Vollständigkeit des postulierten Mechanismus, z.B. einer Störung oder ökosystemarer Funktionszusammenhänge, kann anhand von Abweichungen der Modellresultate vom tatsächlichen Geschehen geprüft werden. Besonders problematisch sind nichtlineare Effekte, wo sich durch Änderungen des Einflusses umliegender Systeme (Biozönosen, Anthropo- und Technosysteme) die Wahrscheinlichkeiten bestimmter Verhaltensweisen verändert haben und das System umklappt.

SNA erlaubt, passende Skelettmechanismen eines Modells u.a. anhand der **Phasenbeziehung** zwischen Störung (einschließlich jahreszeitlicher Effekte) und Folge auszuwählen (Eiswirth et al. 1991 a und b). Verändert sich z.B. die Diffusionskonstante einer Teilmenge aktueller oder potentieller Katalysatoren über die vertikale Bodendurchlässigkeit, wird dies mit offengelegt. Nichtlineares Verhalten und Oszillationen solcher Systeme sind entsprechend häufig. Die

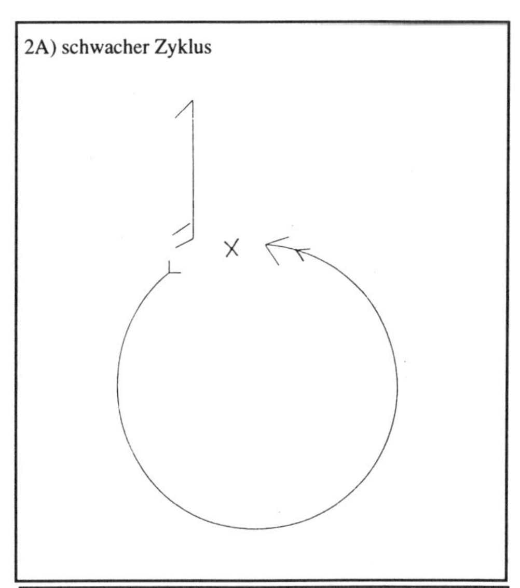


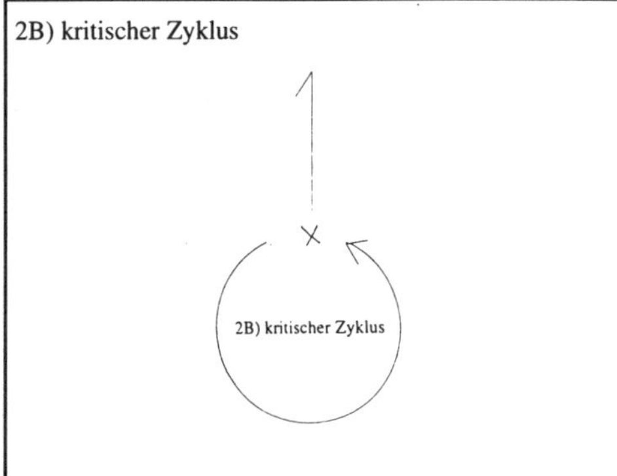


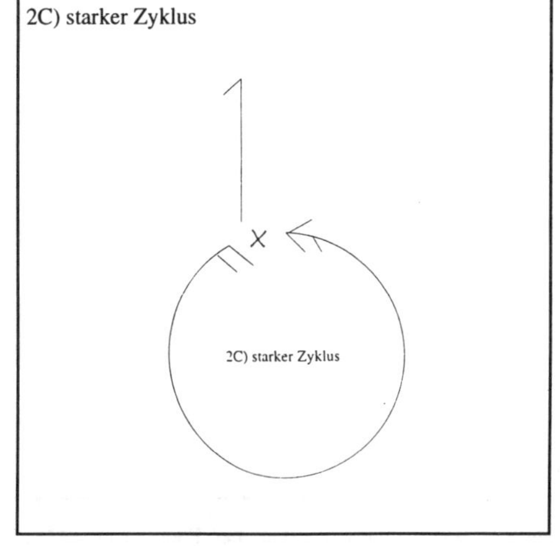


**Abb. 2:** Starke, kritische und schwache 1-Zyklen: Grundtypen autokatalytischer 1-Zyklen (nach EISWIRTH et al. 1991 b)

formale Exit-Reaktionsgleichung (stofflicher Abfluß aus dem untersuchten Systemkompartiment ohne direkte Fremdeinwirkung) mit W als Exitspezies läßt sich in doppelter Weise [c) und d)] interpretieren:

a) $W + n^*Y \Rightarrow P$ (Aasfresser u.a. Destruenten)

b) $W + n'^*Y \Rightarrow P$ (Fraß) und

c) $X \Rightarrow W + m^*P_1$ (Tod) bzw.

d) $X \Rightarrow W + m^*P_2$ (Erhaltungsaufwand)

Hier bedeutet: X den Autokatalysator, d.h. die im Zentrum auf der jeweiligen Trophieebene stehende Art, Y eine externe Spezies, deren Freßverhalten das Globalverhalten des inneren Kreises mitbestimmt, W die teilweise abgebaute Biomasse und P mineralisierte Stoffwechselprodukte. Die exit order hängt von der Häufigkeit und Aktivität von Y ab, die autokatalytische Ordnung von der Fortpflanzungsstrategie.

Ein Verschwinden des Katalysators erfolgt kurzfristig nicht bloß durch Tod des Individuums (c), sondern noch in einer zweiten Weise (d): die Summe aus Grundumsatz und dem Aufwand für Erhaltungsaktivitäten, u.U. einschließlich dem Aufwand für eigenaktive Biotoperhaltung (Biberdämme, Pilzkulturen in Termitenbauten, Graben von Wohnbauten etc.). Ist keine Nahrung verfügbar, gehen die Fälle d) und c) irgendwann ineinander über. Die Folge aus d) ist, daß Warmblüter deshalb tendenziell anfälliger gegenüber äußeren Einflüssen sind, weil ihr Grund- und wie oben definierter Erhaltungsumsatz typischerweise deutlich höher liegt. Andererseits können sie auch außerhalb der Tropen ganzjährig aktiv sein. Katalysatorabbau in der Biologie umfaßt weiterhin die Metabolisierung essentieller organischer Katalysatoren ("Vitamine"), etwa Flavinen und schließlich Fällungsprozesse (vgl. Seesanierung mit Schlämmkreide).

Sexuelle Fortpflanzung ist dabei wegen

$$X + Y \rightarrow n^*X + m^*Y \ (n;\ m \geq 1)$$

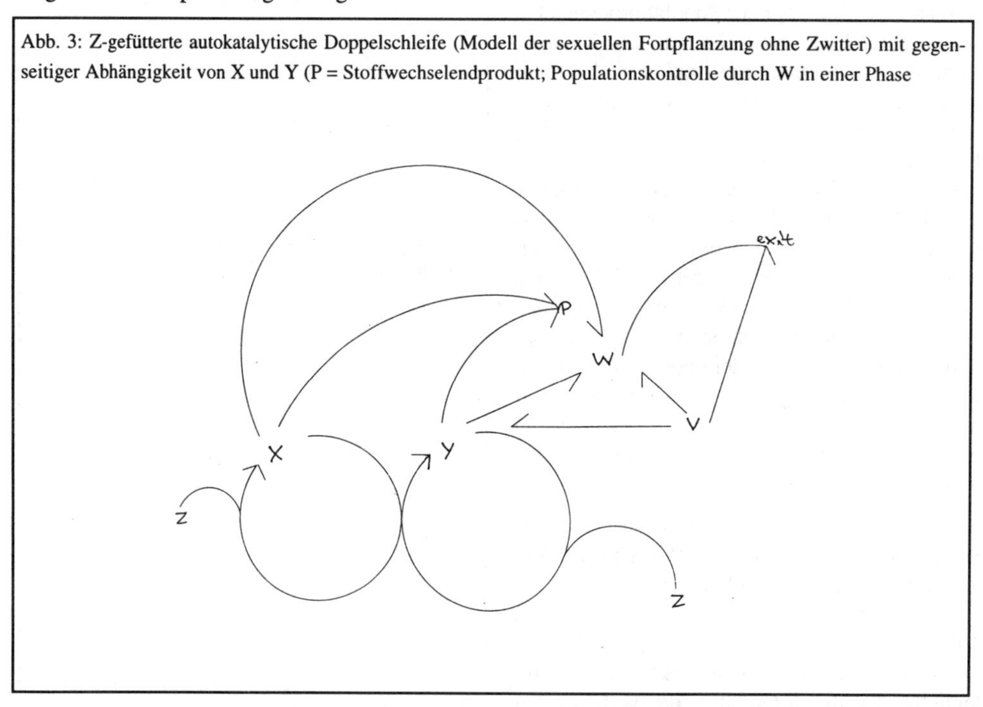


Abb. 3: Z-gefütterte autokatalytische Doppelschleife (Modell der sexuellen Fortpflanzung ohne Zwitter) mit gegenseitiger Abhängigkeit von X und Y (P = Stoffwechselendprodukt; Populationskontrolle durch W in einer Phase

**Abb. 3:** Doppelzyklus bei sexueller Fortplanzung (Z und V: nächstniedere tophische Ebene,W = überbrückende Kontrollspezies)

als Ko- oder Kreuzkatalyse aufzufassen, so daß eine (kreuz-)katalytische Doppelschleife resultiert. Betrachten wir dagegen ein System austauschbarer Partner mit der Grundgleichung 2 X + E→3 X + P, also die Paarung zwischen Zwittern (z.B. Weinbergschnecken), so haben wir einen starken 1-Zyklus, der unweigerlich oszilliert. Diese Fortpflanzungsstrategie ist für kleine, isolierte Population daher tendenziell riskant. Andere Fortpflanzungsformen stellen keine starken 1-Zyklen dar.

Wegen {Grund- + Erhaltungsumsatz > 0} folgt exit **rate > 0** (unabhängig von der exit order !), weshalb ein solcher Doppelzyklus auch mit Autokatalyse höherer als zweiter Ordnung (je erster in X und Y) effektiv sein kann. Damit gilt (für X = Weibchen, Y = Männchen) zugleich

X => W + m*P2

sowie

Y => W + n*P2.

Da Männchen und Weibchen hinsichtlich ihrer Reproduktion (also der [nunmehr indirekten] Autokatalyse) wechselseitig abhängig sind, folgt zwingend, daß die kreuzkatalytische Doppelschleife wie jedes andere derart kreuzkatalytische Netzwerk (Theorem von Toth [1979]) als 1-Zyklen-selbstorganisiertes Gradientensystem agieren wird. In einem selbstorganisierten Gradientensystem (für die Ökologie: Hari et al. 1997) werden dessen Gradienten durch (insbesondere) Stoffentnahmeprozesse mit nicht linearer Kinetik aufgebaut oder beruhen auf Diffusionsbarrieren, die im System selbst durch fällungs- bzw. löslichkeitsbedingte Membranbildung entstehen, ein in der Biologie sehr wichtiger Fall (Oparin 1947; Ross 1974; Avnir et al. 1984). Beide Varianten setzen voraus, daß in dem System chemische Reaktionen so ablaufen, daß sie entweder Auto-

Abb. 4A : Rückkopplungsschleife ICX (System mit Zufluß; Produktion des Autokatalysators aus Z, Verbrauch durch direkte Reaktion mit Y )

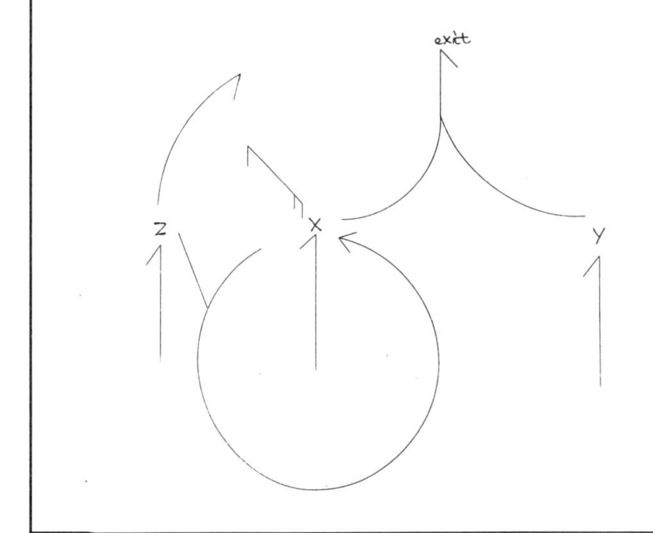


Abb. 4B: Rückkopplungsschleife ICW (System ohne Zufluß; Produktion des Autokatalysators aus Z, Verbrauch durch indirekte Reaktion von X und Y mit W)

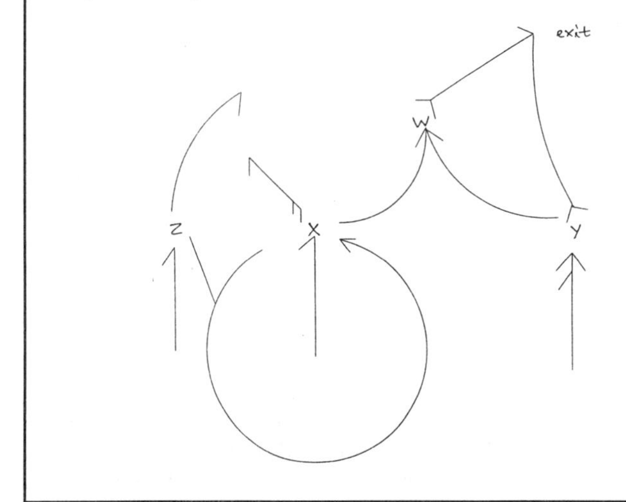


**Abb.4**: 1C-Rückkopplung

katalyse unterliegen oder Phasengrenzen entstehen.

Nach dem Theorem von Toth beruht die Ausbildung von Gradienten in kreuzkatalytischen Systemen aber nicht nur auf hoher Autokatalyseordnung oder geringer Löslichkeit, die durch die Auswahl von Katalysator bzw. Lösungsmittel im Prinzip beliebig beeinflußt werden könnten, sondern einfach auf gegenseitiger Stoffverwertung durch zwei einander katalysierende Systeme. In der Folge steigt die Empfindlichkeit gegenüber äußeren Gradienten; die sich sexuell fortpflanzenden Organismen können davon stärker profitieren, ihre Existenzbedingungen werden aber auch enger eingeschränkt. Ein derartiges Doppelschleifennetzwerk reduziert sich auf das als 1 CW bezeichnete Muster, sobald nur noch das individuelle Überleben möglich ist. Für Symbiosen gilt unter schlechteren Bedingungen die umgekehrte Überlegung.

Bei Sukzession wie Evolution werden ökologische Nischen neu zugänglich. Ihre Erschließung, insbesondere durch adaptive Radiation, entspricht formal der Propagation einer Wellenfront; diese wiederum gelingt nur unter zumindest quadratischer Autokatalyse.

## 3.3 Biogeochemische Zyklen

Wie andere Stoffkreisläufe lassen sich bio- oder geochemische Teilzyklen von Elementen wie S, Cl, Br, I, N etc. (für Bilder derartiger Zyklen siehe Lewis & Prinn 1984) nach ihrer hohen oder niedrigeren katalytischen Ordnung, starkem oder anderem Charakter klassifizieren. Da diese mit den biologischen Zyklen verknüpft sind, würden starke Zyklen biologisch essentieller Elemente die biotischen Zyklen extern antreiben oder in bistabilen Moden fixieren. In der Folge würden Organismen beschleunigt in neue Nischen eindringen können oder daraus ferngehalten werden, Ökotone nutzen bzw. besiedeln oder nicht. Man kann exemplarisch folgende Grenzfälle betrachten:

1) ein reines, z.B. auf Lithoautotrophie basierendes **Durchflußsystem** wie in Höhlen (überwiegend auf Eisenbakterien basierend) oder im Bereich der "black smoker". Hier besteht nur ein Mindestmaß an Netzwerkcharakter, und 2) eine Klimaxbiozönose.

Der letztere Fall impliziert, daß der Nettostofffluß den Wert Null annimmt, der erstere die langfristige Übereinstimmung von Output einschließlich Sedimentation und Input, also Durchfluß gleich Nettostofffluß.

## 3.4 Klimaxbiozönosen

Vielfaches Durchlaufen der gleichen chemischen Schleifen in Klimaxökosystemen verursacht große Isotopenfraktionierungen zugunsten der schwereren Isotopen in der nichtbiotischen Phase (D, $^{13}C$, $^{18}O$, $^{34}S$, $^{57; 58}Fe$ etc.). Obwohl die exit order des Netzwerks einer idealen Klimaxbiozönose **nicht** eindeutig definiert ist, auch durch das Ausmaß der Isotopentrennung nicht exakt berechnet werden kann, reale Klimaxsysteme jedoch einen begrenzten Austrag durch fluviale Erosion durchaus überstehen (und quantitativ wahrscheinlich abweichende Einträge aus Gebirgsgewässern und der Atmosphäre erhalten), hängt in erster Näherung der Austrag kaum vom internen Umsatz ab, die exit order ist folglich sehr nahe Null. "Innendrin" überwiegt kubische Autokatalyse. **Klimaxbiozönosen sind** also **Beispiele für starke Zyklen**, die isoliert nicht bestehen könnten. Der Nettostofffluß bleibt minimal, wir können daher in solch einem closed-loop-System auch $CO_2$ und Wasser als Katalysatoren auffassen, da sie für das Funktionieren dieses Klimaxsystems unabdingbar sind, aber netto nicht verbraucht werden. Wenn etwa größere Flächen in einem tropischen Regenwald gerodet werden, der Austrag dieser de-facto-Katalysatoren drastisch ansteigt, wird der zuvor starke Zyklus zunächst kritisch und dann schwach. Das bisherige Klimaxsystem kann folglich nicht mehr oszillieren, wodurch die Reaktionsfähigkeit auf äußere Impulse und vermutlich auch die evolutionäre Produktivität (gemessen in Parametern wie [neuentstehende Spezies/{$km^2$*a}]) drastisch zurückgeht.

Langfristig wird ein gestörter Klimaxbiotop folglich sowohl artenärmer als auch störungsanfälliger. Ein starker Zyklus wäre zwar ohne einen gewissen Austausch mit nichtstarken Zyklen instabil, steht jedoch real immer mit anderen

Ökosystemen oder Biozönosen in räumlicher Beziehung. Diese weisen äußere Flüsse ihrer Produkte auf.

Die Stabilität des Klimaxsystems als einem starken Zyklus hängt damit empfindlich von den Eigenschaften der einbettenden nichtstarken Zyklen ab. Im Unterschied zum den Klimaxfall auszeichnenden Katalysatorcharakter auch von $CO_2$ oder Wasser weisen diese für/in umgebende(n) Biozönosen, jenseits der Ökotone, die das Klimaxsystem umschließen, netto Reaktanden- oder Produktcharakter auf. Je nachdem ob Photosynthese oder Dissimilation überwiegen, werden die Nachbarökosysteme Quellen bzw. Senken für Autokatalysatoren innerhalb der Klimaxbiozönose darstellen. Diese Situation aber entspricht exakt den Rückkopplungs-Prototypen 1CW (Umgebung als Quelle für den de-facto-Katalysator) bzw. 1CX (wenn das "Hinterland" des Ökotons als Senke oder Vorstufe der Senke fungiert).

Wenn zwei Arten ähnliche ökologische Nischen, gleiche trophische Niveaus, Stoffwechselpfade usw. repräsentieren, können nur Prozesse mit $O_{ak(WF)}$ **> 2** bei ähnlich hoher (biochemischer) Reaktionsordnung und Reproduktionsrate sowie identischem Produkt(-ensemble) koexistieren. $O_{ak(WF)} > 2$ impliziert jedoch sexuelle Fortpflanzung oder mindestens die synchrone Ausbildung mehrerer Ableger oder Knospen (Aktinien, bestimmte Pflanzen), insbesondere in dem Fall, daß sich Organismen nur einmal fortpflanzen (Insekten, Kopffüßer, Lachse usw.). In der SNA-Klassifikation (vgl. EISWIRTH et al. 1991 a) wird von den Durchflußnetzwerken 1CX oder 1CW noch ein Typ 1B(-atch) unterschieden, ohne relevanten Zu- oder Abfluß (vgl. Klimax). Ein chemisch differenziert "Batch"sys- tem entsteht etwa, wenn unterhalb der Barriere eines neu aufgestauten Sees nunmehr weniger Detritus zur Verfügung steht, wohingegen Eutrophierung bzw. die Ablagerung reduzierend wirkender Sedimente im Wasserkörper Redoxpotentialgradienten aufbauen.

Allgemein neigen Batch- gegenüber entsprechenden Durchflußsystemen weitaus weniger zu Oszillationen (EPSTEIN & SHOWALTER 1996; EISWIRTH et al. 1991 a). SNA-Matrizenpaare sind durch Fließgleichgewichte bestimmt; ändert sich die Einbettung einer Biozönose in andere Ökosysteme oder die Durchflußrate, erhalten sowohl natürliche Substanzen als auch Xenobiotika **neue Funktionen**, was insbesondere Klimaxsysteme destabilisiert. Als Folge davon können gewöhnliche Sukzessionsprozesse von Nichtklimaxsystemen umgeleitet, beschleunigt oder verlangsamt werden.

Viele Ökosysteme sind freilich noch keine Klimaxökosysteme. Im Regelfall droht daher nicht bereits bei infinitesimalen Störungen die Bifurkation des vorherigen Zustands nach (1CX)' (qualitativ übereinstimmend mit dem "alten" 1CX, aber in Details verschoben) bzw. 1CW einzutreten, sondern man befindet sich im Phasenraum recht weit abseits dieser Bifurkation. Funktionswechsel der W, Y oder Z setzt eine gewisse Mindestintensität eines biogeochemisch wirkenden Eingriffs voraus und beschleunigt ohnehin verlaufende Prozesse (meist zu Lasten bislang marginal angepaßter Arten). Das ungestörte System ist zwar resilient, reagiert aber erheblich unsymmetrisch auf chemisch gegensätzliche Eingriffe. Konkurrenz bei Nutzung der gleichen Ressourcen erfolgt in SNA-Modellen ebenfalls nach Maßgabe der Reproduktionsordnung $O_{ak}$.

## 3.5 Trophieebenen und Spurenelementflüsse

"**Kurzschlüsse**" (short-circuits, CLARKE 1980) innerhalb eines Reaktionsnetzes führen generell dazu, daß ein bisher starker oder kritischer Stromzyklus geschwächt wird (ebenda): bei Überbrückungen innerhalb eines trophischen Netzes, Massenvermehrung bestimmter Organismen oder dem Ausfall einer trophischen Ebene, d.h. bei Nahrungsflüssen von Niveau N direkt nach (N + 2) oder (N + 3) stellen solche Kurzschlüsse dar, durch welche Oszillationen in einer Lebensgemeinschaft zumeist unterbunden würden. Wachsende Häufigkeit von Omnivoren, die beispielsweise Pflanzen, Herbivore und Insekti- oder andere Karnivore verzehren (Mungos, Waschbären, Menschen etc.), also solch "kurzschließende"(Abb. 1) Ernährungsgewohnheiten aufweisen, führt über fallende Oszillationsfähigkeit des Netzes dazu, daß Spezialisten kaum noch von erhöhtem Nahrungsangebot profitieren können. Zahlreiche omnivore Arten sind Kulturfolger.

Neben Nahrungsnetzen können Spurenelementflüsse qua SNA untersucht werden. Dabei wird die autokatalytische Ordnung eine Funktion der Zeit:

$$O_{ak} = f(t), \text{ bzw. } O_{ak(eff.)} < O_{ak(theor.)}, \; d\,O_{ak(eff.)}/dt < 0,$$

wobei der Betrag von Oak(theor.) aus biochemischen Überlegungen (DALZIEL 1957; GRAY 1975 u.a.) abzuleiten ist, soweit (etwa bei Mo oder Se) konkrete Reaktionsmechanismen bekannt sind.

Das LIEBIGsche Minimumprinzip gilt insoweit wie die kinetische Matrix der Regulation potentieller Katalysator(-komponenten) unterworfen ist. Für fast alle Lebewesen essentielle Elemente wie z.B. Magnesium, Eisen oder Kupfer, die, über die gesamte trophische Kette relativ ausgeprägt positive AK bewirken, sollten sich wegen

$$O_{ak(eff.)} > 0; \; dO_{ak(eff.)}/dC > 0$$

im Mangelfall (C = Konzentration) und effizienter Ausscheidungsmechanismen bei Überdosierung (z.B. Kupfer-aminocarboxylato- oder -glutathionkomplexe) nicht gefährlich anreichern.

Schon in mäßigen Überdosen toxische Spurenelemente wie Selen, Fluor oder Molybdän erzeugen starke Zyklen auf biochemischer Ebene; bei Überschüssen von Selen tritt Abmagerung, im Falle von Mo Fortpflanzungsstörungen auf. Über solcherart ins Negative abknickende Dosis-Wirkungs-Beziehungen verursachen autokatalyseabhängige Effekte zusätzliche Oszillationen. Diese können durch geochemische Einflüsse, etwa pH-Änderungen des Niederschlags, und geänderte Verfügbarkeit der o.a. Spuren elemente oder ihrer Antagonisten noch gefördert werden. Formal sieht dies so aus:

$$O_{ak(eff.)} >> 0; \; dO_{ak(eff.)}/dC < 0$$

$O_{ak(eff.)} >> 0$ ist auch durch deren vielfältige Funktion, z.B. von Molybdän im Redoxstoffwechsel, begründet. Die durch die Technosphäre geschleusten Mengen **aller** chemischen Elemente sind (außer vielleicht Vanadium [COLPAS et al. 1994], Arsen [IRGOLIC in XAVIER {Hrsg.} 1986] und Chlor bei marinen Organismen) um einige Zehnerpotenzen höher als die biologisch benötigten. Daraus folgt nicht, daß entsprechend überproportionale Mengen in die Biosphäre eingingen oder ein mengenbedingter "Dampfwalzeneffekt" der Technosphäre eintreten müßte. Einmal liegt der Eintrag z.B. für $CO_2$, Al, Ti, Fe oder Mn (FIEDLER & RÖSLER 1993) unter dem natürlichen, andererseits ist die Speziation wichtig für Bioresorption und katalytisches Wirksamwerden in Enzymen und anderswo. SNA-basierte Risikoanalyse bemißt über die exit-order-Kontrolle und den jeweiligen Zykluscharakter Wirkungen hinreichend differenziert über diverse Exitpfade, u.a. Ausscheidungs-, Fällungs-, Inaktivierungsmechanismen wie die Methylierung von Arsen.

So gut in deren Serum- und Proteinspiegeln geregelte Metalloenzymzentralionen wie Mg, Fe, Cu, Zn werden sich anders auswirken als (überwiegend oder gänzlich ?) toxisch wirkende Stoffe wie Quecksilber oder Cadmium, für die gilt:

$$O_{ak(eff.)} \leq 0; \; dO_{ak(eff.)}/dC << 0$$

Empirisch fungieren die meisten Biozönosen als **Senken** für Spuren- und Ultraspurenelemente (FIEDLER & RÖSNER 1993), ohne daß feststeht, inwieweit simple geobiochemische Prozesse (etwa Sulfidfällung in der Sauerstoffzehrungszone [vgl. CLARK et al. 1998]) daran mitwirken. Z.B.bei koordinationschemischen Antagonismen können Ultraspurenelemente (z.B. As, Se, V) auch in belasteten Milieus knapp sein (FIEDLER & RÖSLER 1993).

Die (partielle) katalytische Ordnung eines Lebewesens als Systems mit mehreren unterschiedlichen Katalysatoren wird bei überhöhter Antagonistenzufuhr hinsichtlich eines Katalysators **negativ.** $O_{ak(Katal.)}$ wird dennoch nicht << $O_{exit(Stoffw.)}$, solange der Erhaltungsumsatz noch überschritten werden kann. Weil keine instabilen Zweige mehr existieren, zeigen betroffene Organismen keine Massenvermehrungen mehr, die wiederum gesteigerte Reproduktion ihrer Freßfeinde veranlassen würden. Daher ändert das so stark belastete System ohne akute Vergiftungsphänomene sein Verhalten, ohne daß es dabei aus dem 1CX-Grundmuster herausfiele. Dieser Effekt ist als Öko(-system)toxizität zu deuten.

## 3.6 Praktische Beispiele zu Anwendungen der SNA auf Ökosysteme

### 3.6.1 Vom Formalismus zur räumlichen Ordnung

Räumliche Zusammenhänge werden in der SNA durch topologische Einbettung eines Netzwerks in Umgebungen, deren Chemismus selbst wieder schwache oder evtl. starke Zyklen beinhaltet, abgebildet. Restpopulationen werden bei erzwungenen Oszillationen zeitweilig so klein, daß Inzucht unausbleiblich wird. Damit verschwinden die Variabilität des Geschwindigkeitsvektors zwischen (den Stoffwechseln) verschiedener Individuen und die Möglichkeit weiterer Beiträge (zusätzlicher Zeilen und Spalten) zur stöchiometrischen Matrix [keine Stoffwechselmutanten, die weiterführen, eher inzuchtbedingter Enzymausfall]. Die Fließgleichgewichtsbedingung zu erfüllen, wird folglich schwieriger, die Überlebenschance des einzelnen Individuums nimmt entsprechend ab.

Dies und Zufallsereignisse machen Untergänge auf (relativ) winzige Habitate beschränkter Populationen (Wüstenfische [*Cyprinodon* spp.] in Nordamerika, Zwergkröten [*Werneria preussi*] am Kamerunberg) wahrscheinlicher. Deren kleines Umland befindet sich mit höherer Wahrscheinlichkeit selbst in starkem oder kritischem Zustand; die relativ langen "Ränder" des Biotops erhöhen tendenziell die exit rate, auch durch Verlust z.B. von Larvenstadien. Während früher Sukzessionsphasen oder in extremen trophischen Situationen können in einem Ökosystem dennoch starke Zyklen dynamikprägend wirken. Agrarökosysteme erzwingen häufig isolierte (großräumige Monokultur) starke Zyklen, bei denen Massenvermehrung ("Explosion") ebenso denkbar ist wie der Kollaps der isolierten Zyklen, so daß ein starker Rückgang der lokalen Artenvielfalt naheliegt. Sofern solch ein Ökosystem aber mit Hilfe der "hinter" dem nächsten Ökoton gelegenen, es räumlich einbettenden Umwelt stabilisiert wird, folgt unmittelbar, daß die hier über das Ökoton hinweg (stofflich oder energetisch) ankoppelnden Zyklen *schwach* sein müssen, um steady-state oder nur langsame Veränderung zu erreichen. Dies liegt aber meist nicht im Interesse effizienzorientierter, auch stoffdurchflußintensiver Gestaltungen; ein Zwiebelschalenkonzept wie die Gliederung der Zonen I bis III von Nationalparks bringt auch nicht die ganze Lösung. Das Kriterium der Schwachheit einbettender Zyklen für einen metastabilen starken braucht nicht für alle, muß aber für die dominierenden Austauschvorgänge gelten.

Andererseits sind vollständig aus schwachen Zyklen aufgebaute Ökosysteme denkbar. In derartigen Systemen können äußere Einflüsse i.d.R. keine Populationsoszillationen mehr anregen, während biochemische Oszillationen möglich bleiben. Habitate lebender Fossilien dürften solche Eigenschaften aufweisen.

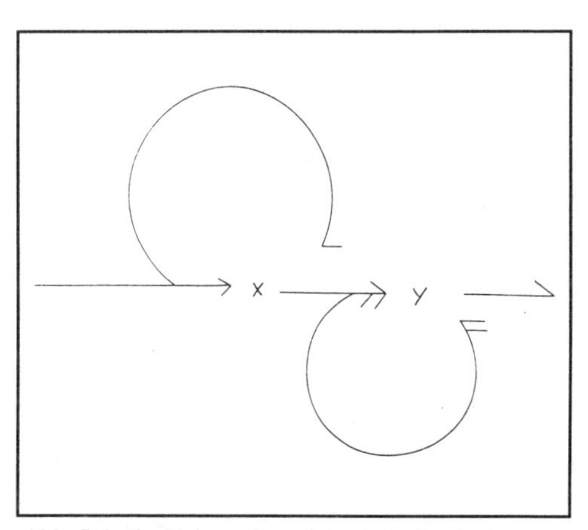


**Abb. 5**: Lotka-Volterra-Prozeß (nach Farkas & Nosticzius 1985)

### 3.6.2 Beispiele: Räuber-Beute-Schemata Biberseen, Eutrophierung

**Räuber-Beute-Schemata**: LOTKA-VOLTERRA-ähnliche Räuber-Beute-Schemata könnten nicht gelten, sogar wenn man kritische Zyklen zuläßt. Gemäß der von FARKAS & NOSZTICZIUS 1985 angegebenen SNA-Darstellung folgt einem kritischen, quadratisch autokatalysierten Zyklus ($E + X \rightarrow P + 2X$) ein starker, kubisch autokatalysierter ($E + n{*}X \rightarrow P + 3X$ [$n = 1$ oder 2]). In einem Ökosystem hieße dies, daß sich sexuell fortpflanzende Tiere so geringe Mengen einhäusiger Pflanzen verzehren, daß (Bedingung eines kritischen Zyklus) auch die exit order, d.h. die

Fraßmenge der Pflanzen durch o.a. Tiere = +2,0 bleibt. Bei steigendem Nährstoffeintrag, Lichteinfall und Pflanzenwuchs müßten diese Pflanzen quadratisch anwachsend genutzt werden. Weiter dürften nur so wenige Herbivoren gefressen werden, daß der zweite Zyklus stark bliebe. Dies wäre vielleicht noch in einer nur zweistufigen trophischen Kette zu erreichen; vier- bis fünfstufige sind allerdings häufiger.

Höchstens auf einen kleinen Bruchteil der Vegetationsbiomasse fixierte Nahrungsspezialisten, z.B. Koalas in Regionen, wo in Art und Alter passende, cyanidfreie Eukalyptusblätter gerade noch gedeihen, könnten LOTKA-VOLTERRA-Kinetik eingebunden werden. Das berühmte Schneehase-Polarluchs-System ist noch problema- tischer: die Luchse sind keine Nahrungsspezialisten. Für die nach den Fellhandelsdaten postulierte LOTKA-VOLTERRA-Kinetik (SIGMUND 1994) müßte die auf die Populationsdichte an Luchsen bezogene Stoffwechselaktivität vor Abzug des Erhaltungsumsatzes mit der **dritten Potenz** der Schneehasenhäufigkeit ansteigen (kritischer Zyklus), es den Luchsen also schon sehr schlecht gehen. Außerdem dürften sie weder Karibus noch Wühlmäuse, Vogelleichen, angespülte Fische etc. finden können.

SNA begründet so das Fehlen von LOTKA-VOLTERRA-Kinetiken in Ökosystemen; die dort zu erwartende situationsabhängige Bifurkation beeinflußt jeweils auch die Einbettung starker in schwache Zyklen. Oszillationen werden erschwert, mit unmittelbaren Konsequenzen für die Stabilität von Populationen.

**Biber-Auwald**-Stauteich-**Fische**: Amphibien: nur ein kleiner Bruchteil der in Auwäldern nachwachsenden Weichholzbiomasse (< 25 %) sowie anderer, nährstoffreicherer Vegetation wird von Bibern genutzt. Soweit hauptsächlich die Stautätigkeit von Bibern wassertolerante Bäume wie Erlen, Eschen oder Silberpappeln gegenüber Koniferen begünstigt (REICHHOLF 1993), verbessern die Biber ihre eigene Nahrungsgrundlage (indirekte Autokatalyse über das Ökosystem). Das Gedeihen von Arten, die in Auwäldern bzw. langsam fließenden Gewässern besser zurechtkommen, beeinflußt die relative Bedeutung einzelner Stoffwechselpfade und deren autokatalytische bzw. Exit-Ordnungen. Die durchschnittliche trophische Kette im Gewässer wird zu Lasten von Salmoniden (Lachse, Forellen) und zugunsten überwiegend landlebender Piscivoren (Vögel, Bären etc.) verkürzt. Diese haben einen höheren Grundumsatz. Wird das Biberrevier wieder aufgegeben, kehrt sich der Prozeß um, indem der Stauteich wieder verlandet und erneut Nadelhölzer wachsen, bis sich wieder Biber am Bach ansiedeln.

**Eutrophierung**: Eingriffe durch die Landwirtschaft sind ausgeprägt chemischer Art, ob nun Gülle oder Mineraldünger eingesetzt wird. Die Autokatalyseordnung (mit Phosphat als Z-Spezies) wird in einer Intensivlandwirtschaft primär betriebswirtschaftlich bestimmt, weit über den Bereich linearer Beziehung zwischen Düngereinsatz und zusätzlichem Ertrag hinaus. Die exit order (Exit verstanden als zusätzliche Erntemenge) tendiert folglich gegen Null; die internen, katalytisch getriebenen Zyklen werden somit "künstlich" zu starken gemacht, da sie unweigerlich beträchtlich höhere $O_{ak}$ als + 0 aufweisen (sonst wäre keinerlei Leben mehr in einem so beaufschlagten [Agrar-]Ökosystem möglich).

Entsprechend instabil verhalten sich alle Teilnetzwerke, die auf dem verstärkten (eutrophierenden) Stoffinput aufsetzen; "gewöhnlichen" chemischen [insbesondere Durchfluß-]Oszillatoren ähnlichere Oszillationen werden zwar nicht erzwungen, aber in vielfältiger Weise ermöglicht. Gleichzeitig können andere Systemkomponenten durchaus noch lineares Verhalten zeigen. Das nunmehr artifiziell "stark" gewordene Netzwerk behält trotz hohen Stoffaustrages durch häufige oder intensive Erntetätigkeit nicht mehr die Chance, sich durch Ankopplung an umliegende schwache Zyklen zu stabilisieren, selbst wenn der Nährstoffaustrag in die engere Umgebung außerhalb des betrachteten Ökosystems klein bleibt.

Eine Ausnahme bilden hier zusätzliche, klimatische oder/und photochemische Rückkopplungspfade: Die Situation isolierter starker Zyklen infolge Eutrophierung erzeugt ähnliche Instabi- litäten für die biochemischen Zyklen von Chlor, Brom, Iod, Arsen, Schwefel, Selen sowie Quecksilber, vermutlich (allerdings ohne großräumige atmosphärische Konsequenzen) auch von weiteren Elementen wie Zinn. Nicht allein in solch einem Fall werden neue Katalysepfade mit meist abweichenden -ordnungen an Bedeutung gewinnen bzw. verlieren. Eine schnelle (photo-)chemische Mineralisierung unter diesen Bedingungen entstandener flüchtiger Spezies kann die exit order allerdings beträchtlich erhöhen. Dafür sind die NUV-Absorptionsspektren sowie Reaktivität gegenüber OH und $NO_x$ von Organoschwefelverbindungen, Trimethylarsin o.ä. ausschlaggebend. Vermehrte Wolkenabschirmung könnte durch Teilmineralisierung (Dimethylsulfid zu Schwefelsäure- oder Ammoniumsulfataerosolen) ausgelöst werden (LEWIS & PRINN 1984; CHARLSON et al. 1987; LOVELOCK 1993). Wenn infolge dichter Wolkendecke die Wasseroberflächentemperatur sinkt, mehr Rainout (direkte Rückführung) sowie weniger Photolyse erfolgt, also der Exit flüchtiger Heteroorganika aus dem Oberflächenmeerwasser zurückgeht, werden die einschlägigen Zyklen von As, S, Cl oder Sn trotz Eutrophierung u.U. stark. Die große marin-biochemische Bedeutung von Organoarsenverbindungen (IRGOLIC 1986) wirft dann ein neues eutrophierungsbedingtes Problem auf.

"Klassisches" (LOVELOCK & MARGULIS 1973) Gaia-Feedback funktioniert dennoch, wenn Transportvorgänge (z.B. Wind) viel schneller sind als die Quadratwurzel aus dem Produkt von Selbstdiffusionskoeffizient und Reaktionsrate, so daß das Gesamtsystem **nicht** im Sinne der LUTHER-Gleichung (1906) wellenfrontkontrolliert ist. Wenn photochemische Schritte den Exit biogener, klimatisch oder atmosphärenchemisch wirksamer Stoffe beeinflussen, so hängt der lokale Zykluscharakter von großräumigen meteorologischen Rückkopplungen ab.

### 3.6.3 Formaler Umgang mit Schadstoffen und Artenbestand in Biozönosen

mentation von Detritus, Subduktion, Holzwirtschaft usw.) kann dazu führen, daß die exit order die auto- bzw. kreuzkatalytischen übertrifft. Der betrachtete Zyklus wird dann schwach (vgl. Abb. 3), behindert mangels Oszillationen die Wieder-/Neubesiedlung von gestörten, neuentstehenden usw. Biotopen.

Die Folgen plötzlicher Ausbreitung oder des Verschwindens einer Art(-engruppe) bzw. Fortpflanzungsstrategie nehmen zu, wenn das Netzwerk Schadstoffe einbezieht oder freisetzt (Produktion von $CCl_4$, $CH_3Br$ etc. durch marine Algen bzw. bakterieller Abbau von Noxen) bzw. sich Substanzen durch menschliche Aktivitäten anreichern (komplexe Lösung biologisch wirksamer Schwermetalle wie Fe, Mn, Cu, Zn durch chelatisierende Aminosäuren [NTA, EDTA usw.] aus Waschmitteln).

Die Schließung von Stoffkreisläufen führt bei "Kooperation" von Thiobacillus ferrooxidans und Sulfatreduzierern zur Korrosion von Eisen(Stahl-)konstruktionen im obersten Staunässebereich nicht durchlüfteter Böden. Mit sehr geringen Inventaren von (Sulfid- + Sulfat-)Schwefel wird dabei der vollständige Kreislauf innerhalb weniger Dezimeter Sedimentschichtdicke realisiert. Die nichtlineare Kinetik zahlreicher Reaktionen mit Sulfid (einschließlich Oszillationen mit Oxidationsmitteln wie Wasserstoffperoxid oder Chlorat und Katalyse durch Kupferionen) zeigt ungewöhnlich hohe Katalyseordnungen an. Thiosulfat, Cystin, Glutathion, Metallothioneine u.a., die selbst nicht zu Sulfat durchoxidiert werden, sind wichtige Speicher- und Entgiftungskomponenten der Biochemie von $H_2S$, etwa in black smokers oder dem Schwarzen Meer.

### 3.7 Weitere Anwendungen

Auto- und Kreuzkatalysestrukturen wurden von FRÄNZLE & GROSSMANN (1998) auch in Innovations- und Produktlebenszyklen der Wirtschaft identifiziert und Aspekte der Unternehmens- und Volkswirtschaftsdynamik hierauf zurückgeführt.

## 4 Ausblick

Vorteile sind die systematische Reduktion "überladener" Modelle und die Möglichkeit, etwaige Unvollständigkeit von Modellmechanismen zu erkennen. Die Festlegung der funktionalen Kerne (Schlüsselarten und -prozesse) ist eindeutig und willkürfrei. Sinnvoll konzipierter Prozeßschutz (z.B. FELINKS & WIEGLEB 1998) setzt voraus, daß die Folgen auch gutgemeinter

Maßnahmen und deren Wirkungen auf unterschiedlichen Skalen systematisch analysiert werden können. Die Bedeutung des Artenschutzes bleibt schon wegen der Stoffwechsel- oder landschaftsgestaltenden Rolle jeder Spezies ungemindert. Die *Grenzen* von SNA-Ansätzen bei der Analyse ökologischer Risiken liegen in der impliziten Begrenzung der Auswirkungen topologischer Effekte auf solche, die chemischer Natur oder an Stoffaustausch gekoppelt sind.

In einem radikalen top-down-approach wird **Gaia** und die darin postulierte Selbstregulation mit explizierter Dominanz des biotischen Teilsystems mittels SNA interpretiert. Wenn etwa flugfähige Organismen ihr Habitat schneller ausdehnen als sie lokale Ressourcen unter Fortpflanzung aufbrauchen, realisiert eine **Stoßfront** den autokatalytischen Prozeß und eilt der chemischen oder genetischen (Fisher) Wellenfront vorweg.

## Danksagung

Besonderer Dank gebührt meinem Kollegen Herrn Dr. Volker GRIMM (UFZ Leipzig, Sektion Ökosystemanalyse), meinen Eltern, meinem Chef Dr. Wolf-Dieter GROSSMANN sowie einem anonymen Referee für eine detailliert didaktisch verbesserte Darstellung des SNA-Ansatzes sowie Bedingungen und Grenzen seiner Übertragbarkeit auf ökologische Fragestellungen und Risikobetrachtungen. Ich hoffe, die nun gewählte Darstellung konnte den intensiven Bemühungen zum Erfolg verhelfen.

## Literatur

Basza, G.; BECK, M.T. (1972): Autocatalysis, Cross-Catalysis, Self-inhibition and Crosswise Inhibition:
Pathways into Exotic Chemical Kinetics. Acta Chimica Hungarica **73**, 26 - 37

Billingham, J.; Needham, D.J. (1991): The development of travelling waves in quadratic and cubic autocatalysis with unequal diffusion rates. II. An initial-value problem with an immobilized or nearly immobilized autocatalyst. Philosophical Transactions of the Royal Society London **336**, 497 - 539

Charlson, R.J.; Lovelock, J.E.; Andreae, M.O.; Warren, S.G. (1987): Oceanic phytoplancton, atmospheric sulphur, cloud albedo and climate. Nature 326, 655 - 661

Clark, M.W.; McConchie, D.; Lewis, D.W.; Saenger, P. (1998): Redox stratification and heavy metal partitioning in Avicennia-dominated mangrove sediments: a geochemical model. Chemical Geology **149**, 147 - 71

Clarke, B.L. (1974): Stability of a model reaction network using graph theory. Journal of Chemical Physics **60**, 1493 - 1501

Clarke, B.L. (1975): Theorems on chemical network stability. Journal of Chemical Physics **62**, 773 - 75

Clarke, B.L. (1980): Stability of Complex Reaction Networks. Advances in Chemical Physics **43**, 1 - 217

Clarke, B.L. (1995): Theoretical Chemistry. http.//entropy.chem.ualberta.ca/faculty/clarke.htm

Colpas, G.J.; Hamstra, B.J.; Kampf, J.W.; Pecoraro, V.L. (1994): A Functional Model for Vanadium Haloperoxidase. Journal of the American Chemical Society **116**, 3627 - 28

Csaszar, A.; ERDI, P.; Jicsinszky, L.; Toth, J.; Turanyi, T. (1983): Several Exact Results on Deterministic Exotic Kinetics. Zeitschrift für Physikalische Chemie, Leipzig **264**, 449 - 63

Dalziel, K. (1957): Initial Steady State Velocities in the Evaluation of Enzyme-Coenzyme-Substrate Reaction Mechanisms. Acta Chimica Scandinavica **11**, 1706 - 23

Eiswirth, M.; Freund, A.; Ross, J. (1991 a): Operational Procedure toward the Classification of Chemical Oscillators. Journal of Physical Chemistry **95**, 1294 - 99

Eiswirth, M.; Freund, A.; Ross, J. (1991 b): Mechanistic Classification of Chemical Oscillators and the Role of Species. Advances in Chemical Physics **80**, 127 - 98

Farkas, M.; Noszticzius, Z. (1985): Generalized Lotka-Volterra Schemes and the Construction of Two-Dimensional Explodator Cores and their Liapunov Functions via "Critical" Hopf Bifurcations. Journal of the Chemical Society, Faraday Transactions **II 81**, 1487 - 1505

Felinks, B.; Wiegleb, G. (1998): Arten- und Prozeßschutz in der Bergbaufolgelandschaft Naturschutz und Landschaftsplanung **30**, 301 - 14

Fiedler, H.J.; Rösler, H.J. (1993): Spurenelemente in der Umwelt. Jena und Stuttgart, Fischer

Fisher, R.A. (1937): The Wave of Advance of Advantageous Genes. Annals of Eugenics **7**, 355 - 69

Fränzle, O. (1984): Die Bestimmung von Bodenparametern zur Vorhersage der potentiellen Schadwirkung von Umweltchemikalien. Angewandte Botanik **58**, 207 - 16

Fränzle, S.; Grossmann, W.D. (1998 a): Aufbau von Erfolgskonfigurationen in Umwelt und Wirtschaft durch kreuzkatalytische Netze. In: Grossmann, W.D., Eisenberg, W. (Hrsg.): Tagungsband Symposium "Nachhaltigkeit - Bilanz und Ausblick", Leipzig 19./20. Juni 1997. Berlin, Lang (im Druck)

Gray, C.J. (1975): Mechanismen der Enzymkatalyse. Berlin (Ost), Akademie-Verlag

Gray, P.; Showalter, K.; Scott, S.K. (1987): Propagating Reaction-Diffusion Fronts with Cubic Autocatalysis: the Effects of reversibility. Journal de Chimie Physique **84**, 1329 - 33

Hari, S.; Leupelt, M.; Müller, F. (1997): Ökologische Orientoren - Goal Functions und Umweltbewertung. In: Mühle, H.; Eichler, S. (Hrsg.): Abstractband zur TERN-Tagung "Terrestrische und ökosystemare Forschung in Deutschland. Stand und Ausblick" in Leipzig, Oktober

1996. UFZ-Bericht Nr. 5/1997. Leipzig, Eigendruck des UFZ.
Irgolic, K.J. (1986): Arsenic in the Environment. In: A.V. Xavier. Frontiers in Bioinorganic Chemistry, S. 399 - 408. Weinheim/Bergstraße, VCH
Jacimirskii, K.B. (1973): Anwendung der Graphenmethode in der Chemie. Zeitschrift für Chemie **13**, 201 - 14
Kollert, R. (1993): Systematische Unterbewertung von Katastrophenrisiken - Zur Anwendung des Risikobegriffs des Risikobegriffs in nuklearen Risikoanalysen. In: Bechmann, G. Risiko und Gesellschaft. Opladen
Law, R.; Blackford, J.C. (1992): Self-Assembling Food Webs: A Global Viewpoint of Coexistence of Species in Lotka-Volterra Communities. Ecology **73**, 567 - 78
Larter, R.; Clarke, B.L. (1985): Chemical reaction network sensitivity analysis. Journal of Chemical Physics **83**, 108 - 16
Lovelock, J.E. (1993): Gaia. Das neue Bild der Erde. Leipzig, Insel
Luther, R. (1906): Räumliche Fortpflanzung chemischer Reaktionen. Zeitschrift für Elektrochemie **12**, 596 - 600
Merkin, J.H.; Poole, A.J.; Scott, S.K.; Masere, J.; Showalter, K. (1998): Competitive autocatalysis in reaction-diffusion systems: exclusive product selectivity. Journal of the Chemical Society, Faraday Transactions **94**, 53 - 57
Müller, F. (1992): Hierarchical approaches to ecosystem theory. Ecological Modelling **63**, 215 - 42
Pimm, S.L.; Lawton, J.H. (1977): Number of trophic levels in ecological communities. Nature **268**, 329 - 31
Reichholf, J.H. (1993): Comeback der Biber - Ökologische Überraschungen. München, Beck
Riordan, J.; Doering, C.R.; Ben-Avraham, D. (1995): Fluctuations and Stability of Fisher Waves. Physical Review Letters **75**, 565 - 68
Rosen, R. (1994): What is Biology? Computers in Chemistry **18**, 347 - 52
Schneider, F.W.; Münster, A.F. (1996): Nichtlineare Dynamik in der Chemie. Heidelberg/Berlin/Oxford, Spektrum Akademischer Verlag
Schnittker, P. (1979): Beiträge zur Theorie chemischer und biochemischer Oszillationen. München, Minerva
Sinanoglu, O. (1975): Theory of Chemical Reaction Networks. All Possible Mechanisms or Synthetic Pathways with Given Number of Reaction Steps or Species. Journal of the American Chemical Society **97**, 2309 - 20
Toth, J. (1979): What is Essential to Exotic Behaviour? Reaction Kinetics and Catalysis Letters **9**, 377 - 81

# C. Ausblicke und Überblicke:
# Begriffskritik und interdisziplinärer Vergleich

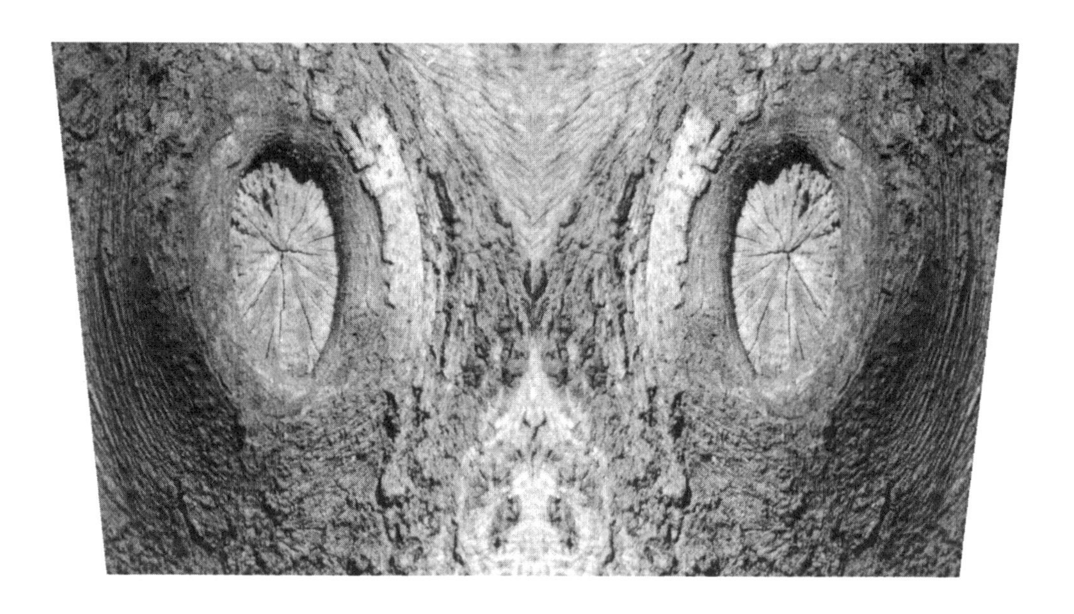

# Zur Relevanz des ökologischen Risikobegriffs für das politisch-gesellschaftliche Handeln

Uta Eser

*Universität Tübingen, Zentrum für Ethik in den Wissenschaften, Keplerstr. 17, D-72074 Tübingen*

## Synopsis

The term 'ecological risk' is criticized from a theoretical and a pragmatic perspective. The concept of risk necessarily belongs to a context of human action. Risks are taken for the sake of chances. Historically, risk-taking used to promise profits. This economic and political dimension of the term 'risk' is neglected by characterising risks as 'ecological'. Ecologists are unable to make any statements about contexts that they excluded for methodological reasons. This methodological reductionism limits the predictability of ecological effects. However, the resulting principle uncertainty should not be addressed as 'risk' due to the semantic field of the term. Political decisions cannot deal with uncertainty. Rather, they have to ask if the predictable damages are justifiable and if the prospective chances are desirable. To put great emphasis on risks in political debates is, therefore, considered misleading. This is illustrated by a case study.

Keywords: *risk, assessment, semantics, ecology, environmental policy*

Schlüsselwörter: *Risiko, Bewertung, Semantik, Ökologie, Umweltpolitik*

## 1 Einleitung

Ziel dieses Workshops war es, den Risikobegriff aus der Sicht unterschiedlicher Disziplinen zu beleuchten und Spezifika ökologischer Risiken herauszuarbeiten. Als Beispiele für ökologische Risiken wurden einführend das Aussterben von Arten, die Einschleppung von Schadorganismen, Klimaveränderungen, Ernteverluste, Waldsterben und Veränderungen ökosystemarer Beziehungsgefüge vorgestellt. Wenn solche Ereignisse als Folgen menschlicher Eingriffe nicht vorhersehbar, sondern unsicher seien, könne von ökologischen Risiken gesprochen werden. Unter ökologischen Risiken wurden also im Workshop Umweltgefahren verstanden, deren Eintreffen aus verschiedenen Gründen nicht zuverlässig prognostizierbar ist. In der Unvorhersehbarkeit solcher Schadereignisse wurde dabei eine große Herausforderung für das politisch-gesellschaftliche Handeln gesehen.

Gegen diese auch umgangssprachlich verbreitete Verwendung des Risikobegriffs möchte ich in meinem Beitrag den Begriff 'Risiko' aus einer metatheoretischen Perspektive kritisch reflektieren. Insbesondere liegt mir daran, Bedeutungen, die dem Begriff implizit anhaften, zu explizieren und deren Brisanz im Hinblick auf politische und gesellschaftliche Fragen zu diskutieren. Angesichts des erkennbar nicht nur theoretischen, sondern eminent politischen Anliegens der Thematisierung ökologischer Risiken verstehe ich die folgenden Ausführungen als Beitrag zu einer ideologiekritischen Auseinandersetzung mit wissenschaftlichen Konzepten.

Hintergrund meiner Skepsis gegenüber einem "ökologischen" Risikobegriff ist die Befürchtung, daß die hegemoniale Stellung der Ökologie im Umweltdiskurs zu einer Entpolitisierung der Umweltproblematik führt. Dies ist insbesondere deshalb problematisch, weil die Ökologie ihrerseits normative, politische und weltanschauliche Einträge enthält, die durch ihren wissenschaftlichen Objektivitätsanspruch verschleiert werden. In einer kritischen Analyse der sog.

Neophytenproblematik konnte ich zeigen, daß sich hinter dem Begriff "Ökologie" eine Fülle unterschiedlichster Ansichten verbergen können, die mit Werthaltungen viel, mit Wissenschaft aber wenig zu tun haben (ESER 1998, 1999). Der ökologische Risikobegriff scheint mir in vergleichbarer Weise geeignet, gesellschaftliche Auseinandersetzungen, beispielsweise über neue Technologien, mit seiner wissenschaftlichen Autorität zu dominieren, ohne dabei die zur Diskussion stehenden Probleme wirklich benennen, geschweige denn zu ihrer Lösung beitragen zu können. Dieses Unbehagen am Reden über sog. ökologische Risiken möchte ich im folgenden präzisieren und in fünf Thesen zusammenfassen.

Im ersten Teil dieses Beitrags geht es um die umgangssprachliche Verwendung des Risikobegriffs. Ich werde 'Risiko' als "Plastikwort" charakterisieren. Sodann wird eine Eigenschaft des Risikobegriffs erörtert, die aus seiner statistischen Definition nicht hinreichend deutlich wird, daß nämlich Risiken eine Frage der Bewertung sind. Was dies für einen ökologischen Risikobegriff angesichts des Wertfreiheitspostulats der Wissenschaft bedeutet, werde ich anschließend darstellen. Im zweiten Teil werde ich die Handlungsrelevanz des Risikobegriffs kritisch thematisieren. Ich werde zeigen, daß Chancen und Risiken begrifflich zusammengehören und daraus die These ableiten: Wer sich auf den Risikodiskurs einläßt, hat *nolens volens* die vermeintlichen Chancen bereits als solche akzeptiert. Im dritten Teil werde ich anhand eines konkreten Fallbeispiels aus der Gentechnik-Debatte illustrieren, warum eine einseitige Fixierung kritischer Diskurse auf ökologische Risiken politisch kontraproduktiv sein kann.

## 1 Der Begriff 'ökologisches Risiko' und die Wertfreiheit der Ökologie

### 1.1 Risiko: ein Plastikwort

Der Risikobegriff ist mathematisch eindeutig definiert: Er stellt das Produkt aus Ausmaß S und Eintrittswahrscheinlichkeit W eines Schadens dar ($R = W \times S$). Die umgangssprachliche Verwendung des Risikobegriffs verweist dagegen auf ein Phänomen, das der Sprachwissenschaftler Uwe PÖRKSEN (1997) als "problematische Sphärenvermischung" kritisiert: Wissenschaftliche Ausdrücke gehen zunehmend in die Umgangssprache ein, wo sie zwar weiter mit wissenschaftlicher Würde auftreten, zugleich aber ihre ursprüngliche Exaktheit einbüßen. Besonders leicht geschieht dies bei Begriffen, die ursprünglich der Umgangssprache entstammen. Sie werden in der Wissenschaft nicht nur um-, sondern zugleich aufgewertet und erhalten dort das Ansehen allgemein gültiger Wahrheiten. Als sog. "Rückwanderer" kehren sie dann, oft nur noch als Karrikatur ihrer selbst, wieder in die Alltagssprache zurück. Im Gegensatz zu ihrer wissenschaftlichen ist ihre umgangssprachliche Verwendung eher unpräzise und bestimmten Moden unterworfen. Aufgrund ihrer nahezu beliebigen Formbarkeit und ihres Wegwerfcharakters bezeichnet PÖRKSEN (1997) solche Wörter als "Plastikwörter".

Meine erste These lautet nun, daß der Risikobegriff ebenfalls ein solches Plastikwort darstellt. PÖRKSEN (1997: 37f.) charakterisiert Plastikwörter anhand eines Kriterienkatalogs, von dem die folgenden Kriterien auch auf das Wort 'Risiko' zutreffen:

- *Es ist wissenschaftlicher Herkunft und äußerlich ein wissenschaftlicher Terminus.* - Wer von Risiken spricht, tut dies mit dem Gewicht einer wissenschaftlichen Äußerung.
- *Es bildet eine Klammer von Wissenschaft und Alltagswelt,* d.h. es suggeriert die Lösbarkeit von Problemen des täglichen Lebens mit Hilfe der wissenschaftlichen Methode.
- *Es hat einen sehr weiten Anwendungsbereich.* - Von der Schwangerschaft bis zur Atomkraft kann alles als Risiko bezeichnet werden.
- *Es bringt ein riesiges Erfahrungs- und Ausdrucksfeld auf einen begrifflichen Nenner.*
- *Es ersetzt das überkommene, genaue Wort.* - Die Rede ist nicht mehr von Gefährdung,

Bedrohung oder Angriff, geschweige denn von Furcht oder Angst, sondern von einem abstrakten Risiko, das weder Verursacher noch Adressaten kenntlich werden läßt. Ein 'Risiko' besteht einfach, 'Gefährdung' kennt dagegen noch Subjekte und Objekte.

- *Es dispensiert von der Wertfrage.* - Aufgrund ihres wissenschaftlichen Auftretens scheinen Risiken berechenbar, objektiv und meßbar. Ihre Beurteilung ist eine Sache von ExpertInnen.
- *Es hat eher eine Funktion als einen Inhalt.* - Der Hof und Beiklang des Wortes dominieren, es suggeriert mehr als es wirklich bezeichnet.
- *Sein Gebrauch hebt das Prestige; es bringt zum Schweigen und verankert das Bedürfnis nach expertenhafter Hilfe in der Umgangssprache.*

Im Laufe des Workshops wurden unter dem Oberbegriff Risiko unterschiedlichste Themen verhandelt: Als "Prognoserisiko" galt die prinzipielle Unfähigkeit der Ökologie, Kausalbeziehungen eindeutig feststellen und damit sichere Prognosen ermöglichen zu können. Die Gründe hierfür wurden einerseits in der naturwissenschaftlichen Methode selbst, andererseits im spezifischen Gegenstandsbereich der Ökologie verortet. Auch die prinzipielle Erfassungsungenauigkeit empirischer Ansätze ist diesem Risikotyp zuzuordnen. In einem erheblich weiteren Sinn wurden auch andere Unsicherheiten als Risiko bezeichnet. Als "Bewertungsrisiko" wurde der Umstand erachtet, daß ökologische Phänomene nicht eindeutig und objektiv zu bewerten sind, daß es also in der Bewertung von Handlungsfolgen Unsicherheiten gibt. Als "Umsetzungsrisiko" erschien die Tatsache, daß selbst ökologisch informierte Schutz- und Managementmaßnahmen unbeabsichtigte, im Hinblick auf die ursprünglichen Ziele negative Folgen zeitigen können. Auch die Möglichkeit, daß "ökologische" Interessen im politischen Prozeß einer Bürgerbeteiligung nicht hinreichend gewürdigt werden, wurde als ökologisches Risiko angesprochen.

Aufgrund dieses breiten Anwendungsbereichs bei gleichzeitig im Vergleich zum statistischen Risikobegriff erheblich eingeschränkter Aussagekraft erscheint mir der ökologische Risikobegriff kritikwürdig. Indem es viel bedeutet, aber wenig konkretes besagt, stellt 'Risiko' meiner Ansicht nach ein Plastikwort dar, das die Diskussion über die damit angesprochenen, wichtigen Probleme eher behindert als ermöglicht. Ähnliches gilt auch für das Attribut 'ökologisch'. Während 'Ökologie' im wissenschaftlichen Sinn einen Zweig der Biologie kennzeichnet, steht der Begriff in seiner verbreiteten umgangssprachlichen und politischen Verwendung vielfach für 'Natur' bzw. 'Natürlichkeit' und suggeriert damit, wünschenswerte von unerwünschten Naturzuständen wissenschaftlich unterscheiden zu können. Warum ich diese Entwicklung für problematisch erachte, erläutere ich in den folgenden Abschnitten.

## 1.2 Ökologisches Risiko: eine Frage der Bewertung

Zahlreiche Diskussionen im Rahmen des Workshops betrafen die Frage der Unberechenbarkeit der Eintrittswahrscheinlichkeiten ökologischer Schäden. Daß die einleitend beispielhaft angeführten Ereignisse ökologische Schäden darstellen, schien dabei unstrittig. Schäden sind unerwünschte Ereignisse. Sie als 'ökologisch' zu charakterisieren, erweckt den Eindruck, sie empirisch ermitteln zu können. Damit wird der Ökologie eine Aufgabe zugewiesen, die sie als naturwissenschaftliche Disziplin nicht zu erfüllen vermag, nämlich die Aufgabe, Folgen menschlichen Handelns zu bewerten (ESER & POTTHAST 1997).

Ein Schaden kann als Beeinträchtigung eines Werts aufgefaßt werden. Was einen Schaden darstellt, hängt also von den zugrundegelegten Werten ab. Diese sind im Falle ökonomischer oder medizinischer Risiken leicht zu erkennen: im ersten Fall Gewinne, im zweiten Gesundheit. In der Ökologie sind die Werte, auf die sich Bewertungen stützen können, weniger eindeutig zu benennen. Wird 'Ökologie' als Lehre vom Haushalt der Natur verstanden, so liegt es nahe, ökologische Schäden als Beeinträchtigung des Naturhaushalts aufzufassen. Diese Auffassung ist in §1 BNatSchG normativ festgeschrieben:

> "Natur und Landschaft sind im besiedelten und unbesiedelten Bereich so zu schützen, zu pflegen und zu entwickeln, daß
> 1. die Leistungsfähigkeit des Naturhaushalts,
> 2. die Nutzungsfähigkeit der Naturgüter,
> 3. die Pflanzen- und Tierwelt sowie
> 4. die Vielfalt, Eigenart und Schönheit von Natur und Landschaft
>
> als Lebensgrundlagen des Menschen und als Voraussetzung für seine Erholung in Natur und Landschaft nachhaltig gesichert sind" (§1 Abs. 1 BNatSchG).

Inwiefern kann aber der Naturhaushalt einen Wert darstellen? Wie ist seine Beeinträchtigung überhaupt festzustellen?

In Analogie zur Medizin wird gelegentlich versucht, ökologische Schäden als Beeinträchtigung der Ökosystem-Gesundheit zu fassen (Kolasa & Pickett 1992). Damit wird unterstellt, daß es einen bestimmten, "gesunden" Zustand ökologischer Systeme gebe, der aufgrund inhärenter Merkmale anderen, kranken Zuständen vorzuziehen sei. Auch in eine solche Definition eines Sollwerts natürlicher Systeme gehen aber immer auch "Humanbestimmungen" der Natur ein (Gärtner 1984).

Versteht man 'Gesundheit' als 'Wohlbefinden', dann ist der Gesundheitsbegriff notwendig subjektiv. Unter dieser Voraussetzung wird ein objektivierender Gesundheitsbegriff, der sich an zur Norm erhobenen, empirischen Durchschnittswerten orientiert, für die Humanmedizin zurückgewiesen (vgl. Frauen gegen Bevölkerungspolitik 1996). Ökosysteme sind theoretische Konstruktionen und hängen von der raumzeitlichen Skalierung einer problemorientierten Beobachtungsperspektive ab. Sie können deshalb nicht als Entität verstanden werden, die sich wohl fühlt, die gesund oder krank sein kann. Ein solches Denkmodell würde Ökosysteme holistisch als Organismus konstruieren und damit als beobachterunabängige Realität. Dies erscheint mir aus erkenntnistheoretischen Gründen kaum haltbar.

Wenn im Zusammenhang mit menschlichen Eingriffen in die Natur vor ökologischen Risiken gewarnt wird, bedeutet das meist, daß durch diesen Eingriff eine Gefährdung des Ökosystems befürchtet wird. Dem liegt die im weitesten Sinne normative Vorstellung zugrunde, menschliche Eingriffe in natürliche Systeme sollten so gestaltet werden, daß diese dabei noch sie "selber" bleiben. Mit dieser Norm ist das theoretische Problem der Identität und Stabilität von Ökosystemen verbunden. Die Feststellung der Identität eines Ökosystems bedarf zuvor einer definitorischen Festlegung seiner wesentlichen Charakteristika (Jax & al. 1998). Diese können aufgrund der Beobachterkonstituiertheit von System zu System verschieden sein. Auch der Begriff der Stabilität ist zwar intuitiv ansprechend, aber kaum präzise zu bestimmen. Die theoretische Unschärfe des biologischen Stabilitätsbegriffs hängt mit dem Gegenstandsbereich der Ökologie zusammen (Peters 1991): Ökosysteme müssen als offene Systeme ständig auf innere und äußere Veränderungen reagieren, sind also nicht stabil im physikalischen Sinne einer Unveränderlichkeit. Ein biologischer Stabilitäts-Begriff muß vielmehr in dynamischen Ausdrücken definiert werden. Orians (1975) unterscheidet folgende Formen der Stabilität:

*Konstanz*: Abwesenheit von Veränderungen

*Persistenz*: Länge des Überdauerns in einem bestimmten Zustand

*Inertheit*: Resistenz gegen Störungen

*Elastizität*: Geschwindigkeit der Rückkehr in die Ausgangslage

*Amplitude*: maximal mögliche Abweichung, die eine Rückkehr zur Ausgangslage ermöglicht

*Zyklische Stabilität*: Ausmaß der Oszillation eines Systems

*trajektorische Stabilität*: Tendenz zur Entwicklung in eine bestimmte Richtung

Stabilität ist also als Naturschutzziel kaum operationalisierbar. Es muß vielmehr klargestellt werden, was im jeweiligen Fall unter Stabilität zu verstehen ist. Je nach Ökosystem kann Persistenz (beispielsweise durch pflegerische Eingriffe) oder trajektorische Stabilität (durch

Unterlassen von Eingriffen und Zulassen von Sukzession) Schutzziel sein. In beiden Fällen hätte man "das System" geschützt, wobei im einen Fall die Veränderlichkeit des Systems, im anderen sein Gleichbleiben im Vordergrund stünden. Wie der Begriff der Ökosystemgesundheit erfordert also auch der Stabilitätsbegriff unumgänglich die Festlegung erwünschter Systemzustände. Darüber hinaus ist mit dem Begriff der Stabilität die Frage der Zuverlässigkeit von Natur angesprochen. Er reflektiert damit menschliche Nutzungsinteressen an der Natur (BRECKLING 1993). Dieses Nutzungsinteresse wird auch in der gesetzlichen Formulierung deutlich.

Im Zusammenhang mit ökologischen Schäden ist daher zu fragen, ob der Begriff 'Leistungsfähigkeit des Naturhaushalts' mehr bedeuten kann als die Nutzungsfähigkeit der Naturgüter durch den Menschen sowie die Sicherung der Tier- und Pflanzenarten, wie der Gesetzestext es nahelegt. Wenn nicht, scheint es mir angemessener, konkret von der Verschlechterung der Umweltqualität, der Bedrohung der Tier- und Pflanzenwelt oder auch der Verhäßlichung der Landschaft zu sprechen als von eher unpräzisen "ökologische Risiken". Diese Ausdrücke machen darüber hinaus auch die Wertdimension der beanstandeten Sachverhalte wesentlich deutlicher und eröffnen damit die Möglichkeit einer gesellschaftlichen Diskussion.

### 1.3 Zur Wertfreiheit der Ökologie

Um ein Ereignis als ökologischen Schaden zu qualifizieren, sind also Werte als Bezugspunkte erforderlich. Die Ökologie als empirische Wissenschaft vermag über diese Werte keine Aussagen zu machen. Sie kann Veränderungen eines Ökosystems zwar beschreiben und erklären, in manchen Fällen sogar zuverlässig prognostizieren, aber nicht bewerten. Eine Bewertung, die in politisches Handeln münden soll, setzt unbedingt einen gesellschaftlichen Prozeß voraus, der nicht durch Wissenschaft ersetzbar ist (CONRAD 1990). Die Notwendigkeit eines gesellschaftlichen Diskurses, so lautet meine zweite These, wird durch die Rede von ökologischen Risiken verschleiert. Der ökologische Risikobegriff suggeriert vielmehr, daß gesellschaftliche Diskussionprozesse, Politik also, durch Wissenschaft ersetzbar seien.

Entscheidungen über gesellschaftliche Entwicklungen sind jedoch keine Angelegenheit der Wissenschaft. Vor diesem Mißverständnis der Wissenschaft hat der Soziologe Max Weber bereits vor fast 100 Jahren gewarnt. Eine empirische Wissenschaft, so Weber, könne niemanden belehren, was er soll. Auf dem Gebiet der praktisch-politischen Wertungen seien unvermeidliche Mittel und Nebenfolgen das einzige, was eine empirische Disziplin mit ihren Mitteln aufzeigen könne:

> "Schon so einfache Fragen aber wie die: inwieweit ein Zweck die unvermeidlichen Mittel heiligen solle, wie auch die andere: inwieweit die nicht gewollten Nebenerfolge in Kauf genommen werden sollen, wie vollends die dritte, wie Konflikte zwischen mehreren in concreto kollidierenden, gewollten oder gesollten Zwecken zu schlichten seien, sind ganz und gar Sache der Wahl oder des Kompromisses. Es gibt keinerlei (rationales oder empirisches) wissenschaftliches Verfahren irgendwelcher Art, welches hier eine Entscheidung geben könnte" (Weber 1917: 508).

Diese Einsicht scheint mir angesichts der zunehmenden Delegation von Wertentscheidungen an wissenschaftliche ExpertInnen - seien sie ökologischer oder ethischer Profession - verlorengegangen zu sein. Die ubiquitäre Wissenschaftsgläubigkeit hat das Vertrauen der Einzelnen in ihre eigene Entscheidungskompetenz und -befugnis stark untergraben. Statt Wertvorstellungen offenzulegen und zu begründen, wird daher die Wissenschaft als Autorität für die eigene Meinung bemüht. Werte sind jedoch nicht *ex cathedra* zu verkünden. Auch die Ökologie bildet hier keine Ausnahme.

## 2 Handeln unter Ungewißheit

### 2.1 Ungewißheit

Im Zusammenhang mit der Debatte über Risiken der Gentechnologie haben Wolfgang BONSS, Rainer HOHLFELD und Regine KOLLEK (1994) die Kontextabhängigkeit wissenschaftlicher

Erkenntnisse thematisiert. In ihrem kontextualistischen Modell der Wissenschaft stellen sie überzeugend dar, daß eine reduktionistische Wissenschaft ihre Untersuchungsgegenstände programmatisch aus ihren Kontexten isoliert ("experimentelle Dekontextualisierung"; BONSS & al. 1994: 447). Über die dabei systematisch ausgeschlossenen Rahmenbedingungen sind keine qualifizierten wissenschaftlichen Aussagen möglich. Was geschieht, wenn der ursprüngliche Kontext wiederhergestellt oder verändert wird, ist daher nicht vorhersehbar. So kann sich beispielsweise ein gentechnisch veränderter Organismus, der unter Laborbedingungen als harmlos erscheint, im Freiland aufgrund unvorhergesehener Wechselwirkungen als schädlich erweisen.

Neben diesem wissenschaftstheoretischen, methodischen Grund bringen es auch die besonderen Eigenschaften ökologischer Systeme mit sich, daß monokausale Ursache-Folge-Relationen und mithin zuverlässige Prognosen selten möglich sind. Zu diesen Eigenschaften zählt vor allem ihr hoher Grad an Komplexität. Ungewißheit erscheint damit als eine Grundbedingung menschlicher Eingriffe in die Natur. Das folgende Zitat gibt diese Auffassung stellvertretend wieder:

> "[F]ür den gesellschaftlichen Umgang mit Risiken ist es von höchster strategischer Relevanz, daß Ökosysteme zu drastischen und plötzlichen Veränderungen ihrer gesamten Struktur tendieren, wenn sie [...] an die Grenzen ihrer Attraktionsdomänen getrieben werden. Darüber hinaus ist es von entscheidender Bedeutung, daß dieses Systemverhalten sich über verzerrte, verspätete oder ganz ausbleibende Rückkopplungen realisiert. Insbesondere dieses Merkmal setzt jeglichen gesellschaftlichen Umgang mit ökologischen Risiken unter den Druck generalisierter Ungewißheitserwartungen, denen wenig soziale Annahmebereitschaft entgegensteht" (Japp 1990: 186).

Was bedeutet die wissenschaftliche Erkenntnis einer "generalisierten Ungewißheitserwartung" für die politische Praxis? Zunächst einmal besteht die Gefahr, daß die prinzipielle Unsicherheit jeglichen Handelns trivialisiert und damit letztlich affirmativ gewendet wird: So konstatiert Walter HEIMANN in einer Studie mit dem Titel "Das Risiko im menschlichen Leben":

> "Kein [...] Handeln oder Unterlassen ist risikofrei. Die Forderung nach absoluter Sicherheit von Forschung und Technik ist daher unerfüllbar" (Heimann 1990).

'Life is a risk - take it or leave it!' wird hier suggeriert. Die risikofreudige Bewältigung von Unsicherheit erscheint so als eine Grundbedingung menschlicher Existenz. Eine solche Trivialisierung dient im politischen Alltag leider allzu oft dazu, von neuen Technologien ausgehende Gefahren zu bagatellisieren und berechtigte Kritik als überzogenes Sicherheitsbedürfnis zu diskreditieren.

Der entgegengesetzte Umgang mit Unsicherheit ist der Ruf nach immer mehr "risk-assessment". Diese Forderung läuft allerdings angesichts der prinzipiell nicht vollständig vorhersehbaren Folgen auf die Quadratur des Kreises hinaus. Das folgende Zitat aus dem Kontext der Freisetzungsproblematik soll diesen Einwand verdeutlichen:

> "Attributes of organisms can change and as a consequence new and *unforeseeable* ecological effects can turn up. This can happen in the case of transgenic plants as well as in the case of conventionally bred plants. Consequently, *risk assessment is necessary* in both of the cases. - However, from the studies on biological invasions we conclude that *no reliable prediction can be made* for the behaviour of a particular transgenic organism after its release. This also implies that *effects on the ecosystems cannot be reliably predicted.* One reason might be that our present knowledge about all ecological relevant parameters is still poor. Furthermore, the structure of populations as well as of ecosystems is dynamic which additionally makes a *reliable prediction difficult.* We can only take a statistical approach by using the documentation of historical cases of plants which invaded ecosystems" (Bartsch et al. 1993:149; Herv. UE).

Hier wird einerseits als wissenschaftliche Erkenntnis dargestellt, daß angesichts des dynamischen Charakters der Natur prinzipiell keine genauen Vorhersagen möglich sind, nichtsdestotrotz aber eingefordert, die prinzipiell unvorhersagbaren Effekte wissenschaftlich zu bewerten.

Nimmt man diese Aussage ernst, so mündet sie letztlich in vollständiger Handlungsunfähigkeit. Gegen diese Handlungslähmung lautet meine dritte These: Die prinzipielle Unbestimmbarkeit möglicher Folgen kann allein kein Grund für die Unterlassung jeglichen Handelns sein - und sie ist es auch im Alltag nicht. Vielmehr sind Fragen der Verantwortbarkeit der absehbaren Schäden bzw. der Wünschbarkeit der erwarteten Nutzen zu diskutieren. Diese sind zwar nicht ohne ökologische Erkenntnisse zu beantworten, letztlich aber moralische oder politische Fragen.

## 2.2 Risiko und Chance

Daß Menschen und Gesellschaften angesichts ungewisser Handlungsfolgen überhaupt handeln, hat mit einer besonderen Eigenart des Risikobegriffs zu tun, die m. E. in der bisherigen Debatte viel zu wenig beachtet wird: Risiken versprechen Gewinn. Diesen Aspekt des Risikobegriffs mag folgendes Beispiel veranschaulichen: Wenn in der Fernsehshow "Der Große Preis" Alarmlichter aufblinkten und eine Stimme aus dem Off 'Risiko' verkündete, konnte die Kandidatin nicht nur viel verlieren, sondern auch ihre Gewinne deutlich steigern. Dies ist der Inbegriff jeder Risikosituation. Würde nicht ein Gewinnversprechen locken, wäre es ausgesprochen unklug, sich ungewissen Gefahren auszusetzen.

Diese Dimension des Risikobegriffs erschließt sich auch aus der Begriffsgeschichte (im folgenden wiedergegeben nach HEIMANN 1990). Das griechische *rhiza* bedeutet Wurzel, Klippe. Im volkslateinischen *risicare* scheint diese Bedeutung noch durch: es bedeutet wörtlich "eine Klippe umschiffen". Das italienische 'rischiare' und das französische 'risquer' haben diese Herkunft. Das spanische Wort 'arrisco' geht dagegen auf das arabische 'rizq' zurück, den "Lebensunterhalt, der von Gott und dem Schicksal abhängt". Im Deutschen ist der Begriff ab Anfang des 16. Jahrhunderts im Sinne eines wirtschaftlichen Wagnisses gebräuchlich. Die Etymologie des Begriffs verweist also darauf, daß er sich im Gefährdungsbereich einer zentralen ökonomischen Tätigkeit entwickelt hat, nämlich der Handelsschiffahrt, wie sie im 13. Jahrhundert vor allem in den italienischen Seehäfen betrieben wurde (EVERS & NOWOTNY 1987): Die "Klippe" wurde trotz des ungewissen Ausgangs dieser waghalsigen Unternehmung umschifft, weil dahinter hohe Gewinne lockten. Der Begriff des Risikos ist damit ursprünglich einem ökonomischen Handlungskontext verbunden.

Diese verheißungsvolle Dimension des Risikos ist wesentlich für den Risikobegriff. Risiko und Fortschritt scheinen fest aneinander gekoppelt. So stellt der bereits zitierte Walter Heimann fest:

> "Jeder Vorstoß in neuartige technische Bereiche unterliegt diesen Unsicherheiten; ohne sie gäbe es aber auch keinen technischen Fortschritt" (Heimann 1990).

Wo Fortschritt nur um den Preis von Risiken für möglich gehalten wird, erscheinen umgekehrt Risiken als Verheißung eines gesellschaftlichen Fortschritts. Meine vierte These lautet daher, daß das Reden von Risiken unvermeidlich mit einer solchen Fortschrittsverheißung verbunden ist. Angesichts der prinzipiellen Unvorhersehbarkeit möglicher Handlungsfolgen sind letztlich die vermeintlichen oder tatsächlichen Chancen handlungsmotivierend. Riskante Unternehmungen sind also solche, die grundsätzlich erfolg-, meist gewinnversprechend sind, auch wenn ihr tatsächlicher Erfolg nur zu einem gewissen Grad wahrscheinlich ist.

Die beschriebene Verknüpfung von Fortschrittsversprechen und Gefährdung gilt es kritisch im Auge zu behalten, wenn in politischen Diskursen von Risiken gesprochen wird. Da der Risikobegriff bereits impliziert, daß die Handlung, um die es geht, einen Fortschritt verspricht, ist mit der Verwendung des Risikobegriffs *nolens volens* eine Vorentscheidung getroffen, über die in vielen Fällen noch genauer zu diskutieren wäre. Diese Vorentscheidung betrifft die Frage, ob die Chancen, um derentwillen ein Risiko eingegangen werden soll, tatsächlich einen gesellschaftlichen Fortschritt darstellen oder nicht. Die Klärung dieser Frage erfordert eine gesamtgesellschaftliche Auseinandersetzung, die mit der Rede von ökologischen Risiken als obsolet erscheint. Dieses Bedenken soll abschließend an einem Fallbeispiel illustriert werden.

## 3 Die Relevanz (ökologischer) Risiken für das politisch-gesellschaftliche Handeln

Im Jahre 1990 gab es in Tübingen eine öffentliche Auseinandersetzung um einen von der Universität geplanten Neubau bzw. ein Zellbiologisches Institut, das in diesem Neubau eingerichtet werden sollte. Dieses Institut sollte einer engeren Zusammenarbeit von biologischer und medizinischer Forschung dienen. Die inhaltliche Kritik des politischen Widerstands gegen das Institut galt zum einen dem reduktionistischen Krankheitsbegriff der Biomedizin, zum anderen seiner offensichtlichen Nähe zum Entwurf des europäischen Forschungsprogramms 'Prädiktive Medizin'. Dieses Forschungsprogramm hatte sich die Beseitigung der sog. Zivilisationskrankheiten durch die Aufdeckung ihrer molekularbiologischen Ursachen, der sog. erblichen Prädisposition, zum Ziel gesetzt. Teil der Zielstellung des Programms war es, die Weitergabe der genetischen Disponiertheit an die folgende Generation zu verhindern. Aufgrund dieser offen eugenischen Formulierung wurde der Entwurf heftig kritisiert und mußte wenig später korrigiert werden.

Da Gesundheit einen hohen individuellen wie gesellschaftlichen Wert hat, erwies sich die politische Vermittlung dieser inhaltlichen Kritik als schwierig. Wesentlich leichter war es, die Basis des Widerstand gegen das neue Institut über die Thematisierung der mit gentechnologischen Experimenten grundsätzlich verbundenen Freisetzungsrisiken zu verbreitern. Es wurde argumentiert, daß angesichts der vorgesehenen Sicherheitsstufen (beantragt waren S3-Labors) eine Gefährdung der AnwohnerInnen bzw. der angrenzenden Kliniken nicht mit Sicherheit ausgeschlossen werden könne. Während die inhaltlichen Bezüge zu den Themen Prädiktivmedizin, Humangenetik und Vorgeburtliche Diagnostik von Seiten des Landes schlicht dementiert worden waren, ließ man sich auf die Risikofrage gerne ein. In einer öffentlichen Anhörung gelang es der Universität, die Bedenken der Öffentlichkeit zu zerstreuen. Man versprach bessere Sicherheitsvorkehrungen und die Einrichtung einer beratenden Kommission für biologische Sicherheit, in die auch VertreterInnen des Gemeinderats und des Personalrats eingeladen wurden. Diese Kommission hatte allerdings keinerlei Entscheidungsbefugnis. Die feierliche Grundsteinlegung für das ehedem so umstrittene Gebäude im September 1992 wurde nach der erfolgreichen Befriedung von der Öffentlichkeit kaum noch zur Kenntnis genommen (vgl. Frauen gegen Bevölkerungspolitik 1993). Die Tübinger Universitätszeitung schrieb dazu:

> "Der Universität war es gelungen, den Tübinger Gemeinderat in einem Anhörungsverfahren davon zu überzeugen, daß von dem neuen Forschungsgebäude keine Gefahren für die Bevölkerung ausgehen und damit eine Baugenehmigung zu erhalten" (TUZ 26.10.1992).

Diese Erfahrung zeigt, daß die einseitige Fixierung auf die ökologische Risikoproblematik politisch kontraproduktiv sein kann, nämlich dann, wenn in der Diskussion um Risiken die versprochenen Nutzen in den Hintergrund treten und nicht mehr hinterfragt werden. Daß von einer Handlung keine Gefahr ausgeht, kann allein noch keine Legitimation darstellen. Vielmehr wäre zu erklären, welche Ziele damit verfolgt werden und zu diskutieren, ob diese Ziele für alle Betroffenen zustimmungsfähig sind. Die Konzentration technikkritischer Diskussionen auf den Risikobegriff, so lautet meine fünfte These, droht den Blick auf diese wesentlichen Fragen zu verstellen. So wurden im vorgestellten Fall angesichts der Freisetzungsrisiken die versprochenen Chancen nicht mehr thematisiert. Ob eine frühzeitige, eventuell schon vorgeburtliche Diagnostizierbarkeit der Anfälligkeit für bestimmte Krankheiten überhaupt wünschenswert ist, wurde ebensowenig in Frage gestellt wie die individuellen und gesellschaftlichen Konsequenzen einer solchen Entwicklung. Ebenso unterblieb die erforderliche Differenzierung, welche gesellschaftlichen Gruppen von den Chancen profitieren, und welche die Schäden zu tragen haben. Im beschriebenen Fall erwies sich das Risiko-Argument darüber hinaus auch aus pragmatischen Gründen als kontraproduktiv, weil es in der politischen Umsetzung durch Sicherheitsmaßnahmen ausgehebelt werden konnte.

Angesichts der mit dem Risikobegriff verbundenen Probleme möchte ich daher abschließend mit Christine von Weizsäcker (1993) dafür plädieren, den kritischen Blick nicht so sehr auf mehr oder weniger spekulative Risiken zu richten, sondern die vermeintlichen Chancen wieder verstärkt zu thematisieren. Die Techniken, um deren Kritik es im Zusammenhang mit ökologischen Risiken geht, werden wie jede Technik zur Lösung konkreter Probleme entwickelt. Nicht nur im Fall der Gentechnik müssen daher stets die kritischen Fragen erlaubt sein: Welches Problem soll mit dieser Technik gelöst werden? Welches Ziel soll mit ihr erreicht werden? Stehen zur Erreichung dieses Ziels alternative Mittel zur Verfügung? Hierbei ist ebenfalls zu fragen, ob das Problem angemessen beschrieben wurde, und ob die angestrebten Ziele wünschenswert sind. Die damit verbundene Frage nach gesellschaftlichen Zielvorstellungen kann keine wissenschaftliche Disziplin beantworten, sie muß politisch entschieden werden. Die Ökologie kann bestenfalls dazu beitragen, die vielfältigen Wechselbeziehungen in der Natur zu erhellen und so die Realisierung dieser Zielvorstellungen zu ermöglichen. Die offene und gleichberechtigte Auseinandersetzung aller betroffenen Menschen als normativ verbindliche Grundlage des politisch-gesellschaftlichen Handelns kann sie nicht ersetzen.

## Dank

In diesen Beitrag sind Ergebnisse des Forschungsprojekts "*Der Beitrag der Ökologie zu Bewertungsfragen im Naturschutz. Eine kritische Analyse normativer Implikationen biologischer Theorien*" eingeflossen, das dankenswerterweise im Schwerpunkt Arten- und Biotopschutz des BMBF gefördert wurde (Förderkennzeichen 0339561). Meine Ausführungen zur politischen Relevanz des Risikobegriffs reflektieren eine kritische Auseinandersetzung mit den gesellschaftlichen Folgen moderner Gen- und Biotechnologie in der Tübinger *Frauengruppe gegen Bevölkerungspolitik*, der ich an dieser Stelle sehr herzlich für zahlreiche lebhafte Diskussionen und langjährige Freundschaft danken möchte. Zwei anonymen Gutachtern sei ebenfalls für hilfreiche Kommentare gedankt.

## Literatur

Bartsch, D., Sukopp, H. & U. Sukopp, 1993: Introduction of plants with special regard to cultigen running wild. - In: K. Wöhrmann & J. Tomiuk (eds.): Transgenic Organisms. - Birkhäuser, Basel: 135-149.

Bonß, W., Hohlfeld, R. & R. Kollek, 1994: Vorüberlegungen zu einem kontextualistischen Modell der Wissenschaftentwicklung. - Deutsche Zeitschrift für Philosophie 42(3): 439-454.

Breckling, B. (1993): Naturkonzepte und Paradigmen in der Ökologie. Einige Entwicklungen. Veröffentlichung der Abteilung Normbildung und Umwelt des Forschungsschwerpunkts Technik, Arbeit, Umwelt des Wissenschaftszentrums Berlin für Sozialforschung. WZB, Berlin.

Conrad, J. 1990: Die Risiken der Gentechnologie in soziologischer Perspektive. - In: J. Halfmann & K. Japp (eds.): Riskante Entscheidungen und Katastrophen- potentiale. Elemente einer sozialen Risikoforschung. - Westdeutscher Verlag, Opladen: 150-175

Eser, U., 1998: Werturteile im Naturschutz. Ökologische und normative Grundlagen am Beispiel der Neophytenproblematik. Dissertation an der Universität Tübingen. Pub. in prep.

Eser, U., 1999: Assessment of plant invasions: theoretical and philosophical fundamentals. Proceedings of the 4th International Conference on the Ecology of Invasive Alien Plants, Berlin Sept. 97, im Druck

Eser, U. & T. Potthast, 1997: Bewertungsproblem und Normbegriff in Ökologie und Naturschutz aus wissenschaftsethischer Perspektive. - Zeitschrift für Ökologie und Naturschutz 6: 181-189.

Evers, A. & H. Nowotny, 1987: Über den Umgang mit Unsicherheit. Die Entdeckung der Gestaltbarkeit von Gesellschaft. - Suhrkamp, Frankfurt/M.

Frauen gegen Bevölkerungspolitik, 1993: Neues aus dem befriedeten Tübingen. - GID 86: 13-15.

Frauen gegen Bevölkerungspolitik, 1996: Einleitung. In: Frauen gegen Bevölkerungspolitik (eds.) Lebensbilder - Lebenslügen. Leben und Sterben im Zeitalter der Biomedizin. - VLA, Hamburg: 9-23.

Gärtner, E., 1984: Zum Status der Ökologie: Die Analogie von Medizin und Ökologie. - Dialektik 9: 107-116.

Heimann, W., 1990: Das Risiko im menschlichen Leben. - Evangelischer Presseverband für Bayern, München.

Japp, K. P., 1990: Komplexität und Kopplung. Zum Verhältnis von ökologischer Forschung und Risikosoziologie. - In: J. Halfmann & K. Japp (eds.): Riskante Entscheidungen und Katastrophenpotentiale. Elemente einer sozialen Risikoforschung. - Westdeutscher Verlag, Opladen: 176-193.

Jax, K., Jones, C. G. & S. T. A. Pickett, 1998: The self-identity of ecological units. Oikos 81 (2) : 253-264.

Kolasa, J. & S. T. A. Pickett, 1992: Ecosystem stress and health: an expansion of the conceptual basis. - J. Aquat. Ecosystem Health 1: 7-13.

Orians, G. H., 1975: Diversity, stability and maturity in natural ecosystems. - In: Dobben, W. H. v. (ed.): Unifying concepts in ecology. - Jungk, The Hague: 139-150.
Peters, R. H., 1991: A critique for ecology. - Cambridge University Press, Cambridge.
Pörksen, U., 1997: Plastikwörter. Die Sprache einer internationalen Diktatur. - J. G. Cotta'sche Buchhandlung, Stuttgart, 5. Aufl.
Weber, M., 1917: Der Sinn der 'Wertfreiheit' der soziologischen und ökonomischen Wissenschaften. - In: Max Weber: Gesammelte Aufsätze zur Wissenschaftslehre. - Mohr, Tübingen: 489-540.
Weizsäcker, C. v., 1993: Technikdiskussion und politische Kultur. - GID 84: 11-14.

# Das Risikofaktorkonzept in der Medizin:

# Kritik, Probleme und Grenzen seiner Anwendung

Jochen Schaefer[1], Wolfgang Deppert[2], Björn Kralemann[2]

[1] *International Institute forTheoretical Cardiology, Schilkseer Straße 221, 24159 Kiel*

[2] *Philosophisches Seminar der Christian-Albrechts-Universität zu Kiel, Leibnizstraße 6, 24118 Kiel*

## Synopsis

The concept of risk factors is introduced as a method of a multifactorial analysis of relationships between complex systems and their environment.

This concept neither allows the establishment of causal relations nor their explanation, and therefore no secure presaging of the system's behaviour. Fartheron, we criticize that the attributes of the system that are described by this risk factor concept have no immediate medical relevance such as being "lifethreatening" or "deadly". They are connected with such "relevant attributes" only by statistical correlations. In addition, the use of risk factors as "surrogate markers" is discussed as well as the prognosis of medically founded and oriented actions that are connected with the protection of the system. Because the risk factors are too weak for being used as a causal reference they cannot function as "surrogate-markers". Furthermore, "surrogate-markers" themselves as indicators for "relevant attributes" prove to be problematic if their foundational theory is lacking or not precise enough.

Taking the risk factor concept as a model that demonstrates how external disturbances lead to damages of the biological system one can put against this concept another paradigm - the concept of (auto)protective factors. In this paradigm the internal mechanisms determine the stabilisation of the biological system.

Such a 'symbiotic' concept offers the possibility - as we see it - to avoid conceptual imbalances as well as the deficits of prognosis which are connected with the mere statistical correlation.

Keywords: *concept of risk factors - concept of autoprotective factors - surrogate markers - implications of medically oriented action - "plausible" and "successful problem solving"*

Schlüsselwörter: *Risikofaktorkonzept - Schutzfaktor - Surrogat-Marker - medizinisch - ärztliche Handlungsanweisungen - "Plausible" und "erfolgreiche Problemlösungen".*

## 1 Einleitung und generelle Problemstellung

Jeder, der sein wissenschaftliches Interesse auf den Bereich des Lebendigen richtet, wird feststellen, daß die dort aufgefundenen und mit dem Attribut des Lebens behafteten Gegenstände eine spezifische gemeinsame Eigenschaft besitzen: Ihre Struktur ist hochgradig komplex. Daher braucht man, um die Prozesse, die das Lebendige vom Unbelebten unterscheiden, zu verstehen und somit Prognosen und Verhaltensorientierungen zu ermöglichen, Modelle mit ausgedehnter hierarchischer Struktur. Diese Modelle sind gekennzeichnet durch eine nahezu unüberblickbare Anzahl von Subsystemen auf jeder Hierarchiestufe und einer Vielzahl von Interaktionsbeziehungen zwischen den einzelnen Elementen, die sich zu einer schwer faßbaren Wechselwirkungsstruktur vernetzen. Will sich ein Wissenschaftler mit einem solchen System auseinandersetzen, so muß er Aspekte herausgreifen, scheinbar dominante Verhaltensweisen isolieren und als das Gesamtverhalten des Systems dominierend interpretieren - nur zu leicht leitet einen die Alltagsplausibilität zu monokausalen Wirkungsvorstellungen und naiven Interpretationen der als relevant betrachteten Eigenschaften. Es stellt sich immer die Frage, welche der vielen möglichen Eigenschaften auszuwählen sind, welche Interaktionspartner mit Recht in ihrer Wechselwirkung als systemrepräsentativ aufgefaßt und wie dies alles an den Grundbegriff des Lebens zurückgebunden werden kann. Wegen der Struktur ihrer Forschungsgegenstände hängt jede mit den Biowissenschaften befaßte Forschung, wie Medizin, Biologie, Ökologie folglich auch von dieser Problemstellung ab.

Im Folgenden soll aus der Perspektive der Medizin ein solches Konzept zur Beschreibung und Prognose der Entwicklung des Zustandes des menschlichen Körpers und seiner Implikationen vorgestellt und diskutiert werden: Das Risikofaktor-Konzept. Wegen der ähnlichen Struktur der Gegenstände der Ökologie bzw. Biologie bzw. Medizin läßt sich sowohl dieses Konzept als auch dessen Kritik auf diese Bereiche anwenden.

Diesem Aufsatz liegen zwei Kernthesen zugrunde:

Erstens wollen wir eine wissenschaftstheoretische Kritik des Risikofaktorkonzeptes vorlegen. Unsere Kritik richtet sich darauf, daß das Risikofaktorkonzept nicht die notwendigen Grundlagen bieten kann, um die in der Praxis erforderlichen Handlungsanweisungen eindeutig begründen zu können. Zweitens soll dem Risikofaktorkonzept ein anderes medizinisches Paradigma, nämlich das Schutzfaktor-Konzept an die Seite gestellt werden.

Zu Beginn wird der Begriff des Risikos sowie die historische Genese des Risikofaktorkonzeptes beschrieben. Das Risikofaktorkonzept wird als eine multifaktorielle Analysemethode von komplexen System-Umweltbeziehungen eingeführt. In einer ersten Stufe der Kritik wird darauf hingewiesen, daß dieses Konzept keine kausalen Zusammenhänge, keine Erklärung und daher keine sicheren Prognosen des Systemverhaltens ermöglicht. Des weiteren wird kritisiert, daß die durch das Risikofaktorkonzept beschriebenen Attribute des Systems keine unmittelbar medizinisch relevanten sind, wie z.B. tödlich oder lebensbedrohlich, sondern nur über Wahrscheinlichkeitskorrelationen mit solchen "relevanten Attributen" (im Folgenden in diesem Sinne als terminus technicus verwendet) des Systems verknüpft sind. Trotz dieser vagen Beziehung werden die Risikofaktoren aber häufig als eindeutige Indikatoren für die erwähnten "relevanten Attribute" des Systems angesehen, sie dienen als "Surrogat-Marker" (Zur Definition des Begriffes "Surrogat-Marker" siehe auch MÜHLHAUSER & BERGER 1996; FLEMING & DEMETS 1996).

Im zweiten Schritt der Kritik wird die Verwendung der Risikofaktoren als "Surrogat-Marker" und die damit verbundenen Prognosen zur ärztlichen - systemschützenden - Handlungsorientierung diskutiert: Dazu benutzen wir zwei Argumentationsstränge: Zum einen vertreten wir die Auffassung, daß Risikofaktoren für einen Kausalbezug zu schwach mit den für einen Systemschutz "relevanten Attributen" des Systems verbunden sind. Deswegen können sie nicht als "Surrogat-Marker" fungieren. Zum zweiten sind "Surrogat-Marker" selbst als Indikatoren für "relevante Attribute" begründungstheoretisch problematisch. Diesen Problemen läßt sich im wesentlichen nur über eine profunde Kenntnis der Wirkzusammenhänge zwischen den "Surrogat-Markern" und den durch sie zu indizierenden "relevanten Attributen" begegnen. Diese notwendigen Kenntnisse für die begründete Anwendung der "Surrogat-Marker" sind aber oft nur rudimentär vorhanden. Werden die Risikofaktoren aber als "Surrogat-Marker" verwendet, verschärft sich die Situation, weil sie - die Risikofaktoren - gerade durch ihren Status als bloß statistische Korrelation keine Aussage im Sinne einer erklärenden Theorie der Wechselwirkung mit den "relevanten Attributen" ermöglichen, die gegebenenfalls ihre Verwendung als "Surrogat-Marker" rechtfertigen könnten.

Nach dieser Kritik der inneren Struktur des Risikofaktor-Konzeptes möchten wir unsere zweite Kernthese einführen. Dazu nehmen wir gegenüber dem Risikofaktorkonzept einen externen Standpunkt ein, dem die Frage der systematischen Vollständigkeit der Beschreibung einer System-Umwelt-Beziehung zugrundeliegt. Man kann nämlich das Risikofaktorkonzept auch als ein Modell beschreiben, in welchem externe Störungen zu durchschlagenden Schädigungen des biologischen Systems führen, wobei das Ziel der Forschung in einer genauen Kenntnis dieser externen Störungen und der damit korrelierten Folgen für das System besteht. In diesem Konzept wird dann das System durch eine Vermeidung der entsprechenden Störungen geschützt.

Diesem Ansatz läßt sich systematisch ein anderes Paradigma - das des Schutzfaktorkonzeptes - an die Seite stellen, in welchem das Augenmerk nicht auf die externen Störungen des Systems gerichtet ist, sondern auf die internen Mechanismen der Systemstabilisierung. Der Schutz des Systems wird hier über die Unterstützung der entsprechenden Mechanismen optimiert.

So können zum Beispiel Einwirkungen, die sich nach dem Risikofaktorkonzept als Störungen erweisen, in diesem Paradigma als notwendige Auslöser von systemstabilisierenden Mechanismen aufgefaßt werden. Hier zeigt sich, daß eine Verabsolutierung des Risikofaktorkonzeptes wegen seiner systematischen Einseitigkeit problematisch ist.

## 2 Der Begriff des Risikofaktors aus medizinisch-historischer Sicht

Man könnte vielleicht vereinfachend sagen: Die Wissenschaft der Epidemiologie hat der Medizin das Konzept der Risikofaktoren beschert und diese hat den Risikobegriff von den Wirtschaftswissenschaften als meßbarer und damit versicherungsfähiger Ungewißheit übernommen.

Von den Epidemiologen wird die Häufigkeit des Auftretens einer Erkrankung in der Population als *absolutes Risiko* bezeichnet. Das *absolute Risiko* gibt eine Vorstellung des Risikos in einer Gruppe von Leuten mit einer bestimmten Exposition[1], aber es beschreibt nicht das Risiko einer Erkrankung bei denjenigen, die diesem Risiko gegenüber nicht exponiert sind. Deswegen gehören Vergleichsuntersuchungen zur Einschätzung des "wahren" Risikos zu den Aufgaben der Epidemiologie.

Nehmen wir als Beispiel eine Frau, die im ersten Trimester ihrer Schwangerschaft an Röteln erkrankt und ihren Arzt fragt: "Wie hoch ist das Risiko, daß mein Kind eine Mißbildung haben wird?" - Man wird ihr eine bestimmte Zahl nennen. Aufgrund dieser Auskunft wird sich die Frau entschliessen - oder auch nicht - einen Schwangerschaftsabbruch durchführen zu lassen. Die Frau selbst wird sich bei diesem Entschluß nicht nur fragen, worin ihr Risiko besteht, sondern auch, wie sich das Risiko, ein mißgebildetes Kind durch die Rötelnerkrankung zu gebären, mit dem Risiko vergleicht, auch ohne Röteln ein mißgebildetes Kind zur Welt zu bringen.

Die Epidemiologie benutzt daher für die Risiko-Abschätzung die Bestimmung des Verhältnisses zwischen dem Krankheits-Risiko bei der exponierten Bevölkerungsgruppe zu dem Krankheitsrisiko bei der nicht exponierten Bevölkerungsgruppe. Dieser Quotient wird das *relative Risiko* genannt (STOLLEY & LASKY 1995).

Der Begriff Risiko-Faktor für Medizinische Belange wurde wahrscheinlich erstmalig im Rahmen des 1961 abgegebenen Berichts der Framingham Studie benutzt.

Das Konzept, daß Risikofaktoren als mögliche Beeinträchtigung der Gesundheit und Ursache für das Auftreten von Krankheit anzusehen sind, hat sich durch die Framingham-Studie vor allem auf dem Gebiet der Herz-Kreislauferkrankungen eingebürgert (STOLLEY & LASKY 1995).

Worum handelt es sich bei der Framingham Studie? Die Framingham Studie - Framingham ist ein kleiner Ort in Massachussetts, der für diese Untersuchung ausgewählt wurde - entwickelte sich im Rahmen einer Zusammenarbeit zwischen dem Massachusetts Department of Health, Harvard Medical School, und dem US Public Health Service. Während 1948 und 1949 wurde eine Gruppe von 5200 Einwohnern im Alter von 30-59 Jahren, die frei von Herz-Kreislauferkrankungen erschien, für eine prospektive Untersuchung[2] gewonnen. Diese Gruppe wurde alle zwei Jahre erneut untersucht, auch heute noch, und seit 1961 werden regelmäßige Berichte veröffentlicht. Die inzwischen angesammelten Daten lassen darauf schliessen, daß mehr als ein

[1]Exposition: Das Ausgesetztsein der Wirkung bestimmter Faktoren. Roche-Lexikon Medizin. 2. Auflage 1987

[2]Prospektive Untersuchung; Prospektiv-Studie: Über eine längere Zeit angelegte statistische Untersuchung in einer möglichst repräsentativen Population. Roche-Lexikon Medizin, 2. Auflage 1987

Faktor mit der Wahrscheinlichkeit, zukünftig einen Herzinfarkt zu erleiden und an einer Herz-Kreislauferkrankung zu sterben, verknüpft ist.

Schon die 1961 publizierten Daten ergaben, daß das Risiko sich eine Herzerkrankung zuzuziehen bei Männern größer ist als bei Frauen, und daß dieses Risiko mit dem Alter, der Höhe des Blutdrucks und der Cholesterinkonzentration im Blut ansteigt (STOLLEY & LASKY 1995).

Die Herzerkrankung, die zu einem Herzinfarkt führt, unterscheidet sich deutlich von einer infektiösen Erkrankung, jedenfalls meinte man dies damals, die durch ein einziges infektiöses Pathogen, zum Beispiel einen Erreger hervorgerufen wird. Der Erzeugungsmechanismus ist aber auch unterschiedlich vom Lungen-Krebs, für welchen sich das Zigarettenrauchen als Hauptverursacher herausgestellt hat.

Es schien sich zu zeigen, daß eine Anzahl von primär als unabhängig voneinander anzusehenden Faktoren das Risiko an einem Herzinfarkt, zu erkranken, verstärken.

Um diese komplizierten Zusammenhänge darzustellen, begann man 1961 die verschiedenen Gruppen in kleinere Gruppen von Risikofaktorkombinationen wie Alter, Geschlecht und Rasse aufzugliedern. Schließlich ließen sich Hoch-Risiko-Gruppen von Niedrig-Risiko-Gruppen trennen, wobei sich Rauchen als Risiko-Diskriminator erwies.

Aufgrund der Untersuchungen der Framingham-Studie wurden folgende Faktoren als Risikofaktoren für das Erkranken an einer Herzmuskeldurchblutungsstörung (sog. koronar-ischämische Herzerkrankung) bzw. an einem Herzinfarkt benannt:

- Erhöhtes Gesamtcholesterin und/oder erhöhtes "schlechtes" (LDL-) Cholesterin und/oder erniedrigtes "gutes" (HDL-) Cholesterin
- Erhöhter arterieller Blutdruck
- Rauchen, insbesondere Zigarettenrauchen
- Diabetes mellitus
- erhöhte Blutfettwerte
- erhöhte Harnsäurewerte
- Nicht ausreichende körperliche Aktivitäten
- Psycho-soziale Belastungen, körperliches erhebliches Übergewicht

Interessanterweise können die Ergebnisse von epidemiologischen Studien zu Risikofaktoren der koronaren-ischämischen Herzerkrankung nicht verallgemeinernd auf arteriosklerotische Gefäß-Erkrankungen anderer Organe übertragen werden. Das heißt, es gibt unterschiedliche Hierarchien von Risikofaktoren für unterschiedliche Gefäß- und Organprovinzen. So hat für die Lokalisation der Arteriosklerose in den unteren Extremitäten, also den Beinen - bei der peripheren arteriellen Verschlußkrankheit (dem sogenannten "Raucherbein") - das Zigarettenrauchen eine besonders große Bedeutung. Bei der Genese von arteriosklerotischen Veränderungen der Gehirngefässe spielt dagegen der erhöhte Blutdruck die wichtigste Rolle (SCHMAHL & al.1997).

Das Herausarbeiten dieser Risikofaktoren als Prinzip der multifaktoriellen Analyse der Genese von chronischen Erkrankungen ermöglichte der bisher überwiegend mit monokausalen Ursache-Wirkungsbeziehungen bei den Infektionskrankheiten befaßten Epidemiologie wichtige methodische Erkenntnisse. Diese bestehen neben der Entwicklung des Risikofaktorkonzeptes in der Erarbeitung von anderen wichtigen epidemiologischen Handwerkszeugen wie der multivariablen Analyse, den prospektiven randomisierten klinischen Untersuchungen sowie Untersuchungen von Vergleichsgruppen.

Dies hat sich auch in der langjährigen Untersuchung von anderen Risikofaktoren, insbesondere aus der technisierten Um- und Arbeitsplatzwelt und ihrer Korrelation zu bestimmten Erkrankungen herausgestellt (siehe die nachstehende Tabelle nach STOLLEY & LASKY 1995).

Die Einführung des Begriffes "Risikofaktor" in der Framingham-Studie zeigt, daß das Vorliegen eines absoluten oder relativen Risikos, an einem bestimmten Leiden zu erkranken, durch das Zusammenwirken von Risikofaktoren erklärt werden soll. Nun ist der Risikobegriff als ein Wahrscheinlichkeitsmaß (relative Häufigkeit) zu verstehen. Dies gilt aber nicht nur für den Begriff der Risikofaktoren, sondern auch für Kombinationen von ihnen. Die relativen Häufigkeiten von Erkrankungen bei Vorliegen solcher Kombinationen lassen sich aber nicht als ein Produkt der einzelnen Risikofaktoren berechnen. Das heißt der Ausdruck "Faktor" ist etwas unglücklich und irreführend.

Man bezeichnet die Risikofaktoren auch als "Surrogat-Marker" (FLEMING & DEMETS 1996; MÜHLHAUSER & BERGER 1996), obwohl diese Gleichsetzung - wie sich in 4.1.1 zeigen wird - nicht korrekt ist. Solange eine Theorie fehlt, wie aus den einzelnen "Surrogat-Markern" ein absolutes oder relatives Risiko berechnet werden kann, haben sie für sich allein nur den Wert von Achtungsschildern. Denn eine individuelle Prognose kann nur gestellt werden, wenn es möglich ist, sie aus der spezifischen Kombination von Risikofaktoren zu berechnen, denen die betreffende Person ausgesetzt ist.

## 3 Schwache Wirkungen als Cofaktoren bei der Entstehung von Krankheiten

Als eine Erweiterung des bisher besprochenen und inzwischen in der Literatur als "klassisch" bezeichneten Risikofaktorkonzeptes ist das kürzlich von Hans Schaefer vorgestellte Konzept der "Schwachen Wirkungen" anzusehen (SCHAEFER 1996). Hierbei handelt es sich um eine Anzahl weiterer Risikofaktoren, deren Korrelation wesentlich schwächer ist als die der im klassischen Risikofaktorkonzept enthaltenen Parameter. Hierzu gehört zum Beispiel die von Hans Schaefer in die Diskussion gebrachte "Elektromagnetische Verträglichkeit biologischer Systeme". Sowohl dem klassischen Risikofaktorkonzept als auch dem von Hans Schaefer in die Diskussion eingeführten Konzept der Schwachen Wirkungen haftet die Schwierigkeit an, daß das erkennbare Wirksamwerden von Risiko-Konstellationen häufig einen sehr langen Zeitraum beansprucht. Darüber hinaus verdeutlicht gerade diese Erweiterung des Risikofaktorkonzeptes durch die Ebene schwach korrelierter Wirkungen die prinzipielle Problematik: Da dieses Konzept individuelle Dispositionen ignoriert, können die Erkenntnise nur als statistische Korrelationen ausgedrückt werden. Daher sind keine erklärenden Theorien im Sinne einer Ursache-Wirkungsbeziehung möglich. Dies läßt sich auch nicht durch eine beliebige Erweiterung der Parameter umgehen. Hier deutet sich bereits an, daß eine Ergänzung des Risikofaktorkonzeptes durch das Schutzfaktorkonzept und damit durch den Aspekt der Disposition - wie wir weiter unter vorschlagen - sinnvoll erscheint, um die Basis einer begründeten individuellen Prognose zu generieren.

## 4 Kernthesen zur Kritik des Risikofak torkonzeptes

### 4.1.1 Handlungsanweisungen und "Surrogat-Marker"

Nachdem nun eine einführende Beschreibung des Risikofaktorkonzeptes abgeschlossen ist, wollen wir uns der ersten Stufe seiner Kritik zuwenden, die die schon angeklungene Problematik aufnimmt, daß dieses Konzept keine kausalen Zusammenhänge zu den "relevanten Attributen" darstellt und somit keine eindeutigen Erklärungen und Prognosen gestattet.

Aus dem Risikofaktorkonzept wurden medizinische Handlungsanweisungen abgeleitet, die bis heute Gegenstand wissenschaftlicher Diskussionen sind, insbesondere dann, wenn einzelne Risikofaktoren als "Surrogat-Marker" begriffen werden. Ein besonders eindrückliches Beispiel

| Beruf/Umgebung | Krankheit | Agens |
|---|---|---|
| Schornsteinfeger | Scrotal Krebs | Teerprodukte (?) |
| Bergwerker | Silikose | Silikate, Staub |
| Asbestarbeiter | Mesotheliom, Krebs | Asbest |
| Bleirohre, -farbe | Koliken, Neurologische Defizite | Blei und Bleisalze |
| Röntgen-, Radioaktivität | Krebs | $\alpha$, $\beta$, $\gamma$ - Strahlen |

hierfür ist die sogenannte Cholesterindebatte, welche - allerdings auch gefördert durch verschieden positionierte Interessengruppen - besonders hitzig geführt wird.

Dieser Diskussion liegt eine Fehleinschätzung der "wahren" Bedeutung von einzelnen Risikofaktoren in der medizinischen Epidemiologie zugrunde. Wie sich in den letzten Jahren herausgestellt hat, hat dies damit zu tun, daß anstatt der klinischen Endpunkte - der "relevanten Attribute" - die "Surrogat-Marker" - hier also Risikofaktoren - benutzt wurden. Das heißt, es wurde die Senkung des Cholesterin im Serum als Erfolgskriterium gemessen, aber nicht, ob sich die Sterblichkeit oder Morbidität der Patienten insgesamt gebessert hat. So kann man zum Beispiel feststellen daß, obwohl der Riskofaktor "erhöhtes" Cholesterin um 46% verringert werden konnte, die Sterblichkeit aber um 45% anstieg (MÜHLHAUSER & BERGER 1996).

Vergleichbares gilt für die Behandlung des erhöhten Blutdrucks oder für die Frage, ob die CD4 Zellen ein verläßliches Kriterium sind, die Progression einer HIV Infektion zum Krankheitsbild AIDS zu prognostizieren (FLEMING & DEMETS 1996).

Die Erfolge epidemiologischer Untersuchungen sind zahlreich, vor allem dann, wenn monokausale Zusammenhänge betrachtet werden. Je komplizierter jedoch die möglichen Ursachenkonstellationen und je länger die Zeiträume über welche sie wirken, desto schwieriger wird die Festlegung einer ursächlichen Beziehung. Im allgemeinen können dann nur Korrelationen bestimmt werden, mit denen sich immer eine Voraussageunsicherheit verbindet.

Hier zeigt sich, daß die aus dem Risikofaktorkonzept resultierende Handlungsanweisung zum gegenteiligen Ergebnis der beabsichtigen Intervention führte. Zwar kam es zu einer Senkung der erhöhten Cholesterinwerte bei den Betroffenen, aber das mit diesen nur statistisch korrelierte "relevante Attribut", die Mortalität, stieg an. Damit wird das prinzipielle Dilemma des Risikofaktorkonzeptes deutlich, wenn es zur Grundlage von Handlungsanweisungen gemacht wird: Begründete Handlungsanweisungen verlangen eine gesicherte Theorie von Ursache-Wirkungs-Beziehungen. Eine solche Theorie ist aber durch das Risikofaktorkonzept nicht gegeben. Schon hier zeigt sich, daß die Verwendung von Risikofaktoren als "Surrogat-Marker" für "relevante Attribute" fragwürdig ist.

### 4.1.2 Handlungstheoretische Kritik der Surrogat-Marker und am Risikofaktorkonzept

Wir kommen damit zum zweiten Schritt unserer Argumentationskette:

Aus dem Vorstehenden ergibt sich die Frage, wie die Problematik der "Surrogat-Marker" mit der Problematik des Risikobegriffes zusammenhängt. - Dazu muß man sich verdeutlichen, daß zwischen Korrelationen von bestimmten Daten und deren Bedeutung als "Surrogat-Markern" unterschieden werden muß.

Risikofaktoren sind Korrelationen, aber stellen keine kausalen Verknüpfungen dar. Sie bestehen im Allgemeinen aus Datenkollektiven, die in bestimmten Zusammenhängen erhoben werden, ohne daß eine theoretische Begründung dafür vorhanden sein muß.

Im Gegensatz zu Risikofaktoren werden "Surrogat-Marker" mit dem Anspruch verknüpft, eine kausale Beziehung zu den "relevanten Attributen" zu repräsentieren, wie oben am Cholesterinbeispiel dargelegt, da sie nur so begründet als Indikator für die entsprechenden "relevanten Attribute" fungieren können. Daraus folgt, daß Risikofaktoren nicht mit "Surrogat-Markern" gleichgesetzt werden können.

Um die problematische Verwendung von Risikofaktoren als "Surrogat-Marker" mit ausreichender Gründlichkeit und differenzierter zu diskutieren, ist es erforderlich, einen wissenschaftstheoretischen Exkurs über die Funktion von "Surrogat-Markern" in Handlungskontexten vorzunehmen.

In unserem Exkurs wird sich zeigen, daß die Verwendung von "Surrogat-Markern" nur dann sinnvoll ist, wenn eine fundierte theoretische

Modellierung im Sinne von Ursache-Wirkungsbeziehungen existiert.

Um dies zu verdeutlichen, ist es erforderlich, sich Gedanken über den Sinn ärztlich-medizinischen Wirkens zu machen. Ärztliches Handeln hat mit Entscheidungen zu tun, deren Ziel in der Optimierung des jeweiligen Gesundheitszustandes liegt. Die Optimierung des Gesundheitszustandes ist der Kern ärztlichen Bemühens. Vor dem Hintergrund einer solchen Zielbeschreibung stellt sich aber die Frage, inwiefern "Surrogat-Marker" in der Lage sind, Auskunft über das Erreichen dieses Zieles zu geben.

Es wird nämlich häufig mit der naiven Vorstellung operiert, eine bestimmte Qualität eines "Surrogat-Markers" sei mit dem klinischen Endzustand gleichzusetzen. Wobei der klinische Endzustand - zum Beispiel Heilung von einer Erkrankung oder aber auch bleibende Invalidität oder Tod - zu den schon so häufig erwähnten "relevanten Attributen" gehört und eine Aussage im Begriffsfeld des ursprünglichen menschlichen und ärztlichen Interesses ist.

Um den beschriebenen Zusammenhang näher zu untersuchen, soll ärztliches Handeln als Problemlösen beschrieben und analysiert werden. Handelt man in der Absicht ein Problem zu lösen, so ist es von Interesse, ob die geleistete Handlung das gewünschte Ziel herbeigeführt hat und das Problem gelöst ist.

Es bietet sich die Möglichkeit an, eine *"plausible"* von einer *"erfolgreichen"* Problemlösung zu unterscheiden. Hierbei handelt es sich um zwei Alternativen, um über den Erfolg einer Handlung zu entscheiden, und damit zu beurteilen, ob das Problem gelöst ist oder nicht. Für die Anwendung des Risikofaktorkonzeptes würde sich hier die Frage stellen, ob bei einer Verminderung der Exposition gegenüber einem Risikofaktor der Gesundheitszustand eindeutig optimiert wird und wie eine solche Behauptung gegebenenfalls begründet werden könnte.

Unter einer *erfolgreichen Problemlösung* ist das Bestehen eines Zustandes zu verstehen, dessen Übereinstimmung mit dem gewünschten Sollzustand der Problemstellung unmittelbar wahrnehmbar ist. Demgegenüber ist eine *plausible Problemlösung* dann vorhanden, wenn das Erreichen des Zieles nicht direkt beobachtbar ist, sondern von beobachtbaren Daten auf das Erreichen des Zieles geschlossen werden muß. In diesem Fall ist die Problemlösung nur plausibel oder wird als solche bezeichnet. Das ist aber genau bei den "Surrogat-Markern" der Fall. Aufgrund der Beziehungen, die wir weiter oben beschrieben haben, trifft dies auch auf das Risikofaktorkonzept zu.

Offensichtlich ist die Beurteilung einer Handlung auf ihren Erfolg hin mit dem Konzept der erfolgreichen Problemlösung sicherer, da die Sicherheit im Konzept der plausiblen Problemlösung von der Richtigkeit des Schlusses abhängt.

Wenn die plausible Problemlösung mit einer größeren Unsicherheit behaftet ist als die erfolgreiche Problemlösung, stellt sich die Frage, warum sie überhaupt zur Anwendung kommt! Die Notwendigkeit der Anwendung scheint dann gegeben, wenn aufgrund einer unmittelbaren Wahrnehmung nicht entschieden werden kann, ob der Sollzustand eingetreten, d.h. das Problem gelöst ist.

Im Falle unseres Beispieles der Cholesterinsenkung war nicht unmittelbar an einem einzelnen Patienten zu erkennen, ob die Intervention zur Senkung des Cholesterinwertes bezüglich der Optimierung des Gesundheitszustandes nicht erfolgreich ist, da direkt nach einer Intervention der Patient sich nicht gleichzeitig in dem Gesundheits-Zustand befinden konnte, in dem er sich befunden hätte, wenn das Cholsterin nicht gesenkt worden wäre. Genau dieses aber wäre erkenntnistheoretisch erforderlich gewesen, um den Erfolg der Intervention beurteilen zu können.

*Wenn das Kriterium, das das Erreichen des Sollzustandes formuliert, mit zwei oder mehr Zustandsbeschreibungen des betroffenen Systems - in der Medizin also des zu behandelnden Patienten - verbunden ist, die nicht koexistieren können, dann ist der Erfolg einer Handlung nicht durch eine direkte Wahrnehmung - also durch das Konzept der erfolgreichen Problemlösung - sondern nur durch die Alternative der plausiblen Problemlösung zu beurteilen.*

Dies ist insbesondere dann der Fall, wenn dieses Kriterium in einer Relation zweier oder mehrerer Systemzustände besteht, wie z.B. bei einem Vergleich oder einer Optimierung. Da der Kern medizinischer Tätigkeit, wie oben bereits angeführt, aber in einer Optimierung - nämlich der des Gesundheitszustandes besteht -, sind Handlungen in dieser Diziplin offensichtlich mit dem unsicheren Konzept der *plausiblen Problemlösung* zu bewerten.

Eine Lösung dieses Problems liegt scheinbar darin, daß an dem entsprechenden System sowohl der Zustand nach angewandter Problemlösungsstrategie als auch der Zustand ohne deren Anwendung zu verschiedenen Zeitpunkten oder diese Zustände an identischen Systemen simultan beobachtet und verglichen werden. Die angewandten Problemlösungsstrategien ließen sich dann im Vergleich der Beobachtungen als bessere oder schlechtere Strategien bewerten. In den herangezogenen Beispielen bedeutet dies, daß einem Menschen im Fall einer Erkrankung ein Medikament verabreicht wird und in einem späteren Fall derselben Erkrankung nicht bzw. einem erkrankten Menschen ein Medikament verabreicht wird und einem anderen an derselben Krankheit leidenden Menschen nicht. Der Vergleich der Beobachtungen, ließe dann die Beurteilung der Wirksamkeit des Medikaments zu. Dieser Ansatz liegt den prospektiven, randomisierten Studien zum Wirkungsnachweis eines Medikamentes zugrunde.

Allerdings gibt es Umstände, die dieser Lösung des Problems entgegenstehen:

a) Das betroffene System ist derart komplex und individuell, daß es kein anderes System gibt, das als hinreichend identisch betrachtet werden kann, um vergleichbare Reaktionen auf einen gleichartigen Eingriff annehmen zu können; die Randbedingungen des Experiments lassen sich nicht eindeutig rekonstruieren.

b) Das betroffene System ist derart komplex, daß zu verschiedenen Zeitpunkten die Zustände des Systems nicht als hinreichend identisch betrachtet werden können, um als Ausgangspunkt eines Vergleichs der Zustände nach einem Eingriff und ohne einen Eingriff dienen zu können; die Randbedingungen des Experimentes lassen sich nicht eindeutig rekonstruieren.

c) Es bestehen Gründe (z.B. ethischer Art), daß das System bei bestimmten Eingriffen oder gerade ohne einen Eingriff Zustände annehmen kann, die unter allen Umständen zu vermeiden sind (z.B. Tod des Patienten), da sie negativ bewertet werden und irreversibel sind.

Alle diese Punkte treffen offensichtlich auf die Gegenstände des ärztlichen Handelns - nämlich individuelle Personen - zu. Daher läßt sich hier das Konzept der *plausiblen Problemlösung* nicht umgehen! Erst eine auf ausgedehntem Datenmaterial basierende statistische Analyse nivelliert die in a) - c) beschriebenen individuellen Unterschiede soweit, daß auf ein Konzept der statistisch vermittelten Wahrnehmung zur Problemlösungskontrolle zurückgegriffen werden könnte, das die nur *plausible Problemlösung* suspendieren würde. Damit ist aber das prinzipielle Problem der theoriegeleiteten Handlungsorientierung weiterhin ungelöst, weil - wie schon wiederholt dargetan - die Statistik für den Einzelfall des ärztlichen Intervenierens keine eindeutige Entscheidungsgrundlage bietet.

Nachdem nun dargelegt ist, daß medizinisches Vorgehen im handlungsrelevanten Fall seinen Erfolg nur mit dem Konzept einer *plausiblen Problemlösung* beurteilen kann, soll jetzt erläutert werden, worin die systematische Gefahr liegt, die von diesem Konzept ausgeht:

Aus der Struktur dieses Konzepts geht hervor, daß von einem wahrnehmbaren Zustand, der nicht mit dem gewünschten Sollzustand identisch ist, über einen Schluß auf das Bestehen dieses Sollzustandes geschlossen werden soll, der selbst nicht unmittelbar wahrnehmbar ist. Das Bestehen des gewünschten Soll-Zustandes ist also nicht unabhängig - sondern nur mittels eines Schlusses erkennbar. Da aber die Konklusion des Schlusses, der Sollzustand, nicht unabhängig von ihrem Erschließen überprüfbar ist, kann bei diesem Vorgehen der Schluß selbst nicht verifiziert werden - er muß immer schon als korrekt vorausgesetzt werden. Die Berechtigung des Schlusses und somit des gesamten Vorgehens gemäß des Konzepts der *plausiblen*

*Problemlösung* kann daher nur auf einem anderen Weg begründet werden, der sich nicht auf Alltagserfahrung und direkte Beobachtung stützen kann, sondern sich unweigerlich auf eine fundierte und reflektierte Modellvorstellung des zugrundeliegenden Systems beziehen muß. Dieses Modell muß aber eine kausal erklärende Theorie des Systemverhaltens sein, da eine nur statistische Korrelation nicht als Fundament eines Schlusses im Sinne einer Wenn-Dann-Beziehung verwendet werden kann, die aber bei der Verwendung von "Surrogat-Markern" zugrundeliegt.

Was besagt diese Erkenntnis für das Risikofaktorkonzept?

Zuerst einmal bedeutet es für das Konzept der "Surrogat-Marker", daß die Richtigkeit des Schlusses auf die gelungene Problemlösung nicht unmittelbar überprüfbar ist, da diese selbst nicht beobachtbar, sondern nur über den zu kritisierenden Schluß zugänglich ist. Dadurch wird dieses Konzept gefährlich, da man einem Irrtum aufsitzen kann, ohne die Möglichkeit zu haben, diesen *direkt* zu erkennen. Deshalb ist es wichtig, daß die theoretischen Grundlagen, die dem in diesem Konzept notwendigen Schluß zugrundeliegen, sorgfältig geprüft werden.

Wenn jedoch Risikofaktoren als "Surrogat-Marker" benutzt werden, verschärft sich die Situation: Die Berechtigung der Gleichsetzung von Risikofaktoren mit "relevanten Attributen" zur Beurteilung des Gesundheitszustandes hängt von der Validierung des damit zu vollziehenden Schlusses ab. Risikofaktoren sind aber keine "Surrogat-Marker" sondern schwächer, weil sie lediglich statistische Korrelationen wiedergeben. Wie eingangs erwähnt, besteht die Schwäche dieser bloßen Korrelation darin, keine Fundierung in Form einer theoretischen Erklärung zu bieten und somit eine theoretische Ableitbarkeit nicht zu ermöglichen. Um aber den Schluß begründen zu können, ist gerade eine solche theoretische Konzeption unabdingbar. Das Risikofaktorkonzept ist daher für alle praktischen aber - wie gezeigt - auch theoretischen Belange nur mit kritischer Zurückhaltung anzuwenden.

## 4.2 Kontrastierung des Risikofaktorkonzeptes durch das Schutzfaktorkonzept ("Salutogenese-Konzept")

Das Risikofaktorkonzept hat sich als ein Paradigma dargestellt, wonach externe Umwelteinflüsse und ihre Folgen für ein komplexes System untersucht werden.

Bei solchem Ansatz wird jedoch vernachlässigt, daß in einem biologischen System jede Form eines äußeren Einflusses zu Reaktionen führt, welche die durch diesen Einfluß hervorgerufenen Störungen beseitigen sollen. Geht man von der Störungstheorie der Kybernetik (bzw. Systemtheorie) aus, so läßt sich den externen Umwelteinflüssen, die zu Störungen führen, ein internes Regelsystem gegenüberstellen, welches Störungen korrigiert. Aus medizinischer Sicht entspricht dem internen Regelsystem das Paradigma des Schutzfaktorenkonzeptes.

Nachdem wir bisher eine detaillierte inhaltliche Kritik des Risikofaktorkonzeptes vorgelegt haben, geht es uns jetzt vor allem um die Vorstellung des Prinzips des Schutzfaktorkonzeptes, welches sich erst seit einigen Jahren in der wissenschaftlichen Diskussion zu etablieren beginnt. Diese Darstellung ist insofern eine weitere Kritik am Risikofaktorkonzept, weil der Kontrast durch das Schutzfaktorkonzept die systematische Einseitigkeit und daher Unvollständigkeit des Risikofaktorkonzeptes offensichtlich macht. Das Problem der Einseitigkeit äußert sich im Folgenden darin, daß Umwelteinflüsse, die durch das Paradigma des Risikofaktorkonzeptes als prinzipiell negativ bewertet werden, sich im Rahmen des Schutzfaktorkonzeptes als notwendig darstellen können.

So war es von Anfang an für das Risikofaktorkonzept schwer zu erklären, warum für manche Individuen eine Realisierung eines offensichtlich langanhaltenden Risikos nicht stattfindet. Seit ca. 20 Jahren hat sich als Alternative zu dem pathogenetischen Konzept, welches die Einwirkung von Risikofaktoren bei der Krankheitsentstehung favorisiert, ein Schutzfaktorkonzept (salutogenetisches Konzept oder Gesundungskonzept) entwickelt.

Schon immer hat der Arzt darauf vertrauen müssen, daß Selbstheilungskräfte seine wichtigsten Verbündeten bei der Behandlung eines Kranken und bei der Überwindung und Bewältigung von Krankheiten sind. Nur welcher Art diese Selbstheilungskräfte sind und wie ihre Wirkung nachgewiesen werden kann, stand für lange Zeit außerhalb des Forschungsinteresses, weil seit Rudolf Virchow und Robert Koch vorwiegend nach den krankmachenden Ursachen, zum Beispiel externen Einflüssen, und deren Beseitigung gefahndet wurde und weniger nach den körpereigenen Mechanismen (internen Regelsystemen), die Krankheit verhindern und Gesundheit stärken (LOHFF & al. 1998).

Das Konzept der Selbstheilungskräfte, also das Schutzfaktorkonzept, entstammt so entfernt voneinander liegenden Forschungsbereichen wie

(a) der Psychiatrie und Psychosomatik ("Salutogenesekonzept")

(b) der Molekularbiologie und -genetik (Heat-shock-Proteine = Stress-Proteins = Chaperone) und

(c) der Kardiologie (autoprotektive Mechanismen des Herzens[3] )

Die in diesen Disziplinen verfolgten Forschungskonzepte hängen auf eine bisher schwer zu bestimmende Weise miteinander zusammen, wobei dieser Zusammenhang allerdings bisher eher eine gemeinsame Perspektive als ein gut definiertes Forschungsprogramm ist. Aus Gründen der für diesen Artikel notwendigen Kürze können wir uns hier nur mit (a) und (b) beschäftigen.

ad a) Das Konzept der Salutogenese wurde von ANTONOWSKY entwickelt. Anläßlich eines Symposium schrieb er 1993 (ANTONOWSKY 1993):

> "Der vorliegende Beitrag faßt 15 Jahre Forschung zusammen. Er beginnt mit der Feststellung, daß gegenwärtig das Paradigma der Pathogenese die Krankheitsforschung und die klinische Praxis in den Industrienationen dominiert. Dabei wird die Hypothese aufgestellt, daß dieses Paradigma, das Krankheit als einen abweichenden und verwirrenden Tatbestand versteht, zunehmend weniger Einfluß auf das Verständnis von Gesundheit und Krankheit von Menschen hat. Die Grenzen des Paradigmas könnnen weder von einer Präventivmedizin noch durch ein biopsychosoziales Modell erweitert werden. Als Alternative wird ein salutogenetisches Paradigma eingeführt. Dieses Paradigma basiert auf den Annahmen einer der menschlichen Existenz innewohnenden Heterostase (Ungleichgewicht) und Konflikthaftigkeit."

Nach ANTONOWSKY ist die Achillesferse, die fundamentale Inadäquatheit des pathogenen Paradigmas, die Annahme einer Homöostase[4] als Normalzustand: Dies bedeutet für ihn den Glauben, daß, wenn nicht eine bestimmte Kombination bestimmter Umstände auftritt, Menschen nicht krank werden:

> "Das wahre Geheimnis aber besteht nicht darin, warum Menschen krank werden oder sterben. Epidemiologische Daten weisen darauf hin, daß Pathologie in der Tat weit häufiger vorkommt, als es vom pathologischen {pathophysiologischen} Ansatz angenommen wird. - Das eigentliche Rätsel ist, warum einige Menschen manchmal weniger als andere leiden, und warum sie sich auf dem Kontinuum in Richtung des Pols "Gesundheit" bewegen."

ANTONOWSKY 1993 schreibt weiter:

> "Dies ist die Frage, die sich mir aufdrängt. Als mir schließlich die revolutionären Implikationen klar wurden, stellte ich fest, daß unser Vokabular nicht zufällig keinen Ausdruck für diese Frage besitzt. Aus diesem Grunde schuf ich den Neologismus "Salutogenese" - die Ursprünge der Gesundheit." -

Nach dem bisher Gesagten stellt sich die Frage - unabhängig von möglichen prinzipiellen Einwänden gegen ANTONOWSKYs Konzept -, ob es denn eine biologische vielleicht sogar quantitativ meßbare Entsprechung für die von ANTONOWSKY geforderten "heilsamen Ressourcen" gibt. Und damit kommen wir zu b):

ad b) Als Schutzfaktoren sind auf molekulargenetischem Gebiet die Heat-Shock-Proteine (Synonyme: Streß-Proteine und Chaperone) von besonderem Interesse.

Die Umsetzung der genetischen Information in Proteinstruktur und die sich daraus ableitende

[3]Diese autoprotektiven Mechanismen lassen sich bestimmten klinischen und experimentellen Bedingungen wie 1. Ischemic preconditioning, 2. Hibernation, 3. Stunning und 4. Down-regulation zuordnen. - Bezüglich der unter den vorgenannten Bedingungen mobilisierten Schutzfaktoren sei auf HEUSCH & SCHULZ 1996 verwiesen.

[4]Antonowsky benutzt hier den Terminus Homöostase anscheinend im Sinne eines statischen Zustands von Störungsfreiheit. Dies weicht jedoch von der sonst üblichen Lesart ab (siehe Roche-Lexikon Medizin, 2. Auflage 1987).

Faltung der Proteine ist vermutlich einer der wichtigsten biologischen Prozesse, weil er die dreidimensionale Struktur der Proteine hervorruft, die ihre spezifischen Eigenschaften definiert (ELLIS 1994). Proteine oder Eiweiße spielen für die Erhaltung und Regulation der Lebensprozesse die entscheidende Rolle, z.B. sind praktisch alle Enzyme Proteine. Die Proteine sind unverzweigte Kettenmoleküle, deren Aminosäurefolge und Faltung genetisch determiniert sind. Der Faltungsprozess sowie die aktiven Faltungszustände werden begleitet, überwacht und notfalls korrigiert von einer Proteinfamilie, den Chaperonen, deren zentrale Rolle erst in den letzten zehn Jahren entschlüsselt werden konnte. Während eines Zellebens verliert ein statistisch kleiner Teil von Poteinen ihren aktiven Faltungszustand, der ständig von den Chaperonen korrigiert werden muß, um die Lebensprozesse aufrechtzuerhalten. Chaperone finden sich in allen Zellen und haben sich während der sich über Milliarden Jahre erstreckenden Evolution auf unserem Planeten kaum geändert. Wegen ihrer Beteiligung an den Faltungsprozessen der Proteine sind sie auch essentiell für Prozesse, bei denen der Faltungszustand der Proteine wichtig ist, wie z. B. Proteintransport durch Membranen, Abbau von Proteinen und Korrektur fehlgefalteter, d. h. denaturierter Proteine.

Wird auf eine Zelle Streß ausgeübt, z. B. durch Alkohol, Schwermetalle, Sauerstoffmangel oder erhöhte Temperaturen, kommt es zu einer verstärkten Fehlfaltung und als Antwort darauf zu einer verstärkten Synthese von Chaperonen. Der Temperatureffekt, d. h. die verstärkte Chaperonexpression als Folge erhöhter Temperatur, spiegelt sich in dem ursprünglichen Namen "heat-shock-proteins" wieder und liegt wahrscheinlich auch dem Fieber als einem allgemeinen Abwehrmechanismus des Körpers zu Grunde. Viele weitere Effekte lassen sich hier aufzählen, z.B. erhöhen mehrere kleine Unterbrechungen der Blutzufuhr zum Herzen die Wahrscheinlichkeit, eine stärkere Durchblutungsstörung des Herzmuskels zu überstehen, und auch dieser autoprotektive Prozess wird u.a. auf eine vermehrte Synthese von Chaperonen zurückgeführt.

Wird diese Korrekturleistung nicht mehr erbracht, kommt es zu einer Akkumulation von fehlgefalteten, d. h. denaturierten Proteinen. Eine solche Anhäufung von fehlgefalteten oder denaturierten Proteinen kann die Ursache für die vielfältigsten Erkrankungen sein. Der letztgenannte Aspekt ist für unser Anliegen der entscheidende, denn Fehlfaltung und Krankheit gehören eng zusammen (zusammenfassende Literatur bei SCHAEFER et al. 1998).

Die Krankheit besteht dann in der fehlenden Korrektur der Fehlfaltung, also einem Ungleichgewicht zwischen Störung und Korrektur. Gesundheit ist danach nicht Störungsfreiheit, wie sie das Risikofaktorkonzept nahelegt, sondern kontinuierliche Korrektur permanenter Störungen. Des weiteren sieht man, daß die Störungskorrekturleistung von einer permanenten Exposition gegenüber Risikofaktoren abhängt, man könnte sagen, daß ein dauerndes "Training" notwendig ist, um für den Ernstfall gewappnet zu sein.

## 5 Resumé

### 5. 1 Zusammenfassung

Das Risikofaktorkonzept ist zwei wesentlichen Einwänden ausgesetzt:

a) Es besteht im wesentlichen nur in statistischen Korrelationen zwischen externen Umwelteinflüssen und "relevanten Attributen". Es läßt es sich nur beschränkt und mit Vorsicht zur individuell ausgerichteten Handlungsorientierung verwenden, da es erstens als statistische Korrelation keine individuellen Prognosen erlaubt und zweitens in seiner Verwendung als "Surrogat-Marker" handlungstheoretisch problematisch ist.

b) Es ist in Bezug auf eine differenzierte System-Umwelt-Beziehung einseitig, da es nicht die systeminternen Störungskorrekturmechanismen und die Bedingungen ihres effektiven Arbeitens sondern nur die die Störungen hervorrufenden externen Umwelteinflüsse beachtet. Diese Auffassung ist mit einem ebenfalls einseitigen Gesundheitsbegriff verbunden: Gesundheit besteht im Fehlen von störungshervorrufenden Umwelteinflüssen.

Dieser Vorstellung haben wir ein 'kybernetisches' Konzept - das der Schutzfaktoren - entgegengestellt, welches neben den die Störungen verursachenden Umwelteinflüssen gerade die die Störungen beseitigenden systeminternen Mechanismen berücksichtigt und in dem sich die Gesundheit als ein Wechselspiel zwischen Korrektur und Störungsproduktion darstellt. Ist allerdings die Störung durch den Umwelteinfluß derart ausgeprägt, daß die Korrekturleistungen vom System nicht ausreichend erbracht werden können, so ist die Grenze des internen Systemschutzes erreicht und das Risikofaktorenkonzept sollte unter Beachtung der von uns vorgebrachten Kritik angewendet werden.

### 5.2 Ausblick

Als Begründung für ein mögliches Zusammenwirken von Risikofaktor- und Schutzfaktorkonzept - nämlich der Berücksichtigung von Exposition und Disposition - erscheinen uns zwei Aspekte interessant:

a) Erst in einem Zusammenspiel beider Konzepte läßt sich deren jeweilige Einseitigkeit eliminieren und so eine Theorie entwerfen, die die Möglichkeiten eines effektiven Systemschutzes - wie in der Medizin oder der Ökologie erwünscht - optimiert.

b) Eine solche 'Symbiose' könnte eventuell als Grundlage für individuelle Handlungsanweisungen in Bezug auf den Umgang mit Umwelteinflüssen verwendet werden: Auf der Basis einer individuellen Untersuchung ließe sich ein Schutzfaktorenprofil erstellen, das in diesem Rahmen eindeutigere Prognosen für bestimmte Einwirkungen von Umwelteinflüssen ermöglicht. Ein solches umfassendes Konzept würde durch die Berücksichtigung des Wechselspiels zwischen individueller Systemstabilisierung und Umwelteinflluß die nur statistische Korrelation mehr in die Nähe einer erklärenden Theorie rükken und in demselben Maße die angeführten Einwände entkräften.

## Literatur

Antonowsky, A., 1993: Gesundheitsforschung versus Krankheitsforschung. In A. Franke & M. Broda (Hrsg.), Psychosomatische Gesundheit. Versuch einer Abkehr vom Pathogenese-Konzept. Tübingen: DGVT-Verlag.

Ellis, J.R., 1994: Chaperoning nascent proteins. Nature 370:96-97.

Fleming, Th.R. & D.L. DEMETS, 1996: Surrogate End Points in Clinical Trials: Are we being misled? Annals of Internal Medicine 125:605-613.

Heusch, G. & R. SCHULZ, 1996: New Paradigms of coronary artery disease. Hibernation, stunning, ischemic preconditioning. Steinkopff, Darmstadt, Springer-Verlag Berlin.

Lohff, B., J. Schaefer, K.H. Nierhaus, Th. Peters, T. Schaefer & R. Vos, 1998: Natural defenses and autoprotection: Naturotherapy, an old concept of healing in a new perspective. First part. - Medical Hypotheses 51:147-151.

Mühlhauser, I. & M. Berger, 1996: Surrogat-Marker: Trugschlüsse. Deutsches Ärzteblatt 93:C-2288-C-2291.

Schaefer, H., 1996: Schwache Wirkungen als Cofaktoren bei der Entstehung von Krankheiten. Heidelberg, Springer-Verlag.

Schaefer, J., K.H. Nierhaus, B. Lohff, Th. Peters, T. Schaefer & R. Vos, 1998: Mechanisms of autoprotection and the role of stress-proteins in natural defenses, autoprotection, and salutogenesis. Second part. - Medical Hypotheses 51:153-163.

Schmahl, F.W., A. Dommke, S. Hildenbrand & P.F. Kahle, 1997: Gesundheitsförderung im Betrieb: Berücksichtigung von somatischen und psychosozialen Risikofaktoren bei Programmen zur Prävention der koronaren Herzkrankheit in BECKER, V. & H. Schipperges: Medizin im Wandel. Wissenschaftliche Festsitzung der Heidelberger Akademie der Wissenschaften zum 90. Geburtstag von Hans Schaefer. Heidelberg, Springer-Verlag, Seiten 59-67.

Stolley, P.D. & T. Lasky, 1995: Investigating disease patterns. The science of epidemiology. Scientific American Library.

## Danksagung

Herrn Prof. Dr. K. Nierhaus. Max-Planck-Institut für Molekulare Genetik, Berlin-Dahlem, hat maßgeblich den Text über die Rolle der Chaperone bei der Proteinfaltung formuliert und redigiert, wofür wir ihm sehr danken.

# Vom "ökologischen Risiko" zur "Umweltgefährdung": Einige kritische Gedanken zum wirkungsorientierten Risikobegriff

Jochen Jaeger

*Akademie für Technikfolgenabschätzung in Baden-Württemberg, Industriestr. 5, D-70565 Stuttgart*

## Synopsis

Contemporary effect-oriented assessment methods are not sufficient to bridge the increasing discrepancy between technological feasibility of intrusions, knowledge about their consequences, and range of responsibility. Assessment criteria are needed that characterise environmental intrusions and the uncertainties about their effects from a more precaution-oriented perspective.

Several lessons to be learned from the concept of "risk factors" in medicine and from the criterion of "depth of intrusion" in technology assessment have already been realised in the concept of "environmental threat" developed for assessing chemical substances. This approach is complementary to effect-oriented methods and focuses on the interventions and the conditions for future damages instead of the effects.

Keywords: *effect-oriented methods, ecological risk analysis, environmental threat, indicator, risk factor, threat factor, spatial range, temporal range, depth of intrusion, precautionary principle*

Schlüsselwörter: *Wirkungsorientierung, ökologische Risikoanalyse, Umweltgefährdung, Indikator, Risikofaktor, Gefährdungsfaktor, räumliche Reichweite, zeitliche Reichweite, Eingriffstiefe, Vorsorgeprinzip*

## 1 Kann die Ökologie etwas aus dem Risikoverständnis anderer Disziplinen lernen?

Der Begriff "Risiko" wurde auf der Tagung "Der ökologische Risikobegriff" in Salzau im März 1998 in mindestens vier verschiedenen Bedeutungen verwendet:[1]

- Unsicherheit von Handlungsfolgen,
- Unsicherheit in der Bewertung dieser Folgen,
- Grenzen der Erfassungsgenauigkeit der Ökologie als Wissenschaft (und ihrer Modelle),
- Beeinträchtigung der Umsetzung ökologischer Ziele durch umweltschädigendes Verhalten von Bürgerinnen und Bürgern.

Dies deutet bereits auf die Vielzahl von Interpretationen hin, mit denen der Risikobegriff in der Ökologie verknüpft wird. Hinzu kommen die Sichtweisen von "Risiko" in anderen Disziplinen. Hinter dieser Vielfalt steht die gemeinsame Frage nach dem Umgang mit verschiedenen Arten von Unsicherheit. Mehrere Vorträge in Salzau hatten zum Thema, wie man in anderen Disziplinen Risiken interpretiert und operationalisiert, um die Diskussion über Risikokonzepte für die Ökologie anzuregen. Die beiden Vorträge zum Umgang mit Risiko in der Medizin von J. Schaefer (SCHAEFER et al. in diesem Band) und in der Technikbewertung von A. von

[1] Hierauf wies Uta Eser, Tübingen, mit einem Diskussionsbeitrag auf der Tagung in Salzau im Workshop "Planung" hin.

Gleich (vgl. VON GLEICH 1997) machten deutlich, daß es auch für den Fall Verfahren gibt, um "Risiken" zu beschreiben, zu bewerten und mit ihnen umzugehen, wenn die Ermittlung der Wirkungsmechanismen oder der konkreten Schadenspotentiale aussichtslos ist. Diese Methoden wurden für die Ökologie bisher kaum nutzbar gemacht. Im folgenden frage ich danach, welche Eigenschaften für solche Verfahren kennzeichnend sind, die sich stärker als bisher von der in vielen Fällen unerfüllbaren Forderung nach einer wirkungsorientierten Risikobetrachtung in der Ökologie lösen. Dabei verstehe ich den Risikobegriff im Sinne der ersten oben genannten Verwendung, d.h. Unsicherheit von Handlungsfolgen (insbesondere bei Umwelteingriffen).

Eine große Schwierigkeit für die Erkennung und Behandlung von gesundheitlichen Risiken in der *Medizin* ist das lückenhafte Wissen über die Entstehungsursachen und die Wirkungsmechanismen, insbesondere bei chronischen Erkrankungen. Als theoretisches Gerüst, um in solchen Situationen zur Erkrankung beitragende Einflüsse zu indentifizieren, wurde seit den sechziger Jahren das Risikofaktorenkonzept ausgearbeitet (J. SCHAEFER et al. in diesem Band, vgl. auch H. SCHAEFER 1996 sowie BOCK & HOFMANN 1982).

Die *Bewertung von technischen Verfahren* stößt auf das Problem, daß die Folgen in der Umwelt zunehmend den Horizont der Abschätzbarkeit und konkreter Verantwortung übersteigen. Ein Bewertungskriterium, welches diese Dimension von Unsicherheit in die Bewertung einbezieht, ist die Eingriffstiefe (VON GLEICH 1997).

Risikobeurteilungen in der Ökologie werden durch vergleichbare Probleme erschwert. Die hohe Komplexität von Ökosystemen und ihrer Wechselbeziehungen macht es vielfach unmöglich, die Auswirkungen von Eingriffen zu prognostizieren. Die Voraussetzungen für Reproduzierbarkeit und Übertragbarkeit von bereits gewonnenen Erfahrungswerten sind oft nicht gegeben. Aus der Gegenüberstellung mit der Medizin und der Technikbewertung ziehe ich die Schlußfolgerung, daß der Strategie der Wirkungsorientierung bei Risikoabschätzungen in der Ökologie eine Strategie verstärkter Vorsorgeorientierung an die Seite gestellt werden sollte, wie sie für die Bewertung von Umweltchemikalien mit dem Konzept der *Umweltgefähr-*

---

**Exkurs 1:** Drei Zitate aus der Philosophie über die zunehmende Diskrepanz zwischen technischer Machbarkeit, vorhersagendem Wissen und Verantwortungsreichweite.

"Wer verantwortlich handeln will, muß wissen, was er tut. Er muß die möglichen Folgen seines Handelns überblikken. [...] Eine aufgeklärte Vernunft wäre eine Vernunft, die ihre eigenen Möglichkeiten und Grenzen erkennt. Sie wäre eine Vernunft, die nicht mehr alles macht, was man machen kann, sondern erkannt hat, daß nur ein solches Handeln vernünftig ist, das seine eigenen Folgen innerhalb der uns gezogenen Grenzen überblickt und dadurch erst verantwortliches Handeln werden kann." - "In diesem Sinne ist eine Wissenschaft, die auf eine Theorie ihrer eigenen Konsequenzen verzichtet und nicht bereit ist, die Verantwortung für ihre technische und praktische Auswirkung zu übernehmen, widervernünftig." (Georg PICHT)

"Die Tatsache, daß unsere verschiedenen Vermögen (wie Machen, Denken, Vorstellen, Fühlen, Verantworten) sich von einander in folgenden Hinsichten unterscheiden. [...] ihre "Fassungskräfte" [...] differieren. [...] Das Gefälle zwischen Machen und Vorstellen; das zwischen Tun und Fühlen; das zwischen Wissen und Gewissen; [...] Allen diesen "Gefällen", deren jedes im Laufe dieser Untersuchung seine Rolle spielen wird, kommt die gleiche Struktur zu: die des "Vorsprungs" des einen Vermögens vor dem anderen; bzw. die des "Nachhumpelns" des einen hinter dem anderen." (Günther ANDERS)

"Die moderne Technik hat Handlungen von so neuer Größenordnung, mit so neuartigen Objekten und so neuartigen Folgen eingeführt, daß der Rahmen früherer Ethik sie nicht mehr fassen kann. [...] Die Einhegung der Nähe und Gleichzeitigkeit ist dahin, fortgeschwemmt von der räumlichen Ausbreitung und Zeitlänge der Kausalreihen, welche die technische Praxis [...] in Gang setzt. [...] Die Tatsache [...], daß das vorhersagende Wissen hinter dem technischen Wissen, das unserem Handeln die Macht gibt, zurückbleibt, nimmt selbst ethische Bedeutung an. Die Kluft zwischen Kraft des Vorherwissens und Macht des Tuns erzeugt ein neues ethisches Problem."

(Hans JONAS)

Quellen: PICHT 1967: 7f u. 1976: 588; ANDERS 1956:16 u. 267; JONAS 1979: 26ff.

*dung* von SCHERINGER et al. (1994) an der ETH Zürich vorgeschlagen und ausgearbeitet wurde. Für eine solche Vorsorgestrategie scheinen mir das Kriterium der Eingriffstiefe von A. VON GLEICH (1988) und das Reichweitekriterium von M. SCHERINGER (1996) wegweisende Beispiele zu sein.

## 2 Ökologische Risiken liegen zunehmend außerhalb der "Reichweite" des vorhersagenden Wissens

Mit der Ausdehnung der technischen Eingriffsmöglichkeiten in die Natur sind die Anforderungen an wissenschaftliche Eingriffsfolgenabschätzungen sowie an die Urteilsfähigkeit (im Sinne einer Ethik der Verantwortung) außerordentlich angestiegen (VON GLEICH 1989). Darauf wird von Seiten der Philosophie seit Jahrzehnten hingewiesen. Diese Entwicklung wird hier nicht näher analysiert, lediglich die drei Zitate in Exkurs 1 sollen dieses Grundproblem verdeutlichen.

Die drei Zitate konstatieren eine Grundtendenz zunehmender Reichweite von Technikfolgen. Eine solche Tendenz gilt auch für viele ökologische Risiken und ist eine entscheidende Quelle für Unsicherheiten in der Ökologie. Genauer verknüpfen die Zitate drei Dimensionen in der Betrachtung von Umweltveränderungen:

- die Reichweite der Handlungsfolgen, d.h. Länge der Wirkungsketten in Raum und Zeit ("Machenkönnen"),
- die Reichweite des Wissens über mögliche Folgen ("vorhersagendes Wissen"),

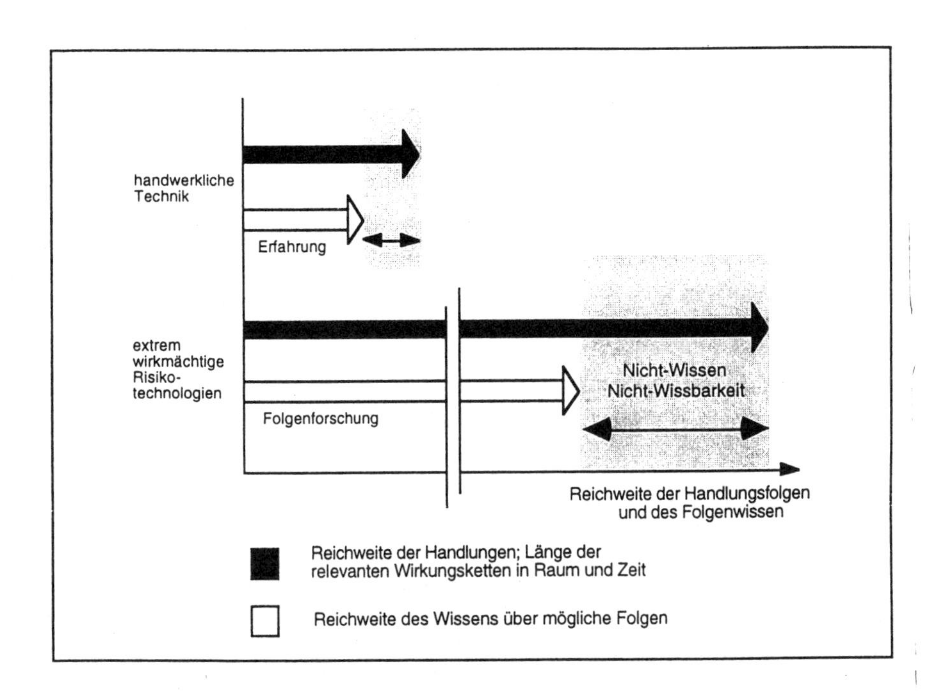


**Abb. 1:** Darstellung der Reichweite von Handlungen und Folgenwisssen im Vergleich von handwerklicher Technik und Risikotechnologien. Die Ausdehnung der technischen Wirkmächtigkeit erzeugt eine "Verantwortbarkeitslücke". Daraus ergibt sich die Forderung, die Reichweite von Handlungen zu begrenzen bzw. Handlungen mit großer "Verantwortbarkeitslücke" möglichst zu vermeiden (leicht verändert aus VON GLEICH 1997: 567).

- die Reichweite menschlicher Verantwortung ("Verantwortenkönnen").

Diese drei Reichweiten fallen zunehmend auseinander. Die in der Öffentlichkeit wohl bekanntesten Beispiele dafür sind die Freisetzung gentechnisch veränderter Organismen sowie anthropogene Klimaveränderungen, seit kurzem auch die Verbreitung hormonähnlicher Substanzen im Wasser. Die Ausdehnung der technischen Wirkmächtigkeit erzeugt eine "Verantwortbarkeitslücke" (Abb 1).

Ausgehend von Abbildung 1 lassen sich zwei gegensätzliche Wege skizzieren, auf diese Entwicklung zu reagieren: das Prognosewissen den vorauseilenden technischen Handlungsmöglichkeiten anzupassen oder die Handlungen zu beschränken auf den Bereich, wie sie prognostiziert und verantwortet werden können. Damit verbunden ist auch eine unterschiedliche Auffassung darüber, wer die Beweislast für die An- oder Abwesenheit von Risiken einer Handlung zu tragen hat.

Von Gleich hat diese Betrachtung seinen Arbeiten zur Technikbewertung zugrunde gelegt und entsprechende Bewertungskriterien entwickelt. Er argumentiert, daß die Zahl und die Reichweite der Nebenfolgen umso stärker zunehmen können, je höher die Wirkmächtigkeit der eingesetzten Technik ist, bis die Nebenfolgen schließlich die beabsichtigte Hauptwirkung "überwuchern" können. Als Maß zur Abschätzung der Unsicherheit von Handlungsfolgen hat er die Eingriffstiefe eingeführt (VON GLEICH 1988): Sie wird dadurch bestimmt, an welchen Strukturen des jeweiligen Objektes oder Systems der Eingriff ansetzt, ob diese Strukturen für das Eingriffsobjekt konstitutiv sind, wie sensitiv sie sind und ob sie Steuerungsfunktionen besitzen. Beispiele für Strukturen, welche die Eigenschaften und Reaktionen der Eingriffsobjekte sehr weitgehend bestimmen, sind die Atomkerne, die Molekülstruktur und die Gene. Wenn an ihnen technisch angesetzt wird, hat dies eine hohe Wirkmächtigkeit des Eingriffs zur Folge und führt meist zu sehr langen Wirkungsketten und zu einer Flut von Nebenwirkungen. Insofern eignet sich die Eingriffstiefe für die Abschätzung der Kluft zwischen der Reichweite der Handlungsfolgen und der Reichweite des vorhersagenden Wissens.

## 3 Kritik an der Wirkungsorientierung des etablierten Risikobegriffs

Die zunehmende räumliche und zeitliche Ausdehnung ökologischer Risiken hat zur Folge, daß die Wirkungsketten immer schwieriger zu erfassen sind. Räumliche Verlagerungen und zeitliche Verzögerungen von Wirkungen begrenzen die Zurechenbarkeit von unerwünschten Umweltveränderungen zu einzelnen Ursachen ebenso wie Überlagerungen und Verknüpfungen aktueller und früherer Eingriffe. Ein Beispiel ist die Frage, wie groß der Beitrag der Landschaftszerschneidung zum Artenrückgang im Vergleich zu anderen Faktoren ist und wie stark Artenverluste als Folge früherer oder aktueller Landschaftsveränderungen anzusehen sind. Oftmals ist es kaum möglich, anthropogene Einflüsse von der natürlichen Variabilität der Umwelt zu entflechten (z.B. Identifikation des anthropogenen Einflusses bei Klimaveränderungen). Ein weiterer Grund für Prognoseunsicherheiten ist die Vielzahl unterschiedlicher anthropogener Einflüsse innerhalb eines Raumes. Die große Zahl der produzierten und in die Umwelt gelangenden Chemikalien und ihrer potentiellen Kombinationswirkungen beispielsweise ist schwer überschaubar und steigt ständig weiter an. Auch aufgrund beschränkter Reproduzierbarkeit und schwankender Umwelteinflüsse bestehen erhebliche Prognoseschwierigkeiten.

Der etablierte Risikobegriff ist jedoch auf die Wirkungen ausgerichtet. Risiko bezeichnet die Möglichkeit zukünftiger Schadensereignisse. Etwas allgemeiner kann "Risiko" auch positive Folgen mit umfassen, so z.B. bei O. RENN (1981: 62): "Risiko ist die Wahrscheinlichkeit von negativen oder positiven Konsequenzen, die sich aus der Realisation eines Ereignisses oder einer Handlung ergeben können." In der Literatur werden zwar zum Teil unterschiedliche Risikobegriffe verwendet, doch setzt jede genauere Bestimmung der Höhe eines Risikos die Antizipation der Auswirkungen voraus. Entsprechend verstehe ich unter Risiken, wie in der

Entscheidungstheorie üblich, Situationen, in denen die möglichen negativ oder positiv bewerteten Folgen von Handlungsoptionen und die Wahrscheinlichkeiten ihres Eintretens abschätzbar sind. Für die Bewertung dieser Risiken sind außer den Schadenshöhen und Eintrittswahrscheinlichkeiten weitere Eigenschaften der Risiken relevant. Beispiele für qualitative Risikomerkmale sind die (Un-)Freiwilligkeit der Risikoübernahme, die Glaubwürdigkeit der Risikokontrollinstanzen und der Grad der Beteiligung am Nutzen einer riskanten technischen Anlage (vgl. RENN 1981: 99 u. 1993: 69).

Die Wirkungsorientierung des Risikobegriffs kann an folgendem Beispiel verdeutlicht werden. HOHENEMSER et al. (1985) betrachten die Kausalkette in Abb. 2. Zwischen je zwei Schritten sind Maßnahmen möglich, welche die Kausalkette unterbrechen und die Auswirkungen verhindern, z.B. die Entwicklung von abbaubaren Pestiziden zwischen den Schritten (2) und (3) oder das Verbot, Fisch zu essen, zwischen (4) und (5). Auf den Abschnitten (3) bis (6) können verschiedene "Gefahrenkennzeichen" formuliert werden wie Persistenz (bei Schritt 4) oder Zahl der Todesfälle (Schritt 6).

Das Einsetzen von Bewertungen und Verhütungsmaßnahmen erfolgt bei HOHENEMSER et al. (1985) stets unter Kenntnis der Auswirkungen. Entsprechend diskutieren sie ausschließlich solche Bewertungsverfahren, welche auf die potentiellen Auswirkungen Bezug nehmen. So verknüpft die Risikobewertung den Schritt der Wahl einer Technik (3) mit den möglichen Auswirkungen (6): Die Beurteilung der Technikwahl erfolgt auf Grundlage von möglichen Schadensereignissen, die an den Pfadenden von Ereignisbäumen systematisch antizipiert werden. In der Ökologie sind solche Verfahren, wie sie für technische Systeme entwickelt worden sind, nicht anwendbar, denn in der Regel ist es nicht möglich, für komplexe ökologische Systeme vergleichbare Ereignisbäume zu erstellen (SCHERINGER et al. 1998). Aber auch gröbere bzw. "weichere" Abschätzungsmethoden stehen oftmals in dem Dilemma, daß sie entweder für die Praxis viel zu aufwendig sind, als daß sie durchführbar wären, oder daß sie eine unbefriedigende Prognosegenauigkeit besitzen und über generelle qualitative Tendenzaussagen kaum hinauskommen, vor allem hinsichtlich langfristiger und großräumiger Folgen und hinsichtlich des Zusammenwirkens mit weiteren Um-

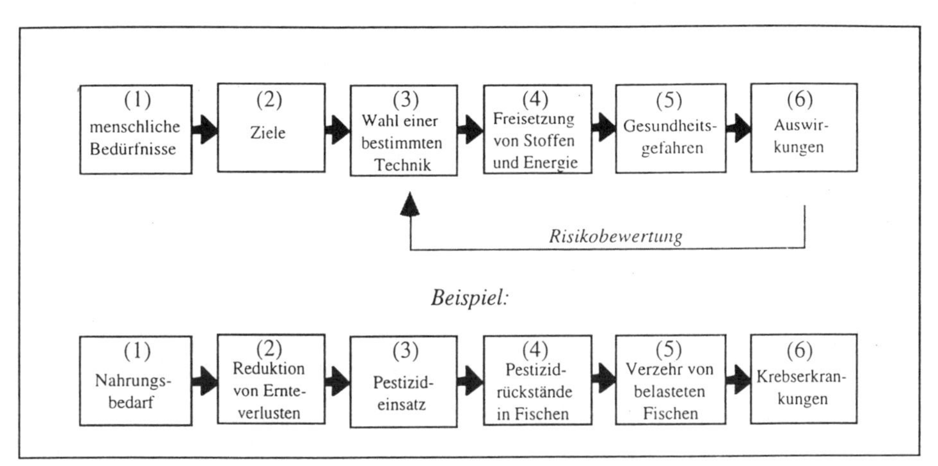


**Abb. 2:** Analyse von Kausalketten als konzeptueller Rahmen für Risikoabschätzungen (stark veränderte Darstellung nach HOHENEMSER et al. 1985: 28 u. 40).

welteingriffen. Allein der Aufwand für das Umweltmonitoring, z.B. zur Erfolgskontrolle von Schutz- und Ausgleichsmaßnahmen, ist sehr erheblich (vgl. auch SCHRÖDER et al. 1997) und wird für viele Bereiche kaum flächendeckend durchführbar sein.

Diese Kritik gilt beispielsweise auch für die ökologische Risikoanalyse nach BACHFISCHER (1978). Sie verlangt entsprechend dem Risikobegriff ein wirkungsorientiertes Vorgehen:

> "Die Methode der ökologischen Risikoanalyse [...] versteht sich [...] als eine Form der Wirkungsanalyse im Mensch-Umwelt-System. [...] Die Verknüpfung der "Intensität potentieller Beeinträchtigungen" und der "Empfindlichkeit gegenüber Beeinträchtigungen" beschreibt das Ausmaß der zu erwartenden Beeinträchtigungen natürlicher Ressourcen. Das Ergebnis der Verknüpfung wird als "Risiko der Beeinträchtigung" bezeichnet." (BACHFISCHER 1978: 72 u. 91).

Der entscheidende Kritikpunkt an der Anwendbarkeit der Methode ist, daß sie sich ausschließlich auf das Wissen über Wirkungsmechanismen stützt, welches in der Regel sehr unpräzise und lückenhaft ist[2] Die Folge ist eine Vernachlässigung der Spätfolgen, der Summenwirkungen und der Mißlingensrate von Ausgleichsmaßnahmen bei der Eingriffsbilanzierung und der Festsetzung des Ausgleichs.

Ein sehr wichtiger Ansatz in der Ökologie, mit dem Problem der Komplexität von Ökosystemen und ihrer Wechselbeziehungen umzugehen, ist der Einsatz von Indikatoren. In die Ausarbeitung leistungsfähiger Indikatorensysteme werden generell große Hoffnungen gesetzt (SRU 1994: 86ff; BASTIAN & SCHREIBER 1994: 52ff; WALZ 1998). Die entscheidende Frage ist jeweils, für welchen Sachverhalt oder Zusammenhang ein Indikator stehen soll und welche Größe dafür am besten geeignet ist. Die Auswahl und Begründung von Indikatoren verlangt eine theoretische Grundlage. Beispiele für einen solchen theoretischen Rahmen sind das Pressure-state-response-Modell oder das Akteur-Akzeptor-Modell (vgl. SRU 1994). Den Stellenwert des theoretischen Hintergrundes illustriert im Bereich Artenschutz die Diskussion um das Zielartenkonzept (RECK et al. 1994)[3] Oft werden auch für die Abschätzung ökologischer Risiken Indikatoren eingesetzt. Ohne eine andere theoretische Grundlage als die Wirkungsorientierung wird man jedoch kaum zu Indikatoren kommen, welche die mit der Wirkungsorientierung verbundenen Probleme bewältigen können. Für den Umgang mit Unsicherheit könnte ein alternatives Konzept letztlich zu ganz anderen Indikatoren führen bzw. zu einem anderen Typ von Indikatoren als die im Umweltgutachten 1994 (SRU 1994: 86ff) aufgeführten Typen. Für ein solches alternatives Konzept geben das Risikofaktorenkonzept der Medizin und das Kriterium der Eingriffstiefe wertvolle Anregungen.

Das Risikofaktorenkonzept in der Medizin (vgl. (J. SCHAEFER et al. in diesem Band) versteht Risikofaktoren als umwelt- oder anlagebedingte Umstände oder "Charakteristika, deren Vorhandensein die Wahrscheinlichkeit für das Auftreten bestimmter Erkrankungen erhöht" (HECHT 1990: 1)[4] Der genaue Wirkmechanismus braucht für die Bestimmung von Risikofaktoren nicht bekannt zu sein. Allzuviel Detailstudium der pathologischen Einzelaspekte kann vom ei-

[2]Die Anforderungen der ökologischen Risikoanalyse setzen "eine präzise Bestimmung von Wirkungszusammenhängen voraus. Der selbst gesetzte Anspruch ist somit in den meisten Fällen nicht einlösbar. Die vorgegebene formale Struktur des gewählten Risikobegriffes stimmt nicht mit der inhaltlichen Absicherbarkeit von Daten und Wirkungszusammenhängen überein." (EBERLE 1984: 17).

[3]Sollte sich der Schutz an den Ansprüchen von *flagship species* (meist größere, in der Bevölkerung bekannte und beliebte Wirbeltiere), von *umbrella species* (deren Lebensraumansprüche die Bedürfnisse vieler anderer Arten mit abdekken) oder von *keystone species* (deren Lebensaktivitäten Voraussetzung für das Wohlergehen vieler anderer Arten sind) ausrichten? Diese Indikatorarten besitzen verschiedene Grade von Repräsentativität für andere Arten oder für die Funktionsfähigkeit ihres Ökosystems, und Maßnahmen für ihren Schutz können im Konflikt zueinander stehen (vergl. die Diskussion bei SIMBERLOFF 1998).

[4]Psychische und psychosomatische Störungen sind (neben chronischen Erkrankungen mit langer Latenz) ein Beispiel für ein medizinisches Gebiet, in dem die Suche nach Wirkungsmechanismen allein kaum weiterführt: "Aufgrund der bislang unzulänglichen Kenntnisse über die Ursachen depressiver Störungen beschränkt sich die Forschung heute weitgehend darauf, nach Risikofaktoren der Erkrankung, die als Indikatoren möglicher Teilursachen betrachtet werden, zu suchen." (HECHT 1990: 5).

gentlichen Ziel der Ätiologie, der Suche nach Krankheitsursachen, sogar abführen (H. SCHAEFER 1996: 4). Auch bei Angaben zur Höhe des Risikos einer technischen Anlage braucht der genaue Wirkmechanismus nicht bekannt zu sein, wenn die Eintrittswahrscheinlichkeit auf andere Weise als über die Wirkungsanalyse ermittelt werden konnte, z.B. aus epidemiologischen Studien. (Der Unterschied, ob der Wirkungs*mechanismus* im Detail bekannt ist oder nicht, kommt in dem Wort "Wirkungsorientierung" nicht zum Ausdruck!)

Daß der Wirkungsmechanismus oft unbekannt bleibt, hat allerdings eine Schwierigkeit des Risikofaktorenmodells zur Folge, die wegen der Gefahr von Trugschlüssen Angriffspunkt für Kritik ist; vgl. hierzu den Beitrag von J. SCHAEFER et al. (in diesem Band) und die Diskussion bei BOCK & HOFMANN (1982): Ohne Kenntnis des Wirkungszusammenhangs kann in der Praxis nur sehr schwer zwischen Risiko*faktoren*, Risiko*indikatoren* und *Symptomen* (Krankheitsindikatoren) unterschieden werden. Begrifflich lassen sich diese drei Größen deutlich gegeneinander abgrenzen. H. SCHAEFER beispielsweise definiert "Risikoindikatoren" im Sinne von Warnsignalen als Kennzeichen, die "künftige deletäre [todbringende, JJ] Entwicklungen vorauszusagen gestatten" und "Risikofaktoren" als Umstände, die "solche Entwicklung aktiv herbeizuführen geeignet sind. [...] Während die Risikoindikatoren nur diagnostische Bedeutung haben, sind Risikofaktoren selbst wirksame Entitäten im Prozeß der Pathogenese, also auch Gegenstand der therapeutischen Intervention" (H. SCHAEFER 1992: 172). Nachweisbar sind jedoch oft nur die Korrelationen zwischen diesen Größen und der Erkrankung. Sie geben nur wenig Auskunft darüber, ob die mit der Erkrankung korrelierten Größen die Krankheit direkt verursachen, ob sie nur im Zusammenhang mit anderen Faktoren einen Einfluß haben können (sogenannte "schwache Wirkungen" gemäß dem Konzept der *Konditionalität*[5]), ob sie lediglich Warnsignale für drohende Entwicklungen darstellen oder ob es sich um Indikatoren für die Reaktion des Organismus auf die Krankheit handelt. Aus der Schwierigkeit solcher Unterscheidungen resultiert die Gefahr, Warnsignale oder Symptome anstatt ursächlicher Risikofaktoren zu behandeln. Diese Unsicherheit muß jedoch akzeptiert (und weiter bearbeitet) werden, denn ansonsten ist in diesem Fall (d.h. wenn das Geflecht der relevanten Wechselbeziehungen unbekannt ist) überhaupt keine kausale Behandlung möglich. Außerdem diskutieren J. SCHAEFER et al. das Konzept der *Salutogenese*. Dieser Ansatz führt zu einer weiteren Art von Einflußgrößen, den Schutzfaktoren (*protective factors*), und müßte ebenfalls auf seine Parallelen zur Ökologie hin diskutiert werden, insbesondere zum Begriff der Resilienz.

Entscheidend ist, daß mit diesem Konzept die Möglichkeit besteht, Risikofaktoren zu erkennen (und Patientinnen und Patienten zu behandeln), ohne die Wirkungsmechanismen zu kennen. Diesen theoretischen Rahmen (einschließlich der Diskussion um die Abgrenzung und theoretische Begründung von Risikofaktoren, Risiko- und Krankheitsindikatoren sowie Schutzfaktoren) in die Ökologie zu übertragen, könnte zu fruchtbaren Ansätzen für ökologische Indikatoren führen, die das Problem der lückenhaften Kenntnis von Wirkungszusammenhängen überwinden oder umgehen. Ein zweiter Entwurf, der für die Ökologie fruchtbar gemacht werden könnte, beruht auf der Betrachtung der zunehmenden Diskrepanz zwischen "Machenkönnen" und "vorhersagendem Wissen" (VON GLEICH 1989). Dieser Entwurf könnte als normative Grundlage dienen, um Indikatoren zur Abschätzung und Bewertung von Unsicherheiten zu entwickeln.

Ein Konzept, welches diesen beiden Forderungen entspricht, gibt es bereits: Das Konzept der Umweltgefährdung für die Chemikalienbewertung (mit dem Kriterium Reichweite im Sinne

[5]Das heißt, man betrachtet die Veränderung der Bedingungen für das Auftreten von Krankheiten."Schwache (Ein-) Wirkungen" beispielsweise zeigen keine Folgen für sich allein, sondern bedingen weitere Einflüsse für das Auftreten von Folgen (H. SCHAEFER 1996). (Vgl. auch die Definition von "Risikofaktoren" im Sinne eines Herabsetzens der Wirkschwellen bei HECHT 1990: 1.) Ein weiterer wichtiger Begriff in diesem Zusammenhang ist der "*surrogat marker*", vgl. dazu den Beitrag von J. SCHAEFER et al., in diesem Band.

eines Gefährdungsindikators). Der Begriff der *Umweltgefährdung* drückt aus, wie stark Umwelteingriffe die Bedingungen für das Auftreten möglicher Umweltschäden in Richtung zunehmender Unsicherheit verändern. Ungenau formuliert könnte man Gefährdungen als "unbekannte Risiken" umschreiben; dies ist jedoch von der Wortdefinition her ein Widerspruch in sich, da Art und Höhe "unbekannter Risiken" nicht genug bekannt sind, um sie als "Risiken" zu qualifizieren. Risiken sind durch Angabe von Schadensausmaß und Eintretenswahrscheinlichkeit definiert; Gefährdungen dagegen werden von der Einwirkung her definiert. Der Ansatz der Gefährdungsanalyse bezieht das Nichtwissen über mögliche Auswirkungen im Sinne des Vorsorgeprinzips ein. Er stützt sich statt auf eine möglichst umfassende Wirkungsanalyse auf das Maß der bestehenden Unsicherheit und zielt darauf, die Reichweite der Umwelteinwirkungen zu verkürzen, um Handlungsfolgen besser in den Verantwortungshorizont der Akteure zu internalisieren.

## 4 Das Konzept der Umweltgefährdung für die Chemikalienbewertung

Die Bewertungsstrategie des Gefährdungskonzepts richtet sich auf die Bedingungen zukünftiger Umweltveränderungen und fragt nach Merkmalen dieser Bedingungen, insofern sie durch heutige Umwelteingriffe modifiziert werden. Dazu wird eine neue Betrachtungsebene zwischen der Ebene der Umwelteinwirkungen und der Ebene der Auswirkungen eingeführt. Für die Bewertung von Umweltchemikalien ist diese Ebene die *Exposition*, d.h. die räumliche und zeitliche Verteilung der Stoffe in der Umwelt als Voraussetzung für ihre Wirkungen auf Lebewesen und Ökosysteme (Abb. 3).

Vorsorge erfordert mehr als die Überprüfung von Toxizität und Ökotoxizität gemäß bekannten möglichen Wirkungsmechanismen. (Weitere, vorrangig wirkungsorientierte Prüfkriterien werden bei KLASCHKA et al. (1997) genannt.) Wie die Erfahrung mit den FCKW gezeigt hat, können unerwartete Nebenfolgen auch bei nicht-toxischen Stoffen auftreten. Die Eigen-

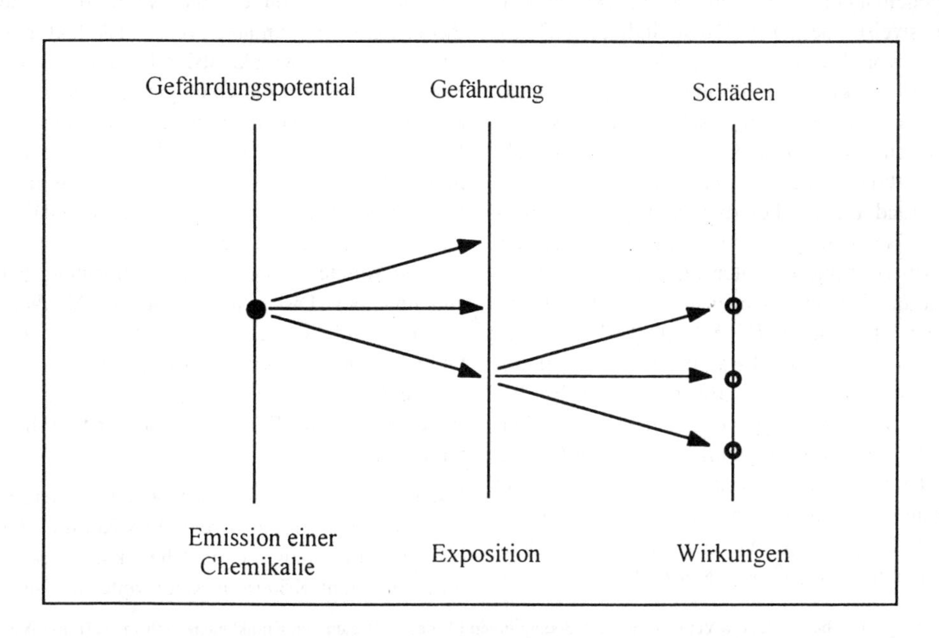


**Abb. 3:** Das 3-Ebenen-Bild des Gefährdungskonzeptes für die Bewertung von Umweltchemikalien. (• = punktförmige oder diffuse, spontane oder kontinuierliche Emissionen, O = erkennbare und als Schäden bewertbare Auswirkungen; aus SCHERINGER et al. 1994, SCHERINGER 1996.)

schaft, die sie für lange Zeit als risikolos erscheinen ließ, nämlich ihre Reaktionsträgheit, ermöglichte es ihnen, in die Stratosphäre aufzusteigen, wo sie die Ozonschicht angreifen und zum Treibhauseffekt beitragen. Die Bewertung sollte diese Möglichkeit von unerwarteten Nebenfolgen auch für neue Chemikalien explizit einbeziehen. Auf der Ebene der Exposition (Abb. 3) können die Stoffe dafür nach ihrer Persistenz und ihrem Ausbreitungsverhalten charakterisiert und bewertet werden. Wenn sich Stoffe nur innerhalb eines begrenzten Bereichs in der Umwelt verteilen und nach kurzer Zeit biologisch abgebaut werden, so kann ihr Umweltverhalten besser überblickt, beherrscht und verantwortet werden. Die Charakterisierung von Umweltchemikalien auf der Ebene der Exposition führt zu einer Einstufung der Stoffe nach den beiden Bewertungsdimensionen räumliche und zeitliche Reichweite als Maße für die von ihnen ausgehende Umweltgefährdung (SCHERINGER & BERG 1994, SCHERINGER 1996, SCHERINGER 1997). Zur Bestimmung von Reichweiten vgl. auch das Ausbreitungsmodell, welches M. Matthies auf der Tagung in Salzau vorstellte (BENNETT et al. 1998), sowie BERG (1997).

Es kann beispielsweise Situationen geben, in denen es vorzuziehen ist, einen brennbaren oder gesundheitsgefährdenden Stoff einzusetzen, für den Schutzvorkehrungen im Umgang mit ihm getroffen werden können, als einen weniger giftigen Stoff mit hoher Reichweite zu wählen, der sich weiträumig in der Umwelt ausbreitet und in seiner Wirkung nicht kontrolliert werden kann. Bei solchen Entscheidungen muß daher zwischen gefährdungsorientierten (Reichweite) und wirkungsorientierten (Toxizität) Kriterien abgewogen werden.

Das Gefährdungskonzept liefert keine alternative Operationalisierung zu der üblichen Darstellung des Risikos als

*Risiko =*
*Schadenshöhe * Eintrittswahrscheinlichkeit.*

Einen solchen Alternativvorschlag macht die Ökologische Risikoanalyse nach BACHFISCHER (1978):

*Risiko der Beeinträchtigung =*
*Beeinträchtigungsintensität * Beeinträchtigungsempfindlichkeit.*

Daß solche Risikokomponenten nicht bekannt oder nicht zugänglich sind, beschreibt vielmehr eine grundlegend andere Situation, die in der Entscheidungstheorie üblicherweise als Ungewißheit (*uncertainty*) bezeichnet wird (HARGREAVES HEAP et al. 1993: 349). Innerhalb von Ungewißheit kann zudem zwischen Unsicherheit im engeren Sinne und Unbestimmtheit differenziert werden. Während im Fall von Unsicherheit i.e.S. nicht abschätzbar ist, mit welchen Wahrscheinlichkeiten die möglichen Folgen einer Handlung einreten werden, sind bei Unbestimmtheit nicht einmal die möglichen Auswirkungen der Handlung bekannt (Tab. 1). Verwirrend sind die unterschiedlichen Bezeichnungen, die sich für diese Unterscheidungen in der Literatur finden. Der WBGU beispielsweise verwendet "Ahnungslosigkeit" für "Unbestimmtheit", "unbestimmtes Risiko" für "Unsicherheit i.e.S." und "Ungewißheit" für "Unsicherheit" (WBGU 1998). In der englischsprachigen Literatur wird unter "uncertainty" häufig auch die Größe der Intervalle verstanden, wie genau die Wahrscheinlichkeiten der potentiellen Schadensereignisse angegeben werden können. Diese Situation stellt, je größer die Intervalle werden, einen kontinuierlichen Übergang zwischen Risiko und Unsicherheit i.e.S. dar.

Statt um alternative Operationalisierungen des "Risikos" geht es in der Gefährdungsanalyse um Kriterien für eine Abschätzung der Gefährdung in Situationen von Ungewißheit und um die Operationalisierung dieser Kriterien. Entsprechend geben Reichweiten von Umweltchemikalien nicht einen absoluten Wert für das Risiko an, sondern sie ermöglichen eine Einstufung (*ranking*) der verschiedenen Stoffe, um sie untereinander zu vergleichen. Das bedeutet, die Bewertung wird von der Ebene der Auswirkungen vorverlagert auf die Zwischenebene der Exposition.

Auch die Eingriffstiefe entspricht im Grundgedanken dem Ansatz des Gefährdungskonzeptes, das Ausmaß der Veränderung der Bedingungen für das Eintreten von Umweltschäden und die damit verbundenen Unsicherheiten für die Bewertung von umweltveränderndem Handeln heranzuziehen. Im Rahmen des Indikatorenkonzepts lassen sich Reichweite und Eingriffstiefe als gefährdungsorientierte Bewertungsindikatoren interpretieren; sie entsprechen somit keiner der bisher entwickelten Gruppen von Indikatoren nach den Einteilungen im Umweltgutachten 1994 (Belastungsindikatoren, Umweltzustandsindikatoren, Reaktionsindikatoren etc.) (SRU 1994: 86f). Einwirkungen, die durch diese normativ relevanten Eigenschaften gekennzeichnet sind, können daher als *Gefährdungsfaktoren* identifiziert werden.

VON GLEICH (1997: 535) nennt drei Bereiche, in denen Gefährdungsfaktoren wirksam werden können:

a) *Qualität der Eingriffe*: beschrieben durch Eingriffstiefe, Reichweite und weitere Kriterien zur Beurteilung der Art der Eingriffe,

b) *Mengeneffekt / Quantität der Eingriffe*: extreme quantitative Steigerung je für sich relativ harmloser Eingriffe bis zum Umschlagen der Quantität in Qualität,

c) *Architektur und Zustand des Systems*: besondere Systemzustände hoher Instabilität, bei denen in das System eingegriffen wird.

Ein Beispiel für Bereich b) ist das Kriterium *MIPS* (*material input per service unit*) für Stoffströme (SCHMIDT-BLEEK 1993). Für Bereich c) lasssen sich die Beachtung von engen Kopplungen und von Verknüpfungsvielfalt als Beispiele nennen (PERROW 1984; JAPP 1990). Außerdem könnte hier die Unterscheidung und Identifikation von aktiven, reaktiven, kritischen und puffernden Systemelementen, an denen die Einwirkungen angreifen, weiterführen (VESTER 1983/1991; VESTER & HESLER 1980). Für die Bewertung struktureller Landschaftsveränderungen (SRU 1994: 125) sollten sich Strukturmaße formulieren lassen, welche sich als Indikatoren eignen für das Ausmaß des Zerreißens ökologischer Zusammenhänge in der Kulturlandschaft (HABER 1993: 62; SRU 1994: 267) und für den Grad der zivilisatorisch-technischen Durchdringung der Landschaft (EWALD 1978: 178). Auf diesem Wege läßt sich analog zur Bewertungsebene der Exposition für Umweltchemikalien die *Konfiguration* als Bewertungsebene für Landschaftsveränderungen einführen[6]. Die Entwicklung weiterer Bewertungsindikatoren für den Fall von Ungewißheit könnte sich an der Reversibilität oder Revidierbarkeit von Eingriffen und Entscheidungen orientieren sowie am Kriterium der Fehlerfreundlichkeit, deren Bedeutung von C. und E.U. VON WEIZSÄCKER (1984) für die Entwicklungsfähigkeit von offenen Systemen diskutiert worden ist.

| | Form der Unsicherheit | | |
|---|---|---|---|
| | Risiko | Ungewißheit | |
| | | Unsicherheit i.e.S. | Unbestimmtheit |
| mögliche Schadensereignisse | *bekannt* | *bekannt* | *unbekannt* |
| Eintrittswahrscheinlichkeiten | *bekannt* | *unbekannt* | *unbekannt* |

**Tab. 1:** Unterscheidung verschiedener Formen von Unsicherheit (Darstellung nach DÜRRENBERGER 1994)

[6]Laufendes Dissertationsprojekt J. Jaeger (geplanter Abschluß 1999). Erste Ergebnisse in MÜLLER et al. (1998). Zum transdisziplinären Ansatz der Arbeit vgl. JAEGER & SCHERINGER (1998).

## 5 Von der Wirkungsorientierung zu einer Strategie verstärkter Vorsorgeorientierung

Der Ansatz des Gefährdungskonzeptes erzielt eine Vorverlagerung der Bewertung, indem sich die Gefährdungskriterien auf die Bedingungen potentiell bedrohlicher Umweltveränderungen beziehen. Wesentliche Vorteile des Konzeptes sind:

- Stärkung des Vorsorgegedankens durch Begrenzung von Umweltgefährdungen,
- Gefährdungen können ihren Ursachen direkter zugeordnet werden (gegen die "Diffusion" von Verantwortung),

| | | *Gefährdungsorientierung* | *Wirkungsorientierung* |
|---|---|---|---|
| *(1)* | *vorherrschende Form der Unsicherheit* | Ungewißheit | Risiko |
| *(2)* | *"Blickrichtung" bei der Bestimmung des Ausmaßes der Bedrohlichkeit* | von der Einwirkung her bestimmt | von der Schädigung her bestimmt |
| *(3)* | *Grundlage für die Abstützung der Bewertung* | Charakterisierung der Art der Eingriffe als Bedingungen für zukünftige Umweltveränderungen | Höhe und Wahrscheinlichkeit der möglichen Auswirkungen von Eingriffen |
| | *umweltpolitisches Bezugsprinzip* | Vorsorgeprinzip und Verantwortbarkeit | Verursacherprinzip und Haftbarkeit; z.T. auch Vorsorgeprinzip |
| *(4)* | *Strategie im Umgang mit Nichtwissen* | Berücksichtigung der Möglichkeit unbekannter oder unerwarteter Nebenfolgen; Verringerung des Nichtwissens durch behutsames Handeln[1] | Berücksichtigung von antizipierten Auswirkungen; Durchführung von weiteren Wirkungsanalysen, um Ungewißheiten in Risiken zu überführen |
| *(5)* | *Haltung* | Bewahrung, Erhaltung, Verhütung[2] | Abwägung zwischen Nutzen und Risiken, soweit bekannt; Ungewißheiten bleiben letztlich unberücksichtigt |

[1] Vgl. VON GLEICH 1997: 514.
[2] Vgl. JONAS 1979: 249.

**Tab. 2:** Gegenüberstellung von wirkungsorientierter und gefährdungsorientierter Bewertungsstrategie anhand von sechs Merkmalen.

- geringere Kosten eines vorsorgeorientierten Bewertungsverfahrens gegenüber der (möglicherweise endlos) fortgesetzten Erhebung von Wirkungsanalysen zur Schließung verbleibender Wissenslücken; Einsparung von Kosten durch die Vermeidung gegenüber der Beseitigung von Schäden.

Die Hauptbotschaft aus Medizin und Technikbewertung für den Umgang mit "ökologischen Risiken" lautet: Wie es das Beispiel des Gefährdungskonzepts vorführt, sollte man der Strategie der Wirkungsanalyse weitere Strategien an die Seite stellen, bei denen man nach den Bedingungen für Umweltveränderungen fragt und sich stärker an dem Ausmaß der bestehenden Ungewißheit orientiert. Die Unterschiede der beiden Strategien sind in Tabelle 2 zusammengefaßt. Diese Gegenüberstellung bedeutet nicht, daß die Orientierung an Umweltgefährdungen eine grundsätzlich bessere Methode darstellt als ein wirkungsorientiertes Vorgehen, sondern sie soll auf die Charakteristika *beider* Verfahren hinweisen: Gefährdungsorientierung und Wirkungsorientierung müssen einander also nicht ausschließen, sondern sie sind komplementäre Perspektiven. Wenn das Wissen über die potentiellen Auswirkungen zunimmt, können diese bewertet werden und in den Entscheidungsprozeß mit einfließen; gegebenenfalls ist dann zwischen verschiedenen Kriterien aus beiden Bewertungsperspektiven abzuwägen.

Den strikten Wirkungsbezug aufzugeben, stellt keinen grundsätzlich neuen Ansatz dar, sondern wird bei der Setzung von Umweltstandards teilweise bereits seit den sechziger Jahren praktiziert (SRU 1996: 254). Dies spiegelt sich heute beispielsweise in der Tatsache wider, daß nur 31% der etwa 10 000 vom Umweltrat gesichteten Umweltstandards als wirkungsorientiert einzustufen sind (SRU 1996: 294). Statt des Wirkungsbezuges dient zur Begründung solcher Standards gemäß dem Vorsorgeprinzip ein "Konzept der Minderung von Umweltrisiken, das sich primär an technischer und sozioökonomischer Machbarkeit sowie an politischer Durchsetzbarkeit orientierte" (SRU 1996: 254). Des weiteren wurde 1974 der neue Grenzwerttyp der technischen Richtkonzentrationen (TRK-Werte) gemäß dem ALARA-Minimierungsgebot eingeführt; (vgl. SRU 1996: 253. ALARA = "as low as reasonably achievable"), insbesondere in Fällen, wo sich keine Anhaltspunkte für wirkungsfreie Dosen ableiten lassen, wie z.B. für gentoxische Effekte.

Für die Umweltforschung zur Bewertung von Umwelteingriffen folgt aus der Erkenntnis der grundsätzlichen Grenzen der Leistungsfähigkeit wirkungsorientierter Ansätze, daß künftig die Entwicklung stärker vorsorgeorientierter Bewertungsstrategien vorangetrieben werden muß. Dies erfordert:

- die Unterscheidung von verschiedenen Arten von Unsicherheit als Voraussetzung, um den rationalen Umgang mit Unsicherheit zu verbessern,
- die Entwicklung weiterer Kriterien und Indikatoren zur Charakterisierung des Eingriffs, der potentiellen Reichweite seiner Folgen und des Ausmaßes der mit ihm verbundenen Unsicherheit, um diese Eigenschaften desto stärker heranzuziehen, je weniger man über die möglichen Folgeschäden und ihre Eintrittswahrscheinlichkeiten weiß,
- die geeignete Verbindung und Abwägung von wirkungsorientierten und vorsorgeorientierten Kriterien sowie eine entsprechende Gewichtung beider Ansätze bei der Entscheidung, welche Daten (d.h. für welche Kriterien) als Beurteilungsgrundlage erhoben werden sollen.

Viele Unsicherheiten werden sich auch zukünftig nicht beseitigen lassen, auch aufgrund ihrer begrenzten Erforschbarkeit durch Experimente. "Mit dem Urknall *können wir nicht*, und mit dem Ozonloch *dürfen wir nicht* experimentieren" (PRIMAS 1992: 13). Die gesellschaftlichen Auseinandersetzungen über den Umgang mit Unsicherheit werden voraussichtlich im Zuge der Knappheit der Mittel zunehmen (RENN 1997), d.h. bei der Setzung von Prioritäten zwischen verschiedenen Risiken (auch zwischen Wirkungsorientierung und Gefährdungsorientierung als Strategien zur Risiko- und Gefährdungsminderung), im Gegeneinander Ausspielen von Effizienzgewinnen und zunehmender Eingriffstiefe (VON GLEICH 1997: 520) sowie im Zuschieben der Beweislasten auf Kosten der Vielfalt und Funktionsfähigkeit der verbleibenden Ökosysteme. Um so wichtiger sind leistungsfähige Operationalisierungen des Gefährdungskonzeptes und ähnlicher Ansätze zur Stärkung und Umsetzung von Verantwortung und Vorsorgeprinzip.

## Danksagung

Für kritische Anmerkungen zum Manuskript und stimulierenden Gedankenaustausch über die Risikothematik bedanke ich mich bei Martin Scheringer, Anna-Katharina Pantli und Wolf Hagenau sowie bei Dorothea Bleyl, Martin Bllohm, Klaus Ewald, Arnim von Gleich, Ulrich Müller-Herold, Ortwin Renn und Jochen Schaefer. Für finanzielle und ideelle Unterstützung danke ich der Studienstiftung des deutschen Volkes sowie meinen Eltern Erika und Günther Jaeger.

## Literatur

Anders, G. 1956: Die Antiquiertheit des Menschen, Band 1. - München (C.H. Beck).

Bachfischer, R. 1978: Die ökologische Risikoanalyse - eine Methode zur Integration natürlicher Umweltfaktoren in die Raumplanung. - Technische Universität München (Dissertation).

Bastian, O., & K.-F. Schreiber 1994: Analyse und ökologische Bewertung der Landschaft. - Jena (Gustav Fischer).

Bennett, D.H., McKone, T.E., Matthies, M., & W.E. Kastenberg 1998: General formulation of characteristic travel distance for semi-volatile organic chemicals in a multi-media environment. - Environmental Science and Technology, *submitted.*

Berg, M. 1997: Umweltgefährdungsanalyse der Erdöltransportschiffahrt. - Bern (Peter Lang).

Bock, K.D., & L. Hofmann (Hrsg.) 1982: Risikofaktoren-Medizin: Fortschritt oder Irrweg? - Braunschweig (Vieweg).

Dürrenberger, G. 1994: Klimawandel - eine Herausforderung für Wissenschaft und Gesellschaft. - In: Bulletin / Magazin der ETH Zürich. Nr. 253, April 1994, 20-22.

Eberle, D. 1984: Die ökologische Risikoanalyse. Kritik der theoretischen Fundierung und der raumplanerischen Verwendungspraxis. - Kaiserslautern (Werkstattbericht Nr. 11 des Fachgebietes Regional- und Landesplanung im Fachbereich Architektur/Raum- und Umweltplanung der Universität Kaiserslautern).

Ewald, K.C. 1978: Der Landschaftswandel - Zur Veränderung schweizerischer Kulturlandschaften im 20. Jahrhundert. - In: Tätigkeitsberichte der naturforschenden Gesellschaft Baselland 30: 55-308. Liestal (Berichte der Eidgenössischen Anstalt für das forstliche Versuchswesen, Nr. 191).

Gleich, A. von 1988: Werkzeugcharakter, Eingriffstiefe und Mitproduktivität als zentrale Kriterien der Technikbewertung und Technikwahl. - In: RAUNER, F. (Hrsg.): "Gestalten" - eine neue gesellschaftliche Praxis. - Bonn (Neue Gesellschaft), S. 115-147.

Gleich, A. von 1989: Der wissenschaftliche Umgang mit der Natur. Über die Vielfalt harter und sanfter Naturwissenschaften. - Frankfurt/Main (Campus).

Gleich, A. von 1997: Ökologische Kriterien der Technik- und Stoffbewertung. - In: WESTPHALEN, R. VON (Hrsg.): Technikfolgenabschätzung als politische Aufgabe. 3. Aufl. München/Wien (Oldenbourg), S. 499-570.

Haber, W. 1993: Ökologische Grundlagen des Umweltschutzes. - Bonn (Economica).

Hargreaves Heap, S., Hollis, M., Lyons, B., Sugden, R., & A. Weale 1992: The theory of choice. A critical guide. - Oxford/UK, and Cambridge (MA)/USA (Blackwell).

Hecht, H. 1990: Geschlechtstypische Risikofaktoren der Depressivität. - Regensburg (Beiträge zur klinischen Psychologie und Psychotherapie, Bd. 11).

Hohenemser, C., Kasperson, R.E., & R.W. Kates 1985: Causal Structure. - In: Kates, R.W., Hohenemser, C., & J.X. Kasperson: Perilous Progress: Managing the hazards of technology. - Boulder (Westview), S. 25-42.

Jaeger, J. 1998: Exposition und Konfiguration als Bewertungsebenen für Umweltgefährdungen. - Zeitschrift für angewandte Umweltforschung 11 (3/4): 444-466.

Jaeger, J., & M. Scheringer 1998: Transdisziplinarität - Problemorientierung ohne Methodenzwang. - GAIA 7 (1): 10-25.

Japp, K.P. 1990: Komplexität und Kopplung. Zum Verhältnis von ökologischer Forschung und Risikosoziologie. - In: HALFMANN, J., & K.P. JAPP (Hrsg.): Riskante Entscheidungen und Katastrophenpotentiale. Elemente einer soziologischen Risikoforschung. - Opladen (Westdeutscher Verlag), S. 176-195.

Jonas, H. 1979: Das Prinzip Verantwortung. - Frankfurt/Main (Insel).

Klaschka, U., Lange, A., & S. Madle 1997: Das OECD-Prüfrichtlinienprogramm. - Zeitschrift für Umweltchemie und Ökotoxikologie 9 (6): 387-396.

Müller, D., Perrochet, S., Faist, M., & J. Jaeger 1998: Ernähren und Erholen mit knapper werdender Landschaft. - In: BACCINI, P., & F. OSWALD (Hrsg.): Netzstadt. Transdisziplinäre Methoden zum Umbau urbaner Systeme. - Zürich (Verlag der Fachvereine), S. 28-59.

Perrow, C. 1984: Normale Katastrophen. - Frankfurt/Main (Campus).

Picht, G. 1967: Prognose, Utopie, Planung. Die Situation des Menschen in der Zukunft der technischen Welt. - Stuttgart (Schriften der Vereinigung Deutscher Wissenschaftler e.V., H. 6). - Wiederabdruck 1969 in PICHT, G.: Wahrheit, Vernunft, Verantwortung. - Stuttgart (Klett), S. 373-407, sowie 1992 in PICHT, G.: Zukunft und Utopie. - Stuttgart (Klett-Cotta), S. 1-42.

Picht, G. 1976: Philosophie oder vom Wesen und rechten Gebrauch der Vernunft. - Sonderbeitrag in: Meyers Enzyklopädisches Lexikon, Band 18. - Mannheim (Bibliographisches Institut), S. 587-591.

Primas, H. 1992: Umdenken in der Naturwissenschaft. - GAIA 1 (1): 5-15.

Reck, H., Walter, R., Osinski, E., Kaule, G., Heinl, T., Kick, U. & M. Weiß 1994: Ziele und Standards für die Belange des Arten- und Biotopschutzes: Das "Zielartenkonzept" als Beitrag zur Fortschreibung des Landschaftsrahmenprogrammes in Baden-Württemberg. - Laufener Seminarbeiträge 4/94: 65-94.

Renn, O. 1981: Wahrnehmung und Akzeptanz technischer Risiken. Bd. I: Zur Theorie der Risikoakzeptanz: Forschungsansätze und Modelle. - Jülich (Spezielle Berichte der Kernforschungsanlage Jülich, Nr. 97, Bd. I).

Renn, O. 1993: Technik und gesellschaftliche Akzeptanz: Herausforderungen der Technikfolgenabschätzung. - GAIA 2 (2): 67-83.

Renn, O. 1997: Abschied von der Risikogesellschaft? Risikopolitik zwischen Expertise und Moral. - GAIA 6 (4): 269-275.

Schaefer, H. 1992: Modelle in der Medizin. - Sitzungsberichte der Heidelberger Akademie der Wissenschaften, Mathematisch-naturwissenschaftliche Klasse, Jg. 1992, 1. Abhandlung.

Schaefer, H. 1996: Schwache Wirkungen als Cofaktoren bei der Entstehung von Krankheiten. - Berlin (Springer).

Schaefer, J., Deppert, W., & B. Kralemann 1999: Das Risikofaktorkonzept in der Medizin. Kritik, Probleme und Grenzen seiner Anwendung. - In: Breckling, B., & F. Müller (Hg.): Der ökologische Risikobegriff. Beiträge zu einer Tagung des Arbeitskreises "Theorie" in der Gesellschaft für Ökologie im März 1998. Landsberg, (in diesem Band).

Scheringer, M. 1996: Räumliche und zeitliche Reichweite als Indikatoren zur Bewertung von Umweltchemikalien. - ETH Zürich (Dissertation).

Scheringer, M. 1997: Characterization of the environmental distribution behavior of organic chemicals by means of persistence and spatial range. - In: Environmental Science and Technology 31 (10): 2891-2897.

Scheringer, M., & M. Berg 1994: Spatial and temporal range as measures of environmental threat. - Fresenius Environmental Bulletin 3 (8): 493-498.

Scheringer, M., Berg, M., & U. Müller-Herold 1994: Jenseits der Schadensfrage: Umweltschutz durch Gefährdungsbegrenzung. - In: BERG, M., et al. (Hrsg.): Was ist ein Schaden? - Zürich (Verlag der Fachvereine), S. 115-146.

Scheringer, M., Mathes, K., Winter, G., & G. Weidemann 1998: Für einen Paradigmenwechsel bei der Bewertung ökologischer Risiken durch Chemikalien im Rahmen der staatlichen Chemikalienregulierung. - In: Zeitschrift für angewandte Umweltforschung 11 (2): 227-233.

Schmidt-Bleek, F. 1993: MIPS - A universal ecological measure? - Fresenius Environmental Bulletin 2: 306-311.

Schröder, W., Haber, W., & O. Fränzle 1997: Ökologische Umweltbeobachtung im globalen Maßstab: Internationales Engagement und nationaler Nutzen. - Zeitschrift für angewandte Umweltforschung 10 (1): 33-44.

Simberloff, D. 1998: Flagships, umbrellas, and keystones: Is single-species management passé in the landscape era? - Biological Conservation 83 (3): 247-257.

SRU (Rat von Sachverständigen für Umweltfragen) 1994: Umweltgutachten 1994. - Stuttgart (Metzler-Poeschel).

SRU (Rat von Sachverständigen für Umweltfragen) 1996: Umweltgutachten 1996. - Stuttgart (Metzler-Poeschel).

Vester, F. 1983/1991: Ballungsgebiete in der Krise. - München (Dtv).

Vester, F., & A. von Hesler 1980: Sensitivitätsmodell. - Frankfurt/Main (Umlandverband Frankfurt).

Walz, R. 1998: Grundlagen für ein nationales Umweltindikatorensystem: Erfahrungen mit der Weiterentwicklung des OECD-Ansatzes. - Zeitschrift für angewandte Umweltforschung 11 (2): 252-265.

WBGU (Wissenschaftlicher Beirat der Bundesregierung Globale Umweltveränderungen) 1998: Welt im Wandel. Strategien zur Bewältigung globaler Risiken. - Berlin (Springer), *im Druck.*

Weizsäcker, C. von, & E.U. von Weizsäcker 1984: Fehlerfreundlichkeit. - In: KORNWACHS, K. (Hrsg.): Offenheit - Zeitlichkeit - Komplexität: Zur Theorie der offenen Systeme. - Frankfurt/Main, S. 167-201.

**Theorie in der Ökologie**

Herausgegeben von Broder Breckling

Band 1 Broder Breckling / Felix Müller (Hrsg.): Der Ökologische Risikobegriff. Beiträge zu einer Tagung des Arbeitskreises „Theorie" in der Gesellschaft für Ökologie vom 4.-6. März 1998 im Landeskulturzentrum Salzau. 2000.

Peter Lang · Europäischer Verlag der Wissenschaften

Walter Leal Filho (ed.)

# Sustainability and University Life

Frankfurt/M., Berlin, Bern, Bruxelles, New York, Wien, 1999.
270 pp., numb. tab. and graf.
Environmental Education, Communication and Sustainability.
Edited by Walter Leal Filho. Vol. 5
ISBN 3-631-35297-2 · pb. DM 79.–*
US-ISBN 0-8204-4367-0

Prepared in cooperation with the Association of University Leaders for a Sustainable Future (ULSF), this book presents a number of case studies and experiences which illustrate how higher education institutions (e.g. universities and colleges) may pursue sustainability. A wide range of views and perspectives illustrate how, via projects, networks, academic programmes, curriculum greening initiatives and student involvement, higher education institutions in various countries (for example the United States, the United Kingdom, the Netherlands, Switzerland, Germany, France) are trying to bring sustainability closer to their institutional lives.

*Contents*: Sustainability and University Life: some European perspectives · Critical dimensions of sustainability · Managing US Campuses · Greening Campuses · Driving environmental strategy with stakeholders' preferences · ECOCAMPUS · The need for students' inputs

Frankfurt/M · Berlin · Bern · Bruxelles · New York · Oxford · Wien
Distribution: Verlag Peter Lang AG
Jupiterstr. 15, CH-3000 Bern 15
Fax (004131) 9402131
*incl. value added tax
Prices are subject to change without notice.